高等学校教材

# 高等数学（文科类）

## 上册

第二版

罗定军　盛立人　主编

施建兵　张亚图　叶惟寅　沈兴钧　编

化学工业出版社

教材出版中心

·北京·

本书为大学文科高等数学教材，分上下两册．上册包括微积分与微分方程，下册包括线性代数、概率统计与实用规划．本书内容精练、篇幅紧凑．尽可能地适应文科学生的特点，用通俗易懂的语言表达基本的数学概念与方法，通过较多的例题阐明用数学方法处理一些应用问题的思路，启发学生学习高等数学的兴趣，使本书更具吸引性和可读性．

本书可作为高等学校文科类专业的教材，对广大社会工作者来说也是一本较好的学习参考书．

**图书在版编目（CIP）数据**

高等数学（文科类）．上册/罗定军，盛立人主编．2版．—北京：化学工业出版社，2005.7（2022.1重印）
高等学校教材
ISBN 978-7-5025-7254-9

Ⅰ．高…　Ⅱ．①罗…②盛…　Ⅲ．高等数学-高等学校-教材　Ⅳ．013

中国版本图书馆 CIP 数据核字（2005）第 085391 号

---

责任编辑：唐旭华
责任校对：吴　静　　　　装帧设计：潘　峰

---

出版发行：化学工业出版社（北京市东城区青年湖南街 13 号　邮政编码 100011）
印　　装：北京七彩京通数码快印有限公司
880mm×1230mm　1/32　印张 10¾　字数 319 千字
2022 年 1 月北京第 2 版第 10 次印刷

---

购书咨询：010-64518888　　　　售后服务：010-64518899
网　　址：http：//www. cip. com. cn
凡购买本书，如有缺损质量问题，本社销售中心负责调换。

---

定　　价：28.00 元

# 第二版前言

本书第一版使用于一些高等学校的教学已有几个年头了。参照任课教师们提出的宝贵意见，我们对第一版作了不少修改，在第一篇的第一章到第四章的末尾分别添加了一些关于微积分历史的简单叙述，增加了基本积分公式表；对第三、第四两篇的内容则作了较多的删减与修改. 此外对全书的个别印刷错误也作了修正.

对热情使用本书的广大读者和提出宝贵意见的同行们表示衷心的感谢.

**编者**

**2005 年 5 月**

# 第一版序言

随着科学技术的快速进步，我国的高等教育事业正在迅猛发展，有愈来愈多的大学生需要学习高等数学，特别是文科各系的这种需求增幅更大. 目前国内已有众多种类的工科高等数学教材出版，与之相比，可供文科类数学使用的教材却相当少. 为了适应新的需求，在化学工业出版社的组织与帮助之下，南京师范大学、安徽大学、南京工业大学等院校的有关教师（他们中有不少人曾长期从事这方面的教学工作）编写了这部适用于文科学生，以及工科院校经济管理系学生使用的高等数学教材.

这部教材立足于适应文科学生的特点，尽可能做到通俗易懂和少而精. 它用数学中分析处理各类应用问题的思想把高等数学里的一些基本概念和方法，通过浅显的语句表述出来. 特别是，本书还配备有较多的例题，其中不少就是把应用问题数学模型化之后再用高等数学方法加以解决的. 这使本书增加了可读性以及对学生的吸引性.

与现有的同类教材相比，本书的篇幅很紧凑，上下两册共约 60 万字左右. 上册的微积分（包括微分方程初步）预计在 90 学时内即可讲完. 它较好地体现了少而精和重视应用的特色. 至于应用规划这一部分，则列举了不少数学应用的著名范例. 尽管没有严格的数学推导，但却能用通俗的语言把这些问题叙述得很有趣味，使用本教材时如来不及讲完，不妨留下一些给学生自己阅读，以增加他们的阅读能力和对数学的兴趣.

综上所述，我认为这是一部颇具特色的文科类高等数学教材，相信在它问世之后定会受到广大师生的欢迎.

**叶彦谦**

**2000 年 12 月于南京大学**

# 第一版前言

近年来我国高等教育大幅度扩大招生规模，使得需要学习高等数学的大学生人数与日俱增. 与之相映，可供文科各专业使用的高等数学教材则相当匮乏. 为此，在化学工业出版社的组织协助下，南京师范大学、安徽大学、南京工业大学、南通师范学院和江苏教育学院的部分教师着手编写了这部适合上述文科类专业使用的高等数学教材.

在编写过程中，我们较充分地交流了彼此的教学心得与体会，分析文科类学生的特点，认为他们主要是通过这一课程的学习，掌握高等数学中最基本的概念与思想方法，特别应初步学会用数学方法去分析处理各类应用问题. 因此，编写这部教材应尽可能用直观的、通俗的方式表述基本数学概念，贯彻宁可少些，但要好些的原则，多配备例题，以阐明分析问题的思路与解题方法，便于学生弄懂并掌握基本概念与方法. 可以说，这些基本思想贯穿于编写这本教材的整个过程.

这部教材分上下两册. 上册为第一篇，内容包括微积分与微分方程，其中第一章到第四章由南京师范大学施建兵、罗定军执笔，第五章到第七章由江苏教育学院张亚图、南京师范大学叶惟寅、沈兴钧执笔，上册由罗定军统稿. 下册分为三篇，即第二篇线性代数，由南通师范学院沈苏林、吴永康执笔，第三篇概率和统计，由南京工业大学郭金吉、甘泉，安徽大学盛立人执笔，第四篇实用规划，由盛立人执笔，下册由盛立人统稿. 每章最后附有适量的练习题，答案则分列于上、下册的最后. 部分答案由南京师范大学研究生袁蔚莉、肖敏帮助完成，顺致谢意.

本教材篇幅紧凑，第一篇到第三篇 160 学时可讲完，第四篇则较适合于文史哲法学类专业的学生，使用时可灵活掌握，依各校具体情况定夺，甚至可由学生自己阅读. 这部分的特点是不追求数学的严格论证，主要是想通过历史上用数学解决社会、自然现象中的问题的一些经典例子来说明数学在应用中的重要性，以便更好地培养文科学生对数学的兴趣. 总而言之，希望通过我们的努力使这部教材更具有吸引性与可读性. 书中少数带“*”号部分为选学内容.

衷心感谢南京大学叶彦谦教授对本书的关心、帮助，并亲自为此书作序.

限于编者的水平，加之编写时间的紧迫，书中肯定会出现不少谬误与疏漏之处，敬请广大读者不吝指正.

编者

2001年元月

# 目　　录

## 第一篇　微积分

# 第一篇 微 积 分

## 第一章 一元函数

初等数学的研究对象基本上是不变的量，而高等数学则着眼于研究变量以及变量之间变化的相互关系——函数关系. 为便于承上启下，本章将在中学数学的基础上对一元函数的概念作出简要的复习，有些概念则适当地深化.

### 第一节 函数概念

**1. 常量与变量**

现实世界中许多事物的变化常常用数量来体现，如人体的高度、货物的重量、环境的温度、家庭的收入与支出、企业的利润等. 其中有的量在考察的过程中不发生变化，而保持一个定值，这种量称为**常量**；还有一些量在考察过程中是变化着的，它们可以取各种不同的数值，这些量就称为**变量**. 例如，一架客机从甲地直飞乙地的飞行过程中，乘机人数是一个常量，而飞行高度、飞行距离等则为变量. 以下常用字母 $a$、$b$、$c$ 等表示常量，用字母 $x$、$y$、$t$ 等表示变量.

**2. 集合与数集**

**集合**是数学中的基本概念之一，它在现代数学中起着非常重要的作用. 人们在认识客观事物的过程中，常根据研究对象的不同特性把它们分类进行研究. 例如，某班级的全体学生，某商场仓库内某种货物的全体，所有的有理数，平面 $(x,y)$ 上的直线 $x+y-1=0$ 上的所有点等等，都分别组成一个集合. 一般地说，集合是指具有某种特定性质的研究对象的全体，组成此集合的每一个对象称为该集合的**元素**. 通常用大写字母 $A$、$B$、$C$ 等表示集合，用小写字母 $a$、$b$、$c$、$x$ 等表示集合的元素. 若 $a$ 是集合 $A$ 的元素则记作 $a\in A$；若 $a$ 不是 $A$ 的元素则记作 $a\notin A$，或 $a\overline{\in} A$.

由有限个元素 $a_1,a_2,\cdots,a_n$ 组成的集合 $A$，可用穷举法表示为 $A=\{a_1,a_2,\cdots,a_n\}$. 一般地，具有性质 $P$ 的元素 $x$ 的全体所组成的集合 $M$ 可表示为：$M=\{x|x$ 具有性质 $P\}$.

本书研究的对象是函数，因此只涉及数的集合，简称为**数集**. 并主要限于实数集 $R$，$R$ 的常用子集有自然数集 $N$，整数集 $Z$ 和有理数集 $Q$ 以及下面所说的区间等.

实数集 $R$ 与数轴相对应. 取一条水平直线，在其上取定一点 $O$ 作为原点，规定一个正方向(如图 1.1 中箭头向右所指)及一个单位长度(图 1.1 中线段$\overline{O1}$)，此直线称为数轴. 其上每一点 $p$ 均有坐标 $x$，即 $\overline{Op}$的有向长度. 这样实数集 $R$ 就与此直线(称为 $x$ 轴)上的点一一对应. 它就是我们所研究的各种变量 $x$ 的变化范围.

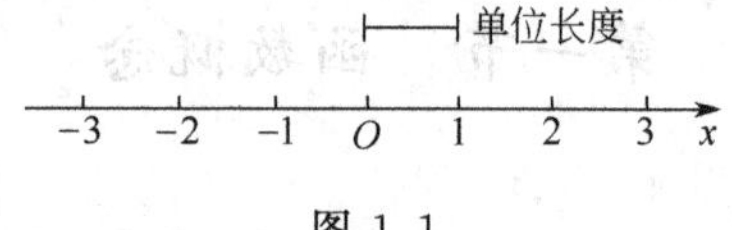


图 1.1

$x$ 的**绝对值**记为$|x|$，它定义为

$$|x|=\begin{cases}x, & \text{当 } 0\leqslant x \text{ 时},\\ -x, & \text{当 } x<0 \text{ 时}.\end{cases}$$

以后常常要用到它以及它所涉及的几个不等式（证明从略）

$$0\leqslant|x|,$$
$$-|x|\leqslant x\leqslant|x|,$$
$$|x+y|\leqslant|x|+|y|,$$
$$|x|-|y|\leqslant|x-y|.$$

**区间**也是一个常用的数学名词. 通常把实数集 $R$ 记为无穷区间 $(-\infty,+\infty)$. 有限的**闭**区间 $[a,b]$ 和**开**区间 $(a,b)$ 分别为如下的数集

$$[a,b]=\{x|a\leqslant x\leqslant b\},$$

$$(a,b)=\{x|a<x<b\}.$$

有时还用到半开半闭的区间（包括一端为$-\infty$或$+\infty$）：$(a,b]$，$[a,b)$，$[a,+\infty)$，$(a,+\infty)$，$(-\infty,b]$ 和 $(-\infty,b)$，它们所代表的集合的含意都是很明显的.

**邻域**的概念也是常用的. 给定一点 $x_0$（即 $x_0$ 为一实数）及正数 $\delta$，点 $x_0$ 的 $\delta$ 邻域是指以 $x_0$ 为中心，长度为 $2\delta$ 的**开**区间

$$(x_0-\delta,x_0+\delta)=\{x||x-x_0|<\delta\}.$$

在下面的极限理论中还常用到 $x_0$ 的**空心** $\delta$ 邻域，它是指把上述区间的中心点 $x_0$ 挖去所得的两个开区间的并集，即

$$(x_0-\delta,x_0)\cup(x_0,x_0+\delta)=\{x|0<|x-x_0|<\delta\}.$$

例如 $x_0=1$，$\delta=\frac{1}{2}$，1 的$\frac{1}{2}$邻域为$\left\{x\,\middle|\,|x-1|<\frac{1}{2}\right\}=\left(\frac{1}{2},\frac{3}{2}\right)$，空心邻域则为$\left(\frac{1}{2},1\right)\cup\left(1,\frac{3}{2}\right)$.

**3. 一元函数的定义**

在现实世界中，一些客观事物所反映出的数量的变化往往不是孤立的，它们常相互依赖并按一定的规律变化，在数学中反映为**函数关系**. 先举几个例子.

**[例 1]** 由平面几何可知，圆的面积 $S$ 与其半径 $r$ 之间有如下公式：

$$S=\pi r^2.$$

它反映了面积 $S$ 如何随 $r$ 的变化而变化.

**[例 2]** 假设某商品的单价为 0.5 元，则该商品的销售量 $x$（件）和销售收入 $y$（元）之间的关系是

$$y=0.5x.$$

如果每件商品的成本为 $a$ 元，则利润 $p$（元）由下式给出

$$p=(0.5-a)x.$$

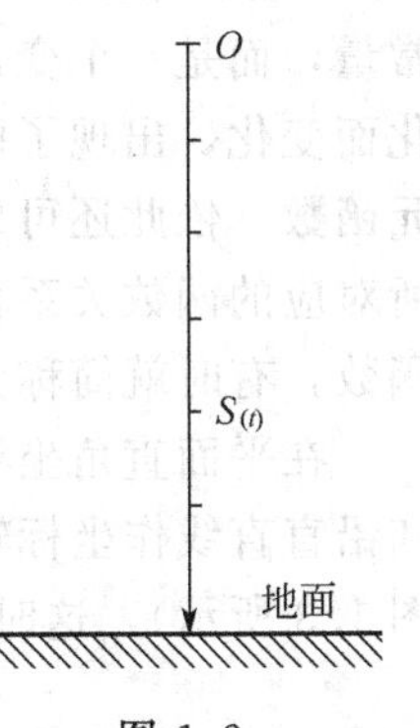


图 1.2

**[例 3]** 自由落体运动. 设如图 1.2，取坐

标轴指向地心．时刻 $t=0$ 时物体从原点 $O$ 自由落下，则由中学物理可知下落的距离 $S$ 与时间 $t$ 的关系为

$$S=\frac{1}{2}gt^2,$$

其中 $g$ 为重力加速度．设物体着地时的时刻为 $T$，则上述关系式对 $[0,T]$ 内的 $t$ 值为有效．

上述几例都反映出变量之间的相互依赖关系．这些关系确定了相应的法则，使其中一个变量在一定范围内取值时，另一变量都有相应的值与之对应．两个变量之间的这种对应关系就是数学上的一元函数．

**定义 1.1** 设 $x$ 和 $y$ 是两个变量，数集 $D\subseteq R$，若有确定的法则 $f$，使对于任一数 $x\in D$，总有变量 $y$ 的一个确定的数值与之对应，则称 $y$ 是 $x$ 的**函数**，记作 $y=f(x)$．其中称 $x$ 为**自变量**，$y$ 为**因变量**或**函数**．数集 $D$ 称为此函数的**定义域**，而数集 $\{y\,|\,y=f(x),x\in D\}$ 称为此函数的**值域**．

在实际问题中，函数的定义域可根据实际意义来确定，如在例1、例2中，$D=(0,+\infty)$，在例3中，$D=[0,T]$．而数学中的函数 $y=f(x)$ 的定义域则是使表达式 $f(x)$ 有意义的自变量 $x$ 的取值范围．例如，函数 $y=\sqrt{1-x^2}$ 的定义域 $D=[-1,1]$，$y=\log_a x$ 的定义域 $D=(0,+\infty)$．

上述定义中所说的是只有一个自变量的情形，这时的函数就称为一元函数．在例2中若考虑到原料价格的上涨，则成本 $a$ 也就不再是常量，而是一个变量，因此这时变量 $p$ 就依赖于两个量 $x$ 和 $a$ 的变化而变化，出现了两个自变量的情形，作为它们的函数 $p$ 就称作**二元函数**．依此还可以出现更多个自变量的情形，自变量个数大于1时所对应的函数关系称为多元函数．在第一篇的前五章我们只讨论一元函数，有时就简称为函数．

在平面直角坐标系 $\{Oxy\}$ 中（即取相互垂直而相交于 $O$ 的水平和铅直直线作坐标轴，$x$ 轴水平指向右方，$y$ 轴铅直而指向上方，如图1.3所示），这时平面点集

$$\{(x,y)\,|\,y=f(x),x\in D\}$$

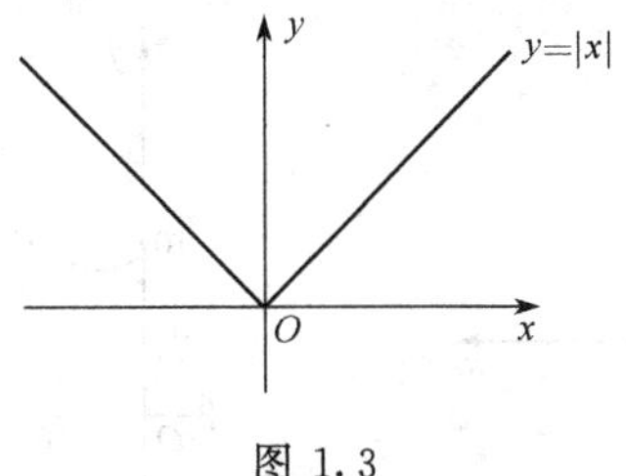


图 1.3

称为函数 $y=f(x)$的图形，在通常情况下它对应于$(x,y)$平面上的一条曲线.

**[例 4]** 取 $x$ 的绝对值所得的函数

$$y=|x|=\begin{cases}x, & 0\leqslant x,\\ -x, & x<0.\end{cases}$$

显然它也可表示为 $y=\sqrt{x^2}$，该函数的图形如图 1.3 所示.

有时一个函数也可以在其自变量的不同的变化范围内用几个不同表达式来确定，这种函数常称为**分段函数**.

**[例 5]** 函数

$$y=\begin{cases}x+1, & -1\leqslant x<0,\\ 0, & x=0,\\ x-1, & 0<x\leqslant 1.\end{cases}$$

其定义域为 $[-1,1]$，对每一 $x\in[-1,1]$，有一个确定的 $y$ 值与之对应，它的图形如图 1.4.

在某些实际问题中，函数关系可由仪器测定描出其图形，但不一定能给出精确的数学表达式. 有时也可用列表的方法给出.

**[例 6]** 某城市某日的气温 $T$(℃)和时间 $t$(小时,h)的关系 $T=T(t)$由气温自动记录仪描出的一条曲线确定，如图 1.5.

**[例 7]** 某商场 1999 年上半年各月份（用 $t$ 表示）毛线的零售量 $S$（千克，kg）由下表给出：

| $t$ | 1 | 2 | 3 | 4 | 5 | 6 |
|---|---|---|---|---|---|---|
| $S$ | 186.5 | 203.4 | 71.2 | 64.8 | 25.7 | 10.9 |

则 $S$ 随 $t$ 变化的关系由上表确定，函数 $S=S(t)$的定义域 $D=\{1,2,3,4,5,6\}$.

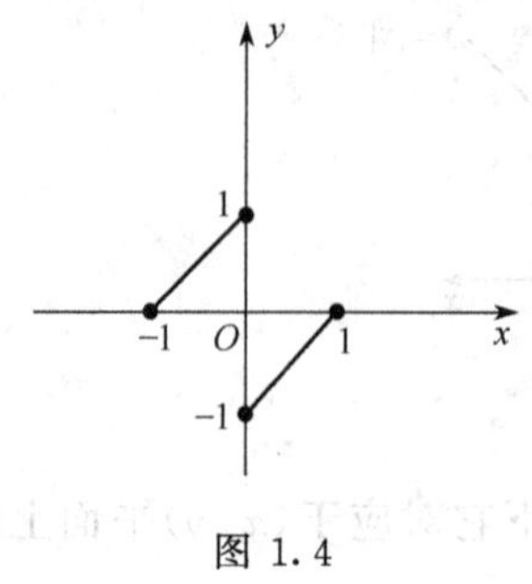


图 1.4

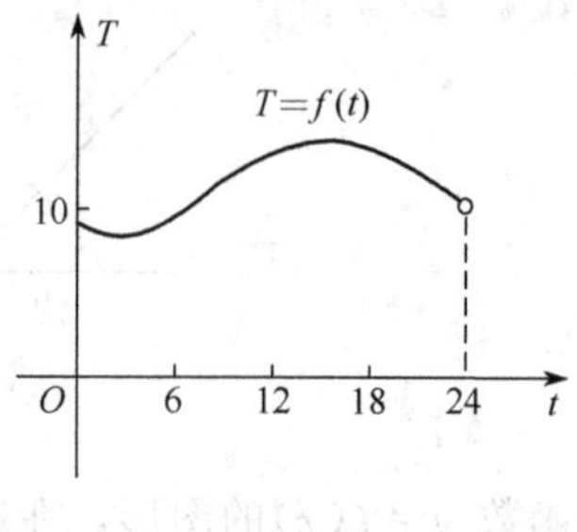


图 1.5

［**例 8**］ 确定函数 $y=\arcsin\dfrac{x-1}{5}+\dfrac{1}{\lg(3x-2)}$的定义域.

**解** 由反三角函数与对数的定义可知

$$\left|\frac{x-1}{5}\right|\leqslant 1,\quad 0<3x-2,\quad 3x-2\neq 1.$$

由此三式可以解得

$$-5\leqslant x-1\leqslant 5,\quad \frac{2}{3}<x,\quad x\neq 1.$$

因此定义域 $D=\left(\dfrac{2}{3},1\right)\cup(1,6]$.

［**例 9**］ 设 $f(x)=x^2$，求 $f(2)$，$f(a)$，$f(x+1)$，$f\left(-\dfrac{1}{t}\right)$，$f(f(x))$.

**解** $f(2)=2^2=4, f(a)=a^2, f(x+1)=(x+1)^2=x^2+2x+1,$

$$f\left(-\frac{1}{t}\right)=\left(-\frac{1}{t}\right)^2=\frac{1}{t^2}, f(f(x))=(f(x))^2=(x^2)^2=x^4.$$

**4. 函数的几种特性**

考虑函数 $y=f(x)$，其定义域为 $D\subseteq R$.

(1) 奇偶性 设 $D$ 关于原点为对称，故 $x\in D$ 时 $-x\in D$. 如果对任意 $x\in D$，都有 $f(-x)=f(x)$，则称 $f(x)$ 为**偶函数**；如果对任意 $x\in D$，都有 $f(-x)=-f(x)$，则称 $f(x)$ 为**奇函数**. 例如在 $(-\infty,+\infty)$ 内 $y=x^2$ 为偶函数，$y=x^3$ 为奇函数. 易见偶函数的图形关于 $y$ 轴为对称，奇函数的图形则关于原点对称.

(2) 周期性 在中学数学课中就已经熟悉，三角函数具有周期性，如 $\sin x$，$\cos x$ 以 $2\pi$ 为周期，$\tan x$，$\cot x$ 以 $\pi$ 为周期. 一般地，考虑 $D$ 上定义的函数 $f(x)$，若存在不为零的常数 $l$，使对任意 $x\in D$，有 $x\pm l\in D$ 且 $f(x+l)=f(x)$，则称 $f(x)$ 为**周期函数**，$l$ 称为 $f(x)$ 的周期．通常所说的周期是指最小周期，即使上式成立的最小正数 $l$．对周期函数来说，只要画出它在 $[0,l]$ 内的图形，把它上面的每一点一次次水平地向左、向右移动距离 $l$，即可得出整个图形．

(3) 有界性　对数集 $X\subseteq D$，若存在正常数 $M$，使对一切 $x\in X$，均有

$$|f(x)|\leqslant M,$$

则称 $f(x)$ 在集合 $X$ 上**有界**；如不存在使上式成立的 $M$，则称 $f(x)$ 在 $X$ 上**无界**．例如 $f(x)=\sin x$，因 $|\sin x|\leqslant 1$，故 $\sin x$ 在 $(-\infty,+\infty)$ 上有界；而 $f(x)=\dfrac{1}{x}$ 在 $\left[\dfrac{1}{2},1\right]$ 上有界，但在 $(0,1]$ 上无界，因为对任何正数 $M$，总可取 $x>0$ 足够小，使 $M<\dfrac{1}{x}$．在 $(x,y)$ 平面上，有界函数的图形限制在两直线 $y=-M$ 和 $y=M$ 所界定的带形区域内．无界函数的图形在铅直方向则不存在有限的界限．

(4) 单调性　取定子区间 $\mathrm{I}\subseteq D$，若对任意 $x_1$，$x_2\in\mathrm{I}$，且 $x_1<x_2$，恒有

$$f(x_1)<f(x_2)\quad 或\quad (f(x_2)<f(x_1)),$$

则称 $f(x)$ 在 I 上是**单调增加**的（或**单调减少**的）．从函数曲线来看，沿着 $x$ 增加的方向，单调增加的函数的曲线向右上方跑（上升的），单调减少函数的曲线则是下降的．例如函数 $y=x^2$ 在区间 $(-\infty,0)$ 上单调减少，而在 $(0,+\infty)$ 上则单调增加．$y=\tan x$ 在 $\left(-\dfrac{\pi}{2},\dfrac{\pi}{2}\right)$ 内是单调增加函数．

**［例 10］** 讨论函数

$$y=\frac{a^x-a^{-x}}{a^x+a^{-x}}\quad (a\text{ 为常数，}1<a)$$

的上述诸性质．

**解**　此函数的定义域 $D=(-\infty,+\infty)$．由

$$f(-x)=\frac{a^{-x}-a^x}{a^{-x}+a^x}=-f(x)$$

可知它是奇函数．但不具有周期性．对任意 $x$，有

$$|f(x)|=\left|\frac{a^x-a^{-x}}{a^x+a^{-x}}\right|\leqslant\frac{a^x+a^{-x}}{a^x+a^{-x}}=1,$$

故为有界函数. 又对任意 $x_1<x_2$,有

$$f(x_2)-f(x_1)=\frac{a^{x_2}-a^{-x_2}}{a^{x_2}+a^{-x_2}}-\frac{a^{x_1}-a^{-x_1}}{a^{x_1}+a^{-x_1}}$$

$$=\frac{2(a^{x_2-x_1}-a^{x_1-x_2})}{(a^{x_2}+a^{-x_2})(a^{x_1}+a^{-x_1})}>0,$$

因此 $f(x)$是单调增加的.

在第三章学过微分法以后利用导数可以给出判别函数单调性的简易方法.

## 第二节 反函数与复合函数

### 1. 反函数

在函数关系中，自变量与因变量可以是相对的. 如在上一节的例2中销售收入与销售量的依赖关系为 $y=0.5x$，若把 $x$ 解出得 $x=2y$，则$x$ 就成为 $y$ 的函数. 这时 $y$ 就成为自变量，而 $x$ 成为因变量. 后一函数就视为前一函数的反函数，或者说，他们互为反函数. 一般地有下述定义.

**定义 1.2** 设函数 $y=f(x)$的定义域为 $D$，值域为 $Z$. 若对每一 $y\in Z$都有 $D$ 中惟一的一个值 $x$，使得 $f(x)=y$，则它在 $Z$ 上确定了 $x$ 为 $y$ 的一个函数，称为 $y=f(x)$的**反函数**，记作

$$x=f^{-1}(y),\quad y\in Z.$$

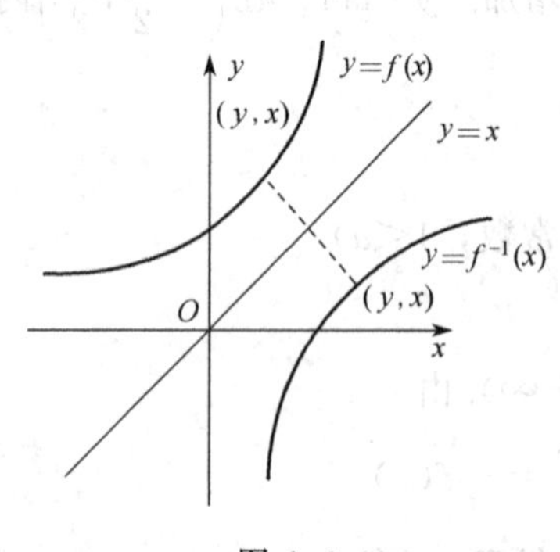

图 1.6

习惯上我们用 $x$ 表示自变量，用 $y$ 表示因变量，因而常把 $f^{-1}$所代表的函数关系写成 $y=f^{-1}(x)$的形式. 由此可见，$y=f(x)$与 $y=f^{-1}(x)$的图形关于直线 $y=x$ 是对称的，见图1.6. 它也充分地说明了 $y=f(x)$与 $y=f^{-1}(x)$互为反函数.

给定了函数 $y=f(x)$，$x\in D$，只要 $f(x)$在$D$上是一一对应的，它就

存在反函数．单调函数是一一对应的，因此单调函数必存在反函数，它仍然为单调的，且$f(x)$与$f^{-1}(x)$同时为单调增加，或同时为单调减少．

**［例 1］** $y=3x-1$ 为单调增加函数，显然它的反函数为 $y=\frac{x+1}{3}$，仍然是单调增加的．

**［例 2］** $y=x^2$ 在 $R$ 上不是一一对应的，因为此函数的值域 $Z=[0,+\infty)$，对每一 $y\in Z$ 有$\pm\sqrt{y}$两个值与之对应．从而它没有反函数．但若把它分成两个单调函数：$y=x^2$，$x\in(-\infty,0]$和 $y=x^2$，$x\in(0,+\infty)$，如前所述它们都是单调函数，其反函数分别为 $y=-\sqrt{x}$，$0\leqslant x$ 和 $y=\sqrt{x}$，$0<x$．

**［例 3］** 求 $y=\frac{e^x-e^{-x}}{2}$的反函数．

**解** 把上式改写为 $e^{2x}-2ye^x-1=0$，将其视为 $e^x$ 的二次方程，可解出 $e^x=y\pm\sqrt{y^2+1}$．由于 $0<e^x$，故右端的负号应舍去．得到 $e^x=y+\sqrt{y^2+1}$．从而所求的反函数为

$$y=\ln(x+\sqrt{x^2+1}).$$

**2. 复合函数**

**定义 1.3** 设有两个函数 $y=f(u)$，$u\in U$ 和 $u=\varphi(x)$，$x\in X$．若后一函数的值域 $\varphi(X)\subseteq U$，则对每一 $x\in X$，有 $u=\varphi(x)\in U$ 与之对应，而对这个 $u$，依前一函数关系又有惟一的 $y=f(u)$与之对应．这样对 $x\in X$，就有惟一的 $y=f(\varphi(x))$与之对应．从而 $f(\varphi(x))$构成了 $y$ 依赖于 $x$ 的一个函数关系，把它称为 $y=f(u)$与 $u=\varphi(x)$两函数的**复合函数**．其中 $u$ 称为**中间变量**．

在函数研究中，复合函数的概念是非常重要的．一个形式复杂的函数往往可以视为两个或更多个简单函数（如下一节所介绍的基本初等函数）复合而成，这样在后面对之求极限、求微分或导数、求积分时就可以有效地进行．因此要学会如何把复杂函数分解为一些简单函数的复合．这就好比脱衣服一样要由外到内一层层脱下来才行．

**［例 4］** 分别指出函数 $y_1=\arccos(2x+1)$，$y_2=\log_a\sin\left(1+\frac{1}{x^2}\right)$

是由哪些简单函数复合而成.

**解** 对 $y_1$ 其外层函数是 $y_1=\arccos u=f(u)$，内层则为 $u=2x+1=\varphi(x)$，都是很简单的函数. $y_1(x)$就是由 $y_1=f(u)$和 $u=\varphi(x)$复合而成.

$y_2(x)$则是更多层的复合：$y_2=\log_a u$，$u=\sin v$，$v=1+w$，$w=\dfrac{1}{x^2}$. 把这四个函数从后面往前面一层层代入，即得出函数 $y_2=\log_a \sin\left(1+\dfrac{1}{x^2}\right)$.

当然也应该学会把两个或多个给定的函数复合起来，包括一个函数也可自身复合多次，如第一节例 9 中就曾经对 $f(x)=x^2$ 求出了$f(f(x))=x^4$.

**[例 5]** 设 $f(x)=2x-3$，$g(x)=x^2+1$，求复合函数 $f(g(x))$和$g(f(x))$.

**解** $f(g(x))=2g(x)-3=2(x^2+1)-3=2x^2-1$；

$g(f(x))=(f(x))^2+1=(2x-3)^2+1=4x^2-12x+10$.

**[例 6]** 设函数 $f(x)=\begin{cases}1-x, & 0\leqslant x,\\ 2-x, & x<0,\end{cases}$ 求 $f(f(3))$，$f(f(-2))$的值.

**解** 由于 $f(3)=1-3=-2<0$，故 $f(f(3))=2-(-2)=4$.

而 $f(-2)=2-(-2)=4>0$，故 $f(f(-2))=1-4=-3$.

应该指出，并非任何两个函数都可以复合的. 例如，$y=\arcsin u$和 $u=x^2+2$ 就不能复合，这是因为后一函数的值域为 $u\geqslant 2$，它不在 $\arcsin u$的定义域$|u|\leqslant 1$ 之内，故复合之后 $\arcsin(x^2+2)$构不成函数关系.

## 第三节　初等函数

本书所研究的主要对象为函数，而常见的一些函数如前面的许多例子及本书以后所出现的大量例子都是由几种最简单的函数组合而成的，这些最简单的函数就是在中学数学中经常接触的基本初等函数，它们不外乎是常函数、幂函数、指数函数及其反函数对数函数、三角函数和反三角函数．为便于进一步展开讨论，现将上述基本初等函数的有关性质、图形作一简单的介绍．

**1．初等函数**

（1）设 $C$ 为任意实常数，称函数

$$y=C$$

为**常函数**．它的表达式中不含自变量 $x$，这就是说无论 $x$ 取何值，函数 $y$ 恒取同一值 $C$．故定义域为 $R$，其图形为平行于 $x$ 轴、在 $y$ 轴上的截距为 $C$ 的直线，如图 1.7．

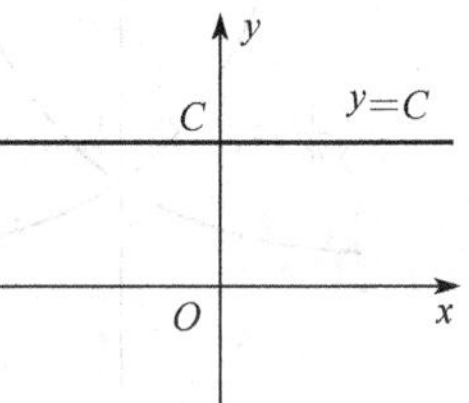


图 1.7

（2）**幂函数**　$y=x^{\alpha}$，$\alpha$ 为实常数．

它的定义域视 $\alpha$ 的取值不同而异，但其公共部分为 $(0,+\infty)$．当 $\alpha$ 为正有理数且分母不是偶数时，则定义域为 $(-\infty,+\infty)$．这类函数的性质当 $\alpha>0$ 和 $\alpha<0$ 时有本质的差别，$\alpha>0$ 时常称为 **$\alpha$ 次抛物线**，因 $\alpha=2$ 或 $\alpha=\dfrac{1}{2}$ 时分别为在原点相切于 $x$ 轴和相切于 $y$ 轴的抛物线，$\alpha=1$ 时为直线．它们在第一象限的图形如图 1.8 所示．$\alpha<0$ 时最常见的是 $\alpha=-1$，即 $y=\dfrac{1}{x}$，它为双曲线（位于第一、第三象限）．一般地，令 $\alpha=-\beta$，则 $\beta>0$，常称其图形为 **$\beta$ 次双曲线**，在第一象限的部分如图 1.9 所示．

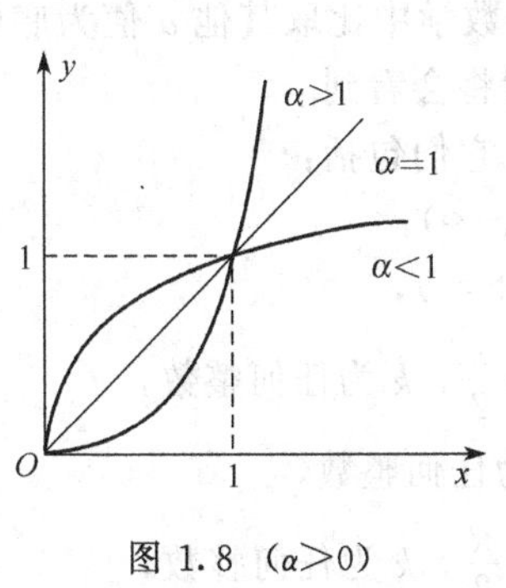


图 1.8（$\alpha>0$）

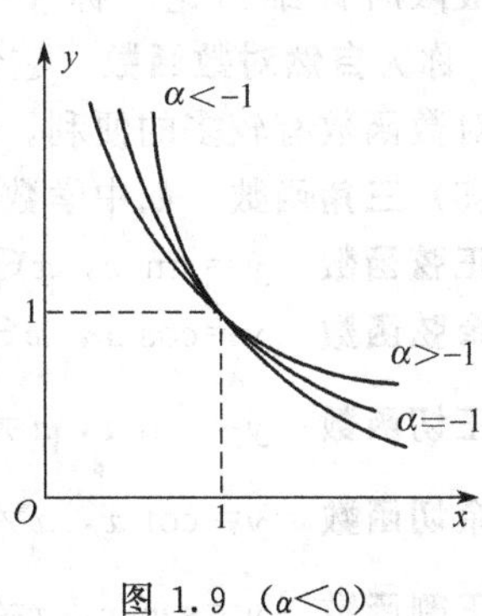


图 1.9（$\alpha<0$）

（3）**指数函数**　$y=a^{x}$，$a$ 为正常数且 $a\neq1$．

它的定义域为 $R$，值域为 $(0,+\infty)$. 当 $1<a$ 时为单调增加函数，当 $a<1$ 时则为单调减少函数. 对任何 $a$，其图形都通过点 $(0,1)$，如图 1.10. 由于 $y=a^{-x}=\left(\frac{1}{a}\right)^x$，故 $y=a^x$ 和 $y=\left(\frac{1}{a}\right)^x$ 两者的图形关于 $y$ 轴为对称.

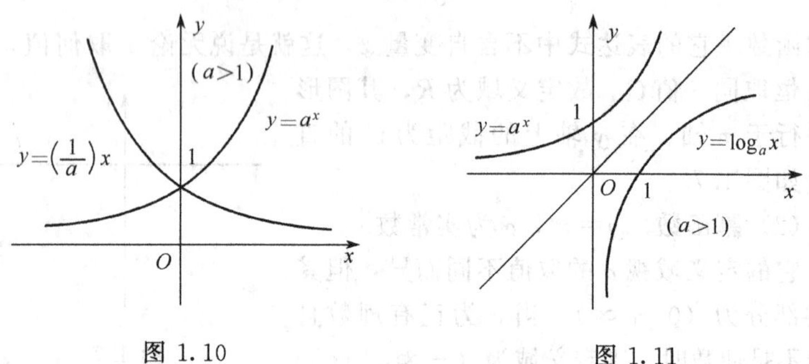


图 1.10　　图 1.11

(4) **对数函数**　$y=\log_a x$，$a$ 为正常数且 $a\neq 1$.

它与指数函数 $y=a^x$ 互为反函数，其定义域为 $(0,+\infty)$. 图形可以由指数函数 $y=a^x$ 的图形关于直线 $y=x$ 作对称而得到，图 1.11 中画出 $1<a$ 的一个例子. 它和相应指数函数的单调性相同，故 $1<a$ 时为单调增加的，$a<1$ 时为单调减少的.

指数函数与对数函数有一重要的特殊情形，即取底 $a=\mathrm{e}=2.71828\cdots$ 时，其中无限不循环小数 e 是一个重要的常数，将在第二章讲极限时详细讨论. 称 $y=\mathrm{e}^x$ 为**自然指数函数**，$\log_{\mathrm{e}} x$ 则记为 $\ln x$，称为**自然对数函数**. 它们在高等数学中比取其他 $a$ 值为底的指数和对数函数有较多的便利，这在以后将会看到.

(5) **三角函数**　如中学数学所知，它们包括：

**正弦函数**　$y=\sin x$，$x\in(-\infty,+\infty)$，

**余弦函数**　$y=\cos x$，$x\in(-\infty,+\infty)$，

**正切函数**　$y=\tan x$，$x\neq(2k+1)\frac{\pi}{2}$，$k$ 为任何整数，

**余切函数**　$y=\cot x$，$x\neq k\pi$，$k$ 为任何整数，

**正割函数**　$y=\sec x$，$x\neq(2k+1)\frac{\pi}{2}$，$k$ 为任何整数，

**余割函数**　$y=\csc x$，$x\neq k\pi$，$k$ 为任何整数.

正割与余割分别为余弦和正弦函数的倒数，所以前四个更常用. 图 1.12～图 1.15 分别给出了它们的图形. 正弦和余弦函数为 $2\pi$ 周期函数，正切和余切则为 $\pi$ 周期函数. 正弦、正切和余切函数为奇函数，余弦函数为偶函数.

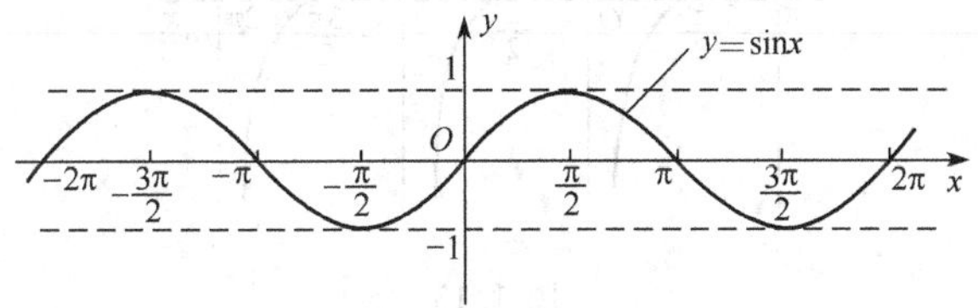


图 1.12

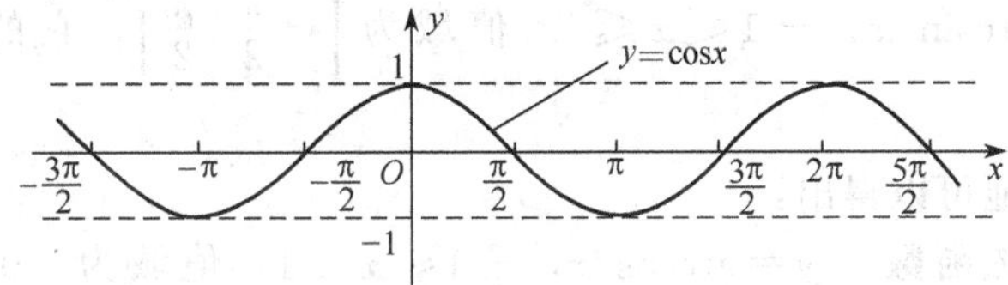


图 1.13

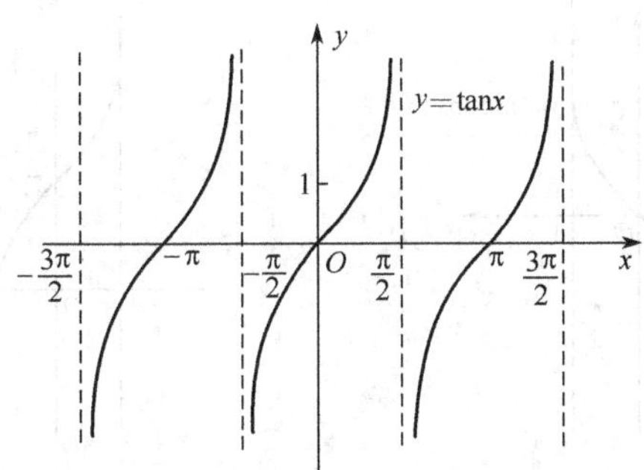


图 1.14

（6）**反三角函数** 三角函数的周期性决定了它们的因变量与自变量不是一一对应的. 一个 $y$ 可对应无穷多个 $x$. 因此为得出相应的反函数，必须限定 $x$ 的变化范围. 例如对 $y=\sin x$，由图 1.12 可见，若限定 $x\in\left[-\frac{\pi}{2},\frac{\pi}{2}\right]$，则它为单调增加函数，因变量与自变量一一

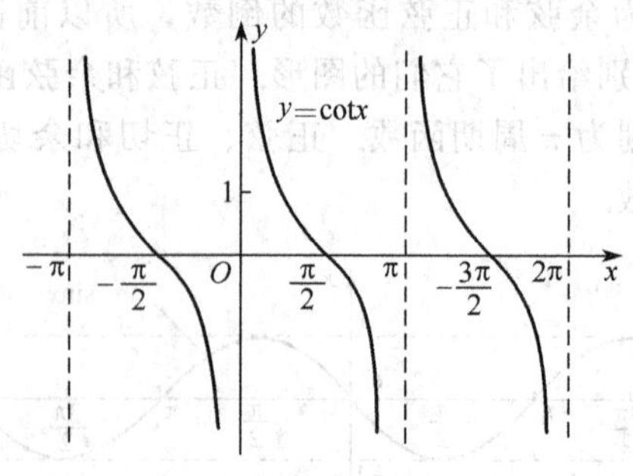


图 1.15

对应. 从而可以确定出**反正弦函数**，记为

$y=\arcsin x$，$-1\leqslant x\leqslant 1$. 值域为 $\left[-\frac{\pi}{2},\frac{\pi}{2}\right]$，它的图形见图 1.16.

类似地可以得出：

**反余弦函数**　$y=\arccos x$，$-1\leqslant x\leqslant 1$，值域为 $[0,\pi]$，见图 1.17.

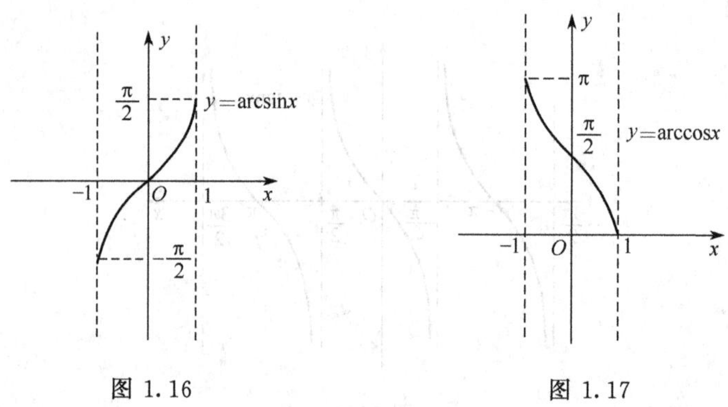


图 1.16　　　　图 1.17

**反正切函数**　$y=\arctan x$，$-\infty<x<+\infty$，值域 $\left(-\frac{\pi}{2},\frac{\pi}{2}\right)$，见图 1.18.

**反余切函数**　$y=\operatorname{arccot} x$，$-\infty<x<+\infty$，值域 $(0,\pi)$，见图 1.19.

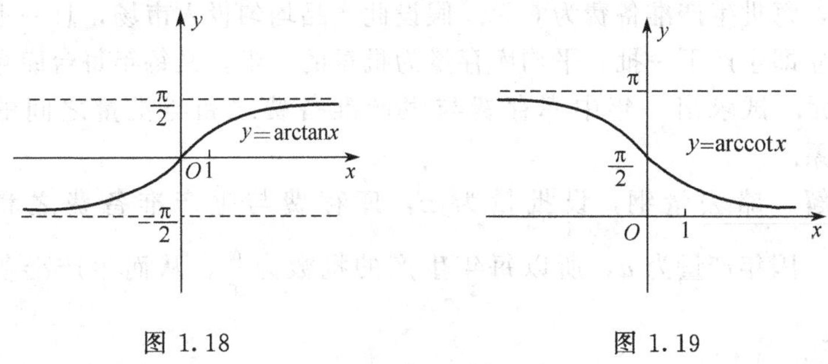


图 1.18　　　　图 1.19

它们的单调性与相应的三角函数相同，$\arcsin x$，$\arctan x$ 为奇函数，但 $\arccos x$，$\operatorname{arccot} x$ 不再是偶函数，当然它们也不是奇函数.

由上述基本初等函数经过有限次的四则运算和复合运算所得到的函数称为**初等函数**. 例如，$y=\frac{1+x+2x^2}{1-x}$，$y=\sqrt{1-\sin x}$，$y=\ln(1+\tan(1+x^2))$等都是初等函数.

但要注意，分段定义的函数尽管它的每一段定义式是初等函数，而整个分段函数并不属于初等函数这一类.

**2. 应用问题中的函数关系实例**

为用数学方法解决实际问题，首先要把它们的数学模型建立起来，其中最简单的就是一元函数关系. 通过分析所讨论问题中的基本变量之间的变化关系即可得出相应的函数.

**[例 1]** 某公司生产、销售一种产品，其单位可变成本为 12.3 元，固定成本为 98000 元，单位产品的售价 17.9 元，试将总成本 $C$（元）、总收益 $R$（元）和利润 $L$（元）分别表示为单位产品个数 $x$ 的函数.

**解**　生产 $x$ 个单位产品的可变成本为 $12.3x$（元），故总成本（省去量纲“元”）

$$C=98000+12.3x;$$

总收益

$$R=17.9x;$$

而利润为总收益与总成本之差，故得

$$L=R-C=5.6x-98000.$$

**[例 2]** 某工厂生产某种型号的车床，年产量为 $a$ 台，分若干批

生产，每批生产准备费为 6 元．假设此产品均匀投入市场，且一批用完后立即生产下一批，平均库存量为批量的一半，又每年每台库存费为 $c$ 元．试求出一年中库存费与生产准备费之和与批量之间的函数关系．

**解**　略去量纲，设批量为 $x$，库存费与生产准备费之和为 $p(x)$．因年产量为 $a$，所以每年生产的批数为 $\frac{a}{x}$，从而生产准备费为 $b\frac{a}{x}$．

库存量为 $\frac{x}{2}$，故库存费为 $c\frac{x}{2}$．从而可得

$$p(x)=\frac{ab}{x}+\frac{c}{2}x,$$

其定义域为 $(0,a]$．一般说，一年中的生产批数 $\frac{a}{x}$ 为整数，故 $x$ 的取值范围应为 $(0,a]$ 中的整数因子．

**[例 3]** 一物体作直线运动，设所受阻力的大小与物体的运动速度成正比，方向则相反，当物体以 1m/s 的速度运动时所受阻力为 2N（牛顿）．试建立阻力与速度之间的函数关系．

**解**　略去量纲，设此物体运动速度为 $v$，阻力为 $F$，则 $F=-kv$，其中 $k$ 为常数，由题设 $v=1$ 时 $F=-2$，故 $k=2$．所求函数关系为

$$F=-2v.$$

**[例 4]** 旅客乘飞机的行李费．当行李不超过 50kg 时，按基本运费 0.3 元/kg 计算，超过 50kg 时，超过部分按 0.45 元/kg 收费．试写出行李费 $y$（元）与行李重量 $x$(kg)之间的函数关系．

**解**　当 $0\leqslant x\leqslant 50$ 时，$y=0.3x$，当 $50<x$ 时，$y=0.3\times 50+0.45(x-50)=0.45x-7.5$．故所求函数为

$$y=\begin{cases}0.3x, & 0\leqslant x\leqslant 50,\\ 0.45x-7.5, & 50<x.\end{cases}$$

上述 4 例中，前面 3 例所得出的均为初等函数，最后 1 例则得到分段函数，故非初等函数．

## 练　习　1

1. 用区间表示下列函数的定义域：

(1) $y=\sqrt{9-x^2}$；　(2) $y=\dfrac{1}{1-x^2}+\sqrt{x+2}$；

(3) $y=\dfrac{-5}{x^2+4}$；　(4) $y=\arcsin\dfrac{x-1}{3}$；

(5) $y=\lg(5-x)+e^{\frac{1}{x}}$；　(6) $y=\dfrac{x+2}{1+\sqrt{3x-x^2}}$；

(7) $y=\begin{cases}x, & -1\leqslant x<0,\\ 1+x, & 0<x;\end{cases}$

(8) $y=f(x-1)+f(x+1)$，已知 $f(u)$的定义域为$(0,3)$.

2. 求下列函数的函数值：

(1) $f(x)=\arcsin(\lg x)$，求 $f\left(\dfrac{1}{10}\right)$，$f(1)$，$f(10)$；

(2) $f(x)=\begin{cases}2x+3, & x\leqslant 0,\\ 2^x, & 0<x.\end{cases}$ 求 $f(-2)$，$f(0)$，$f(f(-1))$；

(3) $f(x)=2x-3$，求 $f(a^2)$，$f(f(a))$，$[f(a)]^2$；

(4) $f(x)=x^2-4x+7$，求 $f(3x)$，$f(x-1)$，$f(x+\Delta x)$，$\dfrac{f(x+\Delta x)-f(x)}{\Delta x}$.

3. 下列函数 $f(x)$，$g(x)$是否相同？为什么？

(1) $f(x)=\dfrac{x^2-1}{x-1}$，$g(x)=x+1$；

(2) $f(x)=\sqrt{x^2}$，$g(x)=\begin{cases}x, & 0\leqslant x,\\ -x, & x<0;\end{cases}$

(3) $f(x)=\ln x^2$，$g(x)=2\ln x$；

(4) $f(x)=\sqrt[3]{x^5-x^3}$，$g(x)=x\cdot\sqrt[3]{x^2-1}$.

4. 判断下列函数的奇偶性：

(1) $y=\dfrac{e^x-e^{-x}}{2}$；　(2) $y=x+\sin x$；

(3) $y=\sin x+\cos x$；　(4) $y=\ln(x+\sqrt{x^2+1})$；

(5) $y=\dfrac{1-x^2}{\cos x}$；　(6) $y=\dfrac{e^{-x}-1}{e^{-x}+1}$.

5. 确定下列函数的定义域并作出函数图形：

(1) $f(x)=\begin{cases}1, & 0<x,\\ 0, & x=0,\\ 1, & x<0;\end{cases}$

(2) $f(x)=\begin{cases}\sqrt{1-x^2}, & |x|\leqslant 1,\\ x-1, & 1<|x|<2;\end{cases}$

(3) $f(x)=\begin{cases}x^2, & x<0,\\ x+1, & 0\leqslant x;\end{cases}$　　(4) $f(x)=5-|2x-1|$.

6. 函数 $y=1+\cos 3x$ 是否为周期函数？如是，周期为多少？

7. 求下列函数的反函数：

(1) $y=2x+1$；　　(2) $y=\dfrac{x+2}{x-2}$；

(3) $y=2^x+1$；　　(4) $y=1+\lg(x+2)$.

8. 设 $y=u^2$，$u=\log_a x$，将 $y$ 表为 $x$ 的函数.

9. 设 $y=\sqrt{u}$，$u=2+v^2$，$v=\cos x$，将 $y$ 表为 $x$ 的函数.

10. 设 $f(x)=3x^3+2x$，$\varphi(x)=\ln(1+x)$，求 $f(\varphi(x))$和 $\varphi(f(x))$.

11. 设 $f(\sin x)=1+\cos 2x$，求 $f(\cos x)$.

12. 设 $f(x)$在 $(-\infty, +\infty)$ 内为奇函数，当 $x\in(0,+\infty)$时 $f(x)=x^2-x+1$.求 $f(x)$在整个定义域内的表达式.

13. 函数 $y=x^{\sin x}$是否是初等函数？为什么？

14. 指出下列函数的复合过程：

(1) $y=(1+x)^{20}$；　　(2) $y=(1+\ln x)^5$；

(3) $y=3^{\sin x}$；　　(4) $y=\arcsin[\lg(2x+1)]$；

(5) $y=\tan\left(2x+\dfrac{\pi}{4}\right)$；　　(6) $y=\ln \sin \mathrm{e}^{x+1}$；

(7) $y=\sqrt{\ln\sqrt{x}}$；　　(8) $y=\cos\sqrt{1+\mathrm{e}^{2x}}$；

(9) $y=\sin^3 5x$；　　(10) $y=(\arctan\sqrt{1-x^2})^2$.

15. 当 $a$ 分别为 2，$\dfrac{1}{2}$，$-2$ 时，表达式 $y=\ln(a-\sin x)$是一个复合函数吗？如果是复合函数，求其定义域.

16. 某商品的需求函数为

$$p=289-\frac{(x+5)^2}{10000},\quad 0\leqslant x\leqslant 1695,$$

其中 $p$ 为单价，$x$ 为销售量.

(1) 求此函数的反函数；

(2) 利用 (1) 的结果求单价为 189 元时的销售量.

17. 设一矩形面积为 $A$，试将周长 $s$ 表示为宽 $x$ 的函数，并求其定义域.

18. 设有容量为 10 $m^3$ 的无盖圆柱形桶，其底用铜制，侧壁用铁制，已知铜价为铁价的 5 倍，试建立做此桶所需费用与桶的底半径 $r$ 之间的函数关系.

19. 脉冲发生器产生一个单三角脉冲，其波形见图 1.20，写出电压 $u$ 与时间 $t$ 的函数关系，并求它的定义域和 $u(5)$、$u(18)$、$u(30)$的值.

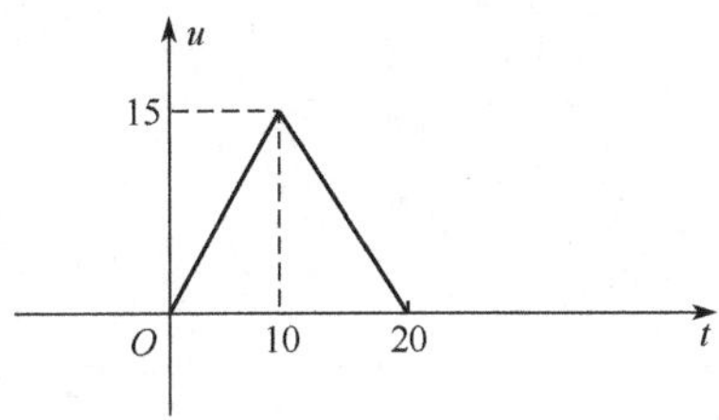


图 1.20

20. 某水渠的横断面是等腰梯形，底宽 $BC$ 为 2 m，边坡 1∶1 (即斜角$\varphi=45°$)，$AD$ 表示水面. 求过水断面的面积 $S$ 与水深 $h$ 的函数关系式 (见图 1.21).

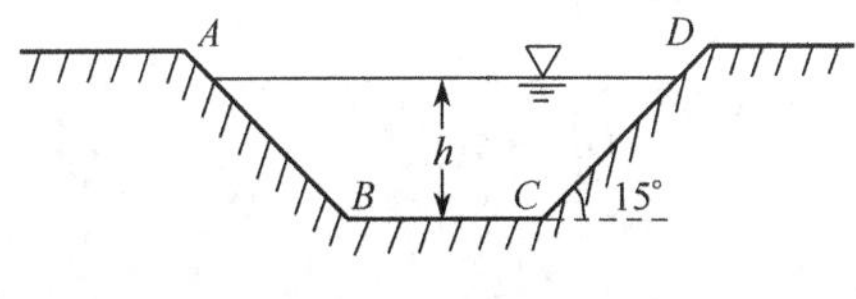


图 1.21

21. 已知生产某产品的可变成本为 0.95 元，固定成本为 6000 元，批发价为 1.69 元：

(1) 将总成本 $C$ 表为销售量 $x$ 的函数；

(2) 将单位平均成本 $\overline{C}=\dfrac{C}{x}$表为 $x$ 的函数；

(3) 要使单位平均成本低于每单位批发价需售出多少单位?

22. 假设银行的存款额正比于存款利率 $r$，且能以 18%的利率贷出，试将银行的利润 $p$ 表为利率 $r$ 的函数.

23. 某化肥厂生产某产品 1000 t (吨)，每吨定价为 130 元，销售量在 700 t 以内时，按原价出售，超过 700 t 时超过的部分需打 9 折出售，试将销售总收益与总销量的函数关系用数学表达式表出.

24. 有一长 1 m 的细杆 (记作 $OAB$)，$OA$ 段长 0.5 m，其线密度 (单位长度细杆的质量) 为 2 kg/m；$AB$ 段长 0.5 m，其线密度为 3 kg/m，设 $P$ 是细杆上任意一点，$OP$ 长为 $x$，质量为 $m$，求 $m=m(x)$的表达式.

**数学中的转折点是笛卡儿的变数，有了变数，运动进入了数学；有了变数，辩证法进入了数学；有了变数，微分和积分也就立刻成为必要的了。**

**恩格斯**

# 第二章　极限与连续

本章对一元函数引入极限的概念. **极限**是研究在自变量变化的某一特定过程中函数的变化趋势. 它是高等数学中的一些基本概念，如连续性、微分、积分和无穷级数等的基础. 极限的思想方法贯穿于高等数学的始终，且在数学的各种分支中有着基本的重要性. 因此，掌握好本章的内容是学习好微积分的关键.

## 第一节　极限的定义与性质

### 1. 数列的极限

中学数学中已讲过数列，所以我们先从它讲起.

**定义 2.1**　无穷多个实数按一定次序排成一列

$$x_1, x_2, \cdots, x_n, \cdots,$$

称它为**无穷数列**，简称为**数列**，且可简记为 $\{x_n\}$. $x_n$ 称为数列的**一般项或通项**，$n$ 为它的下标或足码，通常取相继的自然数，若数列的首项下标为 1，则第几项的下标即为几. 有时首项的下标也可从零开始或从某一自然数开始.

例如：

$$\frac{2}{1}, \frac{3}{2}, \frac{4}{3}, \cdots, \frac{n+1}{n}, \cdots, \tag{2.1}$$

$$2, 4, 6, \cdots, 2n, \cdots, \tag{2.2}$$

$$1, \frac{1}{2}, \frac{1}{4}, \cdots, \frac{1}{2^n}, \cdots, \tag{2.3}$$

$$1, -1, 1, \cdots, (-1)^n, \cdots \tag{2.4}$$

都是数列. 依通项的写法，级数 (2.1)、(2.2) 的首项足码为 1，(2.3)、(2.4) 的首项足码则为 0.

在数轴上（如图 1.1)，数列 $\{x_n\}$ 对应为一个无穷点列. 当然

数列也可看成是以 $n$ 为自变量定义于正整数集 $Z$ 上的一个函数$y_n=f(n)=x_n$.

现来考察数列（2.1）随着 $n$ 增大时的变化趋势，由下表可见，随着 $n$ 的无限增大，$x_n$ 将无限接近于 1. 这反映了在 $n$ 无限增大的过程中该数列的变化趋势. 对每个数列我们考察的都是 $n$ 无限增大这个特定过程，称为 **$n$ 趋向于无穷**，记作 $n\to\infty$. 这时数列（2.1）的 $x_n$ 无限接近 1，称为 **$x_n$ 趋向于 1**，记作 $x_n\to 1$.

| $n$ | 1 | 2 | … | 100 | $10^3$ | $10^4$ | $10^5$ | … |
|---|---|---|---|---|---|---|---|---|
| $x_n$ | $\frac{2}{1}$ | $\frac{3}{2}$ | … | 1.01 | 1.001 | 1.0001 | 1.00001 | … |

我们知道，两个数 $a$ 和 $b$ 的接近程度可用数轴上它们对应的点的距离，亦即$|a-b|$来衡量，$|a-b|$越小，$a$ 和 $b$ 就越接近. 对数列（2.1）的 $x_n$ 来说，$x_n$ 与 1 的接近程度为$|x_n-1|=\frac{1}{n}$，因此 $x_n$ 趋向于 1 就是指：$|x_n-1|$可小于任意一个给定的正数 $\varepsilon$，只要 $n$ 足够大. 例如，若要$|x_n-1|<0.1$，只要 $n>10$，要 $|x_n-1|<0.01$，只要 $n>100$，…，要 $|x_n-1|<0.00001$，只要 $n>10^5$，…. 这时我们就称数列$\left\{\frac{n+1}{n}\right\}$当 $n\to\infty$ 时以 1 为极限. 一般地，有如下定义.

**定义 2.2** 对于数列 $\{x_n\}$，若存在常数 $a$，使对任意给定的 $\varepsilon>0$，总存在正整数 $N$，当 $n>N$ 时，恒有

$$|x_n-a|<\varepsilon,$$

则称 $n\to\infty$时，数列 $\{x_n\}$ **以 $a$ 为极限**，亦称为数列 $\{x_n\}$ **收敛于 $a$**. 记为

$$\lim_{n\to\infty} x_n=a,\quad \text{或}\quad x_n\to a\quad (n\to\infty\text{时}). \tag{2.5}$$

如果不存在具上述性质的数 $a$，则称数列 $\{x_n\}$ **无极限**，或数列 $\{x_n\}$ 为**发散**. 存在极限的数列也称为**收敛数列**，或说它是**收敛的**.

这种数列极限的思想在我国有久远的历史，如公元前 3 世纪道家思想的代表人物庄子在《天下篇》中就有“一尺之棰，日取其半，万世不竭”的著名论述. 把它数量化实际上就反映为数列（2.3）无限趋向于零（但不等于零）的过程. 数列极限的上述严格定义（通常称

为ε-$N$语言）是在牛顿（Newton）-莱布尼兹（Leibniz）17 世纪创立微积分以后约 150 年才建立起来的，现在为世界各国数学家所共同采用.

定义 2.2 的几何意义为：在数轴上存在点 $a$，任意给定 $a$ 的 ε 邻域（$a-\varepsilon$，$a+\varepsilon$），总存在正整数 $N$，使数列 $\{x_n\}$ 从第（$N+1$）项开始，每一项所对应的点全部落在上述邻域内，如图 2.1 所示.

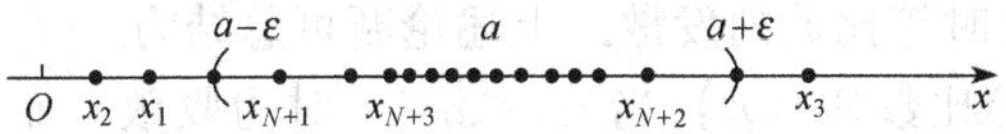

图 2.1

**［例 1］** 用 ε-$N$ 语言证明 $\lim\limits_{n\to\infty}\dfrac{1}{n}=0$.

**证** 对任意给定的正数 ε，由

$$|x_n-0|=\frac{1}{n}<\varepsilon,$$

要此式成立，只要 $\dfrac{1}{\varepsilon}<n$ 即可. 因为 $\dfrac{1}{\varepsilon}$ 未必为整数，故取 $N=\left[\dfrac{1}{\varepsilon}\right]$（记号 $[a]$ 代表数 $a$ 的整数部分），则当 $n>N$ 时，必有 $|x_n-0|<\varepsilon$，依定义 2.2，已证得

$$\lim_{n\to\infty}\frac{1}{n}=0.$$

由此也就严格证明了对数列（2.1），有 $\lim\limits_{n\to\infty}\dfrac{n+1}{n}=1$.

**［例 2］** 证明数列（2.3）收敛.

**证** 对任意给定的正数 ε，由

$$|x_n-0|=\frac{1}{2^n}<\varepsilon,$$

要它成立，只要 $\dfrac{1}{\varepsilon}<2^n$，即 $\dfrac{\ln\frac{1}{\varepsilon}}{\ln 2}<n$ 即可. 注意，描述无限接近过程的 ε 通常都是取很小的数，故一般 $\varepsilon<1$，因此 $0<\ln\dfrac{1}{\varepsilon}$. 只要取 $N=\left[\dfrac{\ln\frac{1}{\varepsilon}}{\ln 2}\right]$，则当 $n>N$ 时，$|x_n-0|<\varepsilon$. 故 $\left\{\dfrac{1}{2^n}\right\}$ 收敛.

一般地，对公比为 $q$（可以是负数且 $|q|<1$）的等比数列 $\{q^n\}$，类似于例 2 可证它收敛于 0．但当 $|q|>1$ 时，易见 $q^n$ 不可能趋向于任何有限数 $a$，故这时等比数列 $\{q^n\}$ 发散；$q=1$，则为数列 $\{1\}$，即 $x_n\equiv 1$，故 $\lim\limits_{n\to\infty} x_n=1$，数列收敛．$q=-1$，对应于数列 (2.4)（其中 $n$ 从 0 开始），在任意项 $N$ 之后，$\{(-1)^n\}$ 既要取值 1（$n$ 为偶的项），又要取值 $-1$（$n$ 为奇的项）．因此它不能以某一实数为极限．故这时等比数列发散．上述论断可总结为．

**［例 3］** 等比数列 $\{q^n\}$ 当 $-1<q\leqslant 1$ 时为收敛，而当 $q=-1$ 或 $1<|q|$ 时为发散．

数列（2.2）显然也是发散的，因为当 $n\to\infty$ 时 $2n$ 也 $\to\infty$，且为 $+\infty$，这种发散于 $+\infty$ 的数列属于后面所述的无穷大量．特记为 $\lim\limits_{n\to\infty} 2n=+\infty$．此式右端若把‘+’号去掉，则代表可正可负的无穷大．例如当 $q<-1$ 时的等比数列就是这种情况，这时 $q^n$ 在正、负数之间摆动，且其绝对值随 $n$ 增大而越来越大，记作 $\lim\limits_{n\to\infty} q^n=\infty$．

**2. 函数的极限**

考虑数列极限时，基本变化过程为 $n\to\infty$．对应到连续变量 $x$ 的函数 $f(x)$，则自变量 $x$ 就可以有多种过程．与 $n\to\infty$ 相当可以让 $x\to+\infty$，也可让 $x\to-\infty$．在某些函数极限问题中，还应考虑 $x$ 不定号地趋于无穷的过程，即 $x$ 可正可负而 $|x|\to+\infty$，这一过程记为 $x\to\infty$．所以连续变量 $x$ 无限增大的基本过程有三类：$x\to+\infty$，$x\to-\infty$ 和 $x\to\infty$．此外，经常要考虑对实常数 $a$，$x\to a$ 的过程．

下面分别来讨论自变量 $x$ 在这四种变化过程中，函数 $f(x)$ 的极限问题．首先对 $x\to+\infty$ 的情况与数列极限 $n\to\infty$ 相应有如下定义．

**定义 2.3** 设 $f(x)$ 在区间 $[a,+\infty)$ 上有定义，其中 $a$ 为某一确定的数．若存在常数 $A$，使对任意给定的正数 $\varepsilon$，存在正数 $M>a$，当 $x>M$ 时总有

$$|f(x)-A|<\varepsilon,$$

则称 $x\to+\infty$ 时，函数 $f(x)$ **以 A 为极限**，记作

$$\lim_{x\to+\infty} f(x)=A, \quad \text{或} \quad f(x)\to A\ (\text{当 } x\to+\infty).$$

对 $x\to-\infty$ 的过程，则须要求 $f(x)$ 在区间 $(-\infty,b]$ 上有定义．将上述定义中的“当 $x>M$ 时”改变为“当 $x<-M$ 时”就得到 $x\to$

$-\infty$时函数 $f(x)$以 $A$ 为极限的定义. 相应记为

$$\lim_{x \to -\infty} f(x)=A, \quad 或 \quad f(x) \to A\ (当\ x \to -\infty).$$

对 $x \to \infty$的过程，则须要求 $f(x)$在$|x| \geqslant R$ ($R$ 为某一确定的正数) 上有定义. 把定义 2.3 中"当 $x>M$ 时"改变为"当$|x|>M$ 时"，即可得出 $x \to \infty$时函数 $f(x)$以 $A$ 为极限的定义. 这时记为

$$\lim_{x \to \infty} f(x)=A, \quad 或 \quad f(x) \to A\ (当\ x \to \infty).$$

以上定义的叙述方式，常称为 $\varepsilon$-$M$ 语言. 另外，由上述定义易得如下关系：

$\lim\limits_{x \to \infty} f(x)=A$ 的充分必要条件是 $\lim\limits_{x \to +\infty} f(x)=\lim\limits_{x \to -\infty} f(x)=A.$

**[例 4]** 用 $\varepsilon$-$M$ 语言证明 $\lim\limits_{x \to \infty} \dfrac{3x+1}{2x}=\dfrac{3}{2}.$

**证** 给定的任意正数 $\varepsilon$，让

$$\left|\frac{3x+1}{2x}-\frac{3}{2}\right|=\left|\frac{1}{2x}\right|<\varepsilon,$$

要它成立，只要 $\dfrac{1}{2\varepsilon}<|x|$ 即可. 故取 $M=\dfrac{1}{2\varepsilon}$，则当 $|x|>M$ 时，$\left|\dfrac{3x+1}{2x}-\dfrac{3}{2}\right|<\varepsilon$. 故有 $\lim\limits_{x \to \infty}\dfrac{3x+1}{2x}=\dfrac{3}{2}.$

**[例 5]** 考察 $\lim\limits_{x \to \infty} \arctan x$ 是否存在?

**解** 由图 1.18 所示的 $\arctan x$ 的性质可知 $x \to +\infty$时 $f(x) \to \dfrac{\pi}{2}$；$x \to -\infty$时 $f(x) \to -\dfrac{\pi}{2}$. 故 $\lim\limits_{x \to \infty} \arctan x$ 不存在.

下面来考虑 $x$ 趋向于有限数 $a$ 的情况. 设函数 $f(x)$在 $a$ 点的某空心邻域内有定义（注意 $f(a)$有无定义可以不管它）. 现在讨论当 $x$ 无限接近 $a$ 时，对应的函数值 $f(x)$的变化情况. 先看几个例子.

**[例 6]** $f(x)=x^2$，由 $y=x^2$ 的图形为通过原点的抛物线可知：当 $x \to 0$ 时 $f(x)$越来越接近 0.

**[例 7]** $f(x)=\dfrac{1}{x}$，此函数图形为双曲线，如图 2.2. 同样取 $a=0$，考察 $x \to 0$ 的

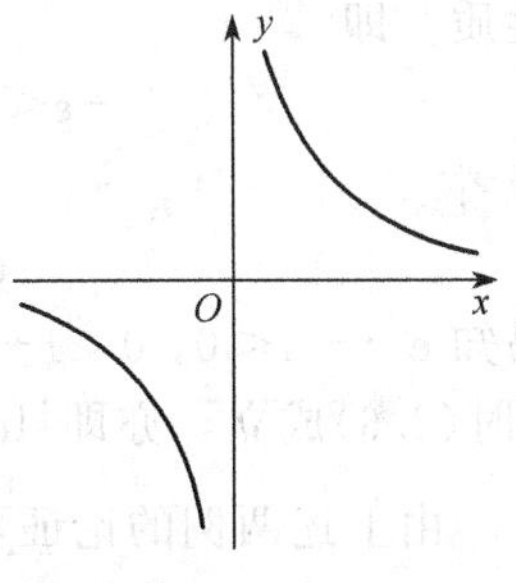

图 2.2

过程. $f(0)$无意义，当 $x$ 大于零而趋于零时，$f(x)$无限增大；当 $x$ 小于零而趋于零时，$f(x)$无限减小，即趋于$-\infty$.

这两例说明，在 $x\to 0$ 的同一过程中，这两个函数有截然不同的变化趋势，反映了在 $x=0$ 的邻近这两个函数截然不同的形态. 为了研究函数 $f(x)$在 $x\to a$ 的过程中的变化趋势，我们引入下述定义.

**定义 2.4** 设函数 $f(x)$在 $a$ 点的某空心邻域内有定义，若存在实数 $A$，使对任给的 $\varepsilon>0$，存在 $\delta>0$，当 $0<|x-a|<\delta$ 时，总有

$$|f(x)-A|<\varepsilon$$

成立，则称当 $x\to a$ 时 $f(x)$ **以 A 为极限**，或说 $f(x)$的极限为 $A$. 记作

$$\lim_{x\to a} f(x)=A, \quad 或 \quad f(x)\to A\ (当\ x\to a).$$

函数极限概念的这种叙述方式常称为 $\varepsilon$-$\delta$ 语言.

例 6 就是说：$x\to 0$ 时，$x^2\to 0$，写成极限式，即有

$$\lim_{x\to 0} x^2=0.$$

用 $\varepsilon$-$\delta$ 语言加以严格证明：任给 $\varepsilon>0$，要使$|x^2-0|=x^2<\varepsilon$，只要$|x|<\sqrt{\varepsilon}$即可. 故取 $\delta=\sqrt{\varepsilon}$，则 $0<|x|<\delta$ 时$|x^2-0|<\varepsilon$，证毕.

还可注意一点，定义中的“当 $0<|x-a|<\delta$ 时”说明在 $x\to a$ 的过程中 $x$ 不能取 $a$ 值. 也就是说，我们研究 $x\to a$ 时 $f(x)$的变化趋势与 $f(x)$在 $a$ 点的值无关，甚至 $f(a)$可以无定义. 这就是定义 2.4 一开始只假设 $f(x)$在 $a$ 的**空心**邻域有定义的缘由.

**[例 8]** 证明 $\lim\limits_{x\to 1}\ln x=0$.

**证** 任给 $\varepsilon>0$. 要使$|\ln x-0|=|\ln x|<\varepsilon$，由绝对值的性质，即

$$-\varepsilon<\ln x<\varepsilon，亦即\ e^{-\varepsilon}<x<e^{\varepsilon}.$$

或者

$$e^{-\varepsilon}-1<x-1<e^{\varepsilon}-1. \tag{2.6}$$

易知 $e^{-\varepsilon}-1<0$，$0<1-e^{-\varepsilon}<e^{\varepsilon}-1$. 故取 $\delta=1-e^{-\varepsilon}$，则当$|x-1|<\delta$ 时(2.6)成立，亦即$|\ln x-0|<\varepsilon$ 成立. 依定义 2.4，$\lim\limits_{x\to 1}\ln x=0$.

由上述两例的论证可见，定义中的 $\delta$ 依赖于 $\varepsilon$，$\varepsilon$ 越小时，也就要求 $\delta$ 要越小，才能保证$|f(x)-A|<\varepsilon$ 成立.

$x \to a$ 的过程中 $x$ 的取值既可大于 $a$，也可小于 $a$. 在 $x$ 轴上看即 $x$ 从 $a$ 的两侧趋于 $a$，故称为**双侧**极限. 但根据研究某些函数的需要有时只能考虑 $x$ 从大于 $a$ 的一侧趋于 $a$(即右侧，例如对于函数定义区间的左端点为有限数时就属于这种情况)，这样的过程记为 $x \to a^+$；同样如果只考虑 $x$ 从小于 $a$ 的一侧趋于 $a$(即左侧)，此过程简记为 $x \to a^-$. 对应于这两种过程，把定义 2.4 中"当 $0<|x-a|<\delta$ 时"改为 $a<x<a+\delta$ （或 $a-\delta<x<a$)，则满足定义要求的数 $A$ 称为 $f(x)$的**右(或左)极限**，记作

$$\lim_{x \to a^+} f(x)=A \quad (\text{或} \lim_{x \to a^-} f(x)=A), \quad \text{或者}$$

$$f(x) \to A\ (\text{当}\ x \to a^+) \quad (\text{或}\ f(x) \to A\ (\text{当}\ x \to a^-)).$$

左、右极限统称为**单侧极限**.

例如对函数 $y=\sqrt{x}$，其定义域为$[0,+\infty)$，故在 $x=0$ 处只能考虑右极限 $\lim\limits_{x \to 0^+} \sqrt{x}$；对函数 $y=\sqrt{-x}$，则只能考虑左极限 $\lim\limits_{x \to 0^-} \sqrt{-x}$. 显然，这两个单边极限值都是 0，请读者用 ε-δ 语言自证之.

由单侧极限的定义及定义 2.4，易证明下述定理.

**定理 2.1** $x \to a$ 时 $f(x)$以 $A$ 为极限的充分必要条件(以后简称为充要条件并用"$\Longleftrightarrow$"表示)是 $x \to a^+$，$x \to a^-$ 时两单侧极限均存在且都等于 $A$. 利用记号可写成：

$$\lim_{x \to a} f(x)=A \Longleftrightarrow \lim_{x \to a^-} f(x)=\lim_{x \to a^+} f(x)=A.$$

**[例 9]** 给定分段函数 $f(x)=\begin{cases} 4-x, & x \leqslant 1, \\ x+2, & x>1. \end{cases}$ 考察 $\lim\limits_{x \to 1} f(x)$ 存在否？

**解** 由于在 $x=1$ 的两侧，函数 $f(x)$的定义式不相同，故分别考虑左右极限，类似于例 6，易得

$$\lim_{x \to 1^-} f(x)=\lim_{x \to 1^-}(4-x)=3,$$

$$\lim_{x \to 1^+} f(x)=\lim_{x \to 1^+}(x+2)=3.$$

由定理 2.1 知，$x \to 1$ 时 $f(x)$存在极限，且 $\lim\limits_{x \to 1} f(x)=3$. 图 2.3 也说明

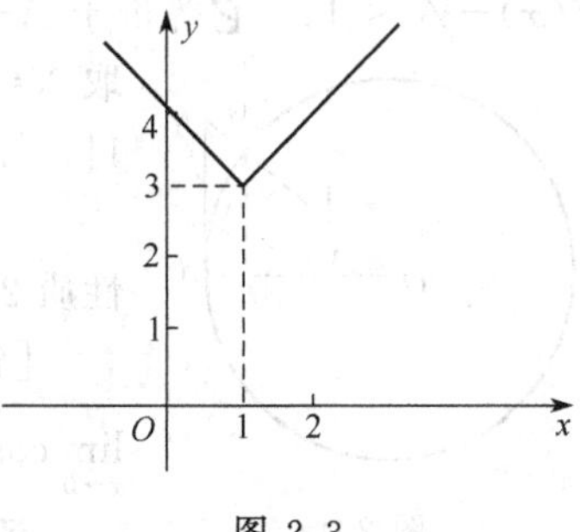

图 2.3

了这一结果.

**3. 极限的性质**

以上给出了自变量$x$变化的各种不同过程中函数$f(x)$的极限的定义. 下面所给出的有关极限的性质适用于任一种特定的过程. 因此以下为了叙述简洁，极限过程常统一用 $\boldsymbol{x\to\alpha}$ 表示，其中$\alpha$可以代表数$a$，或 $\infty$，$+\infty$ 和 $-\infty$.

**性质 1** $\lim\limits_{x\to\alpha}C=C$，即常函数$y=C$的极限就是它自身.

**性质 2** 若 $\lim\limits_{x\to\alpha}f(x)=A$，则在$\alpha$的某邻域$U$内，$f(x)$有界，即存在$N>0$，使$|f(x)|\leqslant N$，$x\in U$.

**性质 3** 若 $\lim\limits_{x\to\alpha}f(x)=A$，且$A>0$(或$A<0$)，则存在$\alpha$的邻域$U$，使对一切$x\in U$，有$f(x)>0$ (或$f(x)<0$).

**性质 4** 若在$\alpha$的邻域$U$内，$f(x)\geqslant 0$ (或$\leqslant 0$)，且$\lim\limits_{x\to\alpha}f(x)=A$，则$A\geqslant 0$(或$A\leqslant 0$).

**性质 5** 若在$\alpha$的邻域$U$内，$g(x)\leqslant f(x)\leqslant h(x)$，且$\lim\limits_{x\to\alpha}g(x)=\lim\limits_{x\to\alpha}h(x)=A$，则$\lim\limits_{x\to\alpha}f(x)=A$.

在以上叙述中，随$\alpha$的不同，邻域$U$的含意也不同：当$\alpha=a$(实数)时，$U=\{x|0<|x-a|<\delta\}$，当$\alpha=+\infty$时，$U=\{x|x>M\}$，当$\alpha=-\infty$时，$U=\{x||x<-M\}$，当$\alpha=\infty$时，$U=\{x||x|>M\}$，其中$\delta$，$M$为确定的正常数.

性质 1 是显然的，现来证明性质 2，其他几条性质的证明从略，请读者自行证之.

由 $\lim\limits_{x\to\alpha}f(x)=A$. 对$\varepsilon=1$，存在$\delta>0$，使$0<|x-\alpha|<\delta$时，有$|f(x)-A|<1$，它等价于$A-1<f(x)<A+1$.

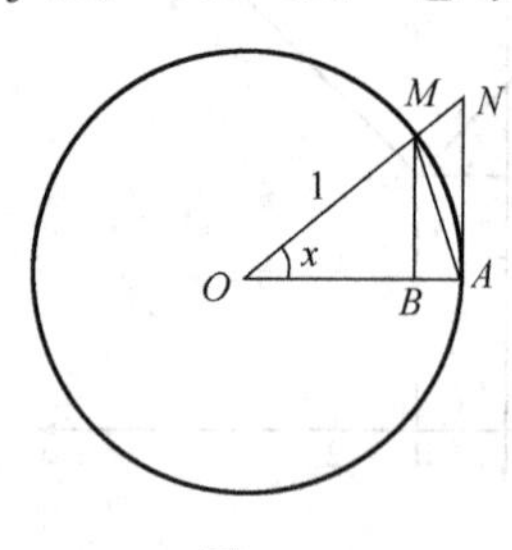

图 2.4

取$N=\max\{|A-1|, |A+1|\}$(指两数$|A-1|$，$|A+1|$中的较大者)，则必有

$$|f(x)|<N.$$

性质 2 证毕.

[**例 10**] 利用性质 5 证明 $\lim\limits_{x\to 0}\sin x=0$ 和 $\lim\limits_{x\to 0}\cos x=1$.

**证** 如图 2.4，画出单位圆扇形机 $OAM$,

中心角为 $x$，$0<x<\frac{\pi}{2}$. 由 $\sin x=\overline{MB}<\overline{MA}<\overset{\frown}{MA}$ 得知

$$0<\sin x<x; \tag{2.7}$$

对 $-\frac{\pi}{2}<-x<0$，由函数 $\sin x$，$x$ 的奇性知

$$-x<-\sin x<0. \tag{2.8}$$

由式(2.7)、式(2.8)得知

$$-|x|<\sin x<|x|,\ x\in\left(-\frac{\pi}{2},\ \frac{\pi}{2}\right). \tag{2.9}$$

当 $x\to 0$ 时，不等式(2.9)两边均趋于零，由性质 5 知 $\lim\limits_{x\to 0}\sin x=0$. 又

$$0<|\cos x-1|=1-\cos x=2\sin^2\frac{x}{2}<2\left(\frac{x}{2}\right)^2=\frac{x^2}{2}.$$

即

$$0<1-\cos x<\frac{x^2}{2}.$$

$x\to 0$ 时，$\frac{x^2}{2}\to 0$，由性质 5 可得 $\lim\limits_{x\to 0}(1-\cos x)=0$，故

$$\lim_{x\to 0}\cos x=1.$$

**[例 11]** 证明 $\lim\limits_{x\to 0}\frac{\sin x}{x}=1$.

**证** 由图 2.4 可知(其中 $\overline{AN}$ 与圆弧相切于点 $A$)

扇形 $\bigtriangledown OAM$ 的面积 $=\frac{1}{2}x<\triangle OAN=\frac{1}{2}\tan x$.

连同不等式(2.7)得到

$$\frac{1}{2}\sin x<\frac{1}{2}x<\frac{1}{2}\tan x,\quad 0<x<\frac{\pi}{2}.$$

将上式乘以 $\frac{2}{\sin x}$，再颠倒过来，得到

$$\cos x<\frac{\sin x}{x}<1,\quad 0<x<\frac{\pi}{2}. \tag{2.10}$$

由偶函数的性质知式(2.10)对 $-\frac{\pi}{2}<x<0$ 亦成立. 又由上例 $\lim\limits_{x\to 0}\cos x=1$，故利用性质 5，就证明了

$$\lim_{x\to 0}\frac{\sin x}{x}=1. \tag{2.11}$$

在下一节极限的计算中可以看出它是一个很重要的极限式.

**4. 无穷小与无穷大**

(1) 无穷小　如果当 $x \to \alpha$ 时函数 $f(x)$ 以零为极限，则称 $f(x)$ 为 $x \to \alpha$ 过程中的**无穷小量**，简称**无穷小**. 亦即在极限定义中，若 $A=0$，就得出无穷小的定义. 简单地说，它是 $x \to \alpha$ 过程中任意变小的量.

例如，上述 $\sin x$，$\cos x-1$ 都是 $x \to 0$ 时的无穷小，又如，$\lim\limits_{x \to 1}(x-1)=0$，故 $x-1$ 是 $x \to 1$ 时的无穷小. 在极限理论中，无穷小是一种很重要的特殊情况. 以后可以看到在许多论证和求极限问题中，最终归结为对具体无穷小的分析，而微分与积分的概念的本质就是对无穷小加以分析研究.

特别要注意一点，无穷小是指一个变量，决不可把它与很小的数(是一常量)混为一谈. 当然依照上述定义，常函数 0 可看作是无穷小.

无穷小与一般函数极限的关系体现为下述明显的定理.

**定理 2.2**　当 $x \to \alpha$ 时 $f(x)$ 以 $A$ 为极限的充要条件是 $f(x)=A+\beta(x)$，其中 $\beta(x)$ 为 $x \to \alpha$ 时的无穷小.

(2) 无穷大　在 $x \to \alpha$ 时不存在极限的这一类函数之中，把常要遇到的几种特殊情况单独列出来，以便于应用. 这就是无穷大量的概念. 有下列三种情况:

当 $x \to \alpha$ 时，$f(x)$ 到"后来"(即 $x$ 很接近 $\alpha$ 以后)恒取正值，且无限增大，则称 $f(x)$ 为 $x \to \alpha$ 时的**正无穷大量**，简称为**正无穷大**，记作 $\lim\limits_{x \to \alpha} f(x)=+\infty$;

当 $x \to \alpha$ 时，$f(x)$ 到后来恒取负值，且 $-f(x)$ 无限增大，则称 $f(x)$ 为 $x \to \alpha$ 时的**负无穷大量**，简称为**负无穷大**，记作 $\lim\limits_{x \to \alpha} f(x)=-\infty$;

当 $x \to \alpha$ 时，$f(x)$ 到后来取值可正可负，而 $|f(x)|$ 无限增大，则称 $f(x)$ 为**不定号无穷大量**，简称为**不定号无穷大**，记作 $\lim\limits_{x \to \alpha} f(x)=\infty$.

例如，显然有：$\lim\limits_{x \to 0}\dfrac{1}{x^2}=+\infty$，$\lim\limits_{x \to 1}\dfrac{-1}{(x-1)^2}=-\infty$，$\lim\limits_{x \to 1}\dfrac{1}{x-1}=\infty$.
从这些例子也可看出，无穷大与无穷小之间有着(互为)倒数的关系，更精确地表述为如下.

**定理 2.3** 设 $\lim\limits_{x\to\alpha} f(x)=\infty$，则 $\lim\limits_{x\to\alpha}\dfrac{1}{f(x)}=0$；反之，如 $\lim\limits_{x\to\alpha} g(x)=0$，且 $x$ 很接近 $\alpha$ 以后，$g(x)\neq 0$，则 $\lim\limits_{x\to\alpha}\dfrac{1}{g(x)}=\infty$.

分析具体的无穷小和无穷大的性态，实际上就是要考察它们趋向于 0 或$\infty$时的速度. 在数学上这就体现为**阶**的概念. 例如 $3x$ 与 $x^2$ 当 $x\to 0$ 时均为无穷小，但在 $|x|$ 无限减小的过程中，$3x$ 比 $x^2$ 接近极限值 0 的速度要慢，或反过来说 $x^2$ 比 $3x$ 接近 0 的速度要快. 这是因为，例如 $x$ 取值 0.01，$3x$ 取值为 0.03，$x^2$ 取值为 0.0001；当 $x=0.001$ 时则 $3x=0.003$，而 $x^2=0.000001$. 从这两组函数值比较可知，$x^2$ 显然比 $3x$ 趋向于 0 的速度要快多了.

**定义 2.5** 设 $x\to\alpha$ 时 $f(x)$，$g(x)$ 为无穷小，如果 $\lim\limits_{x\to\alpha}\dfrac{g(x)}{f(x)}=0$，则称 $g(x)$ 是比 $f(x)$ **高阶的无穷小**，记作 $g(x)=o(f(x))$，如果 $\lim\limits_{x\to\alpha}\dfrac{g(x)}{f(x)}=\infty$，则称 $g(x)$ 是比 $f(x)$ **低阶的无穷小**，如果 $\lim\limits_{x\to\alpha}\dfrac{f(x)}{g(x)}=C\neq 0$，则称 $g(x)$ 与 $f(x)$ 为**同阶无穷小**，特别当 $C=1$ 时，即 $\lim\limits_{x\to\alpha}\dfrac{g(x)}{f(x)}=1$，则称 $g(x)$ 与 $f(x)$ 为**等价无穷小**，记作 $g(x)\sim f(x)$.

如上所说的例子，$x\to 0$ 时 $x^2$ 是比 $3x$ 高阶的无穷小，即 $x^2=o(3x)$，或说 $3x$ 是比 $x^2$ 低阶的无穷小. 由 $\lim\limits_{x\to 1}\dfrac{x^2-1}{x-1}=\lim\limits_{x\to 1}(x+1)=2$，因此 $x^2-1$ 与 $x-1$ 为同阶无穷小(当 $x\to 1$ 时). 由式(2.11)可知 $x\to 0$ 时 $\sin x$ 与 $x$ 为等价无穷小，即 $\sin x\sim x$. $x$，$3x$，$\sin x$ 常称为 $x\to 0$ 过程中的**一阶**无穷小，$x^2$ 为**二阶**无穷小，以此类推.

关于无穷大有类似的比较. 设 $x\to\alpha$ 时 $f(x)$，$g(x)$ 均为无穷大. 若 $\lim\limits_{x\to\alpha}\dfrac{g(x)}{f(x)}=\infty$，则称 $g(x)$ 是比 $f(x)$ **高阶的无穷大**，或说 $f(x)$ 是比 $g(x)$ **低阶的无穷大**，可记作 $f(x)=o(g(x))$，若 $\lim\limits_{x\to\alpha}\dfrac{g(x)}{f(x)}=C\neq 0$，则称 $f(x)$ 与 $g(x)$ 为**同阶无穷大**，特别 $C=1$ 时，$f(x)$ 与 $g(x)$ 为**等价无穷大**，记作 $f(x)\sim g(x)$.

无穷小、无穷大都是一些特定的极限，关于其运算性质我们放在下一节极限的运算中去讲.

## 第二节 极限的计算、两个重要极限

**1. 极限的运算性质**

从第一节可以看到，对一些简单的函数的极限，可以先观察出它的极限值 $A$，再用极限的定义去证明 $f(x)$确实以 $A$ 为极限. 但对于稍微复杂一点的函数，这样做往往是难以办到的. 因此对于求具体函数的极限，须要建立一定的方法. 本段先对极限问题的运算性质给出一些基本的定理，在下一段再给出许多例题，说明如何把这些定理用于计算具体的极限.

先给出关于无穷小的一些运算性质.

**定理 2.4** 有限个无穷小之和(或差)仍为无穷小.

**证** 先就 $x\to a$(实数)的过程中的两个无穷小 $\alpha$，$\beta$ 来证明结论. 任给 $\varepsilon>0$，因 $\alpha$ 为无穷小，即以 0 为极限，故对$\frac{\varepsilon}{2}$，存在 $\delta_1>0$，使 $0<|x-a|<\delta_1$ 时，

$$|\alpha|<\frac{\varepsilon}{2}.$$

同样对无穷小 $\beta$ 及$\frac{\varepsilon}{2}$，有 $\delta_2>0$，使$0<|x-a|<\delta_2$ 时

$$|\beta|<\frac{\varepsilon}{2}.$$

取 $\delta=\min(\delta_1,\delta_2)$，则当 $0<|x-a|<\delta$ 时，上面两个不等式均成立. 从而

$$|\alpha+\beta|\leqslant|\alpha|+|\beta|<\varepsilon.$$

这就证明了 $\alpha+\beta$ 为无穷小. 又 $\alpha$，$-\beta$ 为无穷小，故 $\alpha+(-\beta)=\alpha-\beta$ 亦为无穷小. 对 $x\to\infty$ 等过程的论证只需把 $0<|x-a|<\delta$ 改为相应的集合 $|x|>M$ 等即可.

以上证明易于推广到有限个无穷小的和(或差)的情况.

**定理 2.5** 有界函数与无穷小之积为无穷小.

**证** 设 $\alpha$ 为 $x\to a$ 时的无穷小，函数 $f(x)$在 $a$ 的邻域$(a-\delta_1$，

$a+\delta_1$)内为有界，即$|f(x)|\leqslant M$，其中 $M$ 为正常数．任给 $\varepsilon>0$，对 $\frac{\varepsilon}{M}$有 $\delta_2>0$，使 $0<|x-a|<\delta_2$ 时

$$|\alpha|<\frac{\varepsilon}{M}.$$

取 $\delta=\min(\delta_1,\delta_2)$，则当 $0<|x-a|<\delta$ 时，有

$$|\alpha f(x)|=|\alpha|\cdot|f(x)|<\frac{\varepsilon}{M}\cdot M=\varepsilon.$$

［**例 1**］ $\lim\limits_{x\to 0}x\sin\frac{1}{x}=0$.

**解** 因$\left|\sin\frac{1}{x}\right|\leqslant 1$，由定理 2.5 可知 $x\sin\frac{1}{x}$为无穷小.

**推论 1** 常数与无穷小的乘积仍为无穷小.

**推论 2** 有限多个无穷小的乘积为无穷小.

下面来给出关于一般极限的运算法则.

**定理 2.6** 设 $\lim\limits_{x\to\alpha}f(x)=A$，$\lim\limits_{x\to\alpha}g(x)=B$，则：① $\lim\limits_{x\to\alpha}(f(x)\pm g(x))=A\pm B$；② $\lim\limits_{x\to\alpha}f(x)g(x)=AB$.

**证** 由定理 2.2 知 $f(x)=A+u(x)$，$g(x)=B+v(x)$，其中 $u(x)$，$v(x)$为 $x\to\alpha$ 时的无穷小，故

$$f(x)\pm g(x)=A+u(x)\pm(B+v(x))=A\pm B+u(x)\pm v(x).$$

由定理 2.4 可知 $u(x)\pm v(x)$为无穷小，再由定理 2.2 的充分性得知 $\lim\limits_{x\to\alpha}(f(x)\pm g(x))=A\pm B$. ①得证，②的证明由读者自己给出.

此定理说明两个函数相加、减、乘之后所得的函数的极限分别等于各自求极限后相加、减、乘. 这种结论显然对有限个函数的情况仍成立. 例如，

$$\begin{aligned}\lim_{x\to\alpha}(f(x)\cdot g(x)\cdot h(x))&=\lim_{x\to\alpha}[(f(x)g(x))\cdot h(x)]\\&=\lim_{x\to\alpha}(f(x)g(x))\cdot\lim_{x\to\alpha}h(x)\\&=\lim_{x\to\alpha}f(x)\cdot\lim_{x\to\alpha}g(x)\cdot\lim_{x\to\alpha}h(x).\end{aligned}$$

**推论 1** $\lim\limits_{x\to\alpha}(Cf(x))=C\lim\limits_{x\to\alpha}f(x)$，其中 $C$ 为常数.

**推论 2** $\lim\limits_{x\to\alpha}[f(x)]^n=[\lim\limits_{x\to\alpha}f(x)]^n$，其中 $n$ 为自然数.

**定理 2.7** 设 $\lim\limits_{x\to a}f(x)=A$，$\lim\limits_{x\to a}g(x)=B$，且 $B\neq 0$，则 $\lim\limits_{x\to a}\dfrac{f(x)}{g(x)}=\dfrac{A}{B}$.

**证** 就 $x\to a$ 的过程来证. 由定理 2.2 知 $f(x)=A+u(x)$，$g(x)=B+v(x)$，其中 $u(x)$，$v(x)$ 为 $x\to a$ 时的无穷小. 记

$$w(x)=\frac{f(x)}{g(x)}-\frac{A}{B}=\frac{A+u(x)}{B+v(x)}-\frac{A}{B}$$

$$=\frac{1}{B(B+v(x))}(Bu(x)-Av(x)). \qquad (2.12)$$

式(2.12)中 $Bu(x)-Av(x)$ 为无穷小(由定理 2.4 及定理 2.5 的推论 1). 现证 $\dfrac{1}{B(B+v(x))}$ 为有界. 因 $v(x)$ 为无穷小，故对正数 $\dfrac{|B|}{2}$，存在 $\delta>0$，使 $0<|x-a|<\delta$ 时

$$|v(x)|<\frac{|B|}{2}.$$

从而

$$\frac{|B|}{2}<|B|-|v(x)|\leqslant|B+v(x)|.$$

因此

$$\left|\frac{1}{B(B+v(x))}\right|=\frac{1}{|B|}\cdot\frac{1}{|B+v(x)|}<\frac{2}{|B|^2}. \qquad (2.13)$$

式(2.13)说明了当 $0<|x-a|<\delta$ 时 $\dfrac{1}{B(B+v(x))}$ 为有界. 对式(2.12)应用定理 2.5 知 $w(x)$ 为无穷小. 即得出 $\lim\limits_{x\to a}\dfrac{f(x)}{g(x)}=\dfrac{A}{B}$. $x$ 趋于无穷的其他过程可类似地证明.

**2. 计算极限的例题**

[**例 2**] 求 $\lim\limits_{x\to 2}(2x^2-3x+7)$.

**解** 应用加减及数乘的极限运算法则知

$$\lim_{x\to 2}(2x^2-3x+7)=\lim_{x\to 2}2x^2-\lim_{x\to 2}3x+\lim_{x\to 2}7$$

$$=2\lim_{x\to 2}x^2-3\lim_{x\to 2}x+7$$

$$=2\times 2^2-3\times 2+7=9.$$

如令 $f(x)=2x^2-3x+7$，则由上述倒数第二个数字结果知

$\lim\limits_{x\to 2}f(x)=f(2)$. 它说明求 $f(x)$ 当 $x\to 2$ 时的极限值只要计算 $x=2$ 时的函数值 $f(2)$ 即可. 这一结论对有理分式函数(即两个多项式之商)在分母的极限不为零时也正确.

**[例 3]** 求 $\lim\limits_{x\to 2}\dfrac{2x^2+x-5}{3x+1}$.

**解** 由 $\lim\limits_{x\to 2}(2x^2+x-5)=2\times 2^2+2-5=5$. $\lim\limits_{x\to 2}(3x+1)=3\times 2+1=7\neq 0$. 故由极限的除法运算法则(定理 2.7)可得

$$\lim_{x\to 2}\frac{2x^2+x-5}{3x+1}=\frac{\lim\limits_{x\to 2}(2x^2+x-5)}{\lim\limits_{x\to 2}(3x+1)}=\frac{2\times 2^2+2-5}{3\times 2+1}=\frac{5}{7}.$$

当分母极限为零而分子极限不为零时，则可由无穷小的倒数为无穷大的性质，直接得知结果.

**[例 4]** 求 $\lim\limits_{x\to 1}\dfrac{x^2+x+1}{x^2-3x+2}$.

**解** 因 $\lim\limits_{x\to 1}(x^2-3x+2)=0$，而 $\lim\limits_{x\to 1}(x^2+x+1)=3\neq 0$. 故 $\lim\limits_{x\to 1}\dfrac{x^2-3x+2}{x^2+x+1}=0$. 即求极限函数的倒数当 $x\to 1$ 时为无穷小. 从而得知

$$\lim_{x\to 1}\frac{x^2+x+1}{x^2-3x+2}=\infty.$$

当 $x\to a$ 时分式函数的分子、分母的极限同为零时，则可用分解因子法把公共因子 $x-a$(可能是它的某次方幂)消去，再求极限.

**[例 5]** $\lim\limits_{x\to 3}\dfrac{x^2-x-6}{x^2-9}=\lim\limits_{x\to 3}\dfrac{(x-3)(x+2)}{(x-3)(x+3)}=\lim\limits_{x\to 3}\dfrac{x+2}{x+3}=\dfrac{5}{6}$.

**[例 6]** 
$$\lim_{x\to 9}\frac{\sqrt{x}-3}{x-9}=\lim_{x\to 9}\frac{(\sqrt{x}-3)(\sqrt{x}+3)}{(x-9)(\sqrt{x}+3)}$$
$$=\lim_{x\to 9}\frac{x-9}{(x-9)(\sqrt{x}+3)}$$
$$=\lim_{x\to 9}\frac{1}{\sqrt{x}+3}=\frac{1}{\sqrt{9}+3}=\frac{1}{6}.$$

**注** 上述推导中应用了$\lim\limits_{x\to9}\sqrt{x}=\sqrt{9}$这一事实. 它对应于非整数次幂函数求极限可以代入的性质，即 $\lim\limits_{x\to a}x^\alpha=a^\alpha$(其中 $0<a$，$\alpha$ 为任何实数). 这将在以后证明. 请暂时承认它的正确性.

[**例 7**] 求 $\lim\limits_{x\to1}\left(\dfrac{x}{x-1}-\dfrac{2}{x^2-1}\right)$.

**解** 因 $\lim\limits_{x\to1}\dfrac{x}{x-1}=\infty$，$\lim\limits_{x\to1}\dfrac{2}{x^2-1}=\infty$，故不能直接应用定理 2.6. 可先将两式通分，化为有理分式函数后再用前述方法求极限.

$$\lim_{x\to1}\left(\frac{x}{x-1}-\frac{2}{x^2-1}\right)=\lim_{x\to1}\frac{x(x+1)-2}{x^2-1}=\lim_{x\to1}\frac{(x-1)(x+2)}{(x-1)(x+1)}$$

$$=\lim_{x\to1}\frac{x+2}{x+1}=\frac{3}{2}.$$

再讨论 $x\to\infty$时两个无穷大相除的情况.

[**例 8**] 求 $\lim\limits_{n\to\infty}\dfrac{2n^2-2n+3}{3n^2+1}$.

**解** 将极限内分式的分子、分母同除以 $n^2$，化为只出现无穷小的式子即可.

$$\lim_{n\to\infty}\frac{2n^2-2n+3}{3n^2+1}=\lim_{n\to\infty}\frac{(2n^2-2n+3)/n^2}{(3n^2+1)/n^2}$$

$$=\lim_{n\to\infty}\frac{2-\dfrac{2}{n}+\dfrac{3}{n^2}}{3+\dfrac{1}{n^2}}=\frac{2-0+0}{3+0}=\frac{2}{3}.$$

[**例 9**] 求 $\lim\limits_{x\to\infty}\dfrac{3x^3+2x^2-1}{x^4-x^2+x}$.

**解** 分子、分母同除以 $x^4$(一般地，取分子、分母多项式中的最高幂次)，得

$$\lim_{x\to\infty}\frac{3x^3+2x^2-1}{x^4-x^2+x}=\lim_{x\to\infty}\frac{\dfrac{3}{x}+\dfrac{2}{x^2}-\dfrac{1}{x^4}}{1-\dfrac{1}{x^2}+\dfrac{1}{x^3}}=\frac{0+0-0}{1-0+0}=0.$$

例 5～例 9 实际上也解决了两个无穷小或两个无穷大之间的阶数的比较问题，前 4 例的结果说明分子与分母是同阶的无穷小或无穷大，例 9 则说明了分母是比分子更高阶的无穷大.

**[例 10]** 求 $\lim\limits_{x\to\infty}\dfrac{(x+1)(9+\cos x)}{x^2+1}$.

**解** 由于 $\lim\limits_{x\to\infty}\dfrac{x+1}{x^2+1}=\lim\limits_{x\to\infty}\dfrac{\dfrac{1}{x}+\dfrac{1}{x^2}}{1+\dfrac{1}{x^2}}=0$，而

$$|9+\cos x|\leqslant|9|+|\cos x|\leqslant 10.$$

所求极限为有界函数与无穷小量之积，故其极限值为 0(定理 2.5).

**3. 两个重要极限**

其中之一是前面已证明的极限式(2.11)

$$\lim_{x\to 0}\frac{\sin x}{x}=1.$$

它之所以重要是在于许多无穷小之比(特别涉及到三角函数和反三角函数)都可适当转换形式归结为这一极限而求出结果.

**[例 11]** 求 $\lim\limits_{x\to 0}\dfrac{\sin 3x}{x}$.

**解** 因为 $x\to 0$ 时 $3x\to 0$. 令 $3x=u$，故 $\lim\limits_{x\to 0}\dfrac{\sin 3x}{3x}=\lim\limits_{u\to 0}\dfrac{\sin u}{u}=1$. 从而

$$\lim_{x\to 0}\frac{\sin 3x}{x}=\lim_{x\to 0}\left(3\cdot\frac{\sin 3x}{3x}\right)=3\lim_{x\to 0}\frac{\sin 3x}{3x}=3.$$

**[例 12]** 求 $\lim\limits_{x\to 0}\dfrac{\tan x}{x}$.

**解** $\lim\limits_{x\to 0}\dfrac{\tan x}{x}=\lim\limits_{x\to 0}\left(\dfrac{\sin x}{x}\cdot\dfrac{1}{\cos x}\right)=\lim\limits_{x\to 0}\dfrac{\sin x}{x}\cdot\lim\limits_{x\to 0}\dfrac{1}{\cos x}=1.$

(第一节已证 $\lim\limits_{x\to 0}\cos x=1$)

**[例 13]** 求 $\lim\limits_{x\to 0}\dfrac{1-\cos x}{x^2}$.

**解** $\lim\limits_{x\to 0}\dfrac{1-\cos x}{x^2}=\lim\limits_{x\to 0}\dfrac{2\sin^2\dfrac{x}{2}}{x^2}=\lim\limits_{x\to 0}\dfrac{1}{2}\left(\dfrac{\sin\dfrac{x}{2}}{\dfrac{x}{2}}\right)^2$

$$=\frac{1}{2}\left(\lim_{x\to 0}\frac{\sin\dfrac{x}{2}}{\dfrac{x}{2}}\right)^2=\frac{1}{2}.$$

第二个重要极限是关于第一章中提到的自然指数与对数的底数 e 的．即有

$$\lim_{x\to\infty}\left(1+\frac{1}{x}\right)^x=\mathrm{e}. \tag{2.14}$$

为了证明 $\lim\limits_{x\to\infty}\left(1+\dfrac{1}{x}\right)^x$ 存在，我们先证明 $\lim\limits_{n\to\infty}\left(1+\dfrac{1}{n}\right)^n$ 存在．这就要用到实数理论中的一个基本命题，它也可当作是一个基本假设．

**命题** 单调增加(或减少)而有上界(或下界)的数列必有极限．

对数列$\{x_n\}$，这里的单调性是指随 $n$ 增大时，$x_n$ 是**广义**单调增加(或减少)的．即对一切 $n$，下式成立

$$x_n\leqslant x_{n+1}\quad(\text{或}\quad x_{n+1}\leqslant x_n).$$

把第一章中所说的单调性加了广义二字，原因在于上式中允许取等号，也就是这种数列是单调不减(或不增)的．

就命题中括号外的一种情况叙述，即设：对数列$\{x_n\}$存在常数 $M$ 使下式成立

$$x_1\leqslant x_2\leqslant x_3\leqslant\cdots\leqslant x_n\leqslant\cdots\leqslant M. \tag{2.15}$$

由式(2.15)，把数列对应为 $x$ 轴上的点列，见图 2.5．直观上看，显然存在实数 $A$．使

$$\lim_{n\to\infty}x_n=A.$$

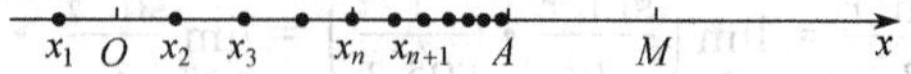

$x_1$ $O$ $x_2$ $x_3$ $x_n$ $x_{n+1}$ $A$ $M$ $x$

图 2.5

为利用这一命题，现来证明数列 $x_n=\left(1+\dfrac{1}{n}\right)^n$ 为单调增加且有

上界的．由二项展开式，有

$$x_n=\left(1+\frac{1}{n}\right)^n=1+\frac{n}{1!}\cdot\frac{1}{n}+\frac{n(n-1)}{2!}\cdot\frac{1}{n^2}+$$

$$\frac{n(n-1)(n-2)}{3!}\cdot\frac{1}{n^3}+\cdots+\frac{n(n-1)\cdots(n-n+1)}{n!}\cdot\frac{1}{n^n}$$

$$=1+1+\frac{1}{2!}\left(1-\frac{1}{n}\right)+\frac{1}{3!}\left(1-\frac{1}{n}\right)\left(1-\frac{2}{n}\right)+\cdots+$$

$$\frac{1}{n!}\left(1-\frac{1}{n}\right)\left(1-\frac{2}{n}\right)\cdots\left(1-\frac{n-1}{n}\right).\tag{2.16}$$

同样地，对 $x_{n+1}$ 可推知

$$x_{n+1}=1+1+\frac{1}{2!}\left(1-\frac{1}{n+1}\right)+\frac{1}{3!}\left(1-\frac{1}{n+1}\right)\left(1-\frac{2}{n+1}\right)$$

$$+\cdots+\frac{1}{n!}\left(1-\frac{1}{n+1}\right)\left(1-\frac{2}{n+1}\right)\cdots\left(1-\frac{n-1}{n+1}\right)$$

$$+\frac{1}{(n+1)!}\left(1-\frac{1}{n+1}\right)\left(1-\frac{2}{n+1}\right)\cdots\left(1-\frac{n}{n+1}\right).\tag{2.17}$$

$x_{n+1}$ 有 $(n+2)$ 项，$x_n$ 有 $(n+1)$ 项，即式(2.17)右端比式(2.16)的最右端多出最后一项，它为正数．而其他各项相对应，且式(2.16)中从第三项起小于式(2.17)中的对应项(前两项都是 1，对应相等)．这就证明了

$$x_n<x_{n+1}.$$

再证此数列的项有上界．将式(2.16)最右端放大，即每一项丢掉所有因子 $\left(1-\frac{k}{n}\right)$，$1\leqslant k\leqslant n-1$．得知

$$x_n<1+1+\frac{1}{2!}+\frac{1}{3!}+\cdots+\frac{1}{n!}$$

$$<1+1+\frac{1}{2}+\frac{1}{2^2}+\cdots+\frac{1}{2^{n-1}}$$

$$=1+\frac{1-\frac{1}{2^n}}{1-\frac{1}{2}}=1+2-\frac{1}{2^{n-1}}<3.$$

由基本命题得出 $x_n$ 必有极限，这个极限值用字母 e 表示，即

$$\lim_{n\to\infty}\left(1+\frac{1}{n}\right)^n=\mathrm{e}.$$

对于连续变量 $x$，式(2.14)也成立，它的证明作为附注[1]给出．e 是一个重要的无理数，用数值计算的方法(这在后面无穷级数一章中会讲到)可求出甚为精确的近似值.

$$\mathrm{e}=2.7182818284590\cdots.$$

许多应用问题都可化为以 e 为底的指数(或对数)函数，例如在计算复利问题中，设本金为 $p_0$，年利率为 $r$，一年中计算复利的期数为 $n$(例如，以每月计算复利则 $n=12$)．则 $t$ 年后的本利和为

$$p=p_0\left(1+\frac{r}{n}\right)^{nt}. \tag{2.18}$$

而在许多问题中，复利的结算是时刻进行的，如生命中细胞的繁殖，放射性元素的衰变过程，物体的冷却等，都涉及到 $n\to\infty$ 的情形，即下述极限，利用式(2.14)则可得出 $t$ 的函数

$$\lim_{n\to\infty}p_0\left(1+\frac{r}{n}\right)^{nt}=\lim_{n\to\infty}p_0\left[\left(1+\frac{1}{\frac{n}{r}}\right)^{\frac{n}{r}}\right]^{rt}=p_0\mathrm{e}^{rt}.$$

---

[1] 先考虑 $x\to+\infty$，设 $n\leqslant x<n+1$，且 $x$，$n$ 同时趋于 $+\infty$，由

$$\left(1+\frac{1}{n+1}\right)^n<\left(1+\frac{1}{x}\right)^x<\left(1+\frac{1}{n}\right)^{n+1}.$$

由于 $\displaystyle\lim_{n\to\infty}\left(1+\frac{1}{n+1}\right)^n=\lim_{n\to\infty}\frac{\left(1+\frac{1}{n+1}\right)^{n+1}}{1+\frac{1}{n+1}}=\frac{\mathrm{e}}{1}=\mathrm{e}$，

$$\lim_{n\to\infty}\left(1+\frac{1}{n}\right)^{n+1}=\lim_{n\to\infty}\left(1+\frac{1}{n}\right)^n\cdot\lim_{n\to\infty}\left(1+\frac{1}{n}\right)=\mathrm{e}.$$

故由第一节性质 5 知 $\displaystyle\lim_{x\to+\infty}\left(1+\frac{1}{x}\right)^x=\mathrm{e}$.

对 $x\to-\infty$，令 $x=-(t+1)$，则 $t\to+\infty$，从而

$$\lim_{x\to-\infty}\left(1+\frac{1}{x}\right)^x=\lim_{t\to+\infty}\left(1-\frac{1}{t+1}\right)^{-(t+1)}=\lim_{t\to+\infty}\left(\frac{t}{t+1}\right)^{-(t+1)}$$

$$=\lim_{t\to+\infty}\left(1+\frac{1}{t}\right)^{t+1}=\mathrm{e}.$$

这就得出上述多种过程中事物生长或衰减的变化规律.

极限式(2.14)之所以重要，还在于许多幂指函数 $f(x)^{g(x)}$ 的求极限问题可归结为式(2.14)来进行计算.

**[例 14]** 在式(2.14)中令 $\frac{1}{x}=\alpha$，则可得出该极限式的等价形式

$$\lim_{\alpha\to 0}(1+\alpha)^{\frac{1}{\alpha}}=\mathrm{e}. \tag{2.19}$$

**[例 15]** 求 $\lim\limits_{x\to 0}(1-x^2)^{\frac{1}{x}}$.

**解** $\lim\limits_{x\to 0}(1-x^2)^{\frac{1}{x}}=\lim\limits_{x\to 0}[(1+x)^{\frac{1}{x}}(1-x)^{\frac{1}{x}}]=\lim\limits_{x\to 0}(1+x)^{\frac{1}{x}}\cdot\lim\limits_{x\to 0}\{[1+(-x)]^{-\frac{1}{x}}\}^{-1}=\mathrm{e}\cdot\mathrm{e}^{-1}=1.$

**[例 16]** 求 $\lim\limits_{n\to\infty}\left(\frac{n-1}{n-2}\right)^n$.

**解**

$$\begin{aligned}\lim_{n\to\infty}\left(\frac{n-1}{n-2}\right)^n&=\lim_{n\to\infty}\left(1+\frac{1}{n-2}\right)^n\\&=\lim_{n\to\infty}\left[\left(1+\frac{1}{n-2}\right)^{n-2}\cdot\left(1+\frac{1}{n-2}\right)^2\right]\\&=\lim_{n\to\infty}\left(1+\frac{1}{n-2}\right)^{n-2}\cdot\lim_{n\to\infty}\left(1+\frac{1}{n-2}\right)^2\\&=\mathrm{e}\cdot 1^2=\mathrm{e}.\end{aligned}$$

在后面讲过初等函数连续性之后，利用式(2.14)或式(2.19)还可求出一些涉及对数函数等的极限.

## 第三节　函数的连续性

在客观世界各种事物的变化中，有些是“渐变”的，如气温随时间的变化，河水的流动等，但有些时候也会发生“突变”，如风暴，火山突然喷发等. 如果把它们的数量关系用函数来表示，就产生连续与间断的概念. 本节来给出其数学上的定义及其基本性质.

### 1. 函数连续性的概念

在第一节计算多项式和有理分式函数 $f(x)$ 的极限时，就曾得到

$$\lim_{x\to a}f(x)=f(a).$$

这实质上就是函数在一点连续的概念.

**定义 2.6** 设函数 $f(x)$在 $a$ 点的某一邻域内有定义，如果

$$\lim_{x \to a} f(x) = f(a), \tag{2.20}$$

则称函数 $f(x)$在 $a$ 点为**连续**.

按照极限定义的 $\varepsilon$-$\delta$ 语言，式(2.20)也可表述为：对任给的 $\varepsilon>0$，存在 $\delta>0$，使当 $|x-a|<\delta$ 时，总有 $|f(x)-f(a)|<\varepsilon$ 成立，则称 $f(x)$在 $a$ 点连续.

注意一点，这里的叙述与 $\lim\limits_{x \to a} f(x)=A$ 的极限定义中有一点不同，当时要求 $0<|x-a|<\delta$，也就是说，在讨论极限值 $A$ 是否存在时，与 $f(x)$在 $a$ 的值无关，甚至 $f(x)$在 $a$ 处可以无定义. 但现在讨论连续性，则要求极限值 $A$ 就是 $f(a)$. 因此 $|x-a|>0$ 这一要求就不必要了. 因 $x=a$ 时，$|f(x)-f(a)|=0<\varepsilon$ 自然成立.

与左极限和右极限的概念相对应，自然有左连续和右连续的概念.

**定义 2.7** 设函数 $f(x)$在 $a$ 点的左邻域(或右邻域)有定义，如果

$$\lim_{x \to a^-} f(x) = f(a) \quad (\text{或} \quad \lim_{x \to a^+} f(x) = f(a)),$$

则称 $f(x)$在 $a$ 点为**左连续**(或**右连续**).

显然有如下结论：$f(x)$在点 $a$ 为连续的充要条件是 $f(x)$在点 $a$ 同时为左、右连续.

如果 $a$ 是 $f(x)$的定义域的左(或右)端点，则在 $x=a$ 处只能讨论右(或左)连续性.

**定义 2.8** 设 $f(x)$在区间 I(可为有限的开、闭区间或无穷区间)上定义，如果对每一点 $a \in \mathrm{I}$，$f(x)$都在 $a$ 点连续，则称 $f(x)$为**I 上的连续函数**，或简称为**连续函数**.

函数的连续性也可以用改变量来表述：令自变量从 $a$ 有改变量 $\Delta x$，而取值 $x=a+\Delta x$，则对应地函数 $y=f(x)$有改变量

$$\Delta y = f(a+\Delta x) - f(a) = f(x) - f(a).$$

显然 $x \to a$ 等价于 $\Delta x \to 0$. 故式(2.20)成立的充要条件是

$$\lim_{\Delta x \to 0} \Delta y = 0. \tag{2.21}$$

从而 $f(x)$在 $a$ 点连续的充要条件是式(2.21)成立，亦即当自变量的

改变量趋于零时 $f(x)$ 的改变量 $\Delta y$ 也趋于零.

[**例 1**] 考虑 $y=f(x)=x^2$. 当 $x=a$ 时 $y=f(a)$，$x$ 改变为 $a+\Delta x$ 时，$y=(a+\Delta x)^2$，故

$$\Delta y=(a+\Delta x)^2-a^2=2a\Delta x+\Delta x^2.$$

显然有 $\lim\limits_{\Delta x\to 0}\Delta y=0$. 因此 $y=x^2$ 在点 $a$ 为连续，且上述论证对任意 $a\in R$ 均正确，故 $y=x^2$ 是 $(-\infty,+\infty)$ 上的连续函数.

在 $(x, y)$ 平面上来看，函数图形上两点的横坐标之差即为 $\Delta x$，纵坐标之差即为 $\Delta y$，当 $\Delta x$ 充分小时，$\Delta y$ 也充分小. 所以连续函数的图形是连成一体的一条曲线，称为**连续曲线**.

[**例 2**] 证明正弦函数 $y=\sin x$ 为连续函数.

**证** 对任一 $a\in R$，

$$|\Delta y|=|\sin(a+\Delta x)-\sin a|=\left|2\sin\frac{\Delta x}{2}\cos\left(a+\frac{\Delta x}{2}\right)\right|$$

$$\leqslant 2\left|\sin\frac{\Delta x}{2}\right|\leqslant 2\cdot\left|\frac{\Delta x}{2}\right|=|\Delta x|,$$

当 $\Delta x\to 0$ 时 $\Delta y\to 0$. 故 $\sin x$ 在 $a$ 点连续，由于 $a$ 为任意实数. 故 $y=\sin x$ 为连续函数.

**2. 函数的间断点**

**定义 2.9** 如果函数 $f(x)$ 在点 $a$ 处不满足连续性条件，则称 $f(x)$ 在 $a$ 点**不连续**，或称为 $f(x)$ 在 $a$ 点处**间断**，点 $a$ 就称为 $f(x)$ 的**间断点**.

在 $f(x)$ 的间断点 $a$ 处，要么 $f(x)$ 无定义要么 $\lim\limits_{x\to a}f(x)$ 不存在，要么此极限存在但不等于 $f(a)$.

[**例 3**] 考察 $y=\dfrac{1}{x}$ 在 $x=0$ 处的连续性.

**解** 因为 $\dfrac{1}{x}$ 在 $x=0$ 时无定义，故此函数以 $x=0$ 为间断点，且 $\lim\limits_{x\to 0}\dfrac{1}{x}=\infty$，这时称 $x=0$ 为无穷间断点，见图 2.6.

[**例 4**] 函数 $f(x)=\begin{cases}x^2-1, & 1\leqslant x,\\ 2x-1, & x<1\end{cases}$ 在 $x=1$ 处.

**解** 由 $f(1)=0$，而 $\lim\limits_{x\to 1^+}f(x)=\lim\limits_{x\to 1^+}(x^2-1)=0$，但 $\lim\limits_{x\to 1^-}f(x)=$

$\lim\limits_{x\to1^-}(2x-1)=1\neq f(1)$. 故在 $x=1$ 处此函数为右连续，但非左连续. $x=1$ 是它的间断点，见图 2.7.

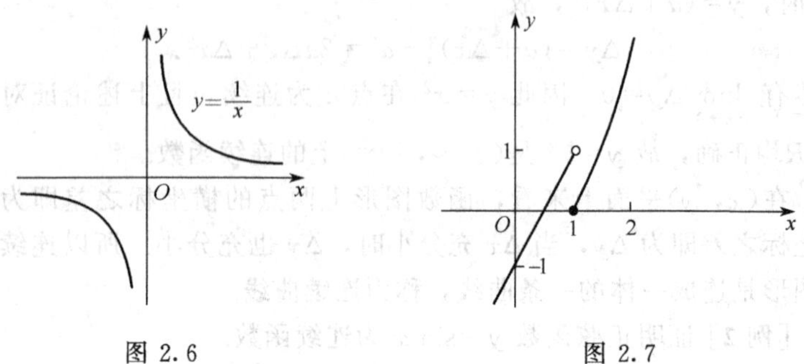


图 2.6　　　　图 2.7

［**例 5**］函数

$$f(x)=\begin{cases}1, & \text{当 } 0<x, \\ 0, & \text{当 } x=0, \\ -1, & \text{当 } x<0.\end{cases}$$

**解**　因 $f(0)=0$，而 $\lim\limits_{x\to0^+}f(x)=\lim\limits_{x\to0^+}1=1$，$\lim\limits_{x\to0^-}f(x)=\lim\limits_{x\to0^-}(-1)=-1$. 左、右极限均与 $x=0$ 处的函数值不相等，故此函数在 $x=0$ 处间断，且既非左连续，亦非右连续. $f(x)$ 的取值代表了 $x$ 的符号. 故常称此函数为符号函数. 其图形如图 2.8.

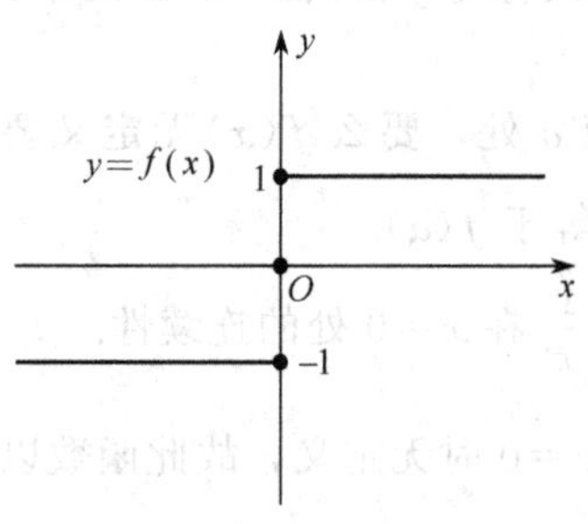


图 2.8

例 4、例 5 所示的这种间断点常称为有限间断点.

**3. 连续函数的运算性质**

由连续函数的定义及极限的四则运算法则(如定理 2.6、定理 2.7 所述)容易得出在同一点 $x=a$ 处连续的两个函数 $f(x)$，$g(x)$ 作加、减、乘或除法（相除时附加条件：分母上的函数 $g(x)$ 的函数值 $g(a)\neq 0$）运算后所得到的函数在点 $x=a$ 仍为连续．作为练习，读者不妨自行写出一两个情况的论证．

进一步推而广之，设有区间 I 上的两个连续函数 $f(x)$ 和 $g(x)$，这里 I 可以是有限开、或闭区间，也可以是无穷区间，只要对这种区间上的每一点，$f(x)$ 和 $g(x)$ 均为连续，则把它们相加、减、乘或除（在相除时要求分母上的函数 $g(x)\neq 0$）之后，所得的函数仍为区间 I 上的连续函数．

同样，上述这些结论可推广适用于任意有限多个函数作四则运算的情况．

除了上述作和差积商的运算之外，将两个（或有限多个）函数作复合的运算或对一个函数取反函数的情况也是十分重要的．现证如下定理．

**定理 2.8** 设函数 $u=\varphi(x)$ 在 $x=x_0$ 点连续，即有 $\lim\limits_{x\to x_0}\varphi(x)=\varphi(x_0)=u_0$，而函数 $y=f(u)$ 在 $u=u_0$ 点连续，则复合函数 $y=f(\varphi(x))$ 在 $x=x_0$ 点为连续，即成立

$$\lim_{x\to x_0} f(\varphi(x))=f(\varphi(x_0))=f(u_0). \tag{2.22}$$

**证** 由于 $f(u)$ 在 $u_0$ 连续，故对任给的 $\varepsilon>0$，存在 $\eta>0$，使当 $|u-u_0|<\eta$ 时，

$$|f(u)-f(u_0)|<\varepsilon.$$

又因 $\lim\limits_{x\to x_0}\varphi(x)=u_0$，故对上述 $\eta>0$，存在 $\delta>0$，使当 $|x-x_0|<\delta$ 时，

$$|\varphi(x)-u_0|=|u-u_0|<\eta.$$

把上述两步合在一起就得出：对任给的 $\varepsilon>0$，存在 $\delta>0$，使当 $|x-x_0|<\delta$ 时，有

$$|f(\varphi(x))-f(u_0)|=|f(u)-f(u_0)|<\varepsilon.$$

这就是说 $\lim\limits_{x\to x_0} f(\varphi(x))=f(u_0)$，即 $f(\varphi(x))$ 在 $x_0$ 点连续．

**推论** 设 $y=f(u)$ 为区间 J 上的连续函数，$u=\varphi(x)$ 为区间 I 上的连续函数，且 $Z(\varphi)\subset$ J（$Z(\varphi)$ 为 $\varphi(x)$ 的值域），则 $y=f(\varphi(x))$ 在 I 上有定义，且为连续函数．

［例 6］$y=\sin(x^2-1)$为$(-\infty,+\infty)$上的连续函数，这是因为$y=\sin u$，$u=x^2-1$均为$(-\infty,+\infty)$上的连续函数，且$x^2-1$的值域为$u\geqslant-1$，它包含在$\sin u$的定义域内.

关于反函数的连续性，有下述定理.

**定理 2.9** 如果函数$y=f(x)$在区间 I 上连续且单调增加(或单调减少)，则它的反函数$y=f^{-1}(x)$在$Z(f)$上也是连续函数.

**注** 反函数$f^{-1}$的存在性见第一章，且由那里的讨论可知它也是单调增加(或单调减少)函数. 此定理的证明叙述起来有些累赘，这里从略. 但从反函数的图形与正函数的图形关于直线$y=x$为对称(见第一章)且连续函数的图形为连续曲线的事实可知此结论在直观上是很清楚的.

下一段着眼于把上述性质应用于初等函数的连续性.

**4. 初等函数的连续性**

首先就基本初等函数来分类说明它们的连续性.

(1) 常函数$y=C$显然为$(-\infty,+\infty)$上的连续函数.

(2) 指数函数$y=a^x$，$(0<a,\ a\neq1)$.

对任意取定的$x\in R$，给它一个改变量$\Delta x$，则函数的相应改变量

$$\Delta y=a^{x+\Delta x}-a^x=a^x(a^{\Delta x}-1). \tag{2.23}$$

要证$\lim\limits_{\Delta x\to0}\Delta y=0$，只须证$\lim\limits_{\Delta x\to0}(a^{\Delta x}-1)=0$，设$a>1$，$a<1$时证明类似. 因$x$已取定，故$a^x$为常数，它不随$\Delta x$而变化. 任给$\varepsilon>0$,不妨设$\varepsilon<1$. 因要证$|a^{\Delta x}-1|<\varepsilon$，此式如对小于 1 的$\varepsilon$成立，则对大于或等于 1 的$\varepsilon$自然成立. 由$1-\varepsilon^2<1$知$1+\varepsilon<\dfrac{1}{1-\varepsilon}$. 故

$$\log_a(1+\varepsilon)<\log_a\frac{1}{1-\varepsilon}=-\log_a(1-\varepsilon). \tag{2.24}$$

因此，只要$\log_a(1-\varepsilon)<\Delta x<\log_a(1+\varepsilon)$，即有$1-\varepsilon<a^{\Delta x}<1+\varepsilon$，从而有$|a^{\Delta x}-1|<\varepsilon$. 令$\delta=\log_a(1+\varepsilon)$，由式(2.24)知$\delta$也$<-\log_a(1-\varepsilon)$. 所以当$|\Delta x|<\delta$时就有

$$|a^{\Delta x}-1|<\varepsilon.$$

这就证明了$\lim\limits_{\Delta x\to0}(a^{\Delta x}-1)=0$，由式(2.23)知$\lim\limits_{\Delta x\to0}\Delta y=0$，故$a^x$在$x$点为连续，即指数函数$a^x$在$(-\infty,+\infty)$上为连续.

(3) 对数函数$y=\log_a x$，$x>0$为连续函数，因为它是$y=a^x$的

反函数，由定理 2.9 即得.

(4) 幂函数 $y=x^{\alpha}$，$\alpha$ 为实常数. 就共同有定义的区间 $(0,+\infty)$ 上考虑，由于 $x^{\alpha}=e^{\alpha \ln x}$，$\alpha=0$ 时为常函数 $y\equiv 1$，连续.

$\alpha\neq 0$ 时，把它视为 $y=e^{u}$ 和 $u=\alpha \ln x$ 两函数(均为连续)的复合，由定理 2.8 知 $y=e^{\alpha \ln x}$ 关于 $x$ 为连续，即幂函数为连续.

(5) 三角函数　本节例 2 已证明：对任何实数 $a$，$\lim\limits_{x\to a}\sin x=\sin a$. 它就说明了正弦函数为 $(-\infty,+\infty)$ 上的连续函数.

利用三角函数间的关系式，其他三角函数均可用 $\sin x$ 表示出来. 例如 $\cos x=\pm\sqrt{1-\sin^2 x}$，$\tan x=\dfrac{\sin x}{\cos x}$ 等，再利用上述连续函数的运算性质(包括复合)即可推知：

每个三角函数在其定义域内均为连续函数.

现就 $\cos x$ 加以说明之. 由于 $\cos x$ 为 $2\pi$ 周期的，故只要考虑区间 $\left[-\dfrac{\pi}{2},\dfrac{3\pi}{2}\right]$. 这时

$$\cos x=\begin{cases}\sqrt{1-\sin^2 x}, & -\dfrac{\pi}{2}\leqslant x\leqslant\dfrac{\pi}{2},\\ -\sqrt{1-\sin^2 x}, & \dfrac{\pi}{2}<x\leqslant\dfrac{3\pi}{2}.\end{cases}$$

对上述两段区间内部的点 $x$，$\cos x$ 可视为 $y=\sqrt{u}$(或 $y=-\sqrt{u}$)和 $u=1-\sin^2 x$ 两个连续函数的复合，故为连续. 由此也说明在端点 $x=-\dfrac{\pi}{2}$ 为右连续，而在端点 $x=\dfrac{3\pi}{2}$ 为左连续，将 $x$ 减去周期 $2\pi$，后一事实说明 $\cos x$ 在 $x=-\dfrac{\pi}{2}$ 也是左连续的，从而推知 $\cos x$ 在 $x=-\dfrac{\pi}{2}$ 为连续. 在分点 $x=\dfrac{\pi}{2}$ 处 $\cos\dfrac{\pi}{2}=0$，故也可由下式 $-\sqrt{1-\sin^2 x}$ 定义. 再利用上述复合方法说明在 $x=\dfrac{\pi}{2}$，$\cos x$ 为左、右连续，故亦连续，利用周期性，以上结论适合于任何长 $2\pi$ 的区间，故 $\cos x$ 为 $(-\infty,+\infty)$ 上的连续函数.

(6) 反三角函数　利用(5)以及反函数连续性的定理 2.9，可推知每一反三角函数在其定义域内均为连续函数.

初等函数是由上述基本初等函数经有限步四则运算和复合所得到，由定理 2.8、定理 2.9 即可得出如下重要的结论.

**定理 2.10** 一切初等函数在其定义区间内都是连续函数.

在求极限问题中，通常遇到的都是初等函数的表达式 $f(x)$（包括分段函数在每一分段区间上的形式往往也由初等函数给出），因此求 $x\to a$ 时 $f(x)$的极限时，只要计算 $f(x)$在 $a$ 点的值 $f(a)$即可（如果它有定义的话）.

**[例 7]** 求 $\lim\limits_{x\to 1}\dfrac{\sin(\ln(1+x^2))}{\arctan(5+x)}$.

**解** 由定理 2.10，且其分母上的函数当 $x=1$ 时取值为 $\arctan 6\neq 0$. 故

$$\lim_{x\to 1}\frac{\sin(\ln(1+x^2))}{\arctan(5+x)}=\frac{\sin(\ln(1+1^2))}{\arctan(5+1)}=\frac{\sin\ln 2}{\arctan 6}$$

**[例 8]** 求 $\lim\limits_{x\to 0}\dfrac{\ln(1+x)}{x}$.

**解** 它是两个无穷小之比，不能用直接代入求 $f(a)$的办法. 考虑函数 $f(x)=\dfrac{\ln(1+x)}{x}=\ln(1+x)^{\frac{1}{x}}$，虽然它在 $x=0$ 无定义，但由重要极限之二知，$\lim\limits_{x\to 0}(1+x)^{\frac{1}{x}}=\mathrm{e}$，$\ln x$ 又为连续函数，因此 $\lim\limits_{x\to 0}f(x)=\ln\mathrm{e}=1$. 极限已求出.

由此结果可见，若补充定义 $f(0)=1$. 则函数 $f(x)=\begin{cases}\dfrac{\ln(1+x)}{x}, & x\neq 0,\\ 1, & x=0\end{cases}$ 就在整个定义域$(-1,+\infty)$上连续.

对于不能用直接代入求函数值方法来寻求极限的问题，在第二节已介绍了一些方法. 在下一章讲了微分法后我们还将借助求导数来给出求这类极限的很有效的方法.

## 第四节 闭区间上连续函数的性质

本节简单介绍闭区间上连续函数所具有的几条基本性质，它们在以后的论述中颇为重要. 但这些性质的证明要用到实数理论中的基本

定理，涉及较深层次的理论问题，故这里从略．但这些性质从直观上加以说明还是较容易理解的．

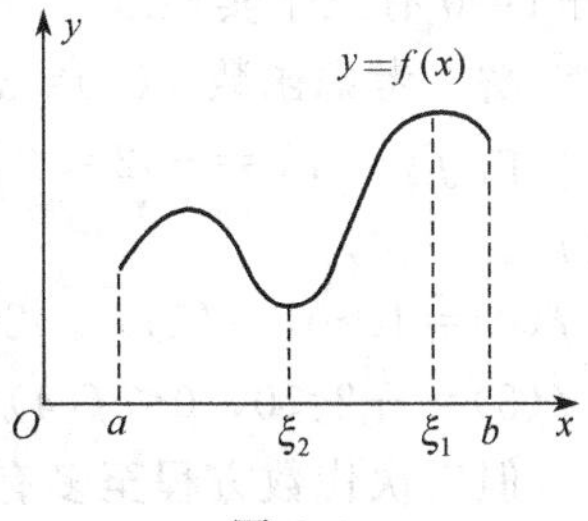

图 2.9

以下设 $f(x)$ 为定义于区间 $[a, b]$ 上的连续函数．

**定理 2.11** $f(x)$ 一定有最大值和最小值．

此结论指出，在区间 $[a, b]$ 上必有两点 $\xi_1$ 和 $\xi_2$，使 $M=f(\xi_1)$ 为最大值，$m=f(\xi_2)$ 为最小值，即对一切 $x\in[a, b]$，有 $m\leqslant f(x)\leqslant M$，见图 2.9．

但要注意，对开区间上的连续函数，结论未必成立．例如，$y=\frac{1}{x}$ 在 $(0, 1)$ 上为连续，但不存在最大值，可参见图 2.6．

由定理 2.11 可得以下常用性质．

**定理 2.12** $f(x)$ 在 $[a, b]$ 上有界，即存在 $0<K$，使 $|f(x)|\leqslant K$，$x\in[a, b]$．

**证** 由定理 2.11，$m\leqslant f(x)\leqslant M$，取 $K=\max(|M|, |m|)$，则显然有 $|f(x)|\leqslant K$．

同样，此结论对开区间上的连续函数未必成立，$y=\frac{1}{x}$，$x\in(0, 1)$ 同样可作为反例．

**定理 2.13** $f(x)$ 取得介于最小值与最大值之间的一切中介值．

就是说，对任意数 $Q$，$m\leqslant Q\leqslant M$，必有 $\xi\in[a, b]$ 使 $f(\xi)=Q$．当然，这种 $\xi$ 值有时可多于一个，如图 2.10 中，就有三个值 $\xi_1$，$\xi_2$，$\xi_3$ 使 $f(\xi_i)=Q$，$i=1, 2, 3$．

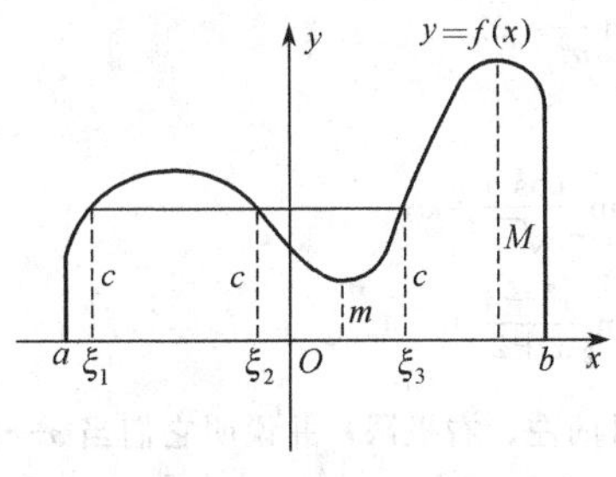

图 2.10

这一结论常称为连续函数的中介值性质．它的下述推论常可用于估计方程的根的位置．

**推论** 若 $f(a)f(b)<0$，则 $f(x)=0$ 在 $(a, b)$ 内至少有一个根．

**［例 1］** 证明方程 $x^3-3x^2-$

$x+1=0$ 有三个实根.

**解** 考虑函数 $f(x)=x^3-3x^2-x+1$.

由 $f(-1)=-2<0$，$f(0)=1>0$，故在 $(-1, 0)$ 内有 $\xi_1$，使 $f(\xi_1)=0$；

$f(0)=1>0$，$f(1)=-2<0$，故在 $(0, 1)$ 内有 $\xi_2$，使 $f(\xi_2)=0$；

$f(3)=-2<0$，$0<f(4)=1$，故在 $(3, 4)$ 内有 $\xi_3$，使 $f(\xi_3)=0$.

但三次代数方程至多有三个实根. 故该方程恰有三个实根.

## 练 习 2

1. 指出下列数列中哪些有极限？哪些没有极限？

(1) $x_n=\dfrac{n}{n+1}$；　　(2) $x_n=n(-1)^n$；

(3) $x_n=(-1)^n\dfrac{1}{n}$；　　(4) $x_n=n-(-1)^n$；

(5) $x_n=\dfrac{1}{n}\sin\dfrac{\pi}{n}$；　　(6) $x_n=\dfrac{1+(-1)^n}{n}$.

2. 设 $x_1=0.9$，$x_2=0.99$，$x_3=0.999$，…，$x_n=\underbrace{0.99\cdots9}_{n个}$，问 $\lim\limits_{n\to\infty}x_n=$？$n$ 为何值时，$x_n$ 与其极限之差的绝对值小于 0.0001？

3. 设数列 $\{x_n\}$ 的一般项 $x_n=\dfrac{n}{n+1}$.

(1) 对给定的 $\varepsilon>0$，取怎样的 $N$，才能使得 $N<n$ 时，不等式 $|x_n-1|<\varepsilon$ 成立？

(2) 当 $\varepsilon=0.1$、0.01、0.001 时，相应的 $N$ 分别是多少？

4. 用数列极限的定义证明下列极限：

(1) $\lim\limits_{n\to\infty}\dfrac{n+1}{n-1}=1$；　　(2) $\lim\limits_{n\to\infty}\left(1-\dfrac{1}{2^n}\right)=1$；

(3) $\lim\limits_{n\to\infty}\dfrac{1}{\sqrt{n}}=0$；　　(4) $\lim\limits_{n\to\infty}\dfrac{1}{n^2}=0$.

5. 用函数极限的定义证明下列极限：

(1) $\lim\limits_{x\to\infty}\dfrac{2x+3}{x}=2$；　　(2) $\lim\limits_{x\to+\infty}\dfrac{\cos x}{\sqrt{x}}=0$；

(3) $\lim\limits_{x\to2}(4x+1)=9$；　　(4) $\lim\limits_{x\to-2}\dfrac{x^2-4}{x+2}=-4$.

6. 求 $f(x)=\dfrac{x}{x}$ 及 $\varphi(x)=\dfrac{|x|}{x}$ 当 $x\to0$ 时的左、右极限，并说明它们当 $x\to0$ 时的极限是否存在.

7. 求下列极限：

（1）$\lim\limits_{x\to 0}\sin x\cdot\sin\dfrac{1}{x}$；　　　（2）$\lim\limits_{x\to\infty}\dfrac{\arctan x}{x}$.

8. $y=\dfrac{2}{x+1}$ 在什么变化过程中是无穷小量？又在什么变化过程中是无穷大量？

9. 求下列各极限：

（1）$\lim\limits_{x\to 2}\dfrac{x^2+5}{x-3}$；　　　（2）$\lim\limits_{x\to 0}\left(\dfrac{x^3-3x+1}{x-4}+1\right)$；

（3）$\lim\limits_{x\to 1}\dfrac{x}{1-x}$；　　　（4）$\lim\limits_{x\to 1}\dfrac{x^2-2x+1}{x^3-x}$；

（5）$\lim\limits_{x\to 0}\dfrac{4x^3-2x^2+3x}{3x^2+x}$；　　　（6）$\lim\limits_{\Delta x\to 0}\dfrac{(x+\Delta x)^2-x^2}{\Delta x}$；

（7）$\lim\limits_{h\to 0}\dfrac{(x+h)^3-x^3}{h}$；　　　（8）$\lim\limits_{x\to\infty}\dfrac{99x}{1+x^2}$；

（9）$\lim\limits_{x\to\infty}\dfrac{2x+3}{6x-1}$；　　　（10）$\lim\limits_{n\to\infty}\dfrac{(n-1)^2}{n+1}$；

（11）$\lim\limits_{x\to\infty}\dfrac{x^2+1}{x^3+x}(2+\cos x)$；　　　（12）$\lim\limits_{x\to\infty}\dfrac{(2x-3)^{20}\cdot(3x+2)^{30}}{(2x+1)^{50}}$；

（13）$\lim\limits_{x\to 2}\left(\dfrac{1}{x-2}-\dfrac{4}{x^2-4}\right)$；　　　（14）$\lim\limits_{n\to\infty}\dfrac{2^n+3^n}{2^{n+1}+3^{n+1}}$；

（15）$\lim\limits_{n\to\infty}\left(1+\dfrac{1}{2}+\dfrac{1}{4}+\cdots+\dfrac{1}{2^n}\right)$；

（16）$\lim\limits_{n\to\infty}\dfrac{1+2+3\cdots+n}{n^2}$；

（17）$\lim\limits_{n\to\infty}\dfrac{(n+1)(n+2)(3n+1)}{2n^3}$；

（18）$\lim\limits_{x\to\infty}\left(1+\dfrac{2}{x}\right)\left(2-\dfrac{3}{x^2}\right)$；　（19）$\lim\limits_{n\to\infty}\sqrt{1+\dfrac{1}{n}}$；

（20）$\lim\limits_{n\to\infty}\left(\dfrac{1}{\sqrt{n^2+1}}+\dfrac{1}{\sqrt{n^2+2}}+\cdots+\dfrac{1}{\sqrt{n^2+n}}\right)$.

10. 设

$$f(x)=\begin{cases}x+4, & x<1,\\ 2x-1, & 1\leqslant x.\end{cases}$$

求 $\lim\limits_{x\to 1^-}f(x)$及 $\lim\limits_{x\to 1^+}f(x)$，问 $\lim\limits_{x\to 1}f(x)$存在否？

11. 在半径为 $R$ 的圆内作内接正方形，在正方形内作内切圆，在此圆内又作内接正方形. 如此反复，试求 $n$ 个圆面积总和与 $n$ 个正方形面积总和当$n\to\infty$时的极限.

12. 将直角三角形的一直角边等分为 $n$ 部分，在每一部分分别作内接矩形，试确定作出的阶梯形的面积当 $n\to\infty$时的极限.

13. 如 $\lim\limits_{x\to 1}\dfrac{x^2+ax+b}{1-x}=5$，求 $a$、$b$ 的值.

14. 若 $\lim\limits_{x\to\infty}\left(\dfrac{x^2+1}{x+1}-ax-b\right)=0$，求 $a$、$b$ 的值.

15. 求下列极限：

(1) $\lim\limits_{x\to 0}\dfrac{\sin 2x}{x}$；　　(2) $\lim\limits_{x\to 0}\dfrac{\sin 5x}{\sin 2x}$；

(3) $\lim\limits_{n\to\infty} n\cdot\sin\dfrac{\pi}{n}$；　　(4) $\lim\limits_{x\to 0}\dfrac{\sin(\sin x)}{x}$；

(5) $\lim\limits_{x\to 0}\dfrac{\tan x-\sin x}{x^3}$；　　(6) $\lim\limits_{x\to\pi}\dfrac{\sin x}{\pi-x}$.

16. 求下列极限：

(1) $\lim\limits_{n\to\infty}\left(1+\dfrac{1}{n+1}\right)^n$；　　(2) $\lim\limits_{x\to\infty}\left(1+\dfrac{2}{x}\right)^{x+3}$；

(3) $\lim\limits_{x\to\infty}\left(\dfrac{x+1}{x-1}\right)^x$；　　(4) $\lim\limits_{x\to 0}(1-3x)^{\frac{1}{x}}$；

(5) $\lim\limits_{x\to 0}\left(\dfrac{2-x}{2}\right)^{\frac{2}{x}}$；　　(6) $\lim\limits_{n\to\infty}\{n[\ln(n+2)-\ln n]\}$；

(7) $\lim\limits_{x\to 0}(1+\tan x)^{\cot x}$；　　(8) $\lim\limits_{x\to\frac{\pi}{2}}(1+\cos x)^{3\sec x}$.

17. 求函数 $y=-x^2+\dfrac{x}{2}$ 当 $x=1$，$\Delta x=0.5$ 时的改变量.

18. 作出函数

$$f(x)=\begin{cases}3-2x, & x<1,\\ x^2, & 1\leqslant x\end{cases}$$

的图像，并讨论其连续性.

19. 作出函数

$$f(x)=\begin{cases}x+1, & x\leqslant 2,\\ 3-x, & 2<x\end{cases}$$

的图像，并讨论其连续性.

20. 求下列函数的间断点，并说明间断点处极限的存在性：

(1) $y=\dfrac{1}{(x+2)^2}$；　　(2) $y=\dfrac{x^2-1}{x^2-3x+2}$；

(3) $y=x\cos\frac{1}{x^2}$；　　(4) $y=\sin x\cdot\sin\frac{1}{x}$；

(5) $y=[x-1]$，其中符号$[x]$表示不超过 $x$ 的最大整数；

(6) $y=\begin{cases}x^2+1, & x\leqslant 0,\\ \dfrac{\sin 3x}{x}, & 0<x;\end{cases}$　　(7) $y=\begin{cases}\dfrac{1}{x}, & x<1,\\ 2x-1, & 1\leqslant x.\end{cases}$

21. 在下列各题中，$a$ 取什么值时函数 $f(x)$在$(-\infty,+\infty)$内连续.

(1) $f(x)=\begin{cases}\dfrac{x^2-4}{x-2}, & x\neq 2,\\ a, & x=2;\end{cases}$　　(2) $f(x)=\begin{cases}e^x, & x\leqslant 0,\\ a+x, & 0<x.\end{cases}$

22. 求下列极限：

(1) $\lim\limits_{x\to 0}\sqrt{x^2-2x+3}$；　　(2) $\lim\limits_{x\to 3}\dfrac{2}{\sqrt{1+x}}$；

(3) $\lim\limits_{x\to\frac{\pi}{2}}\dfrac{\sin x}{x}$；　　(4) $\lim\limits_{x\to 0}\left[\dfrac{\lg(100+x)}{a^x+\arcsin x}\right]^{\frac{1}{2}}$；

(5) $\lim\limits_{x\to 1}\dfrac{\sqrt{5x-4}-\sqrt{x}}{x-1}$；　　(6) $\lim\limits_{x\to+\infty}(\sqrt{x^2+x}-x)$；

(7) $\lim\limits_{x\to 4}\dfrac{\sqrt{2x+1}-3}{\sqrt{x-2}-\sqrt{2}}$；　　(8) $\lim\limits_{x\to 0}(1+\sin x)^{\frac{1}{2x}}$.

23. 设连续复利的利率是 5%，求投资 5000 元投资期分别为 1 年和 10 年所挣得的利息，并问多少年后总资金数会翻一番？

24. 一订书厂在一天 8 h 的开工时间内可装订 10000 本书，每一天的固定开工成本为 5000 元，每本书的单位成本为 3 元，试求装订 $x$ 本书的成本$C(x)$的表达式，并讨论其连续性.

25. 小陈在 1999 年的薪水是 28500 元，而且聘用合同中保证以后 5 年中每年增加 9%，则他在往后 5 年中的薪水 $S$ 为

$$S(t)=28500(1.09)^{[t]},$$

其中 $t$ 代表年，$t=0$ 相当于 1999 年. 试求出小陈在 1999～2004 年间的薪水，并讨论函数的连续性.

26. 某城市市话的计价方式如下：前 2 min(分钟)为 0.52 元，以后每增加 1min 或不满 1min 再加 0.36 元，试将费用 $C$ 以时间 $t$(min)表示，并讨论函数的连续性.

27. 验证方程 $x^4-3x^2+7x=10$ 至少有一个根在 1 与 2 之间.

28. 证明方程 $x=2\sin x+1$ 至少有一个小于 3 的正根.

微积分是在17世纪由牛顿和莱布尼兹创立的，但那时并不严密，特别是无穷小的概念与运用都不很清晰，从而许多论证很不严格. 直到19世纪法国数学家柯西发表了《分析教程》与《无穷小计算概论》，才对变量与函数、极限、连续性、微分与积分等基本概念给出了严格的定义. 使微积分理论开始进入现代化叙述的完美形式.

# 第三章　一元函数微分学

为了研究一元函数随自变量变化的规律，还须要进一步考虑其变化速率，这就涉及到导数的概念．本章就来介绍导数与微分这两个微分学中的基本概念．首先从一些实际问题引入它们的定义，然后讲述其计算方法以及如何应用导数与微分来研究一元函数的各种性质．

## 第一节　导数与微分的概念

### 1. 两个实例

先介绍两个典型的例子：求曲线的切线和求物体运动的速度，在微积分的发展历史上，导数概念最早就是从它们之中形成的．

（1）曲线的切线的斜率　在初等数学中，圆的切线就是作为割线的极限位置来处理的．为了求一般曲线的切线，仍然沿用这一方法．

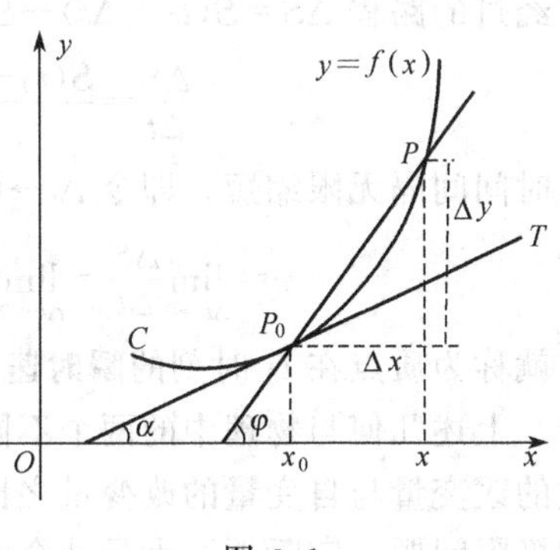

图 3.1

设函数 $y=f(x)$ 的图形为曲线 $C$，如图 3.1 所示．为求其上一点 $P_0$ 处的切线，只要定出其斜率($\tan\alpha$)就可以了．为此在 $C$ 上另取一动点 $P$．记 $P_0=(x_0, y_0)$，$P=(x_0+\Delta x, y_0+\Delta y)$，其中 $y_0=f(x_0)$，$y_0+\Delta y=f(x_0+\Delta x)$．$C$ 的割线 $\overline{P_0P}$ 的斜率为

$$\tan\varphi=\frac{\Delta y}{\Delta x}=\frac{y_0+\Delta y-y_0}{x+\Delta x-x_0}=\frac{f(x_0+\Delta x)-f(x_0)}{\Delta x}. \tag{3.1}$$

如图 3.1 所示，$\varphi$ 为割线与 $x$ 轴的倾角．当点 $P$ 沿 $C$ 趋向于 $P_0$

时，$\Delta x\to 0$，如上式极限存在，设为 $k$，则称它为 $C$ 在 $P_0$ 点的**切线的斜率**(图 3.1 中该切线倾角记为 $\alpha$)：

$$k=\tan\alpha=\lim_{\Delta x\to 0}\frac{f(x_0+\Delta x)-f(x_0)}{\Delta x}.$$

如果能求出 $k$，则由点斜式，$C$ 过 $P_0$ 的切线方程为：$y-y_0=k(x-x_0)$.

[**例 1**] 求抛物线 $y=x^2$ 在点(1，1)处的切线方程.

**解** 如上述，现$(x_0，y_0)=(1，1)$，先求

$$k=\lim_{\Delta x\to 0}\frac{(1+\Delta x)^2-1^2}{\Delta x}=\lim_{\Delta x\to 0}\frac{2\Delta x+\Delta x^2}{\Delta x}=2.$$

故所求切线方程为 $y-1=2(x-1)$，即 $y=2x-1$.

(2) 直线运动的速度 设质点沿某直线运动，把此直线取作坐标轴，为简便计，不妨设 $t=0$ 时质点从原点开始运动，时刻 $t$ 时到达位置 $S$，故得位移函数 $S=S(t)$. 任取一段时间间隔，则由物理上可知，所经过的路程除以所花的时间就是在这一时间间隔内的平均速度，用函数的数量关系表示出来，该时间由 $t_0\sim t_0+\Delta t$(间隔为 $\Delta t$)，所经过的路程 $\Delta S=S(t_0+\Delta t)-S(t_0)$. 故这段时间内的平均速度为

$$\frac{\Delta S}{\Delta t}=\frac{S(t_0+\Delta t)-S(t_0)}{\Delta t}. \tag{3.2}$$

让时间间隔无限缩短，即令 $\Delta t\to 0$，如果比率(3.2)的极限存在，即

$$v=\lim_{\Delta t\to 0}\frac{\Delta S}{\Delta t}=\lim_{\Delta t\to 0}\frac{S(t_0+\Delta t)-S(t_0)}{\Delta t}.$$

它就称为质点在 $t_0$ 时刻的**瞬时速度**(平均速度的极限).

上述几何与物理中的两个不同问题的解决，最后都归结为关于函数的改变量与自变量的改变量之比的同一形式[见式(3.1)与式(3.2)]的极限问题. 实际上，大量社会的、自然的现象中的数量关系的变化速度，如劳动生产率、国民经济增长速度、人口增长率、镭的衰变速度等等都可归结为求上述比值的极限问题. 由此抽象出它们的共性，即可得出一元函数的导数的概念.

**2. 导数的定义**

考虑函数 $y=f(x)$，设其在 $x_0$ 点的某邻域内有定义，给自变量 $x_0$ 以改变量 $\Delta x$，函数 $y$ 产生相应的改变量$\Delta y=f(x_0+\Delta x)-$

$f(x_0)$.

**定义 3.1** 如果极限

$$\lim_{\Delta x \to 0} \frac{f(x_0+\Delta x)-f(x_0)}{\Delta x} \tag{3.3}$$

存在，则称函数 $y=f(x)$ 在 $x_0$ 点**可导**，称式(3.3)为 $f(x)$ 在 $x_0$ 点的**导数**，记为 $f'(x_0)$，或 $\left.\frac{\mathrm{d}y}{\mathrm{d}x}\right|_{x=x_0}$，或 $\left.\frac{\mathrm{d}f(x)}{\mathrm{d}x}\right|_{x=x_0}$.

函数 $f(x)$ 在 $x_0$ 可导有时也说成 $f(x)$ 在 $x_0$ 导数存在，或有导数.

记 $x=x_0+\Delta x$，则 $\Delta x \to 0$ 等价于 $x \to x_0$. 故式(3.3)也常写成

$$f'(x_0)=\lim_{x \to x_0} \frac{f(x)-f(x_0)}{x-x_0}. \tag{3.4}$$

若极限(3.3)不存在，则称 $f(x)$ 在 $x_0$ 点**不可导**，这时常遇到的情况是式(3.3)趋于 $\infty$，也就简称为 $f(x)$ 在 $x_0$ 点的导数为无穷大，它对应于函数曲线在 $(x_0,y_0)$ 点的切线为**铅直**的情况.

当 $y=f(x)$ 在区间 $(a,b)$ 内的每一点可导时，则称函数 $f(x)$ 在区间 $(a,b)$ 上可导，此时，对任一 $x \in (a,b)$，都有一个确定的数值 ($f(x)$ 在该点处的导数)与之对应，从而确定了区间 $(a,b)$ 上的一个新的函数，称此函数为 $y=f(x)$ 的导函数，记作 $y'$、$f'(x)$、$\frac{\mathrm{d}y}{\mathrm{d}x}$ 或 $\frac{\mathrm{d}f(x)}{\mathrm{d}x}$.

对于在闭区间 $[a,b]$ 上定义的函数，当 $x_0$ 为区间端点 $b$ 或 $a$ 时，极限式(3.3)只能分别考虑左或右极限，由此而引出左、右导数的概念.

如果 $\lim\limits_{\Delta x \to 0^+} \frac{f(x_0+\Delta x)-f(x_0)}{\Delta x}$ 存在，则称此极限为函数 $y=f(x)$ 在 $x_0$ 点的**右导数**，记作 $f'_+(x_0)$；

如果 $\lim\limits_{\Delta x \to 0^-} \frac{f(x_0+\Delta x)-f(x_0)}{\Delta x}$ 存在，则称此极限为函数 $y=f(x)$ 在 $x_0$ 点的**左导数**，记作 $f'_-(x_0)$.

由定理 2.1 容易推出如下结论：

函数 $y=f(x)$ 在 $x_0$ 点可导的充要条件是 $y=f(x)$ 在 $x_0$ 点的左、

右导数均存在且相等.

另外，如 $y=f(x)$ 在 $x_0$ 点可导，由式(3.4)和定理 2.2，得

$$\frac{f(x)-f(x_0)}{x-x_0}=f'(x_0)+\alpha(x),$$

其中 $\alpha(x)$ 是 $x\to x_0$ 时的无穷小，于是

$$f(x)=f(x_0)+f'(x_0)(x-x_0)+\alpha(x)(x-x_0). \tag{3.5}$$

故当 $x\to x_0$ 时，$f(x)\to f(x_0)$，也就是说，函数 $y=f(x)$ 在 $x_0$ 点是连续的，从而可得:如果 $y=f(x)$ 在 $x_0$ 点可导，则 $y=f(x)$ 在 $x_0$ 点必定连续. 但要注意的是：函数 $y=f(x)$ 在 $x_0$ 点连续时，却不一定在 $x_0$ 点可导.

［例 2］ 设 $f(x)=|x|$，则 $f(x)$ 在 $x=0$ 点连续，但在 $x=0$ 点不可导.

**解** 由于

$$\lim_{x\to 0^-}|x|=\lim_{x\to 0^-}(-x)=0,$$

$$\lim_{x\to 0^+}|x|=\lim_{x\to 0^+}x=0,$$

且 $f(0)=0$，故 $f(x)$ 在 $x=0$ 点连续，但因

$$f'_+(0)=\lim_{\Delta x\to 0^+}\frac{f(0+\Delta x)-f(0)}{\Delta x}=\lim_{\Delta x\to 0^+}\frac{|\Delta x|-0}{\Delta x}=\lim_{\Delta x\to 0^+}\frac{\Delta x}{\Delta x}=1,$$

$$f'_-(0)=\lim_{\Delta x\to 0^-}\frac{f(0+\Delta x)-f(0)}{\Delta x}=\lim_{\Delta x\to 0^-}\frac{|\Delta x|-0}{\Delta x}=\lim_{\Delta x\to 0^-}\frac{-\Delta x}{\Delta x}=-1,$$

从而 $f'_+(0)\neq f'_-(0)$，即 $f(x)$ 在 $x=0$ 点不可导，从图 1.3 也很清楚地反映出这一事实.

由上面的讨论也可得知，在导数存在时，必有 $\lim\limits_{\Delta x\to 0}\Delta y=0$，故求具体函数在一点的导数实际上就是要具体分析两个无穷小之比的极限问题.

**3. 求导数举例**

［例 3］ 设函数 $f(x)=C$ ($C$ 为常数)，求 $f'(x)$.

**解** 任取 $x\in(-\infty,+\infty)$，并设其改变量为 $\Delta x$，相应地 $f(x)$ 的改变量

$$\Delta y=f(x+\Delta x)-f(x)=C-C=0,$$

因此
$$f'(x)=\lim_{\Delta x\to 0}\frac{\Delta y}{\Delta x}=0.$$

从而得知，常函数的导函数为恒等于零的函数，即零函数.

**[例 4]** 设函数 $f(x)=x^3$，求 $f'(x)$.

**解** 由于

$$\begin{aligned}\lim_{\Delta x\to 0}\frac{f(x+\Delta x)-f(x)}{\Delta x}&=\lim_{\Delta x\to 0}\frac{(x+\Delta x)^3-x^3}{\Delta x}\\&=\lim_{\Delta x\to 0}\frac{3x^2\Delta x+3x(\Delta x)^2+(\Delta x)^3}{\Delta x}\\&=\lim_{\Delta x\to 0}(3x^2+3x\Delta x+(\Delta x)^2)=3x^2.\end{aligned}$$

故

$$f'(x)=3x^2.$$

对于幂函数，一般地有

$$(x^\mu)'=\mu x^{\mu-1}.$$

此公式以后再加以证明.

**[例 5]** 设函数 $f(x)=\sin x$，求 $f'(x)$.

**解** 由于

$$\begin{aligned}\lim_{\Delta x\to 0}\frac{f(x+\Delta x)-f(x)}{\Delta x}&=\lim_{\Delta x\to 0}\frac{\sin(x+\Delta x)-\sin x}{\Delta x}\\&=\lim_{\Delta x\to 0}\frac{2\cos\left(x+\frac{\Delta x}{2}\right)\sin\frac{\Delta x}{2}}{\Delta x}\\&=\lim_{\Delta x\to 0}\left[\cos\left(x+\frac{\Delta x}{2}\right)\cdot\frac{\sin\frac{\Delta x}{2}}{\frac{\Delta x}{2}}\right]\\&=\cos x.\end{aligned}$$

故得出公式

$$(\sin x)'=\cos x. \tag{3.6}$$

类似地，请读者自己证明

$$(\cos x)'=-\sin x. \tag{3.7}$$

**[例 6]** 设函数 $f(x)=\ln x$，求 $f'(x)$.

**解** 任取 $x\in(0,+\infty)$. 由

$$\lim_{\Delta x\to 0}\frac{f(x+\Delta x)-f(x)}{\Delta x}=\lim_{\Delta x\to 0}\frac{\ln(x+\Delta x)-\ln x}{\Delta x}=\lim_{\Delta x\to 0}\frac{\ln\left(1+\frac{\Delta x}{x}\right)}{\Delta x}$$

$$=\lim_{\Delta x\to 0}\ln\left(1+\frac{\Delta x}{x}\right)^{\frac{x}{\Delta x}\cdot\frac{1}{x}}$$

$$=\lim_{\Delta x\to 0}\frac{1}{x}\ln\left(1+\frac{\Delta x}{x}\right)^{\frac{x}{\Delta x}}=\frac{1}{x}.$$

得到求导公式

$$(\ln x)'=\frac{1}{x}. \tag{3.8}$$

**[例 7]** 设函数

$$f(x)=\begin{cases}x^3, & x\geqslant 0,\\ x^2, & x<0.\end{cases}$$

求 $f'(x)$.

**解** 当 $x>0$ 时，$f(x)=x^3$，故 $f'(x)=3x^2$.

当 $x<0$ 时，$f(x)=x^2$，故 $f'(x)=2x$.

当 $x=0$ 时，由于

$$f'_+(0)=\lim_{\Delta x\to 0^+}\frac{f(0+\Delta x)-f(0)}{\Delta x}=\lim_{\Delta x\to 0^+}\frac{(\Delta x)^3}{\Delta x}=\lim_{\Delta x\to 0^+}(\Delta x)^2=0,$$

$$f'_-(0)=\lim_{\Delta x\to 0^-}\frac{f(0+\Delta x)-f(0)}{\Delta x}=\lim_{\Delta x\to 0^-}\frac{(\Delta x)^2}{\Delta x}=\lim_{\Delta x\to 0^-}\Delta x=0.$$

即左右导数相等，故 $f'(0)$存在且 $f'(0)=0$. 从而得知 $f'(x)$的导函数为

$$f'(x)=\begin{cases}3x^2, & x>0,\\ 0, & x=0,\\ 2x, & x<0.\end{cases}$$

**[例 8]** 设 $f(x)=a^x$，$a>0$，$a\neq 1$，求 $f'(x)$.

**解** $f'(x)=\lim_{\Delta x\to 0}\frac{f(x+\Delta x)-f(x)}{\Delta x}=\lim_{\Delta x\to 0}\frac{a^{x+\Delta x}-a^x}{\Delta x}$

$$=\lim_{\Delta x\to 0}\frac{a^x(a^{\Delta x}-1)}{\Delta x}=a^x\lim_{\Delta x\to 0}\frac{a^{\Delta x}-1}{\Delta x}.$$

令 $a^{\Delta x}-1=t$，则 $\Delta x=\log_a(1+t)$. 由此可见，$\Delta x\to 0$ 等价于 $t\to 0$. 故

$$\lim_{\Delta x\to 0}\frac{a^{\Delta x}-1}{\Delta x}=\lim_{t\to 0}\frac{t}{\log_a(1+t)}=\lim_{t\to 0}\frac{1}{\log_a(1+t)^{\frac{1}{t}}}=\frac{1}{\log_a \mathrm{e}}=\ln a.$$

因而得到公式

$$(a^x)'=a^x\ln a. \tag{3.9}$$

特别有

$$(\mathrm{e}^x)'=\mathrm{e}^x.$$

**4. 微分的定义**

设函数 $y=f(x)$在点 $x_0$ 的邻域内有定义，且 $f'(x_0)$存在，当给 $x_0$ 一个改变量 $\Delta x$ 时，函数 $y$ 的改变量 $\Delta y$，由前面分析所得的式(3.5)可知

$$\Delta y=f'(x_0)\Delta x+\alpha\Delta x,$$

它把 $\Delta y$ 分为两个部分：第一部分 $f'(x_0)\Delta x$ 是 $\Delta x$ 的线性函数(因 $f'(x_0)$与 $\Delta x$ 无关，为常数)，第二部分则为 $\Delta x$ 的高阶无穷小，因为前已说明

$$\lim_{\Delta x\to 0}\frac{\alpha\Delta x}{\Delta x}=\lim_{\Delta x\to 0}\alpha=0.$$

因此，当$|\Delta x|$甚小时，可以略去第二部分而近似地用第一部分——$\Delta x$ 的一个线性函数来表示函数的改变量 $\Delta y$. 这就是微分的概念.

**定义 3.2** 设函数 $y=f(x)$在 $x_0$ 的某邻域内有定义，给 $x_0$ 一个改变量 $\Delta x$，函数的相应改变量 $\Delta y=f(x_0+\Delta x)-f(x_0)$，如果它可以表示为如下两部分之和

$$\Delta y=A\Delta x+o(\Delta x), \tag{3.10}$$

其中 $A$ 是与 $\Delta x$ 无关的量，$o(\Delta x)$是比 $\Delta x$ 高阶的无穷小(当 $\Delta x\to 0$ 时)，则称函数 $y=f(x)$在 $x_0$ 点**可微**，$A\Delta x$ 称为 $f(x)$在 $x_0$ 点相应于 $\Delta x$ 的**微分**，记作 $\mathrm{d}y$ 或 $\mathrm{d}f(x)|_{x=x_0}$，即

$$\mathrm{d}y=A\Delta x;\quad 或\ \mathrm{d}f(x)|_{x=x_0}=A\Delta x. \tag{3.11}$$

下面讨论可微的条件，并确定 $A$. 有如下重要结论.

**定理 3.1** 函数 $y=f(x)$在 $x_0$ 点可微的充要条件是它在 $x_0$ 处可导，且

$$\mathrm{d}y=f'(x_0)\Delta x.$$

**证** “⇒”(必要性) 设 $f(x)$在 $x_0$ 可微，故 $\Delta y=A\Delta x+o(\Delta x)$，从而

$$\lim_{\Delta x\to 0}\frac{\Delta y}{\Delta x}=\lim_{\Delta x\to 0}\left[A+\frac{o(\Delta x)}{\Delta x}\right]=A.$$

这就说明 $f(x)$在 $x_0$ 处可导，且 $f'(x_0)=A$，即 $\mathrm{d}y=A\Delta x=f'(x_0)\Delta x$.

"$\Leftarrow$"(充分性)设 $f(x)$在 $x_0$ 可导，即有 $\lim\limits_{\Delta x\to 0}\dfrac{\Delta y}{\Delta x}=f'(x_0)$. 故由定理 2.2 可得

$$\frac{\Delta y}{\Delta x}=f'(x_0)+\alpha,$$

其中 $\alpha$ 是 $\Delta x\to 0$ 时的无穷小. 从而

$$\Delta y=f'(x_0)\Delta x+\alpha\Delta x. \tag{3.12}$$

而 $\lim\limits_{\Delta x\to 0}\dfrac{\alpha\Delta x}{\Delta x}=\lim\limits_{\Delta x\to 0}\alpha=0$，故 $\alpha\Delta x=o(\Delta x)$. 对照式(3.12)与定义 3.2，得知函数 $y=f(x)$在 $x_0$ 点可微，其中 $A=f'(x_0)$. 故 $\mathrm{d}y=f'(x_0)\Delta x$.

若取 $y=x$，则 $\mathrm{d}y=(x)'\Delta x=\Delta x$，即此函数的微分 $\mathrm{d}x=\Delta x$. 亦即自变量的微分 $\mathrm{d}x$ 就是其改变量 $\Delta x$. 这样式(3.11)中的微分又可表为 $\mathrm{d}y=f'(x)\mathrm{d}x$. 其右端为乘积，此式除以 $\mathrm{d}x$ 得

$$\frac{\mathrm{d}y}{\mathrm{d}x}=f'(x). \tag{3.13}$$

在引入导数的符号 $\dfrac{\mathrm{d}y}{\mathrm{d}x}$ 时，它是作为一个统一的记号，表示对 $y$ 求导，但在导出公式(3.13)之后，$\dfrac{\mathrm{d}y}{\mathrm{d}x}$ 就可理解为函数与自变量的微分相除，即为两者之商. 因此，导数也称为**微商**，这是一个非常形象化的名词，且体现出导数与微分的密切关系:微分与导数之间仅相差一个因子 $\mathrm{d}x$.

**[例 9]** 对函数 $y=x^2$，在点 $x=1$ 处，取 $\Delta x=0.1$ 和 $\Delta x=0.01$，分别计算出相应的函数增量与微分.

**解** 由 $y'=2x$，$y'|_{x=1}=2$. 故有

当 $\Delta x=0.1$ 时，

$\Delta y=(1+0.1)^2-1^2=0.21$，

$\mathrm{d}y=y'|_{x=1}\Delta x=2\times 0.1=0.2$.

其几何含意如图 3.2 所示，$\Delta y$ 为图中斜影线部分的面积，$\mathrm{d}y$ 则为 $\Delta y$ 中去掉右上角小正方形的面积后留下部分的面积.

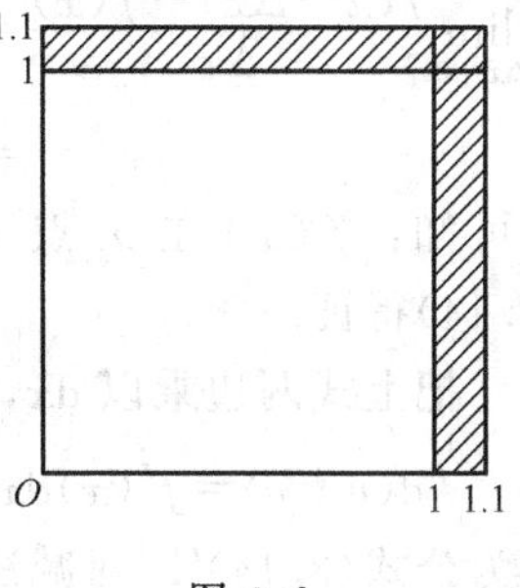

图 3.2

当 $\Delta x=0.01$ 时，

$$\Delta y=(1+0.01)^2-1=0.0201,$$

$$\mathrm{d}y=y'|_{x=1}\Delta x=2\times0.01=0.02.$$

由此可见，$\Delta x$ 越小时，$\Delta y$ 与 $\mathrm{d}y$ 的相差就越小.

由微分与导数的上述关系及已求出的一些导数公式可相应得出下列微分公式：

$$\mathrm{d}(C)=0,\qquad \mathrm{d}(\sin x)=\cos x\mathrm{d}x,$$

$$\mathrm{d}(\cos x)=-\sin x\mathrm{d}x,\qquad \mathrm{d}(\ln x)=\frac{1}{x}\mathrm{d}x,$$

$$\mathrm{d}(a^x)=a^x\ln a\mathrm{d}x,\qquad \mathrm{d}(\mathrm{e}^x)=\mathrm{e}^x\mathrm{d}x.$$

## 第二节　求导数与微分的法则

上一节，我们给出了导数与微分的概念，并求出了一些简单函数的导数和微分. 但是，对于较为复杂的函数，要按照定义去求导数与微分将是很困难的，本节就来给出求比较复杂一些的函数的导数和微分的方法.

和极限运算一样，先给出导数和微分的运算法则.

**1. 四则运算法则**

为叙述简便，在以下定理中设 $u=u(x)$，$v=v(x)$ 在区间 $(a,b)$（可为有限或无穷区间）上可导，然后讨论这两个函数的和差积商的求导数和微分的问题.

**定理 3.2**　$u\pm v$ 在 $(a,b)$ 上可导，且有公式

$$(u\pm v)'=u'\pm v' \tag{3.14}$$

和

$$\mathrm{d}(u\pm v)=\mathrm{d}u\pm\mathrm{d}v. \qquad (3.14)'$$

**证**　考察相加的情况，令 $f(x)=u(x)+v(x)$，因 $u$、$v$ 在 $x\in(a,b)$ 处可导，则

$$\lim_{\Delta x\to 0}\frac{f(x+\Delta x)-f(x)}{\Delta x}=\lim_{\Delta x\to 0}\frac{u(x+\Delta x)-u(x)+v(x+\Delta x)-v(x)}{\Delta x}$$

$$=u'(x)+v'(x),$$

故可知：$f(x)$在$x$点可导，且$f'(x)=u'(x)+v'(x)$，公式(3.14)得证.

把上式两边乘以$\mathrm{d}x$，即得

$$\mathrm{d}(u+v)=f'(x)\mathrm{d}x=(u'+v')\mathrm{d}x=u'\mathrm{d}x+v'\mathrm{d}x=\mathrm{d}u+\mathrm{d}v.$$

此为公式(3.14)′. 对减法运算类似可得.

**定理 3.3** $uv$在$(a,b)$上可导，且有公式

$$(uv)'=u'v+uv' \tag{3.15}$$

和

$$\mathrm{d}(uv)=v\mathrm{d}u+u\mathrm{d}v. \tag{3.15$'$}$$

**推论** 若$k$为常数，则

$$(ku)'=ku',\quad \mathrm{d}(ku)=k\mathrm{d}u. \tag{3.16}$$

**定理 3.4** 进一步设在$(a,b)$上$v\neq 0$，则$\dfrac{u}{v}$在$(a,b)$上可导，且有公式

$$\left(\frac{u}{v}\right)'=\frac{vu'-uv'}{v^2} \tag{3.17}$$

和

$$\mathrm{d}\left(\frac{u}{v}\right)=\frac{v\mathrm{d}u-u\mathrm{d}v}{v^2}. \tag{3.17$'$}$$

**推论** 若$k$为常数，则

$$\left(\frac{k}{v}\right)'=-\frac{kv'}{v^2},\quad \mathrm{d}\left(\frac{k}{v}\right)=-\frac{kv}{v^2}\mathrm{d}v. \tag{3.18}$$

现证定理3.3，请读者仿此证明定理3.4.

令$y=uv$. 给$x$以改变量$\Delta x$，相应地，$u$，$v$，$y$分别有改变量$\Delta u$，$\Delta v$，$\Delta y$. 由

$$\Delta y=(u+\Delta u)(v+\Delta v)-uv=u\Delta v+v\Delta u+\Delta u\cdot\Delta v,$$

因此

$$\frac{\Delta y}{\Delta x}=u\,\frac{\Delta v}{\Delta x}+v\,\frac{\Delta u}{\Delta x}+\frac{\Delta u}{\Delta x}\Delta v.$$

令$\Delta x\to 0$，因$v$可导，故连续，从而$\Delta v\to 0$，而$u$，$v$只依赖于$x$，

而不依赖于 $\Delta x$，故为常数. 可得

$$(uv)'=y'=\lim_{\Delta x\to 0}\frac{\Delta y}{\Delta x}=u\lim_{\Delta x\to 0}\frac{\Delta v}{\Delta u}+v\lim_{\Delta x\to 0}\frac{\Delta u}{\Delta x}+\lim_{\Delta x\to 0}\frac{\Delta u}{\Delta x}\cdot\lim_{\Delta x\to 0}\Delta v$$
$$=uv'+vu'+u'\cdot 0=u'v+uv'.$$

公式(3.15)得证. 上式两边同乘 $dx$，便得式(3.15)′.

和极限运算法则一样，加、减、乘的求导和求微分公式可以推广到任何有限个可导函数的情况.

**[例 1]** 设 $y=\log_a x$，$a>0$，$a\neq 1$，求 $y'$.

**解** 由于 $y=\frac{\ln x}{\ln a}$，而 $\ln a$ 是常数，故有

$$y'=\frac{1}{\ln a}(\ln x)'=\frac{1}{x\ln a}.$$

**[例 2]** 设 $y=2x^2-5x+\sin\frac{\pi}{10}-\ln 2$，求 $y'$及 $y'|_{x=2}$.

**解** 由于 $\sin\frac{\pi}{10}$，$\ln 2$ 都是常数，故利用式(3.14)，可得

$$y'=(2x^2)'-(5x)'+\left(\sin\frac{\pi}{10}\right)'-(\ln 2)'$$
$$=2(x^2)'-5(x)'+0-0=4x-5.$$
$$y'|_{x=2}=(4x-5)|_{x=2}=3.$$

**[例 3]** 设 $y=2^x+4\cos x-3\ln x$，求 $dy$.

**解**
$$dy=d(2^x)+4d(\cos x)-3d(\ln x)$$
$$=2^x\ln 2dx-4\sin xdx-\frac{3}{x}dx$$
$$=\left(2^x\ln 2-4\sin x-\frac{3}{x}\right)dx.$$

**[例 4]** 求 $y=\tan x$ 的导函数.

**解** $y'=(\tan x)'=\left(\frac{\sin x}{\cos x}\right)'=\frac{\cos x(\sin x)'-\sin x(\cos x)'}{\cos^2 x}$

$$=\frac{\cos^2 x+\sin^2 x}{\cos^2 x}=\sec^2 x,$$

即得

$$(\tan x)'=\sec^2 x. \tag{3.19}$$

类似地，可得

$$(\cot x)' = -\csc^2 x. \tag{3.20}$$

由 $\sec x = \dfrac{1}{\cos x}$，$\csc x = \dfrac{1}{\sin x}$分别求导(利用除法公式)可得

$$(\sec x)' = \sec x \tan x, \tag{3.21}$$

$$(\csc x)' = -\csc x \cot x. \tag{3.22}$$

对于式(3.19)～式(3.22)有相应的求微分公式.

**2. 反函数求导法则**

**定理 3.5** 设函数 $y=f(x)$在 $x$ 点可导，$f'(x)\neq 0$，且它的反函数 $x=f^{-1}(y)$在相应点处存在且连续，则 $\dfrac{\mathrm{d}}{\mathrm{d}y}(f^{-1}(y))$存在，且

$$\frac{\mathrm{d}}{\mathrm{d}y}(f^{-1}(y)) = \frac{1}{\dfrac{\mathrm{d}f(x)}{\mathrm{d}x}}. \tag{3.23}$$

**证** 对反函数 $x=f^{-1}(y)$的自变量 $y$ 给以改变量 $\Delta y$ 时，因变量 $x$ 取得相应的改变量 $\Delta x$，由反函数的存在性，$x$ 与 $y$ 之间为一一对应，故 $\Delta y\neq 0$ 时 $\Delta x\neq 0$. 因而

$$\frac{\Delta x}{\Delta y} = \frac{1}{\dfrac{\Delta y}{\Delta x}}.$$

又 $f^{-1}(y)$在相应点连续，故当 $\Delta y\to 0$ 时，$\Delta x$ 也$\to 0$. 由上式得

$$\frac{\mathrm{d}}{\mathrm{d}y}(f^{-1}(y)) = \lim_{\Delta y\to 0}\frac{\Delta x}{\Delta y} = \frac{1}{\lim\limits_{\Delta x\to 0}\dfrac{\Delta y}{\Delta x}} = \frac{1}{\dfrac{\mathrm{d}f(x)}{\mathrm{d}x}}.$$

利用公式(3.23)可以求出反三角函数的求导与求微分公式.

**[例 5]** 求 $y=\arcsin x$ $(-1<x<1)$的导函数.

**解** 其反函数为 $x=\sin y$，$\dfrac{\mathrm{d}}{\mathrm{d}y}(\sin y) = \cos y > 0$ $\left(-\dfrac{\pi}{2}<y<\dfrac{\pi}{2}\right)$，这时

$$\cos y = \sqrt{1-\sin^2 y} = \sqrt{1-x^2} > 0,$$

$$y' = (\arcsin x)' = \frac{1}{\dfrac{\mathrm{d}}{\mathrm{d}y}(\sin y)} = \frac{1}{\sqrt{1-x^2}},\ -1<x<1. \tag{3.24}$$

类似地可以得到：

$$(\arccos x)' = -\frac{1}{\sqrt{1-x^2}}, \quad -1 < x < 1; \tag{3.25}$$

$$(\arctan x)' = \frac{1}{1+x^2}, \quad -\infty < x < +\infty; \tag{3.26}$$

$$(\text{arccot}\, x)' = -\frac{1}{1+x^2}, \quad -\infty < x < +\infty. \tag{3.27}$$

**3. 基本初等函数的导数和微分公式**

截至上一段为止，我们已相继求出了各个基本初等函数的导数与微分. 除了幂函数的求导公式$(x^\mu)' = \mu x^{\mu-1}$将在下一段利用复合函数的求导法则加以导出. 现把它们统一列入下表，以便于应用. 请读者通过练习与应用牢记这些基本公式.

下表为求导数和微分的基本公式表(各函数的定义域见第一章，这里不再指明).

| 函　数　$y$ | 导　数　$y$ | 微　分　d$y$ |
|---|---|---|
| $C$ | $0$ | $0$ |
| $x^\mu$ | $\mu x^{\mu-1}$ | $\mu x^{\mu-1}\mathrm{d}x$ |
| $a^x$ | $a^x \ln a$ | $a^x \ln a\mathrm{d}x$ |
| $\mathrm{e}^x$ | $\mathrm{e}^x$ | $\mathrm{e}^x\mathrm{d}x$ |
| $\log_a x$ | $\frac{1}{x\ln a}$ | $\frac{1}{x\ln a}\mathrm{d}x$ |
| $\ln x$ | $\frac{1}{x}$ | $\frac{1}{x}\mathrm{d}x$ |
| $\sin x$ | $\cos x$ | $\cos x\mathrm{d}x$ |
| $\cos x$ | $-\sin x$ | $-\sin x\mathrm{d}x$ |
| $\tan x$ | $\sec^2 x$ | $\sec^2 x\mathrm{d}x$ |
| $\cot x$ | $-\csc^2 x$ | $-\csc^2 x\mathrm{d}x$ |
| $\sec x$ | $\sec x \tan x$ | $\sec x \tan x\mathrm{d}x$ |
| $\csc x$ | $-\csc x \cot x$ | $-\csc x \cot x\mathrm{d}x$ |
| $\arcsin x$ | $\frac{1}{\sqrt{1-x^2}}$ | $\frac{1}{\sqrt{1-x^2}}\mathrm{d}x$ |
| $\arccos x$ | $-\frac{1}{\sqrt{1-x^2}}$ | $-\frac{1}{\sqrt{1-x^2}}\mathrm{d}x$ |
| $\arctan x$ | $\frac{1}{1+x^2}$ | $\frac{1}{1+x^2}\mathrm{d}x$ |

续表

| 函　数　$y$ | 导　数　$y$ | 微　分　$\mathrm{d}y$ |
|---|---|---|
| $\operatorname{arccot} x$ | $-\dfrac{1}{1+x^2}$ | $-\dfrac{1}{1+x^2}\mathrm{d}x$ |
| $u\pm v$ | $u'\pm v'$ | $\mathrm{d}u\pm \mathrm{d}v$ |
| $uv$ | $u'v+uv'$ | $v\mathrm{d}u+u\mathrm{d}v$ |
| $Cu$ | $Cu'$ | $C\mathrm{d}u$ |
| $\dfrac{u}{v}$ | $\dfrac{u'v-uv'}{v^2}$ | $\dfrac{v\mathrm{d}u-u\mathrm{d}v}{v^2}$ |

**4. 复合函数求导法则**

前面已经解决了基本初等函数以及它们经四则运算后所得函数的求导数和微分的问题. 但初等函数往往还包括复合的过程，例如 $\sin 3x$，$\ln \tan x$，$(1+2x)^\alpha$ 等都是经过一些基本初等函数复合而来. 因此完全解决初等函数的求导问题，还须建立复合函数的求导法则. 它可以叙述如下.

**定理 3.6**　若 $u=\varphi(x)$ 在点 $x$ 可导，$y=f(u)$ 在对应点 $u$ $(=\varphi(x))$ 可导，则它们的复合函数 $y=f(\varphi(x))$ 在点 $x$ 也可导，且有公式

$$[f(\varphi(x))]'=f'(u)\cdot\varphi'(x),\quad 或\quad \frac{\mathrm{d}y}{\mathrm{d}x}=\frac{\mathrm{d}y}{\mathrm{d}u}\cdot\frac{\mathrm{d}u}{\mathrm{d}x}. \tag{3.28}$$

**证**　给 $x$ 以改变量 $\Delta x$，则 $u$ 有改变量 $\Delta u$，从而 $y$ 有改变量 $\Delta y$，由 $y=f(u)$ 可导，故 $\lim\limits_{\Delta u\to 0}\dfrac{\Delta y}{\Delta u}=f'(u)$. 因此

$$\frac{\Delta y}{\Delta u}=f'(u)+\alpha,$$

其中 $\alpha$ 是 $\Delta u\to 0$ 时的无穷小，此式中 $\Delta u\neq 0$. 以 $\Delta u$ 乘上式两端，得

$$\Delta y=f'(u)\Delta u+\alpha\Delta u. \tag{3.29}$$

当 $\Delta u=0$ 时规定 $\alpha=0$，则式(3.29)对 $\Delta u=0$ 也成立. 用 $\Delta x\neq 0$ 除以它两端，得

$$\frac{\Delta y}{\Delta x}=f'(u)\frac{\Delta u}{\Delta x}+\alpha\frac{\Delta u}{\Delta x}.$$

让 $\Delta x\to 0$，依导数的定义可得$\left(f'(u)=\dfrac{\mathrm{d}y}{\mathrm{d}u}\right)$

$$\frac{dy}{dx}=\frac{dy}{du}\cdot\frac{du}{dx}+\frac{du}{dx}\cdot\lim_{\Delta x\to 0}\alpha=\frac{dy}{du}\cdot\frac{du}{dx},$$

其中最后等式是由于 $\Delta x\to 0$ 时 $\Delta u$ 也 $\to 0$（$u=\varphi(x)$ 可导，故连续），从而 $\lim\limits_{\Delta x\to 0}\alpha=\lim\limits_{\Delta u\to 0}\alpha=0$.

在现代数学中，式(3.28)常称为**链法则**(chain rule). 它可以推广到任意有限多个函数相复合的情况，例如：$y=f(u)$，$u=g(v)$，$v=h(x)$，则对复合函数 $y=f(g(h(x)))$，有

$$\frac{dy}{dx}=\frac{dy}{du}\cdot\frac{du}{dx}=\frac{dy}{du}\cdot\frac{du}{dv}\cdot\frac{dv}{dx}.$$

**[例 6]** 求下列函数的导数：

(i) $y=\sin 3x$； (ii) $y=(1+2x)^{40}$；

(iii) $y=\ln\tan x$； (iv) $y=x\cdot\sqrt{a^2-x^2}$.

**解** (i) 设 $y=\sin u$，$u=3x$，则由式(3.28)得

$$\frac{dy}{dx}=\frac{dy}{du}\cdot\frac{du}{dx}=\cos u\cdot 3=3\cos 3x.$$

(ii) 设 $y=u^{40}$，$u=1+2x$，则

$$\frac{dy}{dx}=(u^{40})'\cdot(1+2x)'=40u^{39}\cdot 2=80(1+2x)^{39}.$$

(iii) 它是 $y=\ln u$ 和 $u=\tan x$ 的复合，故

$$\frac{dy}{dx}=(\ln u)'_u\cdot(\tan x)'=\frac{1}{u}\cdot\sec^2 x=\frac{1}{\tan x}\cdot\frac{1}{\cos^2 x}$$

$$=\frac{1}{\sin x\cos x}=\frac{2}{\sin 2x}.$$

(iv) 首先利用乘法公式，而第二因子求导时则须用复合函数求导，在运用熟练之后，可以不必把中间变量 $u$ 等写出来. 有

$$\begin{aligned}y'&=(x\cdot\sqrt{a^2-x^2})'=(x)'\cdot\sqrt{a^2-x^2}+x((a^2-x^2)^{\frac{1}{2}})'\\&=\sqrt{a^2-x^2}+x\cdot\frac{1}{2}(a^2-x^2)^{-\frac{1}{2}}(a^2-x^2)'\\&=\sqrt{a^2-x^2}-x^2(a^2-x^2)^{-\frac{1}{2}}=\frac{a^2-2x^2}{\sqrt{a^2-x^2}}.\end{aligned}$$

**[例 7]** 补证幂函数求导公式

$$(x^\mu)'=\mu x^{\mu-1}.$$

**证** 令 $y=x^\mu=e^{\mu\ln x}$，换底后化为复合函数形式，求导得

$$y'=(\mathrm{e}^{\mu\ln x})'_{\mu\ln x}\cdot(\mu\ln x)'=\mathrm{e}^{\mu\ln x}\cdot\frac{\mu}{x}=x^{\mu}\cdot\frac{\mu}{x}=\mu x^{\mu-1}.$$

再举一个多层复合的例子.

**［例 8］** 求 $y=\mathrm{e}^{\sin\frac{1}{x}}$ 的导数.

**解** $y'=(\mathrm{e}^{\sin\frac{1}{x}})'=\mathrm{e}^{\sin\frac{1}{x}}\cdot\left(\sin\frac{1}{x}\right)'=\mathrm{e}^{\sin\frac{1}{x}}\cos\frac{1}{x}\cdot\left(\frac{1}{x}\right)'$

$$=-\frac{1}{x^2}\mathrm{e}^{\sin\frac{1}{x}}\cos\frac{1}{x}.$$

**［例 9］** 设 $f(x)=\begin{cases}\sin(x^2+x), & x<0,\\ \ln(1+x), & x\geqslant 0,\end{cases}$ 讨论 $f(x)$ 的可导性，并求出导函数 $f'(x)$.

**解** 当 $x<0$ 时，$f(x)=\sin(x^2+x)$ 处处可导，且 $f'(x)=(2x+1)\cos(x^2+x)$；

当 $x>0$ 时，$f(x)=\ln(1+x)$ 处处可导，且 $f'(x)=\frac{1}{1+x}$；

当 $x=0$ 时，在它两边 $f(x)$ 分别由两个不同的式子定义，故先依定义分别求右、左导数.

$$f'_{+}(0)=\lim_{\Delta x\to 0^{+}}\frac{f(0+\Delta x)-f(0)}{\Delta x}=\lim_{\Delta x\to 0^{+}}\frac{\ln(1+\Delta x)-0}{\Delta x}$$

$$=\lim_{\Delta x\to 0^{+}}\ln(1+\Delta x)^{\frac{1}{\Delta x}}=1,$$

$$f'_{-}(0)=\lim_{\Delta x\to 0^{-}}\frac{f(0+\Delta x)-f(0)}{\Delta x}=\lim_{\Delta x\to 0^{-}}\frac{\sin(\Delta x^2+\Delta x)-0}{\Delta x}$$

$$=\lim_{\Delta x\to 0^{-}}\frac{(\Delta x+1)\sin(\Delta x^2+\Delta x)}{\Delta x^2+\Delta x}=1.$$

其左右导数相等，$f'_{+}(0)=f'_{-}(0)=1$，故 $f(x)$ 在 $x=0$ 点可导，且 $f'(0)=1$. 所求导函数为

$$f'(x)=\begin{cases}(2x+1)\cos(x^2+x), & x<0,\\ 1, & x=0,\\ \dfrac{1}{1+x}, & x>0.\end{cases}$$

链法则（3.28）也可表示为微分的形式，即将其两边乘以 $\mathrm{d}x$，得

$$\mathrm{d}y=f'(u)\varphi'(x)\mathrm{d}x. \tag{3.30}$$

由此可以推知一个重要的性质，**即微分形式的不变性**．对于函数$y=f(u)$，$u$是自变量时，$y$的微分为

$$dy=f'(u)du. \tag{3.31}$$

如果$u$又是另一变量$x$的函数$\varphi(x)$，得$y=f(\varphi(x))$，其微分由式(3.30)表示．但对$u=\varphi(x)$，有$du=\varphi'(x)dx$，代入式(3.30)的右端仍可得到式(3.31)．就是说，不管$u$是自变量还是另一变量$x$的函数，$y$的微分保持不变，它总可用式(3.31)的右端表示．这个性质就称为微分形式的不变性，把它应用于复合函数的求微分很有好处．

［**例10**］求下列函数的微分：

(i) $y=e^{ax^2+bx+c}$，其中$a$，$b$，$c$为常数；

(ii) $y=e^{1-3x}\sin 2x$.

**解**　(i) 把$ax^2+bx+c$视为$u$，由微分形式不变性(3.31)，得(计算时$u$可不必写出)

$$\begin{aligned}dy&=e^{ax^2+bx+c}d(ax^2+bx+c)\\&=e^{ax^2+bx+c}(d(ax^2)+d(bx)+dc)\\&=(2ax+b)e^{ax^2+bx+c}dx.\end{aligned}$$

(ii) $$\begin{aligned}dy&=e^{1-3x}d(\sin 2x)+\sin 2xd(e^{1-3x})\\&=e^{1-3x}\cos 2x\cdot 2dx+\sin 2x\cdot e^{1-3x}\cdot(-3)dx\\&=e^{1-3x}(2\cos 2x-3\sin 2x)dx.\end{aligned}$$

**5. 微分应用于近似计算**

函数$y=f(x)$在一点$x$的导数的几何意义是函数曲线在点$P=(x,f(x))$的切线的斜率，如图3.3中$\tan\alpha$．给$x$以改变量$\Delta x$，则相应的微分

$$dy=f'(x)\Delta x=\tan\alpha\cdot\Delta x=\overline{QS}.$$

这就是微分的几何意义，它代表沿曲线在该点的切线上的相应点的纵坐标的改变量．$\Delta y=\overline{RQ}$为沿曲线上点的纵坐标的改变量．由前述，当$|\Delta x|$很小时$|\Delta y-dy|$要比$|\Delta x|$

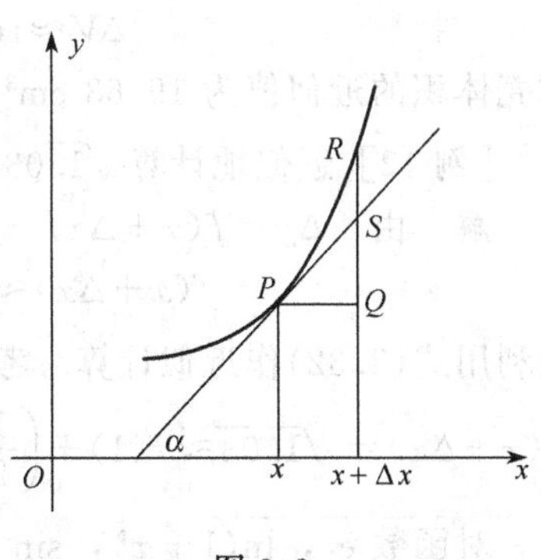

图3.3

小得多(因为高阶无穷小，当 $\Delta x\to 0$ 时). 用 $\mathrm{d}y$ 代替 $\Delta y$，实际上也就是在 $P$ 点邻近用切线段 $\overline{PS}$ 来代替曲线段 $\overset{\frown}{PR}$. 这一点在实用上也是很方便的. 因为当 $f(x)$ 较复杂时，要计算函数值的改变量往往较为复杂，而用 $\Delta x$ 的线性函数 $\mathrm{d}y=f'(x)\Delta x$ 来计算就简便多了. “以直代曲”，这也是微积分方法的基本出发点.

［**例 11**］一个外径为 10 cm 的球，球壳厚度为 $\frac{1}{16}$ cm，试用微分求出该球壳体积的近似值.

**解** 以 $r$ 为半径的球体体积为

$$V=f(r)=\frac{4}{3}\pi r^3.$$

球壳厚度为 $\Delta r$ 时，球壳的体积为(注意厚度 $\Delta r>0$，现 $r$ 减小，故 $r$ 的改变量为 $-\Delta r$)：

$$\Delta V=f(r)-f(r-\Delta r)=\frac{4}{3}\pi r^3-\frac{4}{3}\pi(r-\Delta r)^3.$$

因直径为 10，故 $r=5$，$\Delta r=\frac{1}{16}$，用上式右端来计算颇繁. 今用微分来代替

$$\mathrm{d}V=4\pi r^2\,\mathrm{d}r=-4\pi r^2\Delta r,$$

因 $r$ 在减小，故上式中 $\mathrm{d}V$，$\mathrm{d}r$ 均为负. 因此 $\mathrm{d}V=-4\pi\times 5^2\times\frac{1}{16}\approx -19.63$.

$$\Delta V\approx|\mathrm{d}V|\approx 19.63.$$

球壳体积的近似值为 19.63 $\mathrm{cm}^3$.

［**例 12**］近似地计算 $\sqrt{1.03}$ 的值.

**解** 由 $\Delta y=f(x+\Delta x)-f(x)\approx \mathrm{d}y=f'(x)\Delta x$. 故

$$f(x+\Delta x)\approx f(x)+f'(x)\Delta x. \tag{3.32}$$

为利用式(3.32)作近似计算. 考虑 $f(x)=\sqrt{x}$，$x=1$，$\Delta x=0.03$. 则

$$f(x+\Delta x)=\sqrt{1.03}\approx f(1)+\left(\frac{1}{2}x^{-\frac{1}{2}}\right)_{x=1}\times 0.03=1+\frac{0.03}{2}=1.015.$$

对函数 $\mathrm{e}^x$，$\ln(1+x)$，$\sin x$，$\tan x$ 和 $\sqrt[n]{1+x}$ 在 $x=0$ 邻近，分别利用式(3.32)可以得出以下近似公式(当 $|x|$ 甚小时)

$$\mathrm{e}^x\approx 1+x$$

$$\ln(1+x)\approx x$$

$$\sin x\approx x$$

$$\tan x\approx x$$

$$\sqrt[n]{1+x}\approx 1+\frac{x}{n}$$

例 12 实际上就是利用最后一式取 $n=\frac{1}{2}$ 的情形. 现证第一个近似式，其他的由读者自行完成证明.

取 $f(x)=\mathrm{e}^x$，考虑 $x=0$，$f'(0)=(\mathrm{e}^x)_{x=0}=1$. 在式(3.32)中让 $\Delta x=x$. 则得

$$\mathrm{e}^x\approx f(0)+f'(0)x=1+x.$$

当然，这种近似公式还是很粗略的，应用于具体问题往往精确度不高，为提高精确度就需要进一步分析所忽略掉的高阶无穷小. 这将在无穷级数(第五章)中去讨论.

**6. 其他表示形式的函数的求导方法**

(1) 隐函数的求导　前面所讨论的函数都是把因变量 $y$ 用自变量 $x$ 的一个(或分段为几个)式子表示出来，如 $y=x^2$，$y=\ln(3x+1)$，$y=\sqrt{a^2-x^2}$等. 但有时给出 $x$，$y$ 的一个方程式往往也能确定出自变量 $x$ 与因变量 $y$ 之间的对应关系. 即 $F(x, y)=0$，其中 $F(x,y)$ 表示 $x$，$y$ 的一个式子(实际上是第六章要讲的二元函数)，例如，$x^2+y^2=a^2$，$xy-1=0$，$\mathrm{e}^{x+2y}=xy+1$ 等. 这种关系式所确定的 $x$ 与 $y$ 间的函数关系称为**隐函数**，相对之下，由 $y=f(x)$ 表示的则称为**显函数**. 下面通过例子来说明隐函数的求导方法.

[**例 13**] 求出由下列方程所确定的函数 $y=y(x)$ 的导函数：

(i) $x^2+y^2=a^2$；　　(ii) $\mathrm{e}^{x+2y}=xy+1$.

**解**　把上述式子中的 $y$ 视为 $x$ 的函数，因而为复合函数形式. 将方程两边对 $x$ 求导，如

(i) 由 $\frac{\mathrm{d}(x^2)}{\mathrm{d}x}+\frac{\mathrm{d}(y^2)}{\mathrm{d}x}=\frac{\mathrm{d}(a^2)}{\mathrm{d}x}$ 可得到

$$2x+2y\frac{\mathrm{d}y}{\mathrm{d}x}=0.$$

解出 $\frac{dy}{dx}$ 即可

$$\frac{dy}{dx}=-\frac{x}{y},\quad y\neq 0.$$

所求得的 $\frac{dy}{dx}$ 中一般仍含有 $y$，它是由原隐式方程所确定的 $x$ 的函数，对此例，显然可解出两个显函数 $y_1=\sqrt{a^2-x^2}$，$y_2=-\sqrt{a^2-x^2}$. 相应于这两个函数，对应的

$$\frac{dy}{dx}=-\frac{x}{\sqrt{a^2-x^2}}，和 \frac{dy}{dx}=\frac{x}{\sqrt{a^2-x^2}}，x\neq\pm a. \quad (3.33)$$

从几何上看，式(3.33)分别代表了上半圆周和下半圆周上的切线斜率(相应于横坐标为 $x$ 处的点).

(ii) 对 $e^{x+2y}=xy+1$ 两边对 $x$ 求导，得到

$$e^{x+2y}(x+2y)'=y+xy'.$$

由此解出 $y'$ 即可

$$y'=\frac{y-e^{x+2y}}{2e^{x+2y}-x}.$$

上式右端的 $y$ 是由隐函数式 $e^{x+2y}=xy+1$ 所确定. 不难看到，由后者不能解出 $y$ 表示为 $x$ 的显函数(这属于一般情况).

由隐函数求导方法可引申出取对数求导法. 它在一些情况下是很有用的.

[**例 14**] 求函数 $y=x^x$ 的导数.

**解** 先取对数得 $\ln y=x\ln x$，把左端视为 $x$ 的复合函数，两边对 $x$ 求导，得

$$\frac{1}{y}y'=\ln x+1.$$

从而得出

$$y'=y(\ln x+1)=x^x(\ln x+1).$$

底和方幂都依赖于 $x$ 的函数 $f(x)^{g(x)}$ 常称为**幂指函数**. 此例的方法适用于任何这样的幂指函数.

[**例 15**] 设 $y=x^3\sqrt{\frac{(x-1)(x-2)}{(x-3)(x-4)}}$，求 $y'$.

**解** 如果对它运用乘法，除法及复合函数的求导公式，计算将是很繁琐的．现用取对数法可大大简化计算．取对数得

$$\ln y=3\ln x+\frac{1}{2}[\ln(x-1)+\ln(x-2)-\ln(x-3)-\ln(x-4)].$$

两边求导得到

$$\frac{y'}{y}=\frac{3}{x}+\frac{1}{2}\left[\frac{1}{x-1}+\frac{1}{x-2}-\frac{1}{x-3}-\frac{1}{x-4}\right].$$

故所求导数

$$y'=x^3\sqrt{\frac{(x-1)(x-2)}{(x-3)(x-4)}}\cdot\left\{\frac{3}{x}+\frac{1}{2}\left[\frac{1}{x-1}+\frac{1}{x-2}-\frac{1}{x-3}-\frac{1}{x-4}\right]\right\}.$$

（2）参数式表示的函数的求导　隐式函数方程 $x^2+y^2=a^2$ 代表 $(x,y)$ 平面上以 $O$ 为圆心、半径为 $a$ 的圆．它也可用

$$\begin{cases}x=a\cos t,\\ y=a\sin t,\end{cases}\quad 0\leqslant t\leqslant 2\pi \tag{3.34}$$

来表示，因对任何 $t$ 代入 $x^2+y^2=a^2$ 恒成立．所以式(3.34)也代表了 $x^2+y^2=a^2$ 所确定的函数．这种表示法称为**参数式表示**，或称式(3.34)为函数的**参数方程**，其中 $t$ 称为**参数**(参与过程的变数或变量)．它可以较方便地表示具有某种对称性的曲线，例如椭圆 $\frac{x^2}{a^2}+\frac{y^2}{b^2}=1$ 可表示为 $x=a\cos t$，$y=b\sin t$，$0\leqslant t\leqslant 2\pi$．

一般地，

$$\begin{cases}x=\varphi(t),\\ y=\psi(t),\end{cases} \tag{3.35}$$

其中 $\varphi(t)$，$\psi(t)$ 为某区间上定义的连续函数，则对每一 $t$，可确定惟一的 $x$ 和 $y$，也就确定了 $x$ 与 $y$ 之间的对应成为 $y$ 是 $x$(或 $x$ 是 $y$)的函数，式(3.35)就称为这一函数的参数表示式，以下在 $\varphi(t)$，$\psi(t)$ 可导(即可微)的条件下给出 $\frac{\mathrm{d}y}{\mathrm{d}x}$ 的计算方法．

设 $\varphi'(t)\neq 0$．则以后将可证 $x=\varphi(t)$ 为单调函数，因此有反函数 $t=\varphi^{-1}(x)$，代入 $y=\psi(t)=\psi(\varphi^{-1}(x))$，得出 $y$ 是 $x$ 的复合函数的形式．利用复合函数求导

$$\frac{dy}{dx}=\frac{dy}{dt}\cdot\frac{dt}{dx}=\frac{dy}{dt}\cdot\frac{1}{\frac{dx}{dt}}=\frac{\psi'(t)}{\varphi'(t)}.$$

即

$$\frac{dy}{dx}=\frac{\psi'(t)}{\varphi'(t)} \quad 或 \quad \frac{dy}{dx}=\frac{\frac{dy}{dt}}{\frac{dx}{dt}}. \tag{3.36}$$

这就是参数式表示的函数的求导公式.

[**例 16**] 求椭圆 $\begin{cases}x=a\cos t,\\ y=b\sin t\end{cases}$ 在 $t=\frac{\pi}{4}$ 处的切线方程.

**解** $t=\frac{\pi}{4}$ 时相应点的坐标为 $x_0=\frac{\sqrt{2}}{2}a$，$y_0=\frac{\sqrt{2}}{2}b$. 又

$$\frac{dy}{dx}=\frac{(b\sin t)'_t}{(a\cos t)'_t}=-\frac{b\cos t}{a\sin t}, \quad \left.\frac{dy}{dx}\right|_{(x_0,\ y_0)}=-\frac{b\cos\frac{\pi}{4}}{a\sin\frac{\pi}{4}}=-\frac{b}{a}.$$

故所求切线方程为

$$y-\frac{\sqrt{2}}{2}b=-\frac{b}{a}\left(x-\frac{\sqrt{2}}{2}a\right).$$

化简后可得

$$bx+ay-\sqrt{2}ab=0.$$

请读者自行画出相应的图形加以对照.

[**例 17**] 在力学工程中很有用的摆线的参数方程为

$$\begin{cases}x=a(t-\sin t),\\ y=a(1-\cos t).\end{cases}$$

求出它在任意点的切线方向.

**解** 图 3.4 中画出了摆线在 $0\leqslant t\leqslant 2\pi$ 的图形，对其他 $t$，只要将此曲线段向左、右平移 $2\pi a$ 距离即可得. 由公式(3.36)，它在 $t$ 处的切线斜率

$$\frac{dy}{dx}=\frac{\frac{dy}{dt}}{\frac{dx}{dt}}=\frac{a(1-\cos t)'}{a(t-\sin t)'}=\frac{a\sin t}{a(1-\cos t)}=\cot\frac{t}{2}.$$

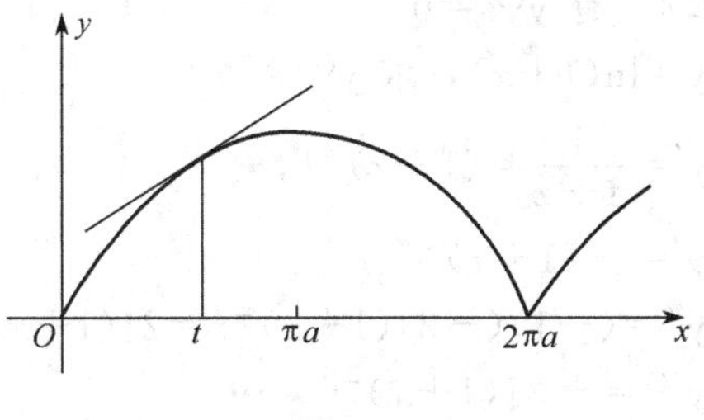


图 3.4

**7. 高阶导数**

如果函数 $y=f(x)$ 的导函数 $f'(x)$ 在 $x$ 点仍然可导，则称 $f'(x)$ 在 $x$ 点处的导数为 $f(x)$ 的**二阶导数**，记为

$$f''(x),\ y'' \text{ 或 } \frac{\mathrm{d}^2y}{\mathrm{d}x^2}. \tag{3.37}$$

若对某区间内的 $x$，$f(x)$ 的二阶导数都存在，则称式(3.37)为 $f(x)$ 的二阶导函数. 如果它仍然可导的话，又可得到 $[f''(x)]'$，记作 $f'''(x)$ 或 $y'''$，$\frac{\mathrm{d}^3y}{\mathrm{d}x^3}$. 称为 $f(x)$ 的**三阶导数**. 一般地，如 $(n-1)$ 阶导函数可导，它的导数就称为 $f(x)$ 的 ***n* 阶导数**，记作 $f^{(n)}(x)$，$y^{(n)}$ 或 $\frac{\mathrm{d}^ny}{\mathrm{d}x^n}$. 二阶及二阶以上的导数统称为**高阶导数**.

因为撇"′"太多了不易区分. 故当 $n\geqslant 4$ 时用加括号的数字代替"′"来代表导数的求导阶数.

在实际问题中二阶导数代表的物理意义是加速度. 如运动距离函数 $s(t)$ 已知，则 $s'(t)=v(t)$ 为速度，$s''(t)=v'(t)$ 为加速度. 通常 $g$ 就是代表重力作用下的运动的加速度. 在几何上说，$f(x)$ 的二阶导数 $f''(x)$ 的符号反映了曲线的弯曲方向，这在后面将会讲到. 更高阶导数在函数研究中也是很有用的，将会在级数一章中看到.

高阶导数的计算没有新的方法，一次次应用前面的求导方法去求即可.

[**例 18**] 设 $y=2x^3-x^2+4$，求 $y^{(n)}$.

**解** 由 $y'=6x^2-2x$，再求导得

$$y''=12x-2,\quad y'''=12.$$

因此，对一切 $n \geqslant 4$，有 $y^{(n)}=0$.

［例 19］设 $y=\ln(1+x)$，求 $y^{(n)}$.

**解** 由于 $y'=\dfrac{1}{1+x}=(1+x)^{-1}$，

故

$$y''=-(1+x)^{-2},$$

$$y'''=(-1)(-2)(1+x)^{-3}=2!(1+x)^{-3},$$

$$y^{(4)}=-3!(1+x)^{-4},\ \cdots.$$

由此得出一般的规律

$$y^{(n)}=(-1)^{n-1}(n-1)!(1+x)^{-n}=(-1)^{n-1}\frac{(n-1)!}{(1+x)^{n}}.$$

［例 20］已知 $\begin{cases} x=a\cos t, \\ y=b\sin t, \end{cases}$ 求 $\dfrac{\mathrm{d}^2 y}{\mathrm{d}x^2}$.

**解** 由于 $\mathrm{d}x=-a\sin t\mathrm{d}t$，$\mathrm{d}y=b\cos t\mathrm{d}t$，故

$$\frac{\mathrm{d}y}{\mathrm{d}x}=-\frac{b}{a}\cot t$$

而

$$\mathrm{d}\left(\frac{\mathrm{d}y}{\mathrm{d}x}\right)=\frac{b}{a}\csc^2 t\mathrm{d}t.$$

于是得到

$$\frac{\mathrm{d}^2 y}{\mathrm{d}x^2}=\frac{\mathrm{d}\left(\dfrac{\mathrm{d}y}{\mathrm{d}x}\right)}{\mathrm{d}x}=\frac{\dfrac{b}{a}\csc^2 t\mathrm{d}t}{-a\sin t\mathrm{d}t}=-\frac{b}{a^2}\csc^3 t$$

［例 21］设 $y=\sin x$，求 $y^{(n)}$.

**解** 由于 $y'=\cos x=\sin\left(x+\dfrac{\pi}{2}\right)$，

故

$$y''=\cos\left(x+\frac{\pi}{2}\right)\cdot\left(x+\frac{\pi}{2}\right)'=\cos\left(x+\frac{\pi}{2}\right)$$

$$=\sin\left(x+2\cdot\frac{\pi}{2}\right).$$

$$y'''=\cos\left(x+2\cdot\frac{\pi}{2}\right)=\sin\left(x+3\cdot\frac{\pi}{2}\right).$$

如此类推，可得

$$y^{(n)}=\sin\left(x+\frac{n\pi}{2}\right).$$

当然，对一般的初等函数，要得出任意阶的导函数的一般规律是很难办到的.

## 第三节　微分中值定理与洛必达法则

前面已经引进了导数的概念及其计算方法. 从现在开始我们致力于应用导数来研究函数的各种性质. 为此必须先引进作为其基础的微分中值定理. 首先从函数的极值讲起.

### 1. 函数的极值

第二章已经讲到，闭区间上的连续函数必取得最大值和最小值. 这是函数在区间上的“整体性质”. 把这种最大、最小值的概念限制在一点 $x$ 的邻域，一个“局部”. 就可引出极大值、极小值的概念.

**定义 3.3**　设函数 $y=f(x)$ 在区间 $(a, b)$ 上有定义，对一点 $x_0\in(a, b)$，如果存在 $x_0$ 的空心邻域 $U$，使对任一 $x\in U$，有

$$f(x)<f(x_0)\quad(\text{或}\quad f(x_0)<f(x)),$$

则称 $f(x_0)$ 为函数 $f(x)$ 的一个**极大值(或极小值)**，统称为**极值**. 取得极值的点 $x_0$，相应称为**极大点(或极小点)**，统称为**极值点**.

如图 3.5 中的曲线所对应的函数 $f(x)$ 在 $(a, b)$ 内有两个极大值，极大点为 $x_2$，$x_4$；有两个极小值，极小点为 $x_3$，$x_5$. 而在整个区间上，因包含 $x_1$ 的一段小区间上每一点的函数值相等，因而 $f(x_1)$ 为

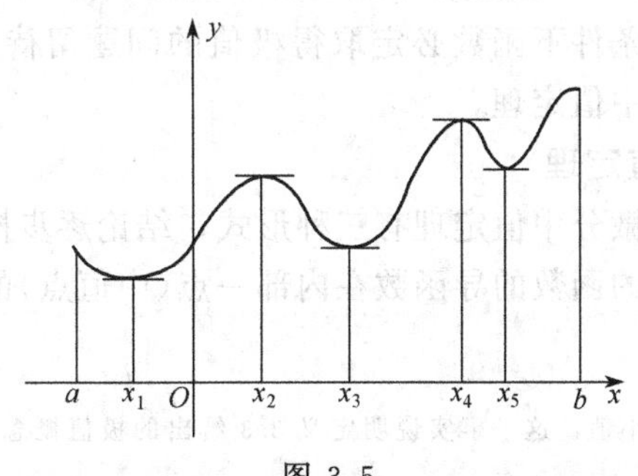


图 3.5

$f(x)$的最小值[1]. $x_3$，$x_5$ 处的值就不是最小了；两个极大值则都不是最大值，由图中可见，最大值在区间端点 $b$ 达到.

图中还可看到，在函数取得极值处，曲线在这些点的切线是水平的. 这一事实对应于下述**费马**(Fermat)(他就是有名的费马大定理的提出者)**定理**.

**定理 3.7** 如果函数$f(x)$在 $x_0$ 点(定义区间内部)可导，且取得极值，则$f'(x_0)=0$.

**证** 设 $x_0$ 是 $f(x)$的极大点(极小点时论证类似)，故当 $\Delta x>0$ 时 $f(x_0+\Delta x)-f(x_0)<0$，从而

$$f'_+(x_0)=\lim_{\Delta x\to 0^+}\frac{f(x_0+\Delta x)-f(x_0)}{\Delta x}\leqslant 0,$$

而当 $\Delta x<0$ 时，$f(x_0+\Delta x)-f(x_0)<0$，因此

$$f'_-(x_0)=\lim_{\Delta x\to 0^-}\frac{f(x_0+\Delta x)-f(x_0)}{\Delta x}\geqslant 0.$$

但 $f(x)$在 $x_0$ 点可导，故

$$0\leqslant f'_-(x_0)=f'(x_0)=f'_+(x_0)\leqslant 0.$$

因此必定有

$$f'(x_0)=0.$$

使 $f'(x)=0$ 的点常称为函数 $f(x)$的**驻点**. 此定理说明可导函数的极值点必为驻点. 但要注意，驻点未必是极值点. 例如$f(x)=x^3$ 在 $x=0$ 处 $f'(0)=0$，但 $x=0$ 显然不是极值点. 还应注意一点，极值也可以在导数不存在的 $x$ 处取得. 例如 $y=|x|$，$x=0$是它的极小点，但此函数在 $x=0$ 处左右导数不相等，故导数不存在.

关于在什么条件下函数必定取得极值的问题留待下一节再讨论，现在先来讲微分中值定理.

**2. 微分中值定理**

通常所说的微分中值定理有三种形式，结论逐步推广，但都涉及一个区间上定义的函数的导函数在内部一点(中值点)的性质，由此而

---

[1] 此值并非极小值，这一事实说明定义 3.3 给出的极值概念与最大、最小值有所不同.

得名.

先介绍下列结论，由罗尔(Rolle)首先给出，故后人称之为**罗尔定理**.

**定理 3.8** 设 $f(x)$满足：(i) 在闭区间$[a, b]$上连续；(ii) 在开区间$(a, b)$内可导；(iii) $f(a)=f(b)$，则必有点 $\xi$，$a<\xi<b$，使$f'(\xi)=0$.

**证** 由连续函数的性质(见第二章第四节)知 $f(x)$在$[a,b]$上有最大值 $M$ 和最小值 $m$.

如果 $M=m$，则 $f(x)$在$[a,b]$上为常数，于是在$(a,b)$内有 $f'(x)\equiv 0$. 此时在$(a, b)$内任取一点作为 $\xi$，都有 $f'(\xi)=0$，结论已得出.

如果 $M\neq m$，由条件(iii)得知 $m$，$M$ 中至少有一个值应在开区间$(a,b)$内取得，即至少存在一点 $\xi\in(a,b)$，使 $f(\xi)=M$ 或者$f(\xi)=m$. 从而 $\xi$ 是 $f(x)$的极值点[1]，由条件(ii)及定理 3.7 得出$f'(\xi)=0$.

总之，在$(a,b)$内至少存在一点 $\xi$，使 $f'(\xi)=0$.

该定理的几何意义如图 3.6 所示：$y=f(x)$的曲线弧段如在两端点 $A$，$B$ 处纵坐标相等，则在弧$\overset{\frown}{AB}$上必有一点 $C$，使在该点曲线的切线为水平(当然若弧段多弯曲几下，这样的点就不止一个).

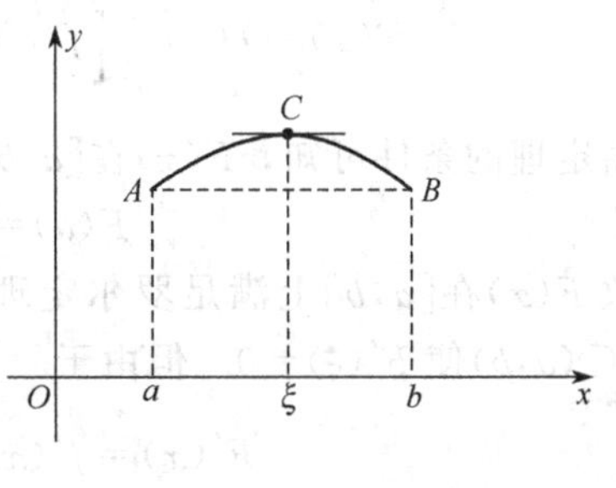

图 3.6

**[例 1]** 设函数 $f(x)=x^3-x+1$. 试验证罗尔定理对 $f(x)$在区间$[-1,1]$上的正确性.

**解** 由于 $f(x)$在$[-1,1]$上连续，在$(-1,1)$上可导，且 $f(-1)=1=f(1)$，故 $f(x)$在$[-1,1]$上满足罗尔定理的条件.

又因为 $f'(x)=3x^2-1$，故存在两点 $\xi_1=-\dfrac{1}{\sqrt{3}}$，$\xi_2=\dfrac{1}{\sqrt{3}}$，使$f'(\xi_1)=f'(\xi_2)=0$.

---

[1] 更精确点说，$\xi$也可能不是极值点，而出现如图 3.5 中 $x_1$ 点邻近的情况，这时显见 $f'(\xi)=0$.

**注** 定理 3.8 中的三个条件缺一不可，否则不难举出例子说明不存在 $\xi$ 使 $f'(\xi)=0$.

当条件(iii) $f(a)=f(b)$ 不满足时，相当于把图 3.6 倾斜起来，这时未必有 $\xi$ 使 $f'(\xi)=0$，但如图 3.7 可见，在 $\overset{\frown}{AB}$ 上有一点 $C$，使曲线弧在 $C$ 处的切线与 $\overline{AB}$ 平行，亦即 $f'(\xi)=\dfrac{f(b)-f(a)}{b-a}$，其右端为 $\overline{AB}$ 的斜率. 由以上事实可导出下列罗尔定理的推广——**拉格朗日**(Lagrange)**中值定理**.

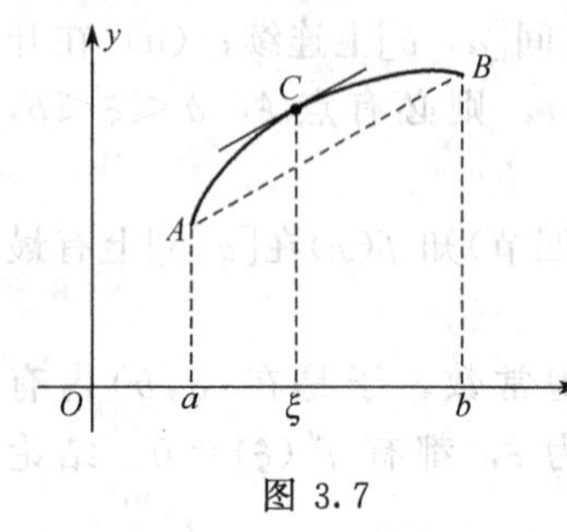

图 3.7

**定理 3.9** 设函数 $f(x)$ 在闭区间 $[a,b]$ 上连续，在开区间 $(a,b)$ 内可导，则至少存在一点 $\xi\in(a,b)$，使 $f'(\xi)=\dfrac{f(b)-f(a)}{b-a}$.

**证** 受到上述直观分析的启发，定义辅助函数

$$F(x)=f(x)-\left[f(a)+\frac{f(b)-f(a)}{b-a}(x-a)\right].$$

由定理的条件可知，$F(x)$ 在 $[a,b]$ 上连续，在 $(a,b)$ 内可导，且

$$F(a)=F(b)=0.$$

故 $F(x)$ 在 $[a,b]$ 上满足罗尔定理的一切条件. 从而得到：存在一点 $\xi\in(a,b)$ 使 $F'(\xi)=0$. 但由于

$$F'(x)=f'(x)-\frac{f(b)-f(a)}{b-a}.$$

因此在点 $\xi\in(a,b)$ 处，

$$f'(\xi)=\frac{f(b)-f(a)}{b-a}. \tag{3.38}$$

明显可见，它是罗尔定理的推广，因为如果 $f(a)=f(b)$，即得罗尔定理.

式(3.38)也可写成如下几种形式

$$f(b)-f(a)=f'(\xi)(b-a). \tag{3.39}$$

或用改变量来表示，对 $[x,\ x+\Delta x]$ 应用定理 3.9 (设 $x,\ x+\Delta x\in[a,\ b]$)，得

$$\Delta y=f(x+\Delta x)-f(x)=f'(\xi)\Delta x. \tag{3.40}$$

在上述式子中，中值点 $\xi$ 也可写成

$$\xi=a+\theta(b-a) \quad 或 \quad \xi=x+\theta\Delta x, \qquad 0<\theta<1. \tag{3.41}$$

这一定理将自变量和函数的改变量与导函数的值相联系在一起，在许多论证中有着广泛的应用.

**推论** 设函数 $f(x)$在$(a,b)$上可导，且 $f'(x)\equiv 0$，则在$(a,b)$ 上 $f(x)$为常函数.

**证** 任取 $x_1$，$x_2\in(a,b)$，不妨设 $x_1<x_2$. 在$[x_1,x_2]$上应用定理 3.9，得出

$$f(x_2)-f(x_1)=f'(\xi)(x_2-x_1)=0.$$

这是因为 $\xi\in(x_1,x_2)$，由所设知 $f'(\xi)=0$. 故 $f(x_1)=f(x_2)$，由 $x_1$，$x_2$ 在$(a,b)$内为任取，结论得证.

**[例 2]** 对任意的 $x_1$、$x_2\in(-\infty,+\infty)$，试证不等式

$$|\arctan x_2-\arctan x_1|\leqslant|x_2-x_1|.$$

**证** 当 $x_1=x_2$ 时，等式显然成立.

当 $x_1\neq x_2$ 时，不妨设 $x_1<x_2$，对 $f(x)=\arctan x$，在$[x_1,x_2]$上运用定理 3.9，可知存在 $\xi\in(x_1,x_2)$，使

$$\arctan x_2-\arctan x_1=\frac{1}{1+\xi^2}(x_2-x_1).$$

因此

$$|\arctan x_2-\arctan x_1|=\frac{1}{1+\xi^2}|x_2-x_1|\leqslant|x_2-x_1|.$$

再将定理 3.9 作适当变形，把曲线弧$\overset{\frown}{AB}$的函数 $y=f(x)$表为参数方程形式

$$\begin{cases} x=\varphi(t), \\ y=\psi(t), \end{cases} \qquad \alpha\leqslant t\leqslant\beta,$$

其中$(\varphi(\alpha),\psi(\alpha))=A$，$(\varphi(\beta),\psi(\beta))=B$，且设 $\varphi(t)$，$\psi(t)$在 $[\alpha,\beta]$ 上连续，在$(\alpha,\beta)$内可导且 $\varphi'(t)\neq 0$，由前知 $f'(x)=\dfrac{\mathrm{d}y}{\mathrm{d}x}=\dfrac{\psi'(t)}{\varphi'(t)}$，而 $\dfrac{f(b)-f(a)}{b-a}=\dfrac{\psi(\beta)-\psi(\alpha)}{\varphi(\beta)-\varphi(\alpha)}$. 故式(3.38)成为

$$\frac{\psi'(\xi)}{\varphi'(\xi)}=\frac{\psi(\beta)-\psi(\alpha)}{\varphi(\beta)-\varphi(\alpha)}.$$

这就得出如下的**柯西**(Cauchy)**中值定理**.

**定理 3.10** 设函数 $f(x)$，$g(x)$在闭区间$[a,b]$上连续，在开区间$(a,b)$内可导，且 $g'(x)\neq 0$，则至少存在一点 $\xi\in(a,b)$，使

$$\frac{f'(\xi)}{g'(\xi)}=\frac{f(b)-f(a)}{g(b)-g(a)}. \tag{3.42}$$

显然它又把拉格朗日中值定理作为特例，因取 $g(x)\equiv x$，式(3.42)即为式(3.38)了. 利用定理 3.10 可以推出求极限的一个重要方法——洛必达 (L'Hospital) 法则.

**3. 洛必达法则**

由第二章中的分析可知，求极限问题中的困难之处在于求两个无穷小或两个无穷大之比等形式的极限. 那里已经给出了一些有效方法. 在学过导数与微分中值定理之后，现在可以介绍一个新的、强有力的解决上述极限问题的方法，即**洛必达法则**.

**定理 3.11** 设函数 $f(x)$，$g(x)$满足以下条件：

(i) 在 $x_0$ 的某空心邻域 $0<|x-x_0|<\delta$ 内可导且 $g'(x)\neq 0$；

(ii) $\lim\limits_{x\to x_0} f(x)=\lim\limits_{x\to x_0} g(x)=0$；

(iii) $\lim\limits_{x\to x_0}\dfrac{f'(x)}{g'(x)}=l$ ($l$ 为一常数或$\infty$).

则

$$\lim_{x\to x_0}\frac{f(x)}{g(x)}=\lim_{x\to x_0}\frac{f'(x)}{g'(x)}=l. \tag{3.43}$$

**证** 由条件(i)，可导必连续，故 $f(x)$，$g(x)$在 $0<|x-x_0|<\delta$ 内连续，由(ii)补充定义 $f(x_0)=g(x_0)=0$，则 $f(x)$，$g(x)$在 $x_0$ 也连续，取 $x$ 使 $0<|x-x_0|<\delta$. 则对区间$[x_0,x]$或$[x,x_0]$，$f(x)$，$g(x)$满足定理 3.10 的所有条件，故存在 $\xi$ 介于 $x_0$，$x$ 之间，使

$$\frac{f(x)}{g(x)}=\frac{f(x)-f(x_0)}{g(x)-g(x_0)}=\frac{f'(\xi)}{g'(\xi)}.$$

在式(3.43)中，令 $x\to x_0$，则 $\xi$ 也$\to x_0$. 故得

$$\lim_{x\to x_0}\frac{f(x)}{g(x)}=\lim_{x\to x_0}\frac{f'(\xi)}{g'(\xi)}=\lim_{\xi\to x_0}\frac{f'(\xi)}{g'(\xi)}=l.$$

**注 1** 其中的极限过程 $x\to x_0$ 换为 $x\to\infty$，$x\to+\infty$，$x\to-\infty$，或单边极限 $x\to x_0^+$，$x\to x_0^-$ 中的任何一个时，可以证明相应的结论

也成立，又条件(ii)改为 $\lim\limits_{x \to x_0} f(x)=\lim\limits_{x \to x_0} g(x)=\infty$(和上述一样过程可更换)，结论(3.43)也正确. 所有这些情况合在一起统称为洛必达法则.

**注 2** 结论(3.43)是说，$\lim\limits_{x \to x_0} \dfrac{f'(x)}{g'(x)}=l$(包括$\infty$)已知，就可得出 $\lim\limits_{x \to x_0} \dfrac{f(x)}{g(x)}=l$. 但反之未必成立. 例如 $\lim\limits_{x \to \infty} \dfrac{x+\sin x}{x}=\lim\limits_{x \to \infty}\left(1+\dfrac{\sin x}{x}\right)=1$，但极限内分子、分母分别求导后 $\lim\limits_{x \to \infty}\dfrac{1+\cos x}{1}$ 则不存在(既非有限数，亦非$\infty$).

[**例 3**] 求 $\lim\limits_{x \to \infty}\dfrac{x^3-3x^2+x-1}{2x^3+x^2-3}$.

**解** $x \to \infty$时分子、分母均$\to \infty$，以下简记为 $\dfrac{\infty}{\infty}$ 型，相应于定理 3.11 的条件(i)、(ii)显然成立. 故

$$I=\lim_{x \to \infty}\frac{x^3-3x^2+x-1}{2x^3+x^2-3}=\lim_{x \to \infty}\frac{3x^2-6x+1}{6x^2+2x}.$$

仍为 $\dfrac{\infty}{\infty}$ 型，由洛必达法则，对分子分母再求导(连续进行两次)

$$I=\lim_{x \to \infty}\frac{6x-6}{12x+2}=\lim_{x \to \infty}\frac{6}{12}=\frac{1}{2}.$$

[**例 4**] 求 $\lim\limits_{x \to 1}\dfrac{x^3-3x+2}{x^3-x^2-x+1}$.

**解** 为两个无穷小之比，简记为 $\dfrac{0}{0}$，用洛必达法则

$$\lim_{x \to 1}\frac{3x^2-3}{3x^2-2x-1}\left(\text{仍为 } \frac{0}{0}\text{，再用此法则}\right)=\lim_{x \to 1}\frac{6x}{6x-2}=\frac{6}{6-2}=\frac{3}{2}.$$

[**例 5**] 求 $\lim\limits_{x \to 0}\dfrac{e^x-1}{x^2-x}$.

**解** 此为 $\dfrac{0}{0}$ 型，故

$$\lim_{x \to 0}\frac{e^x-1}{x^2-x}=\lim_{x \to 0}\frac{e^x}{2x-1}=-1.$$

值得注意的是，如对$\dfrac{e^x}{2x-1}$分子、分母求导，得

$$\lim_{x\to 0}\frac{e^x}{2x-1}=\lim_{x\to 0}\frac{e^x}{2}=\frac{1}{2}.$$

这是错误的结果，原因是上式并非 $\frac{0}{0}$ 或 $\frac{\infty}{\infty}$ 型，不能应用定理 3.11（其条件(iii)不成立）. 因此在多次连用洛必达法则时，每一步都要验证它确实是 $\frac{0}{0}$ 或 $\frac{\infty}{\infty}$ 型才行.

**[例 6]** 求 $\lim\limits_{x\to 0}\frac{x\cos x-\sin x}{x^3}$.

**解** 为 $\frac{0}{0}$ 型，$\lim\limits_{x\to 0}\frac{x\cos x-\sin x}{x^3}=\lim\limits_{x\to 0}\frac{\cos x-x\sin x-\cos x}{3x^2}$

$$=\lim_{x\to 0}\left(-\frac{\sin x}{3x}\right)=-\frac{1}{3}.$$

**[例 7]** 求 $\lim\limits_{x\to 0}\frac{\ln(1+x)}{x^2}$.

**解** $\lim\limits_{x\to 0}\frac{\ln(1+x)}{x^2}=\lim\limits_{x\to 0}\frac{\frac{1}{1+x}}{2x}=\lim\limits_{x\to 0}\frac{1}{2x(1+x)}=\infty$.

**[例 8]** 求 $\lim\limits_{x\to +\infty}\frac{\ln x}{x^\alpha}$ $(\alpha>0)$.

**解** 这是 $\frac{\infty}{\infty}$ 型，

$$\lim_{x\to +\infty}\frac{\ln x}{x^\alpha}=\lim_{x\to +\infty}\frac{\frac{1}{x}}{\alpha x^{\alpha-1}}=\lim_{x\to +\infty}\frac{1}{\alpha x^\alpha}=0.$$

这一结果是一常用的有趣结论：不管无穷大 $x^\alpha$ 的阶数 $\alpha>0$ 多小，$\ln x$ 仍为比它更低阶的无穷大.

**[例 9]** 求 $\lim\limits_{x\to 1}\left(\frac{x}{x-1}-\frac{1}{\ln x}\right)$.

**解** 它是两个无穷大之差，简记为 $\infty-\infty$ 型，不能直接应用洛必达法则，可先将它通分化为 $\frac{0}{0}$ 或 $\frac{\infty}{\infty}$ 型.

$$I=\lim_{x\to 1}\left(\frac{x}{x-1}-\frac{1}{\ln x}\right)=\lim_{x\to 1}\frac{x\ln x-x+1}{(x-1)\ln x}.$$

显然 $I$ 右端为 $\frac{0}{0}$ 型.

$$I=\lim_{x\to 1}\frac{x\ln x-x+1}{(x-1)\ln x}=\lim_{x\to 1}\frac{\ln x+x\cdot\dfrac{1}{x}-1}{\ln x+\dfrac{x-1}{x}}$$

$$=\lim_{x\to 1}\frac{x\ln x}{x\ln x+x-1}=\lim_{x\to 1}\frac{\ln x+1}{\ln x+2}=\frac{1}{2}.$$

关于"$0\cdot\infty$"型，根据情况可适当转化为 $\frac{\infty}{\infty}$ 或 $\frac{0}{0}$ 来求解.

**[例 10]** 求 $\lim\limits_{x\to+\infty}x\left(\dfrac{\pi}{2}-\arctan x\right)$.

**解** 此为 $0\cdot\infty$型，把 $x$ 转化为分母上的 $\frac{1}{x}$ 成 $\frac{0}{0}$ 型可解.

$$\lim_{x\to+\infty}x\left(\frac{\pi}{2}-\arctan x\right)=\lim_{x\to+\infty}\frac{\dfrac{\pi}{2}-\arctan x}{\dfrac{1}{x}}$$

$$=\lim_{x\to+\infty}\frac{-\dfrac{1}{1+x^2}}{-\dfrac{1}{x^2}}$$

$$=\lim_{x\to+\infty}\frac{x^2}{1+x^2}$$

$$=\lim_{x\to+\infty}\frac{1}{1+\dfrac{1}{x^2}}=1.$$

**[例 11]** 求 $\lim\limits_{x\to\infty}\left(\cos\dfrac{1}{x}\right)^{\frac{x^2}{2}}$.

**解** 这是"$1^\infty$"型，要求极限的式子是幂指函数，故先取对数，即令 $y=\left(\cos\dfrac{1}{x}\right)^{\frac{x^2}{2}}$，则 $\ln y=\dfrac{x^2}{2}\ln\cos\dfrac{1}{x}$.

先求出

$$\lim_{x\to\infty}\ln y=\lim_{x\to\infty}\frac{x^2}{2}\ln\cos\frac{1}{x}\quad(0\cdot\infty)$$

$$=\lim_{x\to\infty}\frac{\ln\cos\frac{1}{x}}{\frac{2}{x^2}}\quad\left(\frac{0}{0}\right)$$

$$=\lim_{x\to\infty}\frac{\frac{1}{\cos\frac{1}{x}}\cdot\left(-\sin\frac{1}{x}\right)\cdot\left(-\frac{1}{x^2}\right)}{-\frac{4}{x^3}}$$

$$=\lim_{x\to\infty}\frac{-x\sin\frac{1}{x}}{4\cos\frac{1}{x}}$$

$$=-\frac{1}{4}\lim_{x\to\infty}\frac{\sin\frac{1}{x}}{\frac{1}{x}}\cdot\lim_{x\to\infty}\frac{1}{\cos\frac{1}{x}}$$

$$=-\frac{1}{4}.$$

最后得到

$$\lim_{x\to\infty}\left(\cos\frac{1}{x}\right)^{\frac{x^2}{2}}=\lim_{x\to\infty}\mathrm{e}^{\ln y}=\mathrm{e}^{-\frac{1}{4}}.$$

## 第四节　导数的应用

本节利用导数来研究函数的单调性、凹凸性等，并定性地作出函数的图形．此外通过介绍求极值的方法解决一些应用问题．

**1. 函数的单调性**

其概念在第一章中已引入．现利用导函数的符号来判定它．

从几何直观上看，若在曲线段上每一点的切线斜率为正(或为负)，则沿着 $x$ 增加的方向，此曲线是上升的(或下降的)，如图 3.8 所示．也就是说，它对应的函数是单调增加(或单调减少)的．即有如下定理．

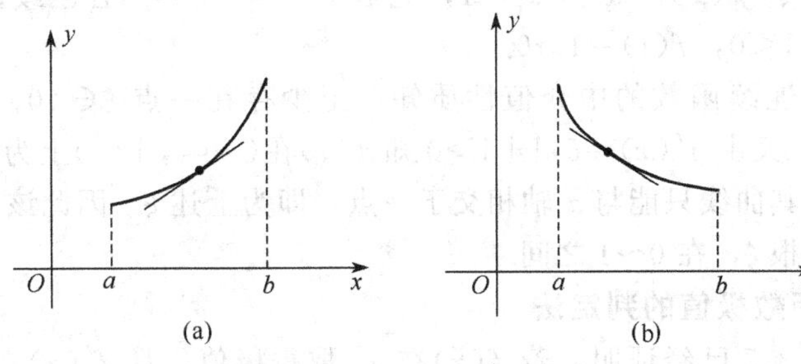


图 3.8

**定理 3.12** 设函数 $y=f(x)$在$(a, b)$内可导，若在$(a, b)$内，$f'(x)<0$，则函数 $y=f(x)$单调减少；若在$(a, b)$内 $f'(x)>0$ 则函数 $y=f(x)$单调增加.

**证** 任取 $x_1$、$x_2\in(a, b)$，不妨设 $x_1<x_2$. 则由拉格朗日中值定理可得

$$f(x_2)-f(x_1)=f'(\xi)(x_2-x_1)，\xi\in(x_1, x_2).$$

在 $f(x)$恒$<0$ (或恒$>0$)时，$f'(\xi)<0$(或$>0$)，故有

$$f(x_2)-f(x_1)<0，(\text{或 } f(x_2)-f(x_1)>0).$$

从而得知

$$y=f(x)\text{在}(a, b)\text{内单调减少(或单调增加)}.$$

**注** 若条件 $f'(x)<0$(或$>0$)改成 $f'(x)\leqslant 0$(或$\geqslant 0$)，但等号只在个别的点成立(即不在整段子区间内 $f'(x)\equiv 0$)，则单调性结论仍成立.

**[例 1]** 判定函数 $f(x)=x+\cos x$ 在$(0, 2\pi)$内的单调性.

**解** 由 $f'(x)=1-\sin x\geqslant 0$，且只在 $x=\dfrac{\pi}{2}$时 $f'(x)=0$. 故知 $f(x)$在$(0, 2\pi)$为单调增加函数.

**[例 2]** 确定函数 $f(x)=x^3-3x$ 的单调性.

**解** 由于 $f'(x)=3x^2-3=3(x+1)(x-1)$，从而可知当 $x\in(-\infty,-1)\cup(1,+\infty)$时，$f'(x)>0$，当 $x\in(-1,1)$时，$f'(x)<0$. 因此 $f(x)$在区间$(-\infty,-1)$和$(1,+\infty)$内均为单调增加的，而在$(-1,1)$内为单调减少的.

**[例 3]** 证明方程 $x^5+x-1=0$ 有且仅有一个实根.

**证** 令 $f(x)=x^5+x-1$，它在$(-\infty,+\infty)$上连续，易知 $f(0)=-1<0$，$f(1)=1>0$.

故由连续函数的中介值性质知，至少存在一点 $\xi\in(0,1)$，使 $f(\xi)=0$. 又由 $f'(x)=5x^4+1>0$ 知 $f(x)$在$(-\infty,+\infty)$上为单调增加的. 故其曲线只能与 $x$ 轴相交于一点，即为上述 $\xi$. 因此该方程有惟一的实根 $\xi$，在 0～1 之间.

**2. 函数极值的判定法**

定理 3.7 已经证明，若 $f(x)$在 $x_0$ 取得极值，且 $f'(x)$在 $x_0$ 邻域内存在，则 $f'(x_0)=0$. 这说明使 $f'(x)=0$ 的点(驻点)是可能的极值点. 此外使 $f'(x)$不存在的点也可能出现极值，如该定理后面提到的例子 $f(x)=|x|$，它以 0 为极小点，但 $f'(0)$不存在. 因此，对某一区间上的连续函数 $f(x)$，如果 $x_0$ 是极值点，则$f'(x_0)=0$ 或者 $f'(x_0)$不存在. 问题是如何进一步判定 $x_0$ 是否为极值点？这可由函数 $f(x)$在 $x_0$ 两侧邻近的单调性的变化来得出：当 $x$ 增大经过 $x_0$ 时，如果 $f(x)$从单调增加到单调减少，则 $x_0$ 为极大点；如果 $f(x)$从单调减少到单调增加，则 $x_0$ 为极小点；如果在 $x_0$ 两侧单调性不改变，则 $x_0$ 就不是极值点. 而函数的单调性由$f'(x)$的符号来确定，故可总结为下述法则.

**定理 3.13** 设有 $\delta>0$，使 $f(x)$在 $x_0$ 的邻域$|x-x_0|<\delta$ 内连续，在空心邻域 $0<|x-x_0|<\delta$ 内可导，则有如下结论：

(i) 当 $x<x_0$ 时 $f'(x)>0$，$x>x_0$ 时 $f'(x)<0$，则 $f(x)$以 $x_0$ 为极大点，亦即 $f(x_0)$为极大值；

(ii) 当 $x<x_0$ 时 $f'(x)<0$，$x>x_0$ 时 $f'(x)>0$，则 $f(x)$以 $x_0$ 为极小点，亦即 $f(x_0)$为极小值；

(iii) 当 $x$ 在 $x_0$ 两侧时，$f'(x)$恒$>0$ 或恒$<0$，则 $f(x_0)$不是极值.

[**例 4**] 求函数 $f(x)=2x^3+3x^2-12x+1$ 的极值.

**解** 由 $f'(x)=6x^2+6x-12=6(x+2)(x-1)$，故 $f(x)$有驻点 $x=1$，$-2$. 且 $f'(x)$在$(-\infty,+\infty)$上可导. 依$-2$，1 将实轴分为三个子区间，对应列出下表

| $x$ | $(-\infty,-2)$ | $-2$ | $(-2,1)$ | $1$ | $(1,+\infty)$ |
| --- | --- | --- | --- | --- | --- |
| $f'(x)$ | + | 0 | − | 0 | + |
| $f(x)$ | ↗ | 极大 | ↘ | 极小 | ↗ |

表中箭头的指向说明了当 $x$ 增大时函数 $f(x)$是单调增加还是减少的，它由相应区间内 $f'(x)$的正或负来决定.

从而由上表可知 $x=-2$ 为 $f(x)$的极大点且对应的极大值为 $f(-2)=21$，$x=1$ 为 $f(x)$的极小点且相应的极小值为 $f(1)=-6$.

［**例 5**］求函数 $f(x)=2x+3\sqrt[3]{x^2}$的极值.

**解** 由 $f'(x)=2+2x^{-\frac{1}{3}}=\dfrac{2(1+\sqrt[3]{x})}{\sqrt[3]{x}}$知，$x=-1$ 时 $f'(x)=0$，$x=0$ 时 $f'(x)$不存在. 这两点均为可疑极值点，列出下表

| $x$ | $(-\infty,-1)$ | $-1$ | $(-1,0)$ | $0$ | $(0,+\infty)$ |
| --- | --- | --- | --- | --- | --- |
| $f'(x)$ | + | 0 | − | 不存在 | + |
| $f(x)$ | ↗ | 极大 | ↘ | 极小 | ↗ |

于是，$x=-1$ 是 $f(x)$的极大点且相应极大值为 $f(-1)=1$，因在 $x=0$ 处 $f(0)=0$，有定义，由表中箭头可知，$x=0$ 为极小点，且极小值也为 0.

如果在驻点 $x_0$ 处二阶导数 $f''(x_0)$存在，则有如下判定法.

**定理 3.14** 设 $f(x)$在$|x-x_0|<\delta$ 内可导，$f'(x_0)=0$，且 $f''(x_0)$存在，则有：

(i) 当 $f''(x_0)>0$ 时，$f(x_0)$为极小值；

(ii) 当 $f''(x_0)<0$ 时，$f(x_0)$为极大值.

**证** 现证(i)，(ii)类似. 由导数定义及 $f'(x_0)=0$，得

$$f''(x_0)=\lim_{x\to x_0}\frac{f'(x)-f'(x_0)}{x-x_0}=\lim_{x\to x_0}\frac{f'(x)}{x-x_0}>0.$$

利用第二章极限的性质 2.4 可知，存在 $x_0$ 的邻域，使在其内恒有

$$\frac{f'(x)}{x-x_0}>0 \qquad (x\neq x_0).$$

因此可知：$x<x_0$ 时 $f'(x)<0$，$x>x_0$ 时 $f'(x)>0$，由定理 3.13 得出 $f(x_0)$为极小值.

**注** 当 $f'(x_0)=f''(x_0)=0$ 时，则得不出结论，须进一步考察更

高阶导数.

对例 4 也可应用此法判定. $f'(x)=6x^2+6x-12$, $f''(x)=12x+6$. 在 $f'(x)=0$ 的根 $x=1$ 和 $x=-2$ 处, $f''(1)=18>0$, 故 $f(1)$为极小值, $f''(-2)=-18<0$, 故 $f(-2)$为极大值.

**3. 优化问题**

在实际应用中，常常会遇到这样的问题:在一定条件下，如何使“产量最高”、“产品的用料最省”、“利润最大”或“效率最高”等. 把这类问题加以数量化，有时可以归结为某个函数(称为目标函数)的最大值或最小值问题. 故先讨论最大值、最小值的求法.

对于闭区间$[a,b]$上定义的连续函数，它一定存在最大值和最小值. 如取得这种值的点 $x_0\in(a,b)$，则 $f'(x_0)=0$ 或 $f'(x_0)$不存在，但它也可以是在区间端点. 如图 3.5 中的函数，$f(b)$为最大值. 因此我们只要把 $f'(x)=0$ 和 $f'(x)$不存在的点找出来，再把$f(x)$在这些点的函数值和 $f(a)$，$f(b)$一起作比较，其中最大的即为 $f(x)$在$[a,b]$上的最大值，最小的就是 $f(x)$在$[a, b]$上的最小值.

对于一些实际问题，按其性质目标函数在相应区间上必定有要求的最大值或最小值. 因此如果用上述数学方法，在区间内部只能找出惟一的极值点 $x_0$，那么无须再作判定，$f(x_0)$必然就是所求的最大或最小值.

**[例 6]** 一快餐厅的快餐每月的需求量 $x$(份)与价格 $p$(元)的函数关系为 $p=\dfrac{60000-x}{2000}$，而生产 $x$ 份快餐的成本为 $C$ 元，$C=50000+5.6x$，求得到最大利润时的销售量.

**解** 由于销售 $x$ 份快餐的收益为

$$R=px=\frac{(60000-x)x}{2000}=\frac{60000x-x^2}{2000},$$

故销售 $x$ 份快餐的利润为

$$\begin{aligned}P=R-C&=30x-\frac{x^2}{2000}-5.6x-50000\\&=24.4x-\frac{x^2}{2000}-50000 \qquad (0<x<60000).\end{aligned}$$

由 $$P'(x)=24.4-\frac{x}{1000}=0 \quad 得 \quad x=24400,$$

$P$ 的最大值 $\qquad P_{\max}=P_{(24400)}=247680.$

因此，当销售量为 24400 份时，可获最大利润 247680 元.

**［例 7］** 咳嗽会引起气管收缩，气管收缩则影响空气通过气管的速度 $v$，设 $v=k(R-r)r^2$，其中 $k$ 为常数，$R$ 为气管的正常半径，$r$ 为咳嗽时的气管半径，试问 $r$ 为何值时空气通过气管的速度最快？

**解** 由于 $v=k(R-r)r^2$，$0<r<R$. 而

$$\frac{\mathrm{d}v}{\mathrm{d}r}=-kr^2+2k(R-r)r=kr(2R-3r).$$

令 $\frac{\mathrm{d}v}{\mathrm{d}r}=0$ 得 $r=0$（不在定义区间内部，可舍去）及 $r=\frac{2R}{3}$.

因此，当 $r=\frac{2R}{3}$ 时空气通过气管的速度最快且 $v_{\max}=\frac{4k}{27}R^3$.

**［例 8］** 将边长为 $a$ 的正方形铁皮于四角处剪去相同的小正方块，然后折起各边焊成一个容积最大的无盖盒，问剪去的小正方块的边长为多少？

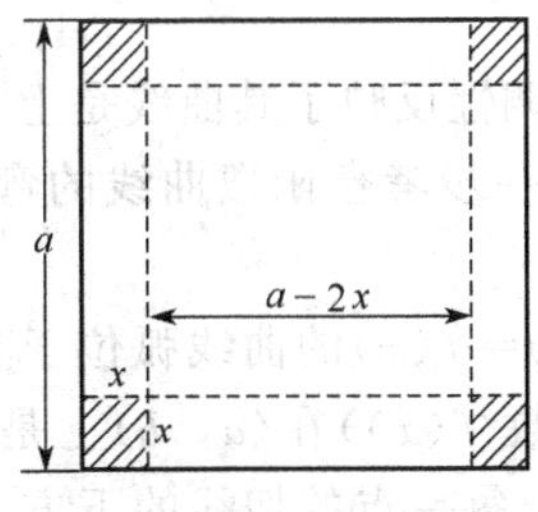


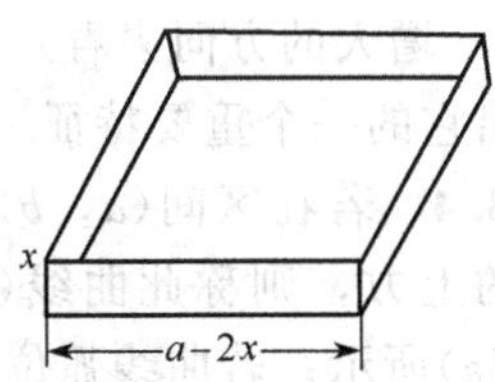


图 3.9

**解** 如图 3.9 所示，设剪掉的小正方形的边长为 $x$，则盒底的边长为 $a-2x$，高为 $x$，盒子的容积

$$V(x)=x(a-2x)^2 \qquad (0<x<\frac{a}{2}).$$

让 $V'(x)=(a-2x)^2-4x(a-2x)=(a-2x)(a-6x)=0$ 得 $x=\frac{a}{6}$ 和 $x=\frac{a}{2}$，应取 $x=\frac{a}{6}$ 方可制成方盒，且 $V_{\max}=\frac{2a^3}{27}$.

答案是：剪去的小正方形的边长为$\frac{a}{6}$时，有最大容积$\frac{2a^3}{27}$.

[**例 9**] 一电灯悬挂在半径为 $r$ 的圆桌中心的上方，问悬挂的高度为多少时，桌子边缘有最强的照度？（照度与光线入射角 $\alpha$ 的余弦成正比，与到光源的距离的平方成反比）

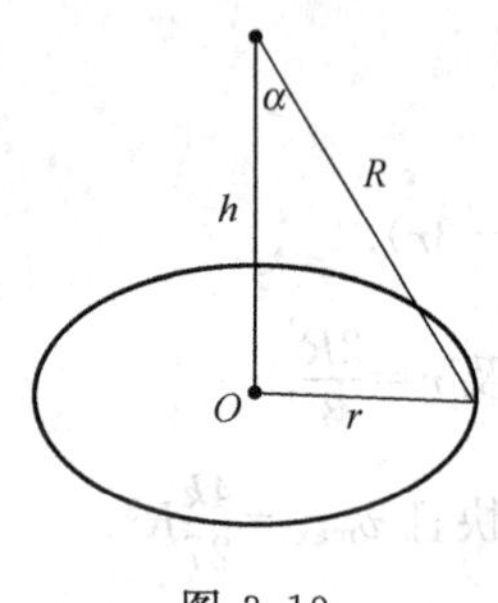

图 3.10

**解** 如图 3.10，设电灯到桌面的距离为 $h$，则到桌面边缘的距离 $R=\sqrt{r^2+h^2}$. 因此，桌面边缘的照度为

$$A=k\cdot\frac{\cos\alpha}{R^2}=k\cdot\frac{h}{R^3}=\frac{kh}{(r^2+h^2)^{\frac{3}{2}}}\quad(h>0),$$

其中 $k$ 为比例常数. 由

$$A'(h)=\frac{k(r^2-2h^2)}{(r^2+h^2)^{\frac{5}{2}}}=0 \text{ 得 } h=\frac{r}{\sqrt{2}}\approx 0.7.$$

亦即，当电灯悬挂的高度为桌面半径的 0.7 倍时，桌子边缘有最强的照度.

### 4. 曲线的凹凸性与拐点

前面所讨论的函数 $y=f(x)$的单调性反映了其曲线是上升的还是下降的（沿 $x$ 增大的方向去看）. 现进一步考察函数曲线的弯曲方向，这也反映出它的一个重要特征.

**定义 3.4** 若在区间$(a, b)$上，$y=f(x)$的曲线弧位于其上每一点的切线的上方，则称此曲线（或函数 $f(x)$）在$(a, b)$上是**上凹**的，如图 3.11(a)所示；若曲线弧位于其上每一点的切线的下方，则称此曲线在$(a, b)$上是**下凹**的，如图 3.11(b)所示.

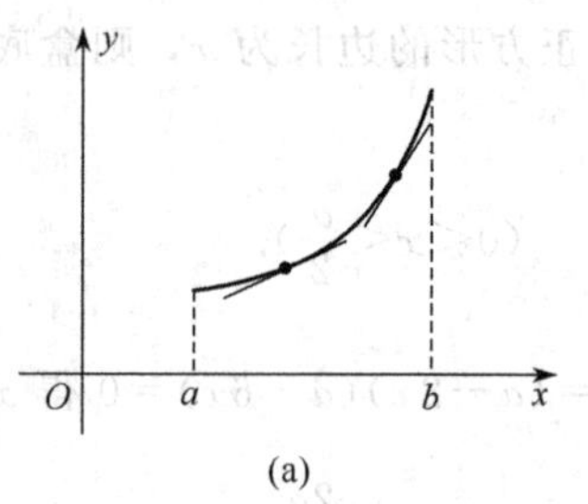

(a)

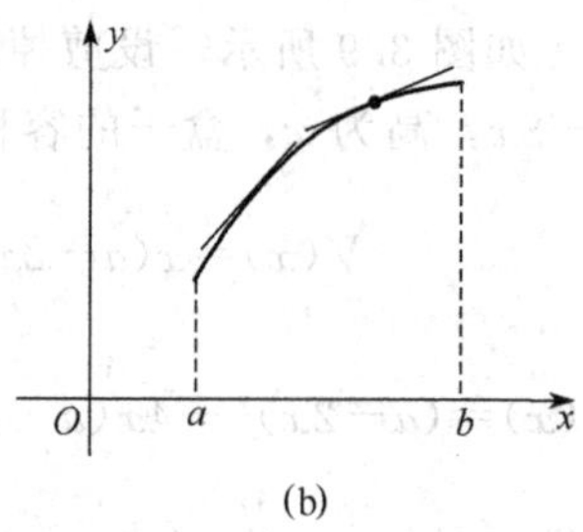

(b)

图 3.11

凹凸性是相对的，定义中的上凹显然也可称为下凸，下凹则可称为上凸. 以下为确定起见，统一用上凹、下凹的称谓.

由图 3.11 可以看到，若一点沿曲线弧向右(即其 $x$ 坐标增加)移动时，上凹的曲线在动点的切线斜率随之增加，而下凹的曲线在动点的切线斜率随之减少. 也就是说，$f'(x)$相应为 $x$ 的单调增加函数，或单调减少函数. 由此得出如下判别法.

**定理 3.15** 设函数 $f(x)$在区间$(a,b)$内有二阶导数 $f''(x)$，则有如下结论：

(i) 如 $f''(x)$恒$>0$，则曲线 $y=f(x)$在$(a,b)$内为上凹；

(ii) 如 $f''(x)$恒$<0$，则曲线 $y=f(x)$在$(a,b)$内为下凹.

**证** 因 $f''(x)>0$(或$<0$)决定了 $f'(x)$为单调增加(或单调减少)的.

**定义 3.5** 连续曲线上凹与下凹弧段的交界点称为此曲线的**拐点**.

因为在 $f(x)$的整个定义区间上，$f''(x)$(如果存在的话)未必能保持定号，由上述定义和定理 3.15 可见：如果 $f''(x_0)=0$，而在 $x_0$ 的两侧邻近 $f''(x)$具有不同的符号，则曲线 $y=f(x)$上的点$(x_0,f(x_0))$就是拐点(它在曲线上,与极值点是指 $x$ 的值不同). 反之，如果在 $x_0$ 两侧邻近，$f''(x)$符号相同，则$(x_0,f(x_0))$不是拐点. 当然，和判定极值的情况类似，在 $f''(x)$不存在处，也可能出现曲线上的拐点.

[**例 10**] 判定下列函数曲线的上凹、下凹区间以及拐点：

(i) $y=3x^4-4x^3+1$；  (ii) $y=(x-1)\sqrt[3]{x^5}$.

**解** (i) 函数的定义域为$(-\infty,+\infty)$，而

$$y'=12x^3-12x^2,\qquad y''=12x(3x-2).$$

$y''$处处存在，$y''=0$ 的根为 $x=0,\dfrac{2}{3}$.

可列出下表：

| $x$ | $(-\infty,0)$ | $0$ | $\left(0,\frac{2}{3}\right)$ | $\frac{2}{3}$ | $\left(\frac{2}{3},+\infty\right)$ |
|---|---|---|---|---|---|
| $y''$ | $+$ | $0$ | $-$ | $0$ | $+$ |
| $y$ | $\cup$ | 拐点 $(0,1)$ | $\cap$ | 拐点 $\left(\frac{2}{3},\frac{11}{27}\right)$ | $\cup$ |

表的最下方一行，根据各个子区间上 $y''=f''(x)$ 的符号画出了上凹或下凹形状的弧段，由此很明显地可以看出两者的分界点处会出现拐点.

答案为：对区间 $(-\infty,0)$，$\left(\frac{2}{3},+\infty\right)$，曲线为上凹，对区间 $\left(0,\frac{2}{3}\right)$，则曲线为下凹，拐点是：$(0,1)$ 和 $\left(\frac{2}{3},\frac{11}{27}\right)$.

(ii) 函数的定义域为 $(-\infty,+\infty)$，而

$$y'=\frac{8}{3}x^{\frac{5}{3}}-\frac{5}{3}x^{\frac{2}{3}},\ y''=\frac{10}{9}\cdot\frac{4x-1}{\sqrt[3]{x}}.$$

令 $y''=0$ 得 $x=\frac{1}{4}$，而 $x=0$ 时 $y''$ 不存在.

故可列表如下：

| $x$ | $(-\infty,0)$ | $0$ | $\left(0,\frac{1}{4}\right)$ | $\frac{1}{4}$ | $\left(\frac{1}{4},+\infty\right)$ |
|---|---|---|---|---|---|
| $y''$ | + | 不存在 | − | 0 | + |
| $y$ | ∪ | 拐点 $(0,0)$ | ∩ | 拐点 $\left(\frac{1}{4},-\frac{3}{16\sqrt[3]{16}}\right)$ | ∪ |

由上表可见，此函数曲线以 $(-\infty,0)$，$\left(\frac{1}{4},+\infty\right)$ 为上凹区间，以 $\left(0,\frac{1}{4}\right)$ 为下凹区间. 拐点为 $(0,0)$（$y''$ 不存在处），$\left(\frac{1}{4},-\frac{3}{16\sqrt[3]{16}}\right)$（$y''=0$ 处），其中 $f\left(\frac{1}{4}\right)=-\frac{3}{16\sqrt[3]{16}}$.

**5. 描绘函数定性图形的方法**

为了准确地画出能反映函数定性特征的图形，除了前面对函数的单调性、极值、凹曲方向和拐点的分析判断外，还需要对函数曲线跑向无穷远的渐近性态作一些分析，这就涉及**渐近线**的存在性与求法. 首先给出渐近线的定义.

**定义 3.6** 当动点沿着曲线可跑向无穷远时，该点到某直线的距离趋向于零，则称此直线为曲线的**渐近线**.

下面分三种类型来判断所给定的函数 $y=f(x)$ 是否存在渐近线，

如果存在就把它求出来.

（1）水平渐近线　设函数 $y=f(x)$ 的定义域为 $(-\infty,+\infty)$（或半无穷区间），如果

$$\lim_{x\to-\infty} f(x)=b \quad 或 \quad \lim_{x\to+\infty} f(x)=b. \tag{3.44}$$

则水平直线 $y=b$ 就是曲线 $y=f(x)$ 的渐近线，称为**水平渐近线**. 如果满足式(3.44)的常数 $b$ 不存在，则曲线 $y=f(x)$ 没有水平渐近线. 因此，水平渐近线的存在性与求法问题同时解决了.

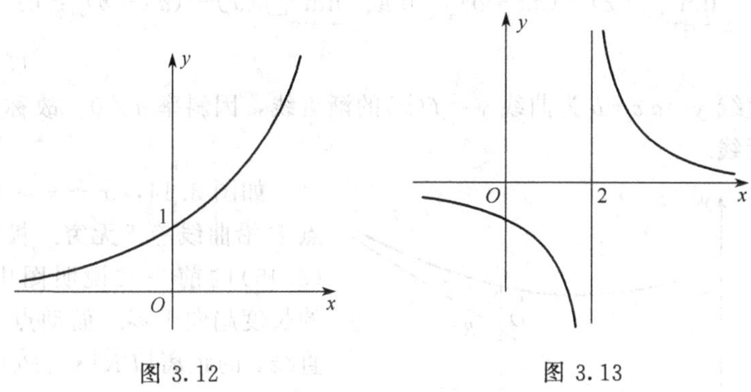


图 3.12　　　　图 3.13

［**例 11**］求曲线 $f(x)=\mathrm{e}^x$ 的水平渐近线.

**解**　由于 $\lim\limits_{x\to-\infty} \mathrm{e}^x=0$，故曲线 $y=\mathrm{e}^x$ 以 $y=0$ 为水平渐近线，见图 3.12.

［**例 12**］求曲线 $y=\dfrac{1}{x-2}$ 的水平渐近线.

**解**　由于 $\lim\limits_{x\to\pm\infty} \dfrac{1}{x-2}=0$，故有水平渐近线 $y=0$，如图 3.13 所示.

（2）铅直渐近线　如果存在实数 $a$，使 $\lim\limits_{x\to a} f(x)=\infty$，则曲线 $y=f(x)$ 以铅直直线 $x=a$ 为渐近线，称它为**铅直渐近线**. 如果对任何实数 $a$，$x\to a$ 时 $f(x)$ 都不趋于 $\infty$，则曲线 $y=f(x)$ 不存在铅直渐近线. 和(1)一样，同时解决了存在性与求的方法.

对于例 12 的函数，因为 $\lim\limits_{x\to2^+} \dfrac{1}{x-2}=+\infty$，$\lim\limits_{x\to2^-} \dfrac{1}{x-2}=-\infty$，故

$x=2$ 为曲线 $y=\dfrac{1}{x-2}$ 的铅直渐近线，如图 3.13 所示.

又例如 $y=\tan x$，因 $x\to(2k+1)\dfrac{\pi}{2}$ 时（$k$ 为任何整数）$\tan x\to\infty$，故每一直线 $x=(2k+1)\dfrac{\pi}{2}$ 均为曲线 $y=\tan x$ 的铅直渐近线.

(3) 斜渐近线　设 $y=f(x)$ 在 $(-\infty,+\infty)$ 上定义. 若存在实数 $a$，$b$，$a\neq 0$，使得

$$\lim_{x\to+\infty}[f(x)-(ax+b)]=0 \text{ 或 } \lim_{x\to-\infty}[f(x)-(ax+b)]=0. \tag{3.45}$$

则直线 $y=ax+b$ 为曲线 $y=f(x)$ 的渐近线，因斜率 $a\neq 0$，故称为**斜渐近线**.

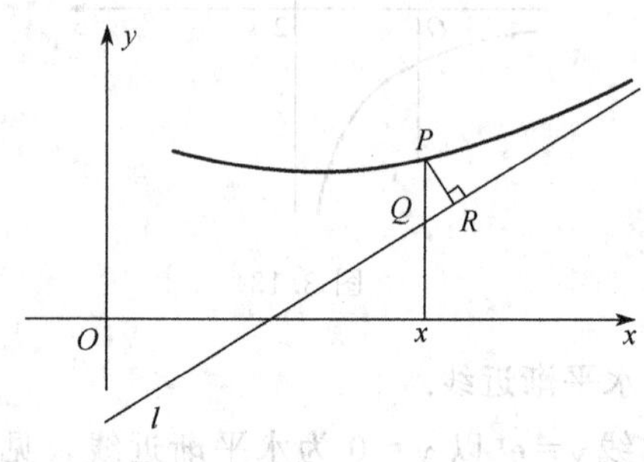

图 3.14

如图 3.14，$x\to+\infty$ 时动点 $P$ 沿曲线趋于无穷. 极限式 (3.45) 的前一式说明图中 $\overline{PQ}$ 的长度趋向于零. 而动点 $P$ 到直线 $l$ 的距离 $|\overline{PR}|<|\overline{PQ}|$，故 $|\overline{PR}|$ 亦趋向于零，依定义 3.6，$l$ 为曲线 $y=f(x)$ 的渐近线.

怎样求出 $a$ 和 $b$？就 $x\to+\infty$ 时来说明，$x\to-\infty$ 时类似. 由式(3.45)可得

$$\lim_{x\to+\infty}\frac{f(x)-(ax+b)}{x}=\lim_{x\to+\infty}\left[\frac{f(x)}{x}-a-\frac{b}{x}\right]$$
$$=\lim_{x\to+\infty}\left[\frac{f(x)}{x}-a\right]=0.$$

从而

$$a=\lim_{x\to+\infty}\frac{f(x)}{x}. \tag{3.46}$$

将求得的 $a$ 代入式(3.45)，又可求出

$$b=\lim_{x\to+\infty}[f(x)-ax]. \tag{3.47}$$

当式(3.46)中 $a=0$ 或极限不存在(包括无穷大)时，则无斜渐近线.

**[例 13]** 求双曲线 $\dfrac{x^2}{a^2}-\dfrac{y^2}{b^2}=1$ 的渐近线.

**解** 由方程解出 $y=\pm b\sqrt{\frac{x^2}{a^2}-1}$，$|x|\geqslant a$. 讨论 $y\geqslant 0$ 部分的曲线，即取"+". 下半平面则由曲线关于 $x$ 轴的对称性得出. 因方程中已使用了 $a$，$b$，故设斜渐近线为 $y=kx+c$，由式(3.46)

$$k=\lim_{x\to+\infty}\frac{f(x)}{x}=\lim_{x\to+\infty}\frac{b\sqrt{\frac{x^2}{a^2}-1}}{x}=\lim_{x\to+\infty}b\sqrt{\frac{1}{a^2}-\frac{1}{x^2}}=\frac{b}{a}.$$

再由式(3.47)得知，

$$c=\lim_{x\to+\infty}(f(x)-kx)=\lim_{x\to+\infty}\left[b\sqrt{\frac{x^2}{a^2}-1}-\frac{b}{a}x\right]$$

$$=\lim_{x\to+\infty}\frac{b^2\left(\frac{x^2}{a^2}-1\right)-\left(\frac{b}{a}x\right)^2}{b\sqrt{\frac{x^2}{a^2}-1}+\frac{b}{a}x}=\lim_{x\to+\infty}\frac{-b^2}{b\sqrt{\frac{x^2}{a^2}-1}+\frac{b}{a}x}=0.$$

类似地，当 $x\to-\infty$ 时，可求得 $k=-\frac{b}{a}$，$c=0$. 再对称到下半平面，可知双曲线以 $y=\frac{b}{a}x$ 和 $y=-\frac{b}{a}x$ 为斜渐近线，这是平面解析几何中的已知结果.

综合前面所做的分析，现来绘制能反映出函数的定性特征的图形. 对具体函数 $y=f(x)$，大体可分为以下几步：

(i) 确定 $f(x)$ 的定义域；

(ii) 讨论 $f(x)$ 是否具有奇偶性(如果有，则只须分析 $x\geqslant 0$ 的部分，作适当对称就可得知 $x<0$ 部分的图形)，周期性(如果有，则只须分析一个周期内的性态即可)；

(iii) 讨论 $f(x)$ 的单调增加和减少的区间与极值；

(iv) 讨论曲线 $y=f(x)$ 的凹曲方向与拐点；

(v) 讨论 $y=f(x)$ 的渐近线；

(vi) 计算出一些关键点的坐标，如与 $x$，$y$ 轴的交点，极值点，拐点处等；

(vii) 将上述结果(除(v)外)依 $x$ 增大的顺序列表；

(viii) 画出 $y=f(x)$ 的图形.

[**例 14**] 画出函数 $f(x)=x^3-x^2-x+1$ 的图形.

**解** $f(x)$的定义域为$(-\infty,+\infty)$，它不具有奇偶性和周期性. 计算

$$f'(x)=3x^2-2x-1=(3x+1)(x-1),\ f''(x)=6x-2=2(3x-1).$$

$f'(x)=0$ 的根为 $x=-\dfrac{1}{3}$和 1，由 $f''\left(-\dfrac{1}{3}\right)=-\dfrac{1}{27}-\dfrac{1}{9}+\dfrac{1}{3}+1=\dfrac{32}{27}>0$，故 $f\left(-\dfrac{1}{3}\right)=\dfrac{32}{27}$为极大值. 又 $f''(1)=4>0$，故 $f(1)=0$ 为极小值. $f''(x)=0$ 的根为 $x=\dfrac{1}{3}$，$f\left(\dfrac{1}{3}\right)=\dfrac{16}{27}$. 因 $x=\dfrac{1}{3}$为$f''(x)=0$的单根，故 $f''(x)$在$\dfrac{1}{3}$的两侧异号，得知$\left(\dfrac{1}{3},\dfrac{16}{27}\right)$为拐点.

由于 $x$ 与 $y=f(x)$ 同时趋于无穷，且 $\lim\limits_{x\to\infty}\dfrac{f(x)}{x}=\infty$. 故此曲线没有任何渐近线.

特殊点的寻求:除上述极值点，拐点外，$x=0$ 时 $f(0)=1$，故与 $y$ 轴交点为(0,1)，与 $x$ 轴有交点(1,0)(此处有极小值，即曲线局部最低，与 $x$ 轴相切，亦即说明 $x=1$ 为 $f(x)=0$ 的二重根). 与 $x$ 轴还有一交点为(−1,0). 再计算两点，如 $f\left(\dfrac{3}{2}\right)=\dfrac{5}{8}$，$f(2)=3$.

列出下表:

| $x$ | $\left(-\infty,-\frac{1}{3}\right)$ | $-\frac{1}{3}$ | $\left(-\frac{1}{3},\frac{1}{3}\right)$ | $\frac{1}{3}$ | $\left(\frac{1}{3},1\right)$ | 1 | $(1,+\infty)$ |
|---|---|---|---|---|---|---|---|
| $f'(x)$ | + | 0 | − | − | − | 0 | + |
| $f''(x)$ | − | − | − | 0 | + | + | + |
| $f(x)$ | ↗ | 极大 $\left(-\frac{1}{3},\frac{32}{27}\right)$ | ↘ | 拐点 $\left(\frac{1}{3},\frac{16}{27}\right)$ | ↘ | 极小 (1,0) | ↗ |

表中最下方一行带箭头的曲线弧是依据相应区间上$f'(x)$,$f''(x)$的符号确定出曲线的增加、减少以及凹曲方向画出. 最后可画出曲线如图 3.15.

［**例 15**］描绘函数 $f(x)=xe^{\frac{1}{x}}$的图形.

**解** $f(x)$的定义域 为 $x\neq0$. 它不具有对称性，也不具有周期性. 计算

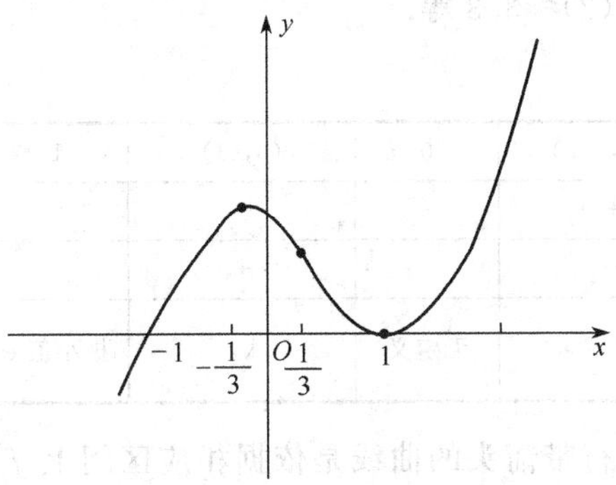


图 3.15

$$f'(x)=\left(1-\frac{1}{x}\right)e^{\frac{1}{x}},$$

$$f''(x)=\frac{1}{x^3}e^{\frac{1}{x}}.$$

由 $f'(x)=0$ 得 $x=1$，因 $f''(1)=e>0$，由定理 3.14 知 $f(1)=e$ 为极小值. 又 $x=0$ 时 $f(x)$，$f'(x)$，$f''(x)$ 均不存在. 但由于 $f'(x)$，$f''(x)$ 在 $x=0$ 两侧可能有不同符号，故 $x=0$ 仍须在表中列出，单调性、凹曲方向可从表中判断.

求出渐近线:因 $\lim\limits_{x\to 0^+} xe^{\frac{1}{x}}=\lim\limits_{t\to +\infty}\frac{e^t}{t}=\lim\limits_{t\to +\infty}e^t=+\infty$(用了洛必达法则). 故 $x=0$ 为铅直渐近线. 又

$$a=\lim_{x\to\infty}\frac{f(x)}{x}=\lim_{x\to\infty}e^{\frac{1}{x}}=1,$$

$$b=\lim_{x\to\infty}(xe^{\frac{1}{x}}-x)=\lim_{x\to\infty}\frac{e^{\frac{1}{x}}-1}{\frac{1}{x}}=\lim_{t\to 0}\frac{e^t-1}{t}=1.$$

故　$y=x+1$ 为斜渐近线.

特殊点的函数值：除极小点 $x=1$，$f(1)=e$ 外，因 $x=0$ 时函数无定义，但由 $\lim\limits_{x\to 0^-} xe^{\frac{1}{x}}=0$ 知曲线从左方趋向原点. 与 $x$，$y$ 轴无交点. 为使图形位置较精确，可再计算几组值：如 $x=-2$ 时，$f(-2)\approx-1.21$，$x=-1$ 时 $f(-1)\approx-0.37$，$x=\frac{1}{2}$时 $f\left(\frac{1}{2}\right)\approx$

3.7，$x=2$ 时 $f(2)\approx 3.3$ 等.

列表：

| $x$ | $(-\infty, 0)$ | 0 | $(0, 1)$ | 1 | $(1, +\infty)$ |
|---|---|---|---|---|---|
| $f'(x)$ | + | | − | | + |
| $f''(x)$ | − | | + | | + |
| $f(x)$ | ↗ | 无定义 | ↘ | 极小值 e | ↗ |

表中最后一行带箭头的曲线是依据相应区间上 $f'(x)$，$f''(x)$的符号所决定的增减性，凹曲方向画出．至此就可描绘出此曲线如图 3.16 所示.

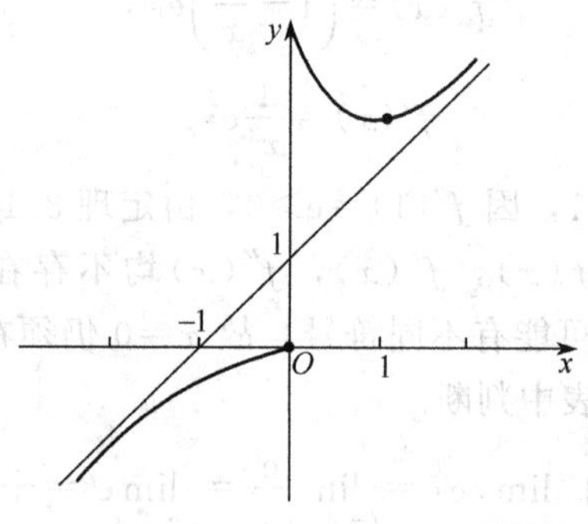


图 3.16

［**例 16**］画出函数 $f(x)=\dfrac{1}{\sqrt{2\pi}}e^{-\frac{x^2}{2}}$的图形.

**解**　$f(x)$的定义域为$(-\infty, \infty)$，且为偶函数，故图形关于 $y$ 轴对称，计算

$$f'(x)=-\frac{x}{\sqrt{2\pi}}e^{-\frac{x^2}{2}}，f''(x)=\frac{(x+1)(x-1)}{\sqrt{2\pi}}e^{-\frac{x^2}{2}}.$$

由 $f'(x)=0$ 得 $x=0$，$f''(x)=0$ 得 $x=-1$，1．$f''(0)=\dfrac{-1}{\sqrt{2\pi}}<0$．故 $f(0)=\dfrac{1}{\sqrt{2\pi}}$为极大值．又在 $x=-1$，1 两侧 $f''(x)$均异号，故出现拐

点：$\left(-1,\frac{1}{\sqrt{2\pi e}}\right)$，$\left(1,\frac{1}{\sqrt{2\pi e}}\right)$.

由 $\lim\limits_{x\to\infty}f(x)=\lim\limits_{x\to\infty}\frac{1}{\sqrt{2\pi}}e^{-\frac{x^2}{2}}=0$，故 $y=0$ 为惟一的渐近线.

除上述极值点、拐点外，可再计算函数值，$x=2$，$f(2)\approx0.054$.

列出下表：

| $x$ | $(-\infty,-1)$ | $-1$ | $(-1,0)$ | $0$ | $(0,1)$ | $1$ | $(1,+\infty)$ |
|---|---|---|---|---|---|---|---|
| $f'(x)$ | $+$ | $+$ | $+$ | $0$ | $-$ | $-$ | $-$ |
| $f''(x)$ | $+$ | $0$ | $-$ | $-$ | $-$ | $0$ | $+$ |
| $f(x)$ | ↗ | 拐点 $\left(-1,\frac{1}{\sqrt{2\pi e}}\right)$ | ↗ | 极大值 $\left(0,\frac{1}{\sqrt{2\pi}}\right)$ | ↘ | 拐点 $\left(1,\frac{1}{\sqrt{2\pi e}}\right)$ | ↘ |

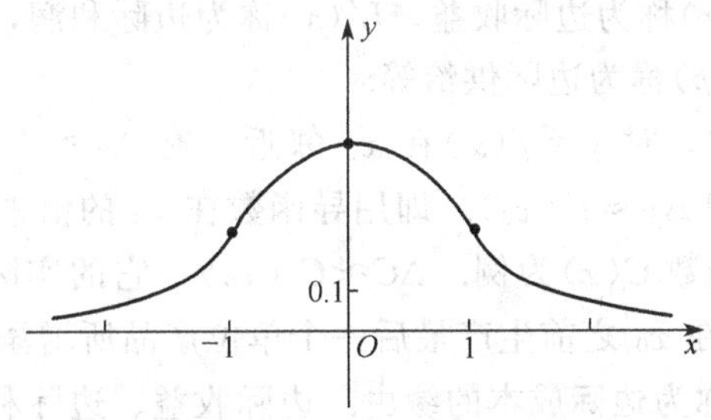


图 3.17

画出 $x\geqslant0$ 半平面的曲线再关于 $y$ 轴对称，得到图 3.17. 它是概率论中的一条重要曲线.

**6. 导数在经济学中的应用**

数学在经济领域的应用取得了令人瞩目的成就. 近 30 年来，诺贝尔(Nobel)经济学奖多次颁发给数学家就是很好的例证. 高等数学的许多概念都已融入到经济学中，经济数学、金融数学等新的分支产生并飞速发展. 下面结合前面所学的一元微分学知识来介绍几个经济学中的概念，它涉及到边际与弹性等数量经济分析中的基本概念. 并作一些简单的数学分析.

(1) 边际分析　人们在生产和经营活动中，经常会涉及成本、收益、利润这些经济量，它们都与产品的产量或销售量 $x$ 有关，通常把它们看成是 $x$ 的函数，分别用 $C(x)$，$R(x)$和 $L(x)$表示生产(或销售)$x$ 个单位产品的成本、收益和利润，并依次称为成本函数、收益函数和利润函数.

而市场上某种商品的需求量 $D$ 和供给量 $S$ 与该商品的价格 $p$ 有密切的关系，且价格是影响市场需求和供给的主要因素，如果不考虑影响需求和供给的其他因素，则需求量 $D$ 和供给量 $S$ 都可看成价格 $p$ 的函数，分别称之为该商品的需求函数和供给函数，相应记为 $D(p)$和 $S(p)$. 显然，价格 $p$ 增加时，需求会相应降低而供给会增加；而当价格 $p$ 下降时，需求会增加，供给则会减少，因此需求函数$D(p)$是单调减少的、供给函数 $S(p)$是单调增加的，即有 $D'(p)<0$，$S'(p)>0$.

在经济学中，通常称这些函数的导数为边际函数，即 $C'(x)$称为边际成本，$R'(x)$称为边际收益，$L'(x)$称为边际利润，$D'(p)$称为边际需求，而 $S'(p)$称为边际供给等.

在微分学中，对 $y=f(x)$在 $x_0$ 邻近，有 $\Delta y\approx \mathrm{d}y=f'(x_0)\Delta x$，如取 $\Delta x=1$，则 $\Delta y\approx f'(x_0)$. 即用导函数在 $x_0$ 的值来代替函数的改变量. 以成本函数 $C(x)$为例. $\Delta C\approx C'(x_0)$，它的实际含意是:当产量达到 $x_0$ 时，在 $x_0$ 之前生产最后一个单位产品所增添的成本，这也就是把 $C'(x_0)$称为**边际**成本的缘由. 边际收益、边际利润等类此.

[**例 17**] 某制造商发现销售某种产品 $x$ 个单位的利润为

$$L(x)=0.0002x^3+10x.$$

试求出：

(i) 销售 50 个单位产品时的边际利润；

(ii) 销售由 50 个单位增加至 51 个单位时实际增加的利润.

**解** (i) 由于 $\dfrac{\mathrm{d}L}{\mathrm{d}x}=0.0006x^2+10$，故

$$\left.\frac{\mathrm{d}L}{\mathrm{d}x}\right|_{x=50}=0.0006\times(50)^2+10=11.5.$$

(ii) 由 $L(51)=0.0002\times(51)^3+10\times 51=536.5302$，

$$L(50)=0.0002\times(50)^3+10\times 50=525.$$

从而 $$L(51)-L(50)=11.5302.$$

因此，销售 50 个单位时的边际利润为 11.5，而销售由 50 个单位增至 51 个单位时实际增加的利润为 11.5302.

此例说明，边际利润近似地等于多销售一单位产品所增加的利润.

假如生产的产品都能售出，则显然有

$$L(x)=R(x)-C(x).$$

［例 18］已知某商品的成本函数为 $C(x)=100+\frac{x^2}{4}$，求当 $x=10$ 时的总成本、平均成本及边际成本.

**解** 由于
$$C(10)=100+\frac{10^2}{4}=125,$$
故
$$\overline{C}(10)=\frac{C(10)}{10}=\frac{125}{10}=12.5.$$
而
$$\left.\frac{\mathrm{d}C}{\mathrm{d}x}\right|_{x=10}=\left.\frac{x}{2}\right|_{x=10}=5.$$
因此，$x=10$ 时的总成本为 125，平均成本为 12.5，边际成本为 5.

［例 19］一商店销售某种饮料 $x$ L(L 代表升)时，其收益函数 $R(x)$(元)与成本函数 $C(x)$(元)分别为

$$R(x)=1200\left(\frac{x}{10}\right)^{\frac{1}{2}}-\left(\frac{x}{10}\right)^{\frac{3}{2}},$$

$$C(x)=300\left(\frac{x}{10}\right)^{\frac{1}{2}}+4000,\qquad 0<x\leqslant 5000.$$

试用边际分析方法分析其变化规律.

**解** 边际成本
$$C'(x)=15\left(\frac{10}{x}\right)^{\frac{1}{2}}.$$

边际收益 $R'(x)=60\left(\frac{10}{x}\right)^{\frac{1}{2}}-\frac{3}{20}\left(\frac{x}{10}\right)^{\frac{1}{2}}=\frac{3}{20\sqrt{10}}\cdot\frac{4000-x}{\sqrt{x}}.$

因为
$$L(x)=R(x)-C(x)=900\left(\frac{x}{10}\right)^{\frac{1}{2}}-\left(\frac{x}{10}\right)^{\frac{3}{2}}-4000.$$

故边际利润 $L'(x)=45\left(\frac{10}{x}\right)^{\frac{1}{2}}-\frac{3}{20}\left(\frac{x}{10}\right)^{\frac{1}{2}}=\frac{3}{20\sqrt{10}}\cdot\frac{3000-x}{\sqrt{x}}.$

由此可见，边际成本随销量 $x$ 的增加而减小，由 $R'(x)=0$ 得 $x=4000$，故收益 $R(x)$ 在销量 $x=4000$L 时达到最大 $R(4000)=16000$ 元，而利润 $L(x)$ 在销量 $x=3000$L 时达到最大 $L(3000)\approx 6392$ 元.

为什么最大利润既不在 $x=5000$L，即边际成本最低时取得，也不在 $x=4000$L，即收益最大时取得呢？这是由于在 $x>3000$L 时，尽管随销量 $x$ 的增加边际成本在下降，但边际收益下降得更快，试观察以下几组数据：

$$C'(2000)=1.06,\ R'(2000)=2.12;$$
$$C'(3000)=0.87,\ R'(3000)=0.87;$$
$$C'(4000)=0.75,\ R'(4000)=0;$$
$$C'(5000)=0.67,\ R'(5000)=-0.67.$$

从中可以看出，在 $x<3000$L 时，多销售 1L 饮料的收益高于成本，因此增加销售可带来利润；而在 $x>3000$L 时，多销售 1L 饮料的收益低于成本，因此增加销售反而会减少利润，故只有根据市场的需求来确定合适的销量才能产生最大利润，也就是要满足下面所说的最大利润原则.

由于利润 $L(x)=R(x)-C(x)$，故 $L'(x)=R'(x)-C'(x)$，于是 $L(x)$ 取得最大值的必要条件为：$L'(x)=0$，即 $R'(x)=C'(x)$，亦即，可取得最大利润的必要条件是：边际收益等于边际成本.

而 $L(x)$ 取得最大值的充分条件为：$L''(x)<0$，即 $R''(x)<C''(x)$，故可取得最大利润的充分条件是：边际收益的变化率小于边际成本的变化率.

［**例 20**］一公司在市场上推出某产品时发现需求量 $x$(单位)与价格 $p$(元)的关系为

$$x=\frac{2500}{p^2},$$

又生产 $x$ 单位产品的成本为 $C(x)=0.5x+500$(元)，试确定产生最大利润时每单位产品的售价，并验证它符合最大利润原则.

**解** 由于 $R(x)=xp=50\sqrt{x}$,

$$L(x)=R(x)-C(x)=50\sqrt{x}-0.5x-500.$$

故 $$C'(x)=0.5,\ R'(x)=\frac{25}{\sqrt{x}},\ L'(x)=\frac{25}{\sqrt{x}}-0.5.$$

令 $L'(x)=0$ 得 $$x=2500.$$

故产生最大利润时每单位产品的售价应为

$$p=\left.\frac{50}{\sqrt{x}}\right|_{x=2500}=1\ (\text{元}).$$

此时，$C'(2500)=0.5$，$R'(2500)=0.5$，而 $R''(2500)=-10^{-4}<C''(2500)=0$，因此符合最大利润原则.

（2）弹性分析　上面我们利用导数讨论了一些经济量的变化率问题，这些变化率都是绝对变化率. 在经济学中，有时还需要研究经济量的相对变化率. 例如甲、乙两种商品的单价分别是 $p_1=10$ 元、$p_2=1000$ 元，市场需求量分别为 $D_1=100$ 台、$D_2=200$ 台，它们各涨价 1 元，即 $\Delta p_1=\Delta p_2=1$ 元，甲、乙两种商品的需求分别下降 4 台和 2 台，即 $\Delta D_1=-4$，$\Delta D_2=-2$，现在要判断哪种商品价格的变动对该商品的市场需求影响大？这个问题不能简单地从甲乙商品的市场需求分别下降 4 台和 2 台，就认为甲商品价格的变动对它的市场需求影响大. 事实上，尽管两者都涨价 1 元，但它们涨价的幅度却有很大的不同，商品甲涨了 $\frac{\Delta p_1}{p_1}=10\%$，而商品乙只涨了 $\frac{\Delta p_2}{p_2}=0.1\%$；市场需求的改变幅度也是不同的，$\frac{\Delta D_1}{D_1}=-4\%$，即商品甲的市场需求下降了 4%，而 $\frac{\Delta D_2}{D_2}=-1\%$，即商品乙的市场需求下降了 1%，因此，在商品涨价百分比相同的情况下，商品乙的市场需求下降的百分比明显高于商品甲. 这种市场需求变化的百分比相对于商品价格变化的百分比反映了消费者对该商品价格变化的相对反应程度，在经济学中通常称为需求的价格弹性.

一般地，设函数 $y=f(x)$ 在 $x_0$ 处可导，$f(x_0)\neq 0$，极限

$$\lim_{\Delta x\to 0}\frac{\Delta y/y_0}{\Delta x/x_0}=\lim_{\Delta x\to 0}\frac{x_0}{y_0}\cdot\frac{\Delta y}{\Delta x}=\frac{x_0}{f(x_0)}\cdot f'(x_0)$$

称为函数 $y=f(x)$ 在 $x_0$ 处的相对变化率或弹性，记作 $\left.\frac{\mathrm{E}y}{\mathrm{E}x}\right|_{x=x_0}$ 或 $\left.\frac{\mathrm{E}f}{\mathrm{E}x}\right|_{x=x_0}$.

由于当 $\left|\frac{\Delta x}{x_0}\right|$ 很小时，

$$\frac{\Delta y}{y_0} \approx \left.\frac{Ey}{Ex}\right|_{x=x_0} \cdot \frac{\Delta x}{x_0}.$$

故函数在 $x_0$ 处的弹性，近似地反映了当 $x$ 在 $x_0$ 处改变 1%时，相应的函数 $y=f(x)$ 在 $x_0$ 处所改变的百分比.

显然，函数的弹性与量纲无关，即与 $x$、$y$ 所用的计量单位无关.

如果函数 $y=f(x)$ 在 $(a, b)$ 内可导，且 $f(x)\neq 0$，则称函数

$$\frac{Ey}{Ex}=\frac{x}{f(x)} \cdot f'(x)$$

为函数 $y=f(x)$ 在 $(a, b)$ 内的**弹性函数**.

由于需求函数 $D(p)$ 的导数 $D'(p)<0$，故称 $-\frac{p}{D(p)}D'(p)$ 为需求对价格的弹性. 简称为需求弹性，记为 $\eta$，即 $\eta=-\frac{p}{D(p)}D'(p)$；而称供给函数的弹性函数 $\frac{p}{S(p)}S'(p)$ 为供给弹性，记为 $\varepsilon$，即 $\varepsilon=\frac{p}{S(p)}S'(p)$.

显然 $\eta>0$，$\varepsilon>0$. 且 $\eta$、$\varepsilon$ 可分别改写成

$$\eta=-\frac{\mathrm{dln}\, D}{\mathrm{dln}\, p},\ \varepsilon=\frac{\mathrm{dln}\, S}{\mathrm{dln}\, p}.$$

［**例 21**］设某商品的需求函数为 $D(p)=\mathrm{e}^{-\frac{p}{5}}$，试求出需求弹性函数及 $p=3$、5、6 时的需求弹性.

**解** 由于 $D'(p)=-\frac{1}{5}\mathrm{e}^{-\frac{p}{5}}$，故 $\eta(p)=-\frac{p}{D(p)}D'(p)=\frac{p}{5}$，因此

$$\eta(3)=0.6<1,\ \eta(5)=1,\ \eta(6)>1.$$

结果说明，当 $p=5$ 时，价格与需求变动幅度相同；当 $p=3$ 时，需求变动的幅度小于价格变动的幅度；当 $p=6$ 时，需求变动的幅度大于价格变动的幅度.

为了更清楚地了解价格变动对收益的影响，下面利用需求弹性 $\eta$

来研究这种变化规律.

由于收益 $R=pD(p)$，故

$$R'(p)=D(p)+pD'(p)=D(p)\left[1+\frac{p}{D(p)}D'(p)\right]=D(p)(1-\eta).$$

因此，当 $\eta<1$ 时，需求变动的幅度小于价格变动的幅度，而边际收益 $R'(p)>0$，$R(p)$ 为单调增加函数. 即价格上涨，收益增加，价格下跌，则收益减少；当 $\eta>1$ 时，需求变动的幅度大于价格变动的幅度，而边际收益 $R'(p)<0$，即收益函数 $R(p)$ 单调减少，故此时价格上涨，收益减少，价格下跌，收益增加.

通常，称 $\eta<1$ 时的需求为无弹性的，而称 $\eta>1$ 时的需求为有弹性的. 因此，当需求无弹性时，提高价格便可使收益增加，但如果需求为有弹性的，则降低价格才能使收益增加.

**［例 22］** 设某商品的需求函数为 $D(p)=12-\frac{p}{2}$，试求 $p=6$ 时的需求弹性；且若价格上涨 1%，收益是增加还是减少？变化百分之几？

**解** 由于 $D'(p)=-\frac{1}{2}$，故 $\eta(p)=-\frac{p}{12-\frac{p}{2}}\cdot\left(-\frac{1}{2}\right)=\frac{p}{24-p}$，

因此

$$\eta(6)=\frac{6}{24-6}=\frac{1}{3}.$$

由上可知，此时需求是无弹性的，故价格上涨便会使收益增加.

又 $R(p)=pD(p)$，$R'(p)=D(p)(1-\eta(p))$，故

$$R(6)=6D(6)=6\times9=54,\ R'(p)=9\times\left(1-\frac{1}{3}\right)=6.$$

于是收益弹性

$$\left.\frac{\mathrm{E}R}{\mathrm{E}p}\right|_{p=6}=\left.\frac{p}{R(p)}\cdot R'(p)\right|_{p=6}=\frac{6}{54}\times6=\frac{2}{3}\approx0.67.$$

即当价格上涨 1%时，收益约增加了 0.67%.

**［例 23］** 设每天从甲地到乙地的飞机票的需求量为(其中 $p$(元)为每票的价格)

$$D(p)=500\sqrt{900-p},\quad 0<p<900.$$

问票价在什么范围时，需求分别是无弹性的和有弹性的？

**解** 由于 $D'(p)=-\frac{250}{\sqrt{900-p}}$，故

$$\eta(p)=-\frac{p}{500\sqrt{900-p}}\cdot\frac{-250}{\sqrt{900-p}}=\frac{p}{2(900-p)}.$$

当 $0<p<600$ 时，$\eta<1$，需求是无弹性的，

当 $600<p<900$ 时，$\eta>1$，需求是有弹性的.

这说明，当票价低于 600 元时，提高票价，可使航空公司收益增加，但若票价高于 600 元时，再提高票价，反会使收益减少. 因此，最合理的票价应是 600 元/张.

## 练 习 3

1. 已知函数 $y=2x^3+3x-4$，求出：

(1) 在区间$[1,2]$中，$y$ 相对于 $x$ 的平均变化率；

(2) 在 $x=1$ 时，$y$ 相对于 $x$ 的变化率.

2. 一物体作变速直线运动，在前 100 秒内，其位置 $s$ cm 与运动时间 $t$ 秒的关系为 $s(t)=t^3+10$，求该物体

(1) 在 3 至 4 秒内的平均速度；

(2) 在 $t=3$ 秒时的速度.

3. 求抛物线 $y=x^2$ 在点(2，4)处的切线方程.

4. 函数
$$f(x)=\begin{cases}x^2+1, & x<1,\\ 3x-1, & 1\leqslant x\end{cases}$$
在点 $x=1$ 处是否可导？为什么？

5. 用导数定义求函数
$$f(x)=\begin{cases}x, & x<0,\\ \ln(1+x), & 0\leqslant x\end{cases}$$
在点 $x=0$ 处的导数.

6. 设函数 $y=x^3$，求在 $x=2$ 处，$\Delta x$ 分别等于 $-0.1$、$0.01$ 时的增量 $\Delta y$ 和微分 $dy$.

7. 求函数 $f(x)=x^2-3x+5$ 在 $x=1$ 处，$\Delta x$ 分别等于 1、0.1、0.01 时的增量 $\Delta y$ 和微分 $dy$.

8. 求下列函数的导数：

(1) $y=3x^2-x+5$； (2) $y=x^{a+b}$；

(3) $y=2\sqrt{x}-\frac{1}{x}+4\sqrt{3}$； (4) $y=(\sqrt{x}+1)\left(\frac{1}{\sqrt{x}}-1\right)$；

(5) $y=x^n\ln x$;　　(6) $y=x^3\cos x$;

(7) $y=\dfrac{5x}{1+x^2}$;　　(8) $y=\dfrac{1-\ln x}{1+\ln x}$;

(9) $y=e^x\sin x$;　　(10) $y=\dfrac{1-\cos x}{1+\sin x}$;

(11) $y=\cot x-x\tan x$;　　(12) $y=x^2\arcsin x$;

(13) $y=x\sin x\cdot\ln x$;　　(14) $y=xe^x\cot x$.

9. 求下列函数在指定点处的导数：

(1) $y=(1+x^3)(5-x^{-2})$，在 $x=1$ 处；

(2) $y=\dfrac{\sin x}{x}$，在 $x=\dfrac{\pi}{2}$ 处；

(3) $y=\sin x-\cos x$，在 $x=\dfrac{\pi}{6}$ 及 $x=\dfrac{\pi}{4}$ 处；

(4) $y=\dfrac{3}{(5-x)}+\dfrac{x^2}{5}$，在 $x=0$ 及 $x=2$ 处.

10. 求曲线 $y=x(\ln x-1)$ 在 $x=e$ 处的切线与法线方程.

11. 在曲线 $y=\dfrac{1}{1+x^2}$ 上求一点，使该点处的切线平行于 $x$ 轴.

12. 求曲线 $y=x^2+x-2$ 的平行于已知直线 $x+y-3=0$ 的切线方程.

13. 设一止痛药进入某病人体内 $t$ 小时后的效力 $E$ 为

$$E=\frac{1}{27}(9t-3t^2-t^3),\quad 0\leqslant t\leqslant 4.5.$$

试求当 $t=1$、4 小时时 $E$ 的变化率.

14. 由地面垂直向上发射的一物体，其高度 $h$ m 与时间 $t$ s(秒)的函数关系为 $h(t)=200t-16t^2$，求

(1) 物体离开地面时($t=0$)的速度；

(2) 3 s 后物体的速度.

15. 在括号内填入适当的函数：

(1) d(　　)$=6x^2\,dx$;　　(2) $d(-2\arctan x)=($　　$)dx$;

(3) d(　　)$=\dfrac{dx}{x\ln 3}$;　　(4) $d(2^x\cdot 3^x)=($　　$)dx$;

(5) d(　　)$=2^x\ln 8dx$;　　(6) $d\left(\dfrac{2}{3}x^{\frac{3}{2}}-e^{-x}\right)=($　　$)dx$.

16. 求下列函数的导数：

(1) $y=\cos\left(2x+\dfrac{\pi}{5}\right)$;　　(2) $y=(x^2-2x-1)^5$;

(3) $y=e^{-x}\tan 3x$;　　(4) $y=\dfrac{(x+4)^2}{x+3}$;

(5) $y=\ln(1+2^x)$；　(6) $y=\dfrac{x}{\sqrt{1-x^2}}$；

(7) $y=\sin^2(2x-1)$；　(8) $y=x^2\sin\dfrac{1}{x}$；

(9) $y=\sin nx+\sin x^n$；　(10) $y=\ln\tan\dfrac{x}{2}$；

(11) $y=\ln\sqrt{\dfrac{x}{1+x^2}}$；　(12) $y=e^{\cot\frac{1}{x}}$；

(13) $y=\sqrt[3]{1+\cos 2x}$；　(14) $y=\ln\ln x$；

(15) $y=\sqrt{x+\sqrt{x}}$；　(16) $y=\left(\arcsin\dfrac{x}{2}\right)^2$；

(17) $y=\dfrac{\arccos x}{\sqrt{1-x^2}}$；　(18) $y=\operatorname{arccot}\dfrac{2x}{1-x^2}$；

(19) $y=\ln(\sec x+\tan x)$；　(20) $y=\ln(\csc x-\cot x)$；

(21) $y=e^{\arctan\sqrt{x}}$；　(22) $y=x\arccos x-\sqrt{4-x^2}$.

17. 求下列函数的微分：

(1) $y=\dfrac{1}{x}+2\sqrt{x}$；　(2) $y=x\sin 2x$；

(3) $y=\sqrt{1-x^2}$；　(4) $y=\dfrac{x}{1-x}$；

(5) $y=\ln\sin\dfrac{x}{2}$；　(6) $y=e^{-x}\cos(3-x)$；

(7) $y=\tan^2(1+2x^2)$；　(8) $y=\arcsin\sqrt{1-x^2}$.

18. 在括号内填入适当的函数：

(1) $d(\quad)=\dfrac{dx}{1+x}$；　(2) $d(\quad)=\sin 2x dx$；

(3) $d(\quad)=e^{-3x}dx$；

(4) $d(\arctan e^{2x})=(\quad)de^{2x}=(\quad)dx$；

(5) $d(\quad)=\sec^2 3x dx$；

(6) $x^2\cos(1-x^3)dx=(\quad)d(1-x^3)=d(\quad)$.

19. 一管子的正截面为一圆环，内半径为 10 cm，壁厚为 0.1 cm，求该截面面积的精确值和近似值.

20. 利用微分求下列函数值的近似值：

(1) $\tan 46°$；　(2) $e^{1.01}$；

(3) $\sqrt[3]{8.02}$；　(4) $\arctan 1.02$.

21. 求由下列方程所确定的隐函数 $y$ 的导数 $\dfrac{dy}{dx}$：

(1) $y^2-2xy+9=0$；

(2) $y=x+\ln y$；

(3) $y=1+xe^y$；

(4) $xy=e^{x+y}$.

22. 用对数求导法求下列函数的导数：

(1) $y=(1+\cos x)^{\frac{1}{x}}$；

(2) $y=\left(\dfrac{x}{1+x}\right)^x$；

(3) $y=(x-1)\sqrt[3]{\dfrac{(x-2)^2}{x-3}}$；

(4) $y=\sqrt{x\sin x\sqrt{1-e^x}}$.

23. 求下列参数方程所确定的函数的导数 $\dfrac{dy}{dx}$：

(1) $\begin{cases}x=at^2,\\y=bt^3;\end{cases}$

(2) $\begin{cases}x=t\cos t,\\y=t\sin t;\end{cases}$

(3) $\begin{cases}x=t-\arctan t,\\y=\ln(1+t^2);\end{cases}$

(4) $\begin{cases}x=e^t\sin t,\\y=e^t\cos t.\end{cases}$

24. 求下列函数的二阶导数 $\dfrac{d^2y}{dx^2}$：

(1) $y=\ln(1+x^2)$；

(2) $y=x\ln x$；

(3) $y=e^{-x}\cos 2x$；

(4) $y=(1+x^2)\arctan x$；

(5) $x^2-y^2=1$；

(6) $y=x+\arctan y$；

(7) $\begin{cases}x=\dfrac{t^2}{2},\\y=1-t;\end{cases}$

(8) $\begin{cases}x=3e^{-t},\\y=2e^t.\end{cases}$

25. 求下列函数的 $n$ 阶导数：

(1) $y=x\cdot\ln x$；

(2) $y=x^2e^x$；

(3) $y=\dfrac{1-x}{1+x}$；

(4) $y=\sin^2 x$.

26. 一长方形两边长分别以 $x$ 和 $y$ 表示，若 $x$ 以 0.01 m/s 的速度减小，$y$ 以 0.02 m/s 的速度增加，求在 $x=20$ m、$y=15$ m 时长方形面积的变化速度.

27. 一个气球以 40 $cm^3/s$ 的速度充气，求当球半径 $r=10$cm 时球半径的增长率.

28. 下列函数在给定区间上是否满足罗尔定理的条件？如满足就求出定理中的数值 $\xi$:

(1) $f(x)=2x^2-x-3$，$\left[-1, \dfrac{3}{2}\right]$；

(2) $f(x)=\sqrt[3]{(x-1)^2}$，[0, 2]；

(3) $f(x)=x\sqrt{3-x}$，[0, 3]；

(4) $f(x)=e^{x^2-1}$，[0, 1].

29. 下列函数在给定区间上是否满足拉格朗日定理的条件？如满足就求出定理中的数值 $\xi$：

(1) $f(x)=\sqrt{x}$，$[0, 1]$；　　(2) $f(x)=\sqrt[3]{x-2}$，$[1, 3]$；

(3) $f(x)=x^3-5x^2+x-2$，$[-1, 0]$.

30. 不求函数 $y=x(x+1)(x-1)(x-2)$ 的导数，说明方程 $f'(x)=0$ 有几个实根，并指出实根所在的区间.

31. 证明恒等式：$\arctan x+\arctan\dfrac{1}{x}=\dfrac{\pi}{2}$，$(x>0)$.

32. 证明不等式：

(1) $|\sin y-\sin x|\leqslant|y-x|$；

(2) 当 $1<x$ 时，$e^x>e\cdot x$.

33. 试用洛必达法则求下列极限：

(1) $\lim\limits_{x\to 0}\dfrac{a^x-a^{-x}}{x}$；　　(2) $\lim\limits_{x\to 1}\dfrac{\ln x}{x-1}$；

(3) $\lim\limits_{x\to \pi}\dfrac{\tan 3x}{\sin 2x}$；　　(4) $\lim\limits_{x\to +\infty}\dfrac{x^2}{e^{2x}}$；

(5) $\lim\limits_{x\to 0}x\cot 2x$；　　(6) $\lim\limits_{x\to 0^+}x^\alpha\ln x\ (\alpha>0)$；

(7) $\lim\limits_{x\to 0}\left(\dfrac{1}{x}-\dfrac{1}{e^x-1}\right)$；　　(8) $\lim\limits_{x\to 1}\left(\dfrac{x}{x-1}-\dfrac{1}{\ln x}\right)$；

(9) $\lim\limits_{x\to 0}(1+\sin x)^{\frac{1}{x}}$；　　(10) $\lim\limits_{x\to +\infty}(\ln x)^{\frac{1}{x}}$.

34. 证明：方程 $x^5+x+1=0$ 有且仅有一个实根.

35. 求下列函数的单调区间：

(1) $y=x^3-3x^2$；　　(2) $y=2-(x-1)^{\frac{2}{3}}$；

(3) $y=\dfrac{2x}{1+x^2}$；　　(4) $y=x^2e^{-x}$；

(5) $y=\sqrt{2+x-x^2}$；　　(6) $y=(x-1)\cdot\sqrt[3]{x^2}$.

36. 证明下列不等式：

(1) 当 $0<x$ 时，$\sqrt{1+x}<1+\dfrac{x}{2}$；

(2) 当 $0<x<\dfrac{\pi}{2}$ 时，$x-\dfrac{x^3}{6}<\sin x$；

(3) 当 $0<x$ 时，$\sqrt{1+x^2}<1+x\ln(x+\sqrt{1+x^2})$.

37. 求下列函数的极值：

(1) $y=x^3-3x^2+7$；　　(2) $y=x-\ln(1+x)$；

(3) $y=-x^4+2x^2$；　　(4) $y=(x+1)^{\frac{2}{3}}\cdot(x-5)^2$；

(5) $y=3-\sqrt[3]{(x-2)^2}$;　　　　(6) $y=\frac{1+3x}{\sqrt{4+5x^2}}$.

38. 当 $a$ 为何值时，函数 $y=a\sin x+\frac{1}{3}\sin 3x$ 在 $x=\frac{\pi}{3}$ 处取极值？是极大值还是极小值？并求此极值.

39. 求下列函数在给定区间上的最大值和最小值：

(1) $y=x^4-2x^2+5$，$x\in[-2, 2]$；　(2) $y=\sqrt{5-4x}$，$x\in[-1, 1]$；

(3) $y=x+\sqrt{1-x}$，$x\in[-5, 1]$；　(4) $y=\frac{x^2}{1+x}$，$x\in\left[-\frac{1}{2}, 1\right]$.

40. 求函数 $y=x^2-\frac{2}{x}$ 在 $(-\infty, 0)$ 内的最小值.

41. 要一个底为正方形，容积为 108 $\mathrm{m}^3$ 的长方体开口容器，怎样做用料最省？

42. 对一物体的长度进行了 $n$ 次测量，得 $n$ 个数据 $x_1$，$x_2$，…，$x_n$，现要确定一个数值 $x$，使得它与测得的这 $n$ 个数据的差的平方和为最小，问 $x$ 应是多少？

43. 冬天的寒风使人生畏. 实验表明：在 0℃时风使每平方米人体每小时失去的热量为：$H(v)=33(10\sqrt{v}-v+10.45)$，其中 $v$ 是风的速度(m/s). 求使人体热量损失最快的风速.

44. 两个正整数的乘积是 392，问这两个数分别为多少时，一个数的两倍与另一个数的和最小？

45. 一房地产公司有 50 套公寓要出租，当租金定为每套每月 380 元时，公寓可全部租出；当租金每套每月增加 20 元时，租不出的公寓就多一套；而租出的房子每套每月需 50 元的整修维护费，问房租定为多少时可获得最大收益？此时公寓租出多少套？最大收益是多少？

46. 一气球在时间 $t$ min 时的高度为 $h(t)=96t-16t^2$ m.

(1) 问球的初速度是多少？

(2) 球升至的最大高度为多少？

(3) 在 $t=4$ min 时球的移动方向为何？

47. 某种药物在注入人体肌肉 $t$ h 后，留在血液内的浓度 $C$ 为

$$C=\frac{3t}{27+t^3}$$

请问何时药物浓度最高？

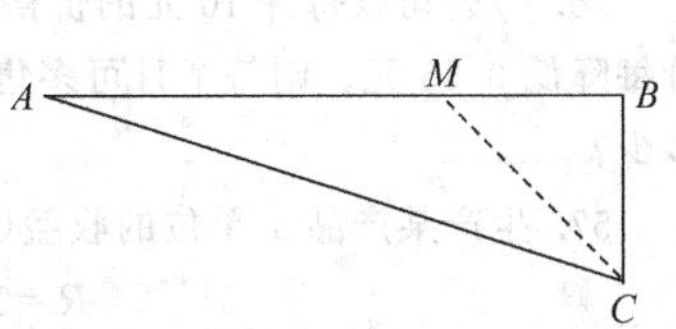

图 3.18

48. 某矿务局拟从 $A$ 处掘进一巷道至 $C$ 处，设 $AB$ 长为 600 m，$BC$ 长为 200 m(如图 3.18). 沿水平 $AB$ 方向掘进费用每米为

500 元，水平以下是岩石，掘进费用每米为 1300 元，问怎样掘法使费用最省？最省要用多少元？

49. 一炮弹的弹道方程为 $y=mx-\frac{(m^2+1)}{800}x^2$，这里取原点为炮弹的发射点，$m$ 为弹道在原点处切线的斜率. 问 $m$ 为何值时，使

(1) 此弹能击中同一水平面上最远的目标；

(2) 此弹能击中 300 米远处一直立墙壁上的最大高度.

50. 一公司生产某种商品，其年销售量为 100 万件，每批生产需增加准备费 1000 元，而每件的库存费为 0.05 元. 如果年销售率是均匀的，且上批销售完后，立即再生产下一批(此时商品库存数为批量的一半)，问应分几批生产，能使生产准备费及库存费之和最小？

51. 某产品在制造过程中，次品数 $y$ 与日产量 $x$ 有如下关系

$$y=\begin{cases}\dfrac{x}{101-x}, & 0\leqslant x\leqslant 100,\\ x, & 100<x.\end{cases}$$

若出一件正品获利 $A$ 元，出一件次品损失 $\frac{A}{3}$ 元. 问日产量定为多少时盈利最大？

52. 求下列函数的凹凸区间和拐点：

(1) $y=x^3-6x^2+12x+4$；　　(2) $y=\mathrm{e}^{\arctan x}$；

(3) $y=-2x^4+3x^2-5$；　　(4) $y=(x-1)x^{\frac{2}{3}}$.

53. $a$、$b$ 为何值时，点(1，-2)为曲线 $y=ax^3+bx^2$ 的拐点？

54. 描绘下列函数的图形：

(1) $y=x^3+3x^2-9x+5$；　　(2) $y=x^2+\frac{1}{x}$；

(3) $y=\frac{2x}{1+x^2}$；　　(4) $y=1+\frac{4x}{(x+1)^2}$.

55. 一公司估计生产 $x$ 单位产品的成本(元)为

$$C=800+0.04x+0.0002x^2.$$

(1) 求生产 400 单位时的平均成本及边际成本；

(2) 求使每单位平均成本最小的生产量.

56. 一公司以每件 10 元的价格出售某种商品，一个月可销售 2000 件，若单价每降低 0.25 元，则每个月可多售 250 件，现要使每月收益最大，单价应定为多少？

57. 生产某产品 $x$ 单位的收益(元)为

$$R=12x-0.001x^2.$$

(1) 若产量由 5000 增加至 5001 单位，则增加多少收益？

(2) 求产量为 5000 单位时的边际收益.

58. 出租 $x$ 套公寓的利润(元)为

$$L=6(900+32x-x^2).$$

(1) 若出租数由 14 增加至 15，求增加的利润为多少？

(2) 当出租数为 14 时的边际利润为多少？

(3) 为取得最大利润，应出租多少套公寓？

59. 某厂每批生产某种产品 $x$ 单位的费用(元)为

$$C=5x+200,$$

得到的收益(元)是

$$R=10x-0.01x^2.$$

问每批应生产多少单位时才能使利润最大？

60. 某加油站中机油的每月需求量 $x$ $\mathrm{m}^3$ 与价格 $p$ 元的关系为

$$p=\frac{1100-x}{400},$$

加油站中机油的成本(元)为

$$C=65+1.25x.$$

(1) 求 $x=250$ $\mathrm{m}^3$ 及 $x=300$ $\mathrm{m}^3$ 时的利润及边际利润；

(2) 求 $x=350$ $\mathrm{m}^3$ 时的利润及边际利润.

61. 某种产品的需求函数为 $D(p)=20-2p^2$.

(1) 当 $p=2$ 时，若价格下降 5%，求需求量增加的百分比；

(2) 求当 $p=2$ 时的需求弹性；

(3) 求使收益最大的价格与需求，此时需求弹性是多少？

62. 设某商品的供给函数 $S(p)=2+3p$，求供给弹性函数及 $p=3$ 时的供给弹性.

63. 已知某商品的需求函数 $D(p)=75-p^2$.

(1) 求 $p=4$ 时的边际需求与需求弹性，并说明其经济意义；

(2) 当 $p=4$ 及 $p=6$ 时，若价格上涨 1%，其收益分别将如何变化？

(3) $p$ 为多少时，其收益最大？

64. 电影院放映一部电影时若票价定为 $p$，则能售出的票的估计数为 $D(p)=1000-p^2$.

(1) 求弹性函数 $\eta(p)$；

(2) 对于 15 元的票价，需求是有弹性的还是无弹性的？此时，为了增加收益，该提高还是降低票价？

(3) 对于 19 元的票价，边际收益是多少？此时，为了增加收益，又该如何调整票价？

历史上第一篇微积分论文是1666年牛顿完成的《流数简论》（“流数”即后来的微商概念），虽然没有正式发表，但在同事中传播．牛顿治学态度严谨，他的许多著作都是在友人们的敦促下才拿出来发表．其微积分学说的公开表述是1687年出版的名著《自然哲学的数学原理》．

德国的莱布尼兹于1684年发表《求极大和极小值以及求切线的一种新方法》一文，这是数学史上正式发表的第一篇微积分论文，在其中引用了微分符号，$\delta x$，$\mathrm{d}y$ 以及它们的四则运算与复合法则等．

# 第四章　一元函数积分学

本章讨论微积分学的另一基本内容——积分学. 首先以几何与物理中的两个典型问题为背景引入定积分的概念，再讨论它的一些基本性质. 然后引进原函数与不定积分，并建立微积分的基本公式，说明定积分与不定积分之间的密切关系. 从而可以简易地计算定积分，最后介绍定积分的若干应用.

## 第一节　定积分的概念

**1. 两个实例**

（1）曲边梯形的面积　设函数 $y=f(x)$ 在区间 $[a,b]$ 上连续且非负. 由曲线 $y=f(x)$，$x$ 轴及直线 $x=a$ 和 $x=b$ 所围成的图形（如图 4.1）称为一个**曲边梯形**，其中的曲线弧 $y=f(x)$，$a\leqslant x\leqslant b$ 为曲边. 现设法计算此曲边梯形的面积.

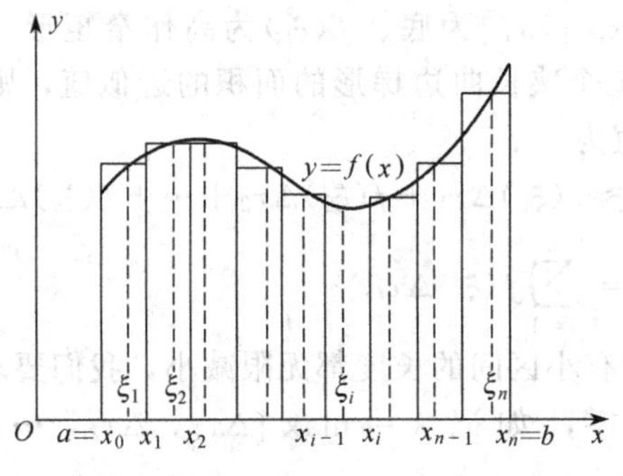


图 4.1

众所周知，矩形的面积等于底边之长乘以高. 在其下底边上每一点作垂线到其上底边的距离为一常量，即为高. 而把 $x$ 轴上区间

$[a,b]$ 视为曲边梯形的底，则在点 $x$ 处作垂线所得的高度即为 $f(x)$，它不是常量而随 $x$ 变化，故不能直接运用矩形面积公式. 为此，采用细分的办法，作一系列垂直于 $x$ 轴的直线段将它分为许多狭长的小曲边梯形，见图 4.1，其底边即为 $x$ 轴上各段小区间，由于 $f(x)$ 连续，故当这些区间很小时，窄曲边梯形的高就变化很小，而可用其内某一点处的高近似代替，即用狭长的矩形面积来近似代替相应的窄曲边梯形的面积，把它们加起来，所有这些狭长矩形的面积之和可作为整个曲边梯形面积的近似值. 显然，区间 $[a,b]$ 划分得愈细，即每一小区间长度越小，这个近似值就愈接近曲边梯形面积的精确值. 从极限的观点来看，当每一小区间的长度均趋于零时，很自然地就把狭长矩形面积之和的极限作为整个曲边梯形的面积. 以下用精确的数学表述来阐明上述思路. 在区间 $[a,b]$ 内任意插入 $(n+1)$ 个分点(包括两端点 $a$，$b$)，设为

$$a=x_0<x_1<x_2<\cdots<x_{n-1}<x_n=b.$$

它们把 $[a,b]$ 分成为 $n$ 个小区间

$$[x_0,x_1],[x_1,x_2],\cdots,[x_{n-1},x_n],$$

其长度依次为

$$\Delta x_1=x_1-x_0,\ \Delta x_2=x_2-x_1,\ \cdots,\ \Delta x_n=x_n-x_{n-1}.$$

经过每一分点作垂直于 $x$ 轴的直线段，它们把曲边梯形分成 $n$ 个狭长的曲边梯形. 在第 $i$ 个小区间 $[x_{i-1},x_i]$ 上任取一点 $\xi_i$，$i=1,2,\cdots,n$. 以 $[x_{i-1},x_i]$ 为底、$f(\xi_i)$ 为高作窄矩形，用它的面积 $f(\xi_i)\Delta x_i$ 作为第 $i$ 个狭长曲边梯形的面积的近似值，则整个曲边梯形面积 $A$ 的近似值为

$$\begin{aligned}A&\approx f(\xi_1)\Delta x_1+f(\xi_2)\Delta x_2+\cdots+f(\xi_n)\Delta x_n\\&=\sum_{i=1}^{n}f(\xi_i)\Delta x_i.\end{aligned}$$

为了保证所有小区间的长度都无限减小，我们要求小区间长度中的最大值趋于零，如记 $\lambda=\max\{\Delta x_1,\Delta x_2,\cdots,\Delta x_n\}=\max\limits_{1\leqslant i\leqslant n}\{\Delta x_i\}$，则上述要求可表为 $\lambda\to 0$. 于是便得曲边梯形的面积

$$A=\lim_{\lambda\to 0}\sum_{i=1}^{n}f(\xi_i)\Delta x_i. \tag{4.1}$$

(2) 变速直线运动的路程　设一个物体作直线运动，已知速度

$v(t)$是时间区间 $[T_1, T_2]$ 上的一个连续函数，且 $v(t)\geqslant 0$，求从 $T_1$ 到 $T_2$ 这段时间内物体经过的路程 $S$.

我们知道，对于匀速直线运动，有公式

$$\text{路程}=\text{速度}\times\text{时间}.$$

现在是变速运动，为运用此结论，可将时间区间分细. 即在 $[T_1, T_2]$ 内任意插入若干个分点，设为

$$T_1=t_0<t_1<t_2<\cdots<t_{n-1}<t_n=T_2,$$

它们把$[T_1, T_2]$分为 $n$ 个小段

$$[t_0, t_1], [t_1, t_2], \cdots, [t_{n-1}, t_n],$$

各小段时间的长度依次为

$$\Delta t_1=t_1-t_0, \ \Delta t_2=t_2-t_1, \ \cdots, \ \Delta t_n=t_n-t_{n-1}.$$

相应地，在每个时段$[t_{i-1}, t_i]$内任取一点 $\tau_i$，在该时间段内，把运动视为速度 $v(\tau_i)$ 的匀速运动，故经过路程为 $v(\tau_i)\Delta t_i$，$i=1, 2, \cdots, n$. 从而在$[T_1, T_2]$内所经过路程 $S$ 的近似值为

$$S\approx v(\tau_1)\Delta t_1+v(\tau_2)\Delta t_2+\cdots+v(\tau_n)\Delta t_n=\sum_{i=1}^{n}v(\tau_i)\Delta t_i.$$

记 $\lambda=\max\limits_{1\leqslant i\leqslant n}\{\Delta t_i\}$. 当 $\lambda\to 0$ 时，上式右端的极限可视为路程 $S$ 的精确值，即

$$S=\lim_{\lambda\to 0}\sum_{i=1}^{n}v(\tau_i)\Delta t_i\ . \tag{4.2}$$

从上面两个实例可以看出，尽管所讨论的问题决然不同，一个是几何量，另一个是物理量，但从数学角度来处理的方法都是相同的，且最终归结为式(4.1)和式(4.2)两个同样形式的和数的极限. 因此，若抛开这两个问题的几何或物理的含意，便可抽象出数学中定积分的概念.

**2. 定积分的定义**

**定义 4.1** 对于定义在区间$[a, b]$上的函数 $f(x)$，首先在$[a, b]$中任取以下分点

$$a=x_0<x_1<x_2<\cdots<x_{n-1}<x_n=b,$$

它们把区间$[a, b]$分成 $n$ 个小区间

$$[x_0, x_1], [x_1, x_2], \cdots, [x_{n-1}, x_n],$$

各个小区间的长度依次为

$$\Delta x_1 = x_1 - x_0,\ \Delta x_2 = x_2 - x_1,\ \cdots,\ \Delta x_n = x_n - x_{n-1}.$$

在每个小区间$[x_{i-1},x_i]$上任取一点$\xi_i$，取乘积$f(\xi_i)\Delta x_i\ (i=1,2,\cdots,n)$，并作和式$\sum\limits_{i=1}^{n} f(\xi_i)\Delta x_i$，记$\lambda=\max\limits_{1\leqslant i\leqslant n}\{\Delta x_i\}$. 如果极限$\lim\limits_{\lambda\to 0}\sum\limits_{i=1}^{n} f(\xi_i)\Delta x_i$存在且此极限值与$[a,b]$的分法和各个$\xi_i$的取法无关，则称函数$f(x)$在区间$[a,b]$上**可积**，并将此极限值称为$f(x)$在$[a,b]$上的**定积分**，记为$\int_a^b f(x)\mathrm{d}x$，即

$$\int_a^b f(x)\mathrm{d}x = \lim_{\lambda\to 0}\sum_{i=1}^{n} f(\xi_i)\Delta x_i, \tag{4.3}$$

其中$f(x)$称为**被积函数**，$f(x)\mathrm{d}x$称为**被积表达式**或**被积式**，$x$称为**积分变量**，$a$称为**积分下限**，$b$称为**积分上限**，统称为**积分限**，$[a,b]$称为**积分区间**.

由此定义，则前面两例可分别表述为：

曲线$y=f(x)(\geqslant 0)$、$x$轴以及直线$x=a$和$x=b$所围成的曲边梯形的面积就是函数$y=f(x)$在区间$[a,b]$上的定积分，即

$$A=\int_a^b f(x)\mathrm{d}x;$$

变速直线运动的物体在时间间隔$[T_1,T_2]$内所经过的路程就是其速度函数$v(t)$在区间$[T_1,T_2]$上的定积分，即

$$S=\int_{T_1}^{T_2} v(t)\mathrm{d}t.$$

关于上述定义4.1，说明以下几点.

(i) 当$f(x)$在$[a,b]$上可积时，定积分$\int_a^b f(x)\mathrm{d}x$表示一个确定的数值，它只与被积函数$f(x)$、积分区间$[a,b]$有关，而与积分变量所用的符号无关，即同一积分其积分变量可以用$x,t,u$等不同符号表示

$$\int_a^b f(x)\mathrm{d}x=\int_a^b f(t)\mathrm{d}t=\int_a^b f(u)\mathrm{d}u.$$

(ii) 上述定义中，自然要求$a<b$，即积分下限小于积分上限. 现作如下补充定义.

当 $a=b$ 时，$\int_a^b f(x)\mathrm{d}x = 0$；当 $a>b$ 时，$\int_a^b f(x)\mathrm{d}x = -\int_b^a f(x)\mathrm{d}x$，则以后对于积分 $\int_a^b f(x)\mathrm{d}x$ 的上、下限 $a$ 和 $b$，就可不必加任何限制了.

从前面两个实际问题来看，曲边梯形的面积，变速运动所走过的路程总是确定的，因此，极限式(4.1)和式(4.2)必定存在. 但要注意，在定义 4.1 中，对一般的 $f(x)$ 只是在**假定**和式的极限式(4.3)存在的情况下，才说 $f(x)$ 是可积的，这时符号 $\int_a^b f(x)\mathrm{d}x$ 才有意义. 事实上，存在不少的 $f(x)$，可使得极限式(4.3)不存在. 因此，为了顺利展开后面的讨论，首先就应明确怎样的 $f(x)$ 才是可积的. 有如下常用的主要定理. 其证明较难，这里从略.

**定理 4.1** 对于闭区间$[a,b]$上定义的连续函数 $f(x)$，$\int_a^b f(x)\mathrm{d}x$ 必存在.

由前可知，对于常见的初等函数，只要它在$[a,b]$上有定义，就是连续的，因而一定可积，因此讨论它们的积分总是有意义的.

**[例 1]** 利用定义4.1计算定积分 $\int_0^1 x^2\mathrm{d}x$.

**解** 由于被积函数为初等函数，故在$[0,1]$上连续，由定理 4.1 可知，它必定可积，由定义 4.1，定积分的值与积分区间$[0,1]$的分法和 $\xi_i$ 的取法无关，故在具体计算极限式(4.3)时，不妨将区间$[0,1]$ $n$ 等分，分点 $x_i=\frac{i}{n}(i=1, 2, \cdots, n-1)$，每一小区间$[x_{i-1},x_i]$的长度$\Delta x_i=\frac{1}{n}$，且取 $\xi_i=x_i(i=1,2,\cdots, n)$，于是

$$\begin{aligned}\sum_{i=1}^n f(\xi_i)\Delta x_i &= \sum_{i=1}^n \xi_i^2\Delta x_i = \sum_{i=1}^n\left(\frac{i}{n}\right)^2\cdot\frac{1}{n}\\ &= \frac{1}{n^3}\sum_{i=1}^n i^2 = \frac{1}{n^3}\cdot\frac{1}{6}n(n+1)(2n+1)\\ &= \frac{1}{6}\left(1+\frac{1}{n}\right)\left(2+\frac{1}{n}\right).\end{aligned}$$

当 $\lambda=\frac{1}{n}\to 0$，即 $n\to\infty$时，便有

$$\int_0^1 x^2 \mathrm{d}x = \lim_{\lambda\to 0}\sum_{i=1}^{n} f(\xi_i)\Delta x_i = \lim_{n\to\infty}\frac{1}{6}\left(1+\frac{1}{n}\right)\left(2+\frac{1}{n}\right)=\frac{1}{3}.$$

**3. 定积分的几何意义**

设 $y=f(x)$ 代表一连续曲线. 由前述，如果在闭区间 $[a,b]$ 上，函数 $f(x)\geqslant 0$，则 $\int_a^b f(x)\mathrm{d}x$ 的几何意义是由曲线 $y=f(x)$、直线 $x=a$ 和 $x=b$ 及 $x$ 轴围成的曲边梯形的面积；若 $f(x)\leqslant 0$，则由定义知 $\int_a^b f(x)\mathrm{d}x\leqslant 0$ ❶，易见它的几何意义是由曲线 $y=f(x)$、直线 $x=a$ 和 $x=b$ 及 $x$ 轴围成的曲边梯形的面积的负值；若 $f(x)$ 在 $[a, b]$ 上既取正值，也取到负值，则在几何上，$\int_a^b f(x)\mathrm{d}x$ 代表介于 $x$ 轴、直线 $x=a$ 和 $x=b$ 及曲线 $y=f(x)$ 之间的各部分面积的代数和. 例如对图 4.2 中的曲线，有

$$\int_a^b f(x)\mathrm{d}x = A_1 - A_2 + A_3.$$

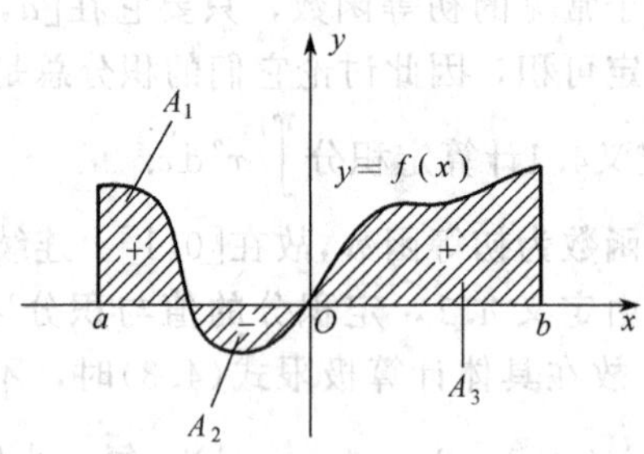


图 4.2

也就是说，代数和的意思是指:对应于在下半平面的部分其面积值前应加负号，上方部分的面积值前加正号，取和.

[**例 2**] 利用定积分的几何意义计算下列积分：

(i) $\int_{-\pi}^{\pi}\sin x\mathrm{d}x$；　　(ii) $\int_0^a \sqrt{a^2-x^2}\mathrm{d}x$ .

**解**　(i) 如图4.3所示，由于 $f(x)=\sin x$ 在 $[-\pi,\pi]$ 上为奇函

---

❶ 详见下一节性质 5 的证明.

数，故由此函数和 $x$ 轴所围的左、右半平面的两块图形的面积相等，但一块在上半平面，另一块在下半平面，故两者代数和为零，即得

$$\int_{-\pi}^{\pi} \sin x \,\mathrm{d}x = 0.$$

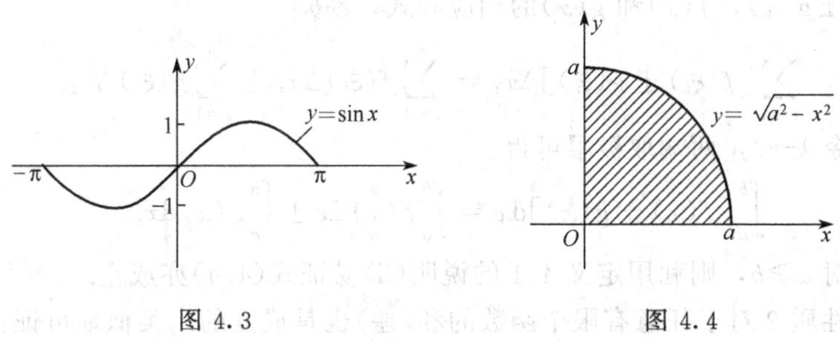


图 4.3　　　　图 4.4

(ii) 由曲线 $y=\sqrt{a^2-x^2}$、直线 $x=0$ 及 $x$ 轴所围成的曲边梯形的面积为半径为 $a$ 的圆面积的四分之一，如图 4.4 所示. 故由定积分的几何意义得

$$\int_0^a \sqrt{a^2-x^2}\,\mathrm{d}x = \frac{\pi}{4}a^2.$$

## 第二节　定积分的性质

在以下的讨论中，如无特别说明，均假定所出现的被积函数在相应的积分区间内为连续.

**性质1**　常数 1 的定积分等于积分上、下限之差，即

$$\int_a^b 1 \cdot \mathrm{d}x = b-a.$$

**证**　不妨设 $a<b$，由定积分定义 4.1 可得

$$\int_a^b 1 \cdot \mathrm{d}x = \lim_{\lambda \to 0}\sum_{i=1}^{n} 1 \cdot \Delta x_i = \lim_{\lambda \to 0}\sum_{i=1}^{n} \Delta x_i$$
$$= \lim_{\lambda \to 0}(b-a) = b-a.$$

或由定积分的几何意义，它表示底边长为 $(b-a)$，高为 1 的矩形的面积.

**性质2**　两函数的和(或差)的定积分等于它们的定积分的和(或

差)，即

$$\int_a^b[f(x)\pm g(x)]\mathrm{d}x=\int_a^b f(x)\mathrm{d}x\pm\int_a^b g(x)\mathrm{d}x. \tag{4.4}$$

**证** 先讨论 $a<b$. 如定义 4.1 中在 $[a, b]$ 上取分点后，作 $f(x)\pm g(x)$，$f(x)$ 和 $g(x)$ 的相应和式，易知

$$\sum_{i=1}^{n}[f(\xi_i)\pm g(\xi_i)]\Delta x_i=\sum_{i=1}^{n}f(\xi_i)\Delta x_i\pm\sum_{i=1}^{n}g(\xi_i)\Delta x_i.$$

令 $\lambda\to0$，两端取极限可得

$$\int_a^b[f(x)\pm g(x)]\mathrm{d}x=\int_a^b f(x)\mathrm{d}x\pm\int_a^b g(x)\mathrm{d}x.$$

对 $a\geqslant b$，则利用定义 4.1 的说明(ii)易证式(4.4)亦成立.

性质 2 对于任意有限个函数的和(差)也是成立的. 类似地可证：

**性质 3** 被积函数的常数因子可以提到积分号外面，即

$$\int_a^b kf(x)\mathrm{d}x=k\int_a^b f(x)\mathrm{d}x \quad (k\text{ 为常数}) \tag{4.5}$$

**性质 4** 设函数 $f(x)$ 在 $[a,b]$ 上可积，$c\in(a,b)$，则

$$\int_a^b f(x)\mathrm{d}x=\int_a^c f(x)\mathrm{d}x+\int_c^b f(x)\mathrm{d}x. \tag{4.6}$$

**证** 因为函数 $f(x)$ 在 $[a,b]$ 上可积，因此 $\int_a^b f(x)\mathrm{d}x$ 与区间 $[a,b]$ 上的分点的取法无关，而 $c\in(a,b)$，故总可以将点 $c$ 取为其中的一个分点. 不妨设 $x_k=c$，即

$$a=x_0<x_1<\cdots<x_{k-1}<x_k=c<x_{k+1}<\cdots<x_n=b,$$

则

$$\sum_{i=1}^{n}f(\xi_i)\Delta x_i=\sum_{i=1}^{k}f(\xi_i)\Delta x_i+\sum_{i=k+1}^{n}f(\xi_i)\Delta x_i.$$

令 $\lambda\to0$，两端取极限得

$$\int_a^b f(x)\mathrm{d}x=\int_a^c f(x)\mathrm{d}x+\int_c^b f(x)\mathrm{d}x.$$

事实上，不论 $a$、$b$、$c$ 的相对大小如何，只要式(4.6)中出现的积分都存在，则该式就成立.

例如，当 $a<b<c$ 时，由于

$$\int_a^c f(x)\mathrm{d}x=\int_a^b f(x)\mathrm{d}x+\int_b^c f(x)\mathrm{d}x,$$

于是

$$\int_a^b f(x)\mathrm{d}x=\int_a^c f(x)\mathrm{d}x-\int_b^c f(x)\mathrm{d}x=\int_a^c f(x)\mathrm{d}x+\int_c^b f(x)\mathrm{d}x.$$

性质 4 的结论常称为定积分关于积分区间的**可加性**.

**性质 5** 设在区间$[a,b]$上满足：$f(x)\leqslant g(x)$，则

$$\int_a^b f(x)\mathrm{d}x\leqslant\int_a^b g(x)\mathrm{d}x.$$

**证** 依定义 4.1 在$[a,b]$内取分点 $x_i$，$i=0,1,\cdots,n$. 由于

$$\int_a^b g(x)\mathrm{d}x-\int_a^b f(x)\mathrm{d}x=\int_a^b[g(x)-f(x)]\mathrm{d}x$$

$$=\lim_{\lambda\to 0}\sum_{i=1}^{n}[g(\xi_i)-f(\xi_i)]\Delta x_i.$$

由假设知 $g(\xi_i)-f(\xi_i)\geqslant 0$，$\Delta x_i>0$，由极限的性质知上式右端$\geqslant 0$，故

$$\int_a^b f(x)\mathrm{d}x\leqslant\int_a^b g(x)\mathrm{d}x.$$

由性质 1、性质 3 和性质 5 易得：

**性质 6** 设函数 $f(x)$在区间$[a,b]$上的最大值为 $M$、最小值为 $m$，则

$$m(b-a)\leqslant\int_a^b f(x)\mathrm{d}x\leqslant M(b-a).$$

利用这一性质，可以对定积分的数值加以估计.

**[例 1]** 估计下列积分值：

(i) $\int_{\frac{1}{2}}^1 x^4\mathrm{d}x$； (ii) $\int_0^2 \mathrm{e}^{x-x^2}\mathrm{d}x$.

**解** (i) 由于 $f(x)=x^4$ 在$[\frac{1}{2},1]$上单调增加，于是 $M=1$，$m=\frac{1}{16}$，故

$$\frac{1}{16}\left(1-\frac{1}{2}\right)\leqslant\int_{\frac{1}{2}}^1 x^4\mathrm{d}x\leqslant 1\cdot\left(1-\frac{1}{2}\right),$$

即

$$\frac{1}{32}\leqslant\int_{\frac{1}{2}}^1 x^4\mathrm{d}x\leqslant\frac{1}{2}.$$

(ii) 令 $f(x)=\mathrm{e}^{x-x^2}$，则 $f'(x)=\mathrm{e}^{x-x^2}\cdot(1-2x)=0$. 得 $x=\frac{1}{2}$，而 $f(0)=1$，$f\left(\frac{1}{2}\right)=\mathrm{e}^{\frac{1}{4}}=\sqrt[4]{\mathrm{e}}$，$f(2)=\mathrm{e}^{-2}$，故 $M=\sqrt[4]{\mathrm{e}}$，$m=\mathrm{e}^{-2}$，于是

$$\frac{2}{\mathrm{e}^2}\leqslant\int_0^2\mathrm{e}^{x-x^2}\,\mathrm{d}x\leqslant 2\cdot\sqrt[4]{\mathrm{e}}.$$

**性质 7** 至少存在一点 $\xi\in[a,b]$，使下式成立

$$\int_a^b f(x)\,\mathrm{d}x=f(\xi)(b-a). \tag{4.7}$$

**证** 设 $f(x)$ 在 $[a,b]$ 上的最大值为 $M$，最小值为 $m$，由性质 6 知

$$m\leqslant\frac{1}{b-a}\int_a^b f(x)\,\mathrm{d}x\leqslant M.$$

这表明，数值 $\frac{1}{b-a}\int_a^b f(x)\,\mathrm{d}x$ 介于 $f(x)$ 在 $[a,b]$ 上的最大值 $M$ 和最小值 $m$ 之间. 根据闭区间上连续函数的介值定理，在 $[a,b]$ 上至少存在一点 $\xi$，使

$$f(\xi)=\frac{1}{b-a}\int_a^b f(x)\,\mathrm{d}x,$$

即得

$$\int_a^b f(x)\,\mathrm{d}x=f(\xi)(b-a).$$

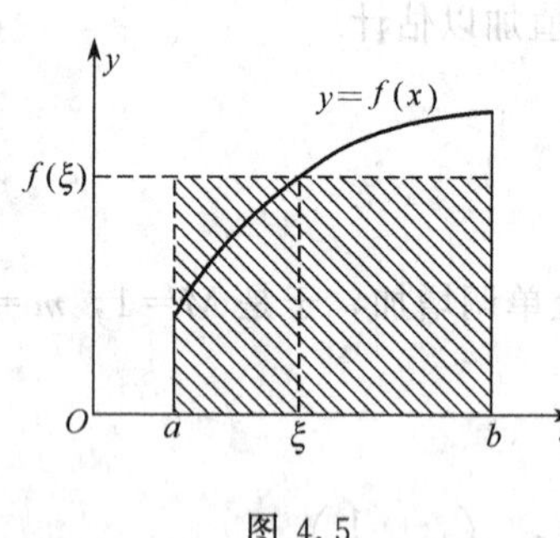

图 4.5

这一结论称为**积分中值定理**. 它的几何意义是：如果连续函数 $f(x)$ 在 $[a,b]$ 上非负，则在 $[a,b]$ 内至少存在一点 $\xi$，使得以 $[a,b]$ 为底边、曲线 $y=f(x)$ 为曲边的曲边梯形面积等于具相同底边而高为 $f(\xi)$ 的矩形的面积，如图 4.5 所示.

不难说明当 $a\geqslant b$ 时式 (4.7) 也成立.

对于闭区间 $[a,b]$ 上的连续函数 $f(x)$，任取 $x\in[a, b]$，则 $\int_a^x f(t)\,\mathrm{d}t$ 总确定一个值，从而定义了一个函数，记作

$$\Phi(x)=\int_a^x f(t)\mathrm{d}t,\quad a\leqslant x\leqslant b.$$

上述函数通常称为**积分上限函数或变上限函数**.

它有如下的重要性质.

**定理 4.2** 设函数 $f(x)$ 在区间 $[a,b]$ 上连续，则变上限函数

$$\Phi(x)=\int_a^x f(t)\mathrm{d}t$$

在 $[a,b]$ 上可导，且

$$\Phi'(x)=\frac{\mathrm{d}}{\mathrm{d}x}\int_a^x f(t)\mathrm{d}t=f(x),\quad a\leqslant x\leqslant b.\tag{4.8}$$

**证** 给 $x\in[a,b]$ 以改变量 $\Delta x(x+\Delta x\in[a,b])$，函数 $\Phi(x)$ 的相应改变量为

$$\begin{aligned}\Delta\Phi=\Phi(x+\Delta x)-\Phi(x)&=\int_a^{x+\Delta x}f(t)\mathrm{d}t-\int_a^x f(t)\mathrm{d}t\\&=\int_x^{x+\Delta x}f(t)\mathrm{d}t.\end{aligned}$$

由积分中值定理(性质 7)，可得

$$\Delta\Phi=f(\xi)\Delta x,$$

其中 $\xi$ 介于 $x$ 与 $x+\Delta x$ 之间，于是

$$\lim_{\Delta x\to 0}\frac{\Delta\Phi}{\Delta x}=\lim_{\Delta x\to 0}f(\xi)=\lim_{\xi\to x}f(\xi)=f(x),$$

即

$$\Phi'(x)=f(x).$$

式(4.8)也可以写成 $\mathrm{d}\Phi=f(x)\mathrm{d}x$，$a\leqslant x\leqslant b$，就是说 $f(x)$ 是 $\Phi(x)$ 的导函数，或者说 $\Phi(x)$ 的微分等于 $f(x)\mathrm{d}x$. 这就引出微积分学中的一个重要的新概念.

**定义 4.2** 设 $f(x)$ 在区间 I 上有定义，如果存在 I 上的可微函数 $F(x)$ 使得

$$F'(x)=f(x)\quad 或\quad \mathrm{d}F(x)=f(x)\mathrm{d}x,\quad x\in \mathrm{I},$$

则称 $F(x)$ 为 $f(x)$ 在区间 I 上的**原函数**.

由此可得定理 4.2 的如下推论.

**推论** 区间 I 上的连续函数必存在原函数.

**[例 2]** 设 $\Phi(x)=\int_0^x \mathrm{e}^{t^2}\mathrm{d}t$，求 $\Phi'(0)$.

**解** 由定理 4.2，$\Phi'(x)=\mathrm{e}^{x^2}$，所以 $\Phi'(0)=1$.

[**例 3**] 设 $\Phi(x)=\int_0^{x^2}\sin t^2\mathrm{d}t$，求 $\Phi'(x)$.

**解** 函数 $y=\Phi(x)$ 是由 $y=\int_0^u\sin t^2\mathrm{d}t$ 与 $u=x^2$ 复合而成的，根据复合函数求导的链式法则，可得

$$\Phi'(x)=\frac{\mathrm{d}y}{\mathrm{d}x}=\frac{\mathrm{d}y}{\mathrm{d}u}\cdot\frac{\mathrm{d}u}{\mathrm{d}x}=\frac{\mathrm{d}}{\mathrm{d}u}\left(\int_0^u\sin t^2\mathrm{d}t\right)\cdot(x^2)'$$
$$=2x\sin u^2=2x\sin x^4.$$

至此，我们可以很容易地证明如下所述的**微积分基本定理**.

**定理 4.3** 设 $f(x)$在$[a,b]$上连续，$F(x)$是 $f(x)$在$[a,b]$上的一个原函数，则

$$\int_a^b f(x)\mathrm{d}x=F(b)-F(a). \tag{4.9}$$

**证** 由定理 4.2 知:变上限函数

$$\Phi(x)=\int_a^x f(t)\mathrm{d}t$$

也是 $f(x)$的一个原函数，而

$$[F(x)-\Phi(x)]'=F'(x)-\Phi'(x)$$
$$=f(x)-f(x)=0,\ x\in[a,b].$$

由微分中值定理的应用可知 $F(x)=\Phi(x)+c$，$c$ 为一常数. 于是

$$F(b)-F(a)=[\Phi(b)+c]-[\Phi(a)+c]=\Phi(b)-\Phi(a),$$

但 $\Phi(b)=\int_a^b f(t)\mathrm{d}t=\int_a^b f(x)\mathrm{d}x$，$\Phi(a)=\int_a^a f(t)\mathrm{d}t=0$，因此有

$$\int_a^b f(x)\mathrm{d}x=F(b)-F(a).$$

由定积分的补充规定，当 $a\geqslant b$ 时(4.9)也是成立的. 这是微积分学中的一个基本公式，称为**牛顿-莱布尼茨公式**(Newton-Leibniz). 它揭示了积分与原函数之间的内在关系. 且从以下部分可以看到，它也给出了具体计算定积分的简便有效的方法，因为要依照定义 4.1 去求具体函数在给定区间上的定积分一般是很难做到的，除上一节例 1 那种很简单的情形才可以把无穷多项求和 $\sum_{i=1}^n f(\xi_i)\Delta x_i$（当 $\lambda\to0$ 时 $n$ 必$\to\infty$）的式子化简为有限形式来求出极限. 故(4.9)式有广泛的

应用.

为了书写简便，常把式(4.9)的右端记为 $F(x)\Big|_a^b$，或当 $F(x)$是一个较繁的组合形式时，记为$[F(x)]_a^b$.

**[例 4]** 利用基本公式(4.9)计算第一节例 1 中的定积分 $\int_0^1 x^2\mathrm{d}x$.

**解** 由于$\left(\frac{x^3}{3}\right)'=x^2$，故 $\frac{x^3}{3}$ 为 $x^2$ 的一个原函数，故依牛顿-莱布尼茨公式，有

$$\int_0^1 x^2\mathrm{d}x=\frac{x^3}{3}\Big|_0^1=\frac{1^3}{3}-\frac{0^3}{3}=\frac{1}{3}.$$

**[例 5]** 计算上一节例 2 中的定积分 $\int_{-\pi}^{\pi}\sin x\mathrm{d}x$.

**解** 由于$[-\cos x]'=\sin x$，故$-\cos x$ 是 $\sin x$ 的一个原函数，于是

$$\begin{aligned}\int_{-\pi}^{\pi}\sin x\mathrm{d}x&=(-\cos x)\Big|_{-\pi}^{\pi}=-\cos\pi+\cos(-\pi)\\&=1-1=0.\end{aligned}$$

**[例 6]** 计算 $\int_{-1}^{\sqrt{3}}\frac{\mathrm{d}x}{1+x^2}$.

**解** 由于 $\arctan x$ 是 $\frac{1}{1+x^2}$ 的一个原函数，所以

$$\begin{aligned}\int_{-1}^{\sqrt{3}}\frac{\mathrm{d}x}{1+x^2}&=\arctan x\Big|_{-1}^{\sqrt{3}}=\arctan\sqrt{3}-\arctan(-1)\\&=\frac{\pi}{3}-\left(-\frac{\pi}{4}\right)=\frac{7}{12}\pi.\end{aligned}$$

**[例 7]** 计算 $\int_2^4\frac{\mathrm{d}x}{x}$.

**解** $\int_2^4\frac{\mathrm{d}x}{x}=\ln x\Big|_2^4=\ln 4-\ln 2=2\ln 2-\ln 2=\ln 2.$

**[例 8]** 求 $\int_0^2|1-x|\mathrm{d}x$ 的值.

**解** 由于被积函数

$$|1-x|=\begin{cases}1-x, & 0\leqslant x\leqslant 1,\\ x-1, & 1<x\leqslant 2.\end{cases}$$

根据定积分对积分区间的可加性(性质 4)及性质 1、2，可得

$$\begin{aligned}\int_0^2 |1-x|\,\mathrm{d}x &= \int_0^1 (1-x)\,\mathrm{d}x + \int_1^2 (x-1)\,\mathrm{d}x \\ &= \int_0^1 1\cdot \mathrm{d}x - \int_0^1 x\,\mathrm{d}x + \int_1^2 x\,\mathrm{d}x - \int_1^2 1\cdot \mathrm{d}x \\ &= 1 - \frac{x^2}{2}\Big|_0^1 + \frac{x^2}{2}\Big|_1^2 - 1 = 1.\end{aligned}$$

## 第三节　不定积分及其计算

牛顿-莱布尼茨公式说明，计算定积分 $\int_a^b f(x)\mathrm{d}x$ 之值可转化为求被积函数 $f(x)$的原函数在上、下限处的函数值之差．故关键是要求出 $f(x)$的原函数．若 $F(x)$是 $f(x)$的原函数，则 $F'(x)=f(x)$，它说明求原函数是把求导数的问题反了过来．因此，将第三章中所列的基本初等函数求导公式的表格反过来用，即可得出求原函数的相应公式．如上用到 $\arctan x$ 的导函数为 $\frac{1}{1+x^2}$，故 $\arctan x$ 就是 $\frac{1}{1+x^2}$ 的原函数，$\ln|x|$是 $\frac{1}{x}$ 的原函数等，为方便读者应用，在下面引入不定积分概念之后，将列出一些基本积分公式．进一步，诸如 $\arctan x$，$\ln x$，$\sqrt{a^2-x^2}$ 等的求原函数问题，待引入一些基本法则之后将陆续补充其公式．首先将原函数拓广引入不定积分的概念．

**1. 不定积分的概念**

设函数 $F(x)$是 $f(x)$在区间 I 上的一个原函数，则对任何常数 $C$，$[F(x)+C]'=F'(x)=f(x)$，即 $F(x)+C$ 仍为 $f(x)$的原函数．因此，如果 $f(x)$有一个原函数，它就有无限多个原函数．反过来，设 $G(x)$是 $f(x)$在区间 I 上的任一原函数，由于

$$[G(x)-F(x)]'=G'(x)-F'(x)=f(x)-f(x)=0 \quad (x\in \mathrm{I}),$$

故 $G(x)=F(x)+C$ （$C$ 为一常数），这说明 $F(x)+C$($C$ 为任意常数)包含了 $f(x)$的所有原函数，这就是不定积分的概念．

**定义 4.3**　设 $F(x)$是 $f(x)$在区间 I 内的一个原函数，则$F(x)+$

$C$ ($C$ 为任意常数) 称为 $f(x)$ 在 I 内的**不定积分**, 记作 $\int f(x)\mathrm{d}x$, 即

$$\int f(x)\mathrm{d}x = F(x) + C, \tag{4.10}$$

其中被积函数, 被积式及记号"$\int$"等都与定积分的定义 4.1 中对应相同. 不同的是这里不出现上、下限, 使它包含不确定的任意常数 $C$, 这就是积分之前加"不定"一词的原因. 由式(4.10) 和牛顿 - 莱布尼茨公式可得

$$\int_a^b f(x)\mathrm{d}x = F(x)\Big|_a^b = [F(x)+C]_a^b = \left[\int f(x)\mathrm{d}x\right]_a^b. \tag{4.11}$$

这个式子很好地说明了定积分与不定积分的密切关联. 当然, 它们也有本质的不同:定积分是一个数, 而不定积分代表一族函数(它们在上、下限处取值之差就是定积分的值).

式(4.10)和式(4.11)也告诉我们, 为求 $f(x)$的定积分或不定积分, 关键只要找出 $f(x)$的一个原函数即可.

根据求导数基本公式, 先列出下面的基本积分公式:

(1) $\int o\mathrm{d}x = C$;

(2) $\int x^\alpha \mathrm{d}x = \dfrac{1}{\alpha+1}x^{\alpha+1} + C(\alpha \neq -1)$;

(3) $\int \dfrac{1}{x}\mathrm{d}x = \ln|x| + C$;

(4) $\int a^x \mathrm{d}x = \dfrac{1}{\ln a}a^x + c$;

(5) $\int \mathrm{e}^x \mathrm{d}x = \mathrm{e}^x + C$;

(6) $\int \sin x\mathrm{d}x = -\cos x + C$;

(7) $\int \cos x\mathrm{d}x = \sin x + C$;

(8) $\int \sec^2 x\mathrm{d}x = \tan x + C$;

(9) $\int \csc^2 x\mathrm{d}x = -\cot x + C$;

(10) $\int \frac{1}{\sqrt{1-x^2}}\mathrm{d}x = \arcsin x + C$;

(11) $\int \frac{1}{1+x^2}\mathrm{d}x = \arctan x + C$.

**[例 1]** 求 $\int 4x^3\,\mathrm{d}x$.

**解** 由于 $(x^4)' = 4x^3$，即 $x^4$ 是 $4x^3$ 的一个原函数，故由式(4.10)

$$\int 4x^3\,\mathrm{d}x = x^4 + C.$$

**[例 2]** 求 $\int \frac{\mathrm{d}x}{x}$，$x \neq 0$.

**解** 由求导公式知 $\ln|x|$，$x\neq 0$ 是 $\frac{1}{x}$ 的一个原函数，故

$$\int \frac{\mathrm{d}x}{x} = \ln|x| + C.$$

**[例 3]** 设一曲线通过点(1,2)，且该曲线上任一点处的切线斜率等于该点横坐标的两倍，求此曲线的方程.

**解** 设所求的曲线方程为 $y=f(x)$，则由题设，曲线上任一点$(x,y)$处的切线斜率为

$$\frac{\mathrm{d}y}{\mathrm{d}x}=2x,$$

此式说明 $f(x)$是 $2x$ 的一个原函数，又 $\int 2x\mathrm{d}x = x^2 + C$，故$f(x)=x^2+C$. 又因为曲线过点(1, 2)，由 $f(1)=1+C=2$，得$C=1$，故所求曲线方程为

$$y=x^2+1.$$

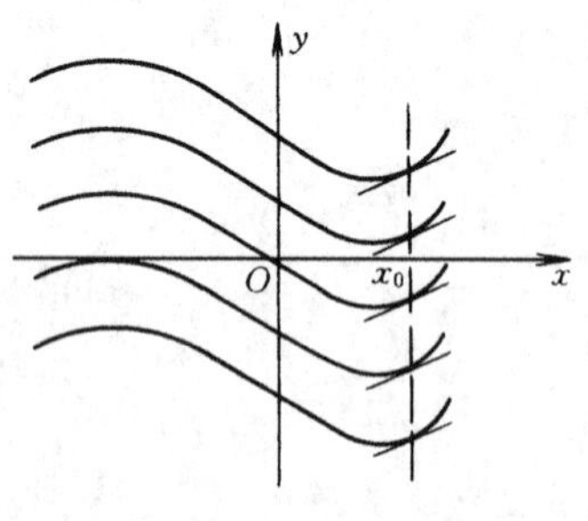

图 4.6

一般来说，如 $F(x)$是 $f(x)$的一个原函数，$y=F(x)$为$(x,y)$平面上的一条曲线，它具有如下性质：对任一点 $x_0$，曲线上$(x_0, F(x_0))$点处的切线斜率即为 $f(x_0)$. 而由不定积分式(4.10)，$y=F(x)+C$代表了一族无穷多条曲线，它们

与 $y=F(x)$ 视为是"平行的". 如图 4.6，即其中任何一条均可由 $y=F(x)$ 沿 $y$ 轴方向向上(或向下)移动距离 $|C|$ 而得到. 在横坐标同为 $x_0$ 的点处，其切线相互平行. 这一族曲线即代表了不定积分的几何意义.

**2. 不定积分的性质**

由不定积分的定义和求导的运算法则，容易得到不定积分有如下性质：

**性质 1** $\dfrac{\mathrm{d}}{\mathrm{d}x}\left[\int f(x)\mathrm{d}x\right]=f(x)$ 或 $\mathrm{d}\left[\int f(x)\mathrm{d}x\right]=f(x)\mathrm{d}x$.

**性质 2** $\int F'(x)\mathrm{d}x=F(x)+C$ 或 $\int \mathrm{d}F(x)=F(x)+C$.

**性质 3** $\int[f(x)\pm g(x)]\mathrm{d}x=\int f(x)\mathrm{d}x\pm\int g(x)\mathrm{d}x$.

**性质 4** $\int kf(x)\mathrm{d}x=k\int f(x)\mathrm{d}x$ ($k$ 为常数).

性质 1 和性质 2 表明，求导运算和求不定积分的运算是互为逆运算，亦即当求导符号与积分符号连在一起时，它们或可以抵消，或抵消后只相差一个常数.

与求导数、求极限等类似，利用性质 3 和性质 4 以及前述求原函数的基本公式，可求出一些简单组合的初等函数的不定积分.

**[例 4]** 求 $\int(\sqrt{x}-2)\sqrt{x}\mathrm{d}x$.

**解**
$$\begin{aligned}\int(\sqrt{x}-2)\sqrt{x}\mathrm{d}x&=\int(x-2\sqrt{x})\mathrm{d}x\\&=\int x\mathrm{d}x-2\int\sqrt{x}\mathrm{d}x\\&=\frac{x^2}{2}-2\cdot\frac{2}{3}x^{\frac{3}{2}}+C\\&=\frac{x^2}{2}-\frac{4}{3}x^{\frac{3}{2}}+C.\end{aligned}$$

上式第三步出现两个积分，它们都含有任意常数，两者相减(或相加)合写成一个任意常数 $C$. 今后凡遇到一个式子中出现多个不定积分的情况，等所有积分符号消失(即求出原函数后)加上一个任意常数即可. 把最后求出的原函数求导，看它是否等于被积函数，就可检

验所得结果的正确性. 对于例 4 来说，由于

$$\left(\frac{x^2}{2}-\frac{4}{3}x^{\frac{3}{2}}+C\right)'=x-2x^{\frac{1}{2}}=(\sqrt{x}-2)\sqrt{x},$$

所以，计算结果是正确的.

**[例 5]** 求 $\int\left(\frac{1}{x}-\mathrm{e}^x+5\cos x\right)\mathrm{d}x$.

**解** $\int\left(\frac{1}{x}-\mathrm{e}^x+5\cos x\right)\mathrm{d}x=\int\frac{\mathrm{d}x}{x}-\int\mathrm{e}^x\mathrm{d}x+5\int\cos x\mathrm{d}x$

$$=\ln|x|-\mathrm{e}^x+5\sin x+C.$$

**[例 6]** 求 $\int\left[\frac{x-1}{\sqrt{x}}+(2^x+7^x)^2\right]\mathrm{d}x$.

**解** $\int\left[\frac{x-1}{\sqrt{x}}+(2^x+7^x)^2\right]\mathrm{d}x$

$$=\int\sqrt{x}\mathrm{d}x-\int x^{-\frac{1}{2}}\mathrm{d}x+\int 4^x\mathrm{d}x+2\int(14)^x\mathrm{d}x+\int(49)^x\mathrm{d}x$$

$$=\frac{2}{3}x^{\frac{3}{2}}-2\sqrt{x}+\frac{4^x}{\ln 4}+\frac{2(14)^x}{\ln(14)}+\frac{(49)^x}{\ln(49)}+C.$$

**[例 7]** 求 $\int\frac{x^2}{1+x^2}\mathrm{d}x$.

**解** 可对被积函数先作变形

$$\frac{x^2}{1+x^2}=\frac{x^2+1-1}{1+x^2}=1-\frac{1}{1+x^2},$$

所以

$$\int\frac{x^2}{1+x^2}\mathrm{d}x=\int\left(1-\frac{1}{1+x^2}\right)\mathrm{d}x=\int\mathrm{d}x-\int\frac{\mathrm{d}x}{1+x^2}$$

$$=x-\arctan x+C.$$

**[例 8]** 求 $\int\cos^2\frac{x}{2}\mathrm{d}x$.

**解** 先利用三角恒等式将被积函数变形，然后分项积分即可.

$$\int\cos^2\frac{x}{2}\mathrm{d}x=\int\frac{1+\cos x}{2}\mathrm{d}x=\frac{1}{2}\int 1\mathrm{d}x+\frac{1}{2}\int\cos x\mathrm{d}x$$

$$=\frac{x}{2}+\frac{1}{2}\sin x+C.$$

**[例 9]** 求 $\int\frac{\mathrm{d}x}{\sin^2 x\cos^2 x}$.

**解** $\int \frac{\mathrm{d}x}{\sin^2 x\cos^2 x}=\int \frac{1}{\sin^2 x\cos^2 x}\mathrm{d}x=\int \frac{\sin^2 x+\cos^2 x}{\sin^2 x\cos^2 x}\mathrm{d}x$

$$=\int \frac{\mathrm{d}x}{\cos^2 x}+\int \frac{\mathrm{d}x}{\sin^2 x}=\int \sec^2 x\mathrm{d}x+\int \csc^2 x\mathrm{d}x$$

$$=\tan x-\cot x+C.$$

**3. 不定积分的换元积分法**

把基本初等函数稍加复合，就无法从求导公式表反过去查出其原函数. 这时需要利用适当的中间变量，这就是与复合函数求导公式相对应的换元积分方法.

若 $F(u)$是 $f(u)$的原函数，即 $\int f(u)\mathrm{d}u=F(u)+C$. 而 $u$ 又是 $x$ 的函数 $u=\varphi(x)$，则由复合函数求微分公式

$$\mathrm{d}F(\varphi(x))=F'(\varphi(x))\varphi'(x)\mathrm{d}x=f(\varphi(x))\varphi'(x)\mathrm{d}x.$$

两边取积分，得

$$\int f(\varphi(x))\varphi'(x)\mathrm{d}x=F(\varphi(x))+C=F(u)+C=\int f(u)\mathrm{d}u,$$

亦即

$$\int f(\varphi(x))\varphi'(x)\mathrm{d}x=\int f(u)\mathrm{d}u. \tag{4.12}$$

它就称为**换元积分公式**.

具体运用它时，有“从左到右”和“从右到左”两种方式.

从左到右运用它. 有如下定理.

**定理 4.4** 设函数 $u=\varphi(x)$可导，且$\int f(u)\mathrm{d}u=F(u)+C$，则

$$\int f(\varphi(x))\varphi'(x)\mathrm{d}x=F(\varphi(x))+C. \tag{4.13}$$

**证** 由于 $F'(u)=f(u)$，令 $u=\varphi(x)$并应用复合求导公式，可得

$$\frac{\mathrm{d}}{\mathrm{d}x}F(\varphi(x))=\frac{\mathrm{d}F(u)}{\mathrm{d}u}\cdot\frac{\mathrm{d}u}{\mathrm{d}x}=f(u)\cdot\varphi'(x)=f(\varphi(x))\varphi'(x).$$

故 $F(\varphi(x))$是 $f(\varphi(x))\varphi'(x)$的一个原函数，即(4.13)成立.

具体应用时，设所要求的积分为 $\int g(x)\mathrm{d}x$，把 $g(x)$设法写成 $f(\varphi(x))\varphi'(x)$，利用式(4.12)从左化为右端$\int f(u)\mathrm{d}u$，如能求出它的原函

数，则由式(4.13) $\int g(x)\mathrm{d}x=\int f(\varphi(x))\varphi'(x)\mathrm{d}x$ 的原函数也就得到了.

对于一开始所说的，如要求 $\int\cos2x\mathrm{d}x$，视 $u=\varphi(x)=2x$，而 $\varphi'(x)=2$. 故

$$\int\cos2x\mathrm{d}x=\int\frac{1}{2}\cos2x\cdot2\mathrm{d}x=\frac{1}{2}\int\cos2x\cdot2\mathrm{d}x$$

$$=\frac{1}{2}\int\cos u\mathrm{d}u=\frac{1}{2}\sin u+C=\frac{1}{2}\sin2x+C.$$

读者可由下面的许多例子体会在具体问题中如何取 $\varphi(x)$ 使被积函数 $g(x)$ 能凑成(4.12)左端 $f(\varphi(x))\varphi'(x)$ 的形式.

**[例 10]** 求 $\int\frac{\mathrm{d}x}{1+2x}$.

**解** 由于 $\frac{\mathrm{d}x}{1+2x}=\frac{1}{2}\cdot\frac{\mathrm{d}(2x)}{1+2x}=\frac{1}{2}\cdot\frac{\mathrm{d}(1+2x)}{1+2x}$，

所以令 $u=1+2x$，得

$$\int\frac{\mathrm{d}x}{1+2x}=\frac{1}{2}\int\frac{\mathrm{d}u}{u}=\frac{1}{2}\ln|u|+C=\frac{1}{2}\ln|1+2x|+C.$$

一般地，对于形如 $\int f(ax+b)\mathrm{d}x$ 的积分，其中 $a$，$b$ 为常数，且 $a\neq0$. 由于 $\mathrm{d}x=\frac{1}{a}\mathrm{d}(ax+b)$，故总可令 $u=ax+b$，化为：

$$\int f(ax+b)\mathrm{d}x=\frac{1}{a}\int f(ax+b)\mathrm{d}(ax+b)=\frac{1}{a}\int f(u)\mathrm{d}u.$$

如能求出 $\int f(u)\mathrm{d}u$，则问题可解决.

**[例 11]** 求 $\int\frac{\mathrm{d}x}{a^2+x^2}$.

**解** 由于 $\int\frac{\mathrm{d}x}{a^2+x^2}=\frac{1}{a^2}\int\frac{\mathrm{d}x}{1+\left(\frac{x}{a}\right)^2}=\frac{1}{a}\int\frac{\mathrm{d}\left(\frac{x}{a}\right)}{1+\left(\frac{x}{a}\right)^2}$，令 $u=\frac{x}{a}$

得

$$\int\frac{\mathrm{d}x}{a^2+x^2}=\frac{1}{a}\int\frac{\mathrm{d}u}{1+u^2}=\frac{1}{a}\arctan u+C$$

$$=\frac{1}{a}\arctan\frac{x}{a}+C. \tag{4.14}$$

类似地，有

$$\int \frac{dx}{\sqrt{a^2-x^2}} = \arcsin\frac{x}{a} + C. \tag{4.15}$$

式(4.14)和式(4.15)可以作为求积分的基本公式，加以记牢. 这一方法使用熟练后，所设中间变量 $u$ 可以不必写出.

**[例 12]** 求 $\int xe^{x^2}dx$.

**解** $\int xe^{x^2}dx = \frac{1}{2}\int e^{x^2}d(x^2) = \frac{1}{2}e^{x^2} + C.$

在上例中，实际上利用了中间变量 $u=x^2$，今后应习惯于不再把它明显写出来.

**[例 13]** 求 $\int \frac{dx}{a^2-x^2}$，常数 $a\neq 0$.

**解** 由 $\frac{1}{a^2-x^2}=\frac{1}{2a}\left(\frac{1}{a+x}+\frac{1}{a-x}\right)$. 故

$$\int \frac{dx}{a^2-x^2} = \frac{1}{2a}\left(\int\frac{dx}{a+x}+\int\frac{dx}{a-x}\right)$$

$$= \frac{1}{2a}\left(\int\frac{d(a+x)}{a+x}-\int\frac{d(a-x)}{a-x}\right)$$

$$=\frac{1}{2a}(\ln|a+x|-\ln|a-x|)+C$$

$$=\frac{1}{2a}\ln\left|\frac{a+x}{a-x}\right|+C. \tag{4.16}$$

它也作为一个基本公式，今后可直接应用，以下例题中所得到的加了编号的式子均可作为公式.

**[例 14]** 求 $\int \sin\frac{1}{x}\cdot\frac{dx}{x^2}$.

**解** 由于 $\frac{dx}{x^2}=x^{-2}dx=-d(x^{-1})=-d\left(\frac{1}{x}\right)$，故

$$\int\sin\frac{1}{x}\cdot\frac{dx}{x^2} =-\int\sin\frac{1}{x}d\left(\frac{1}{x}\right)=\cos\frac{1}{x}+C.$$

在把 $g(x)$凑成 $f(\varphi(x))\varphi'(x)$的时候，要兼顾两方面，一方面是

$\varphi'(x)$，另一方面要使另一因子为 $\varphi(x)$ 的函数 $f(\varphi(x))$.

上面有几例均运用了 $\varphi(x)=x^{\mu}$，即或：$x^{\mu-1}\mathrm{d}x=\frac{1}{\mu}\mathrm{d}(x^{\mu})$ $(\mu\neq 0)$，其他一些基本初等函数的微分式如：$\frac{\mathrm{d}x}{x}=\mathrm{d}(\ln x)$、$\mathrm{e}^x\mathrm{d}x=\mathrm{d}(\mathrm{e}^x)$、$\cos x\mathrm{d}x=\mathrm{d}(\sin x)$ 等，也常被用来作为 $\varphi'(x)\mathrm{d}x$.

**[例 15]** 求 $\int\frac{\mathrm{d}x}{x(1+2\ln x)}$.

**解** $$\int\frac{\mathrm{d}x}{x(1+2\ln x)}=\int\frac{\mathrm{d}(\ln x)}{1+2\ln x}=\frac{1}{2}\int\frac{\mathrm{d}(1+2\ln x)}{1+2\ln x}$$
$$=\frac{1}{2}\ln|1+2\ln x|+C.$$

**[例 16]** 求 $\int\tan x\mathrm{d}x$.

**解** $$\int\tan x\mathrm{d}x=\int\frac{\sin x}{\cos x}\mathrm{d}x=-\int\frac{\mathrm{d}(\cos x)}{\cos x}$$
$$=-\ln|\cos x|+C. \tag{4.17}$$

类似地，有 $$\int\cot x\mathrm{d}x=\ln|\sin x|+C. \tag{4.18}$$

**[例 17]** 求 $\int\frac{\mathrm{d}x}{1+\mathrm{e}^x}$.

**解** $$\int\frac{\mathrm{d}x}{1+\mathrm{e}^x}=\int\frac{1+\mathrm{e}^x-\mathrm{e}^x}{1+\mathrm{e}^x}\mathrm{d}x=\int\mathrm{d}x-\int\frac{\mathrm{e}^x}{1+\mathrm{e}^x}\mathrm{d}x$$
$$=x-\int\frac{\mathrm{d}\mathrm{e}^x}{1+\mathrm{e}^x}=x-\int\frac{\mathrm{d}(1+\mathrm{e}^x)}{1+\mathrm{e}^x}$$
$$=x-\ln(1+\mathrm{e}^x)+C.$$

**[例 18]** 求 $\int\tan^4 x\mathrm{d}x$.

**解** 由三角恒等式：$1+\tan^2 x=\sec^2 x$，得 $\tan^2 x=\sec^2 x-1$，故
$$\int\tan^4 x\mathrm{d}x=\int\tan^2 x\cdot\tan^2 x\mathrm{d}x=\int\tan^2 x(\sec^2 x-1)\mathrm{d}x$$
$$=\int\tan^2 x\sec^2 x\mathrm{d}x-\int\tan^2 x\mathrm{d}x$$

$$
\begin{aligned}
&= \int \tan^2 x \mathrm{d}(\tan x) - \int (\sec^2 x - 1)\mathrm{d}x \\
&= \frac{1}{3}\tan^3 x - \int \sec^2 x \mathrm{d}x + \int \mathrm{d}x \\
&= \frac{1}{3}\tan^3 x - \tan x + x + C.
\end{aligned}
$$

**[例 19]** 求 $\int \csc x \mathrm{d}x$.

**解** $\int \csc x \mathrm{d}x = \int \frac{\mathrm{d}x}{\sin x} = \int \frac{\mathrm{d}x}{2\sin\frac{x}{2}\cos\frac{x}{2}} = \int \frac{\mathrm{d}\left(\frac{x}{2}\right)}{\frac{\sin\frac{x}{2}}{\cos\frac{x}{2}}\cdot\cos^2\frac{x}{2}}$

$$
\begin{aligned}
&= \int \frac{\sec^2\frac{x}{2}}{\tan\frac{x}{2}}\mathrm{d}\left(\frac{x}{2}\right) = \int \frac{\mathrm{d}\tan\frac{x}{2}}{\tan\frac{x}{2}} = \ln\left|\tan\frac{x}{2}\right| + C \\
&= \ln\left|\frac{\sin\frac{x}{2}}{\cos\frac{x}{2}}\right| + C = \ln\left|\frac{2\sin^2\frac{x}{2}}{2\sin\frac{x}{2}\cos\frac{x}{2}}\right| + C \\
&= \ln\left|\frac{1-\cos x}{\sin x}\right| + C = \ln|\csc x - \cot x| + C. \qquad (4.19)
\end{aligned}
$$

又由 $\int \sec x \mathrm{d}x = \int \csc\left(\frac{\pi}{2}+x\right)\mathrm{d}\left(\frac{\pi}{2}+x\right)$ 易于推出公式

$$
\int \sec x \mathrm{d}x = \ln|\sec x + \tan x| + C. \qquad (4.20)
$$

也可以从右到左地运用公式(4.12). 即在 $\int f(u)\mathrm{d}u$ 难以计算的情况下,寻求适当的 $u=\varphi(x)$, 使化为式(4.12)左端的积分时易于找出原函数, 有如下定理.

**定理 4.5** 设函数 $u=\varphi(x)$ 可导且 $\varphi'(x)\neq 0$, 又 $\int f(\varphi(x))\varphi'(x)\mathrm{d}x = F(x) + C$, 则

$$
\int f(u)\mathrm{d}u = F(\varphi^{-1}(u)) + C, \qquad (4.21)
$$

其中 $x=\varphi^{-1}(u)$ 是 $u=\varphi(x)$ 的反函数.

**证** 由假设 $F'(x)=f(\varphi(x))\varphi'(x)$，再由复合函数与反函数的求导法则，可得

$$\frac{\mathrm{d}}{\mathrm{d}u}F(\varphi^{-1}(u))=\frac{\mathrm{d}F(x)}{\mathrm{d}x}\cdot\frac{\mathrm{d}x}{\mathrm{d}u}=F'(x)\cdot\frac{1}{\frac{\mathrm{d}u}{\mathrm{d}x}}$$

$$=f(\varphi(x))\varphi'(x)\cdot\frac{1}{\varphi'(x)}=f(u),$$

即 $F(\varphi^{-1}(u))$ 是 $f(u)$ 的一个原函数，故式(4.21)成立.

这一方法常用于被积函数中出现根式而又不易求积的情况.

**[例 20]** 求 $\int\sqrt{a^2-x^2}\,\mathrm{d}x$，$a$ 为正常数.

**解** 设法将根号有理化，为此可令 $x=a\sin t\ \left(-\frac{\pi}{2}<t<\frac{\pi}{2}\right)$，由三角公式易得 $\sqrt{a^2-x^2}=\sqrt{a^2-a^2\sin^2 t}=\sqrt{a^2\cos^2 t}=a\cos t$，又 $\mathrm{d}x=a\cos t\mathrm{d}t$，故

$$\int\sqrt{a^2-x^2}\,\mathrm{d}x=a^2\int\cos^2 t\mathrm{d}t=\frac{a^2}{2}\int(1+\cos 2t)\mathrm{d}t$$

$$=\frac{a^2}{2}\left(t+\frac{1}{2}\sin 2t\right)+C.$$

为在最后一式中将 $t$ 代换为原变量 $x$，可根据关系 $\sin t=\frac{x}{a}$ 作辅助直角三角形(如图 4.7). 则有 $t=\arcsin\frac{x}{a}$，$\frac{1}{2}\sin 2t=\sin t\cos t=\frac{x}{a}\cdot\frac{\sqrt{a^2-x^2}}{a}=\frac{x\cdot\sqrt{a^2-x^2}}{a^2}$，最后可得

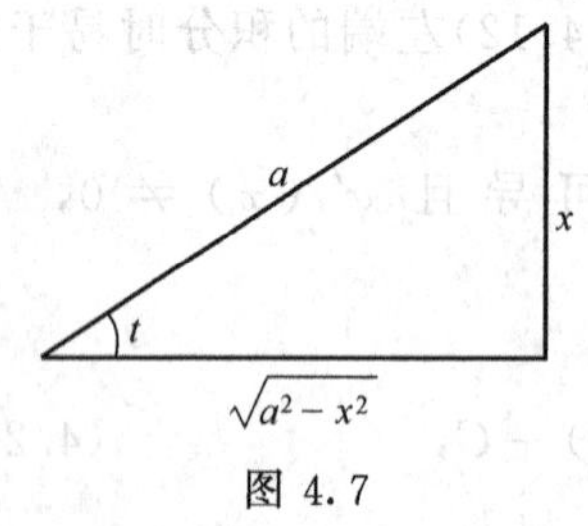

图 4.7

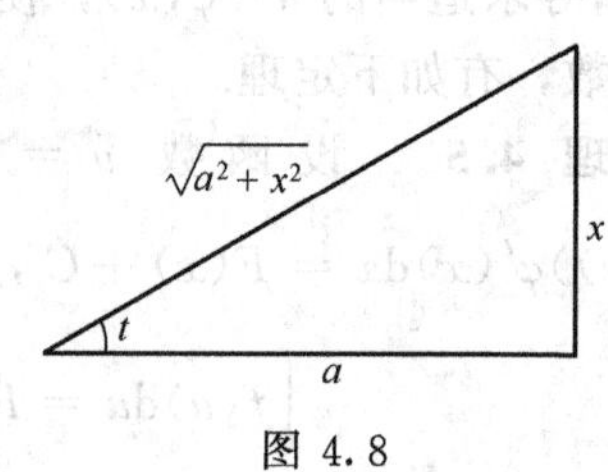

图 4.8

$$\int\sqrt{a^2-x^2}\,\mathrm{d}x=\frac{x}{2}\cdot\sqrt{a^2-x^2}+\frac{a^2}{2}\arcsin\frac{x}{a}+C. \tag{4.22}$$

［例 21］求 $\int\frac{\mathrm{d}x}{\sqrt{x^2+a^2}}$，$a$ 为正常数.

**解** 令 $x=a\tan t\left(-\frac{\pi}{2}<t<\frac{\pi}{2}\right)$，由三角公式易得 $\sqrt{x^2+a^2}=\sqrt{a^2(\tan^2 t+1)}=\sqrt{a^2\sec^2 t}=a\sec t$，又 $\mathrm{d}x=a\sec^2 t\mathrm{d}t$，故利用公式(4.21)，可得

$$\int\frac{\mathrm{d}x}{\sqrt{x^2+a^2}}=\int\sec t\mathrm{d}t=\ln|\sec t+\tan t|+C_1.$$

再根据 $\tan t=\frac{x}{a}$ 作辅助直角三角形（图 4.8），有 $\sec t=\frac{\sqrt{x^2+a^2}}{a}$，于是

$$\begin{aligned}\int\frac{\mathrm{d}x}{\sqrt{x^2+a^2}}&=\ln\left|\frac{\sqrt{x^2+a^2}}{a}+\frac{x}{a}\right|+C_1\\&=\ln(x+\sqrt{x^2+a^2})+C.\end{aligned} \tag{4.23}$$

其中 $C=C_1-\ln a$ 为任意常数.

［例 22］求 $\int\frac{\mathrm{d}x}{\sqrt{x^2-a^2}}$，$a$ 为正常数.

**解** 被积函数的定义域为 $|x|>a$，先设 $x>a$，令 $x=a\sec t$ $\left(0<t<\frac{\pi}{2}\right)$，则 $\sqrt{x^2-a^2}=\sqrt{a^2(\sec^2 t-1)}=\sqrt{a^2\tan^2 t}=a\tan t$，又 $\mathrm{d}x=a\sec t\tan t\mathrm{d}t$，利用公式(4.21)，得

$$\int\frac{\mathrm{d}x}{\sqrt{x^2-a^2}}=\int\sec t\mathrm{d}t=\ln|\sec t+\tan t|+C_1.$$

根据 $\sec t=\frac{x}{a}$ 如图 4.9 作辅助直角三角形，得 $\tan t=\frac{\sqrt{x^2-a^2}}{a}$，因此

$$\int \frac{\mathrm{d}x}{\sqrt{x^2-a^2}} = \ln\left|\frac{x}{a}+\frac{\sqrt{x^2-a^2}}{a}\right|+C_1$$

$$= \ln|x+\sqrt{x^2-a^2}|+C. \tag{4.24}$$

其中 $C=C_1-\ln a$.

对 $x<-a$，只要令 $x=-a\sec t\ \left(0<t<\frac{\pi}{2}\right)$，类似地计算可说明式(4.24)仍成立，请读者自行完成.

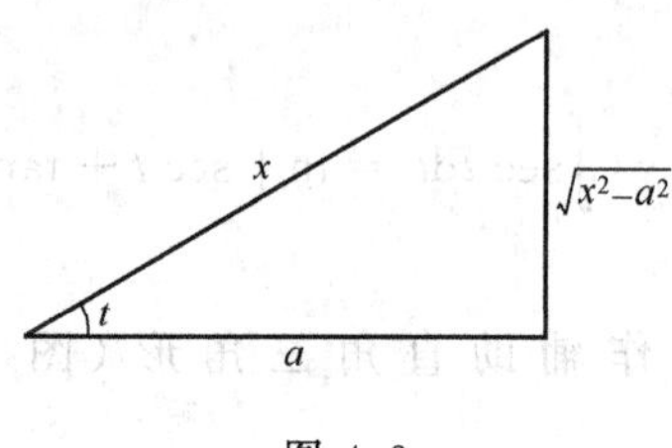


图 4.9

［例 23］求 $\int \frac{\sqrt{x-2}}{x}\mathrm{d}x$.

**解** 被积函数含有根式 $\sqrt{x-2}$，为了将它有理化，令 $\sqrt{x-2}=t$，即 $x=t^2+2(t\geqslant 0)$，则 $\mathrm{d}x=2t\mathrm{d}t$，于是

$$\int \frac{\sqrt{x-2}}{x}\mathrm{d}x = \int \frac{2t^2}{t^2+2}\mathrm{d}t = 2\int \frac{t^2+2-2}{t^2+2}\mathrm{d}t$$

$$= 2\int \mathrm{d}t - 4\int \frac{\mathrm{d}t}{t^2+(\sqrt{2})^2}$$

$$= 2t - 2\sqrt{2}\arctan\frac{t}{\sqrt{2}}+C$$

$$= 2\sqrt{x-2} - 2\sqrt{2}\arctan\sqrt{\frac{x-2}{2}}+C.$$

一般地，如被积函数中含有根式 $\sqrt[n]{ax+b}$，可作变换 $\sqrt[n]{ax+b}=t$. 然后利用式(4.21)来计算.

**4. 不定积分的分部积分法**

它与两个函数乘积的微分公式相对应.

设函数 $u=u(x)$、$v=v(x)$ 都存在连续的一阶导数，则其乘积的微分为

$$d(uv)=v\mathrm{d}u+u\mathrm{d}v.$$

移项得 $u\mathrm{d}v=\mathrm{d}(uv)-v\mathrm{d}u$，对此等式两端求不定积分，得

$$\int u\mathrm{d}v = uv - \int v\mathrm{d}u. \tag{4.25}$$

公式(4.25)称为**分部积分公式**. 当不定积分 $\int u\mathrm{d}v$ 不易计算，而不定积分 $\int v\mathrm{d}u$ 比较容易计算时，就可以利用它化难为易而求出不定积分.

**[例 24]** 求 $\int x\mathrm{e}^x\mathrm{d}x$.

**解** 先将不定积分写成 $\int u\mathrm{d}v$ 的形式. 如选择 $u=x$，$\mathrm{d}v=\mathrm{e}^x\mathrm{d}x$，则 $v=\mathrm{e}^x$，由公式(4.25)得

$$x\mathrm{e}^x\mathrm{d}x = \int x\mathrm{d}\mathrm{e}^x = x\mathrm{e}^x - \int \mathrm{e}^x\mathrm{d}x = x\mathrm{e}^x - \mathrm{e}^x + C = (x-1)\mathrm{e}^x + C.$$

反之，若选择 $u=\mathrm{e}^x$，$\mathrm{d}v=x\mathrm{d}x$，则 $v=\frac{x^2}{2}$，由式(4.25)得

$$\int x\mathrm{e}^x\mathrm{d}x = \int \mathrm{e}^x\mathrm{d}\left(\frac{x^2}{2}\right) = \frac{1}{2}x^2\mathrm{e}^x - \frac{1}{2}\int x^2\mathrm{d}\mathrm{e}^x = \frac{x^2}{2}\mathrm{e}^x - \frac{1}{2}\int x^2\mathrm{e}^x\mathrm{d}x,$$

右边的积分 $\int x^2\mathrm{e}^x\mathrm{d}x$ 比原来的积分 $\int x\mathrm{e}^x\mathrm{d}x$ 更不易求出，故后一种选取 $u$ 和 $v$ 的方法不可取.

如何正确地选择 $u$ 和 $v$，才能达到化繁为简的目的呢？根据通常遇到的基本初等函数，可把它们分为三类：① $\sin x$，$\cos x$，$\mathrm{e}^x$ 等；②幂函数 $x^\mu$，或多项式；③反函数如对数函数 $\ln x$、反三角函数 $\arctan x$，$\arcsin x$ 等. 可依以下原则：如遇到被积函数是这三类中不同两类函数的乘积时，则令后一类函数为 $u$，前一类函数与 $\mathrm{d}x$ 的乘积为 $\mathrm{d}v$，往往可达到化难为易的目的.

**[例 25]** 求 $\int x\ln x\mathrm{d}x$.

**解** 令 $u=\ln x$，$\mathrm{d}v=x\mathrm{d}x$，则 $v=\frac{x^2}{2}$，于是

$$\int x\ln x\mathrm{d}x = \frac{x^2}{2}\ln x - \int \frac{x^2}{2}\mathrm{d}\ln x = \frac{x^2}{2}\ln x - \frac{1}{2}\int x\mathrm{d}x$$

$$= \frac{x^2}{2}\ln x - \frac{x^2}{4} + C.$$

［例 26］求　$\int \arctan x\mathrm{d}x$.

**解**　视为 $x^0=1$ 和 $\arctan x$ 的乘积，令 $u=\arctan x, \mathrm{d}v=\mathrm{d}x$，故 $v=x$，由式(4.25)得

$$\begin{aligned}\int \arctan x\mathrm{d}x &= x\arctan x-\int x\mathrm{d}(\arctan x)\\ &= x\arctan x-\int \frac{x\mathrm{d}x}{1+x^2}\\ &= x\arctan x-\frac{1}{2}\int \frac{\mathrm{d}(1+x^2)}{1+x^2}\\ &= x\arctan x-\frac{1}{2}\ln(1+x^2)+C.\end{aligned}$$

在对分部积分方法运用熟练之后，上述令 $u$，$\mathrm{d}v$ 的明显步骤可以省略，而直接在公式(4.25)中把 $u$，$v$ 写成它所代表的函数 $u(x)$，$v(x)$来进行计算. 对有些问题还可连续多次运用公式(4.25)来解决问题.

［例 27］求　$\int x^2\cos x\mathrm{d}x$.

**解**　$\int x^2\cos x\mathrm{d}x$

$= \int x^2\mathrm{d}(\sin x) = x^2\sin x-\int \sin x\mathrm{d}(x^2)$

$= x^2\sin x-\int 2x\sin x\mathrm{d}x$

$= x^2\sin x+2\int x\mathrm{d}(\cos x)$　（下一步等式再次运用公式(4.25)）

$= x^2\sin x+2x\cos x-2\int \cos x\mathrm{d}x$

$= x^2\sin x+2x\cos x-2\sin x+C.$

［例 28］求　$\int \mathrm{e}^x\sin x\mathrm{d}x$.

**解**　$\mathrm{e}^x$，$\cos x$ 同属第①类，可任意选取其一为 $u$(如 $\sin x$)，另一(即 $\mathrm{e}^x$)与 $\mathrm{d}x$ 乘积作为 $\mathrm{d}v$，则

$$\int \mathrm{e}^x\sin x\mathrm{d}x = \int \sin x\mathrm{d}(\mathrm{e}^x) = \mathrm{e}^x\sin x-\int \mathrm{e}^x\mathrm{d}(\sin x)$$

$$= e^x \sin x - \int e^x \cos x \mathrm{d}x.$$

上式右端出现了 $e^x$ 与余弦函数的乘积的积分，可再次用公式(4.25)，但要注意，仍应取 $\mathrm{d}v = e^x \mathrm{d}x$，而 $u = \cos x$. 这样计算下去，可得出"良性循环"(如反过来设则会产生恶性循环)，即得

$$\int e^x \sin x \mathrm{d}x = e^x \sin x - \int \cos x \mathrm{d}(e^x)$$

$$= e^x \sin x - \left(e^x \cos x - \int e^x \mathrm{d}(\cos x)\right)$$

$$= e^x \sin x - e^x \cos x - \int e^x \sin x \mathrm{d}x.$$

右端又回到了所要求的积分，但其系数并非+1，这就是所指的良性循环，由上式移项后除以 2 即可解得所求的一个原函数，再加上任意常数 $C$ 即可得

$$\int e^x \sin x \mathrm{d}x = \frac{1}{2} e^x (\sin x - \cos x) + C.$$

[**例 29**] 求 $\int \sec^3 x \mathrm{d}x$.

**解** 由于

$$\int \sec^3 x \mathrm{d}x = \int \sec x \mathrm{d}(\tan x) = \sec x \tan x - \int \tan x \mathrm{d}(\sec x)$$

$$= \sec x \tan x - \int \sec x \tan^2 x \mathrm{d}x$$

$$= \sec x \tan x - \int \sec x (\sec^2 x - 1) \mathrm{d}x$$

$$= \sec x \tan x + \ln|\sec x + \tan x| - \int \sec^3 x \mathrm{d}x.$$

移项可得 $\int \sec^3 x \mathrm{d}x = \frac{1}{2}[\sec x \tan x + \ln|\sec x + \tan x|] + C.$

## 第四节 定积分的计算

牛顿-莱布尼茨公式告诉我们，定积分的计算归结为寻求原函数或不定积分的问题. 这就是本节计算定积分方法的基本出发点.

［例 1］ 求 $\int_0^{\frac{\pi}{4}} \tan x \mathrm{d}x$.

解　由于$\int \tan x \mathrm{d}x = -\ln|\cos x| + C$，即$-\ln|\cos x|$是$\tan x$的原函数，故

$$\int_0^{\frac{\pi}{4}} \tan x \mathrm{d}x = [-\ln|\cos x|]_0^{\frac{\pi}{4}}$$

$$= -\ln\left|\cos\frac{\pi}{4}\right| + \ln|\cos 0| = \frac{1}{2}\ln 2.$$

［例 2］设函数

$$f(x) = \begin{cases} x+1, & x \leqslant 1, \\ \frac{1}{2}x^2, & x > 1. \end{cases}$$

求 $\int_0^2 f(x)\mathrm{d}x$.

解　由于 $f(x)$是分段函数，故先利用定积分的可加性分为[0,1]和[1,2]两区间上的积分之和，对每一积分利用牛顿-莱布尼茨公式即可.

$$\int_0^2 f(x)\mathrm{d}x = \int_0^1 f(x)\mathrm{d}x + \int_1^2 f(x)\mathrm{d}x = \int_0^1 (x+1)\mathrm{d}x + \int_1^2 \frac{1}{2}x^2 \mathrm{d}x$$

$$= \left(\frac{x^2}{2} + x\right)\Big|_0^1 + \frac{1}{6}x^3\Big|_1^2 = \frac{8}{3}.$$

［例 3］ 求 $\int_0^4 \frac{x+2}{\sqrt{2x+1}}\mathrm{d}x$.

解　由于被积函数的原函数不像前两题那样容易求出，为此，先用上一节的方法求不定积分$\int \frac{x+2}{\sqrt{2x+1}}\mathrm{d}x$.

令$\sqrt{2x+1}=t$,即 $x=\frac{t^2-1}{2}$ $(t>0)$，则

$$\int \frac{x+2}{\sqrt{2x+1}}\mathrm{d}x = \int\left(\frac{t^2}{2} + \frac{3}{2}\right)\mathrm{d}t = \frac{t^3}{6} + \frac{3}{2}t + C$$

$$= \frac{1}{6}(2x+1)^{\frac{3}{2}} + \frac{3}{2}(2x+1)^{\frac{1}{2}} + C.$$

从而，可得

$$\int_0^4 \frac{x+2}{\sqrt{2x+1}}\mathrm{d}x = \left[\frac{1}{6}(2x+1)^{\frac{3}{2}} + \frac{3}{2}(2x+1)^{\frac{1}{2}}\right]_0^4$$

$$= \frac{9}{2} + \frac{9}{2} - \frac{1}{6} - \frac{3}{2} = \frac{22}{3}.$$

事实上，计算不定积分的换元积分法和分部积分法可直接移植到定积分的计算中来.

**1. 定积分的换元积分法**

把不定积分的换元积分公式(4.12)两边相应的变量的变化区间取作上、下限，即成为定积分的换元积分公式. 具体地，有下列定理.

**定理 4.6** 设函数 $f(u)$在区间$[a,b]$上连续，而函数 $u=\varphi(x)$满足条件：

(i) $\varphi(\alpha)=a$，$\varphi(\beta)=b$；

(ii) $\varphi(x)$在$[\alpha,\beta]$(或$[\beta,\alpha]$)上具有连续的一阶导数，且对应的函数值 $\varphi(x)\in[a,b]$，则有如下换元积分公式

$$\int_a^b f(u)\mathrm{d}u = \int_\alpha^\beta f(\varphi(x))\varphi'(x)\mathrm{d}x. \tag{4.26}$$

**证** 由假设可知：函数 $f(u)$和 $f(\varphi(x))\varphi'(x)$在它们各自的积分区间上是连续的，因此它们的原函数均存在且式(4.26)中的两个定积分都是存在的. 现设 $F(u)$是函数 $f(u)$在$[a,b]$上的一个原函数，则由牛顿-莱布尼茨公式，得

$$\int_a^b f(u)\mathrm{d}u = F(b) - F(a).$$

另一方面，由 $F(u)$ 与 $x=\varphi(x)$ 复合所得到的函数 $G(x)=F(\varphi(x))$满足

$$G'(x)=\frac{\mathrm{d}F}{\mathrm{d}u}\cdot\frac{\mathrm{d}u}{\mathrm{d}x}=f(u)\cdot\varphi'(x)=f(\varphi(x))\varphi'(x),$$

即 $G(x)$是 $f(\varphi(x))\varphi'(x)$在$[\alpha,\beta]$(或$[\beta,\alpha]$)上的一个原函数，于是

$$\int_\alpha^\beta f(\varphi(x))\varphi'(x)\mathrm{d}x = G(\beta) - G(\alpha).$$

但 $G(\beta)-G(\alpha)=F[\varphi(\beta)]-F[\varphi(\alpha)]=F(b)-F(a)$，从而式(4.26)成立.

和不定积分的情况一样，可以从左到右或从右到左地使用定积分的换元公式(4.26).

例如，把例 3 中的积分视为式(4.26)左端，$x$ 视为 $u$. 它不能直接计算，为使根式有理化，作换元. 令 $\sqrt{2x+1}=t$, 即 $x=\frac{t^2-1}{2}$ $(t>0)$,则 $\mathrm{d}x=t\mathrm{d}t$ 且当 $x=0$ 时, $t=1$; 当 $x=4$ 时, $t=3$, 由式(4.26)得

$$\int_0^4 \frac{x+2}{\sqrt{2x+1}}\mathrm{d}x=\int_1^3\left(\frac{t^2}{2}+\frac{3}{2}\right)\mathrm{d}t=\left(\frac{t^3}{6}+\frac{3t}{2}\right)\Bigg|_1^3$$

$$=\frac{9}{2}+\frac{9}{2}-\frac{1}{6}-\frac{3}{2}=\frac{22}{3}.$$

由此可知，用式(4.26)作定积分的换元时，要把积分上、下限作相应的改变，然后计算变换后的新变量之下的定积分即可，不必像不定积分那样再代回原变量.

**[例 4]** 求 $\int_0^{\frac{\pi}{2}}\sin^4 x\cos x\mathrm{d}x$.

**解** 由于 $\cos x\mathrm{d}x=\mathrm{d}(\sin x)$，故可设 $\sin x=u$, 当 $x=0$ 时，$u=0$; 当 $x=\frac{\pi}{2}$ 时，$u=1$，根据式(4.26)得

$$\int_0^{\frac{\pi}{2}}\sin^4 x\cos x\mathrm{d}x=\int_0^1 u^4\mathrm{d}u=\frac{u^5}{5}\Bigg|_0^1=\frac{1}{5}.$$

在具体计算中，也可不明显地写出新变量 $u$，这时积分的上下限不变，即

$$\int_0^{\frac{\pi}{2}}\sin^4 x\cos x\mathrm{d}x=\int_0^{\frac{\pi}{2}}\sin^4 x\mathrm{d}(\sin x)=\frac{1}{5}\sin^5 x\Bigg|_0^{\frac{\pi}{2}}=\frac{1}{5}.$$

**[例 5]** 求 $\int_{-\frac{\pi}{2}}^{\frac{\pi}{2}}\sqrt{\cos x-\cos^3 x}\mathrm{d}x$.

**解** 由于 $\sqrt{\cos x-\cos^3 x}=\sqrt{\cos x(1-\cos^2 x)}=|\sin x|\cdot\sqrt{\cos x}$，而在 $\left[-\frac{\pi}{2},0\right]$ 上，$|\sin x|=-\sin x$; 在 $\left[0,\frac{\pi}{2}\right]$ 时，$|\sin x|=\sin x$，故

$$\begin{aligned}&\int_{-\frac{\pi}{2}}^{\frac{\pi}{2}}\sqrt{\cos x-\cos^3 x}\mathrm{d}x\\&=\int_{-\frac{\pi}{2}}^{\frac{\pi}{2}}|\sin x|\sqrt{\cos x}\mathrm{d}x\\&=\int_{-\frac{\pi}{2}}^{0}-\sqrt{\cos x}\sin x\mathrm{d}x+\int_0^{\frac{\pi}{2}}\sqrt{\cos x}\cdot\sin x\mathrm{d}x\end{aligned}$$

$$=\int_{-\frac{\pi}{2}}^{0}\sqrt{\cos x}\,\mathrm{d}(\cos x)-\int_{0}^{\frac{\pi}{2}}\sqrt{\cos x}\,\mathrm{d}(\cos x)$$

$$=\frac{2}{3}(\cos x)^{\frac{3}{2}}\Big|_{-\frac{\pi}{2}}^{0}-\frac{2}{3}(\cos x)^{\frac{3}{2}}\Big|_{0}^{\frac{\pi}{2}}=\frac{4}{3}.$$

**[例 6]** 求 $\int_{0}^{\frac{1}{2}}\frac{2x+1}{\sqrt{1-x^2}}\mathrm{d}x.$

**解**

$$\int_{0}^{\frac{1}{2}}\frac{2x+1}{\sqrt{1-x^2}}\mathrm{d}x=\int_{0}^{\frac{1}{2}}\frac{\mathrm{d}x^2}{\sqrt{1-x^2}}+\int_{0}^{\frac{1}{2}}\frac{\mathrm{d}x}{\sqrt{1-x^2}}$$

$$=-\int_{0}^{\frac{1}{2}}\frac{\mathrm{d}(1-x^2)}{\sqrt{1-x^2}}+\arcsin x\Big|_{0}^{\frac{1}{2}}$$

$$=-2\sqrt{1-x^2}\Big|_{0}^{\frac{1}{2}}+\frac{\pi}{6}=2-\sqrt{3}+\frac{\pi}{6}.$$

在例 4～例 6 中，都是从右到左地应用公式(4.26)，以求出原函数并用牛顿-莱布尼茨公式计算定积分.

**[例 7]** 求 $\int_{\frac{\sqrt{2}}{2}}^{1}\frac{\sqrt{1-x^2}}{x}\mathrm{d}x$ .

**解** 令 $x=\sin t$，则当 $x=\frac{\sqrt{2}}{2}$时，$t=\frac{\pi}{4}$；当 $x=1$ 时，$t=\frac{\pi}{2}$，且 $\mathrm{d}x=\cos t\mathrm{d}t$，而 $\sqrt{1-x^2}=\sqrt{1-\sin^2 t}=\sqrt{\cos^2 t}=\cos t$，于是

$$\int_{\frac{\sqrt{2}}{2}}^{1}\frac{\sqrt{1-x^2}}{x}\mathrm{d}x=\int_{\frac{\pi}{4}}^{\frac{\pi}{2}}\frac{\cos^2 t}{\sin t}\mathrm{d}t=\int_{\frac{\pi}{4}}^{\frac{\pi}{2}}(\csc t-\sin t)\mathrm{d}t$$

$$=\ln|\csc t-\cot t|\Big|_{\frac{\pi}{4}}^{\frac{\pi}{2}}+\cos t\Big|_{\frac{\pi}{4}}^{\frac{\pi}{2}}$$

$$=\frac{1}{2}\ln 2-\frac{\sqrt{2}}{2}.$$

**[例 8]** 设函数 $f(x)$在闭区间 $[-l,l]$ 上连续，证明：

(i) 当 $f(x)$ 为奇函数时，$\int_{-l}^{l}f(x)\mathrm{d}x=0$；

(ii) 当 $f(x)$ 为偶函数时，$\int_{-l}^{l}f(x)\mathrm{d}x=2\int_{0}^{l}f(x)\mathrm{d}x$.

**证** 由于 $f(x)$ 在 $[-l,l]$ 上连续，故$\int_{-l}^{l}f(x)\mathrm{d}x$ 存在，且

$$\int_{-l}^{l} f(x)\mathrm{d}x = \int_{-l}^{0} f(x)\mathrm{d}x + \int_{0}^{l} f(x)\mathrm{d}x,$$

对定积分$\int_{-l}^{0} f(x)\mathrm{d}x$，令 $x=-t$，则

$$\int_{-l}^{0} f(x)\mathrm{d}x = \int_{l}^{0} f(-t)\mathrm{d}(-t) = -\int_{l}^{0} f(-t)\mathrm{d}t$$

$$= \int_{0}^{l} f(-t)\mathrm{d}t = \int_{0}^{l} f(-x)\mathrm{d}x.$$

于是

$$\int_{-l}^{l} f(x)\mathrm{d}x = \int_{0}^{l} f(-x)\mathrm{d}x + \int_{0}^{l} f(x)\mathrm{d}x = \int_{0}^{l} [f(-x)+f(x)]\mathrm{d}x.$$

(i) 当 $f(x)$为奇函数时，$f(-x)=-f(x)$,故

$$\int_{-l}^{l} f(x)\mathrm{d}x = 0;$$

(ii) 当 $f(x)$为偶函数时，$f(-x)=f(x)$,故

$$\int_{-l}^{l} f(x)\mathrm{d}x = 2\int_{0}^{l} f(x)\mathrm{d}x.$$

读者可画出图形，对例 8 的结论作出几何解释.

**［例 9］** 计算：(i) $\int_{-1}^{1} x^2 \mid x \mid \mathrm{d}x$；  (ii) $\int_{-1}^{1} \frac{x^2+\sin x}{1+x^2}\mathrm{d}x$.

**解** (i) 由于 $f(x)=x^2|x|$在［$-1,1$］上为偶函数，故由例 8

$$\int_{-1}^{1} x^2 \mid x \mid \mathrm{d}x = 2\int_{0}^{1} x^2 \mid x \mid \mathrm{d}x = 2\int_{0}^{1} x^3\mathrm{d}x$$

$$= \frac{x^4}{2}\Big|_0^1 = \frac{1}{2}.$$

(ii) 由于 $f(x)=\frac{x^2}{1+x^2}$、$g(x)=\frac{\sin x}{1+x^2}$ 在［$-1,1$］上分别为偶函数和奇函数，故分项积分后分别利用例 8 的结论(i)、(ii)可得

$$\int_{-1}^{1} \frac{x^2+\sin x}{1+x^2}\mathrm{d}x = \int_{-1}^{1} \frac{x^2}{1+x^2}\mathrm{d}x + \int_{-1}^{1} \frac{\sin x}{1+x^2}\mathrm{d}x$$

$$= 2\int_{0}^{1} \frac{x^2}{1+x^2}\mathrm{d}x + 0 = 2\int_{0}^{1} \frac{x^2+1-1}{1+x^2}\mathrm{d}x$$

$$= 2\int_0^1 \left(1 - \frac{1}{1+x^2}\right)dx = 2(x - \arctan x)\Big|_0^1$$

$$= 2 - \frac{\pi}{2}.$$

［**例 10**］证明对任何自然数 $n$，有

$$\int_0^{\frac{\pi}{2}} \sin^n x\, dx = \int_0^{\frac{\pi}{2}} \cos^n x\, dx.$$

**证**　由于 $\sin x$ 与 $\cos x$ 互为余函数，令 $x = \frac{\pi}{2} - t$，则 $dx = -dt$，且当 $x=0$ 时，$t = \frac{\pi}{2}$；当 $x = \frac{\pi}{2}$ 时，$t=0$，于是

$$\int_0^{\frac{\pi}{2}} \sin^n x\, dx = -\int_{\frac{\pi}{2}}^0 \left[\sin\left(\frac{\pi}{2} - t\right)\right]^n dt$$

$$= \int_0^{\frac{\pi}{2}} \cos^n t\, dt = \int_0^{\frac{\pi}{2}} \cos^n x\, dx.$$

**2. 定积分的分部积分法**

相应于不定积分的分部积分法公式(4.25)，用变量的变化区间作为上、下限代入，即可得出定积分的分部积分公式. 具体地，设函数 $u=u(x)$、$v=v(x)$ 在区间$[a,b]$上有连续的一阶导数，由于

$$(u \cdot v)' = u' \cdot v + u \cdot v',$$

对上式两端分别在区间$[a,b]$上取定积分，得

$$\int_a^b (u \cdot v)' dx = \int_a^b u' \cdot v dx + \int_a^b u \cdot v' dx,$$

但　$\int_a^b (u \cdot v)' dx = [u \cdot v]_a^b$，故移项可得

$$\int_a^b u \cdot v' dx = [u \cdot v]_a^b - \int_a^b u' \cdot v dx.$$

或可写为

$$\int_a^b u\, dv = [uv]_a^b - \int_a^b v\, du. \tag{4.27}$$

它称为定积分的**换元积分公式**. 运用它时，可依照不定积分处同样的原则来设定 $u$ 和 $v$.

[例 11] 求 $\int_0^{\pi} x\sin x\mathrm{d}x$.

解 $\int_0^{\pi} x\sin x\mathrm{d}x = -\int_0^{\pi} x\mathrm{d}(\cos x) = -\left\{x\cos x\Big|_0^{\pi} - \int_0^{\pi}\cos x\mathrm{d}x\right\}$

$$= \pi + \sin x\Big|_0^{\pi} = \pi.$$

[例 12] 求 $\int_0^{\frac{\pi}{4}} \frac{x}{\cos^2 x}\mathrm{d}x$.

解 $\int_0^{\frac{\pi}{4}} \frac{x}{\cos^2 x}\mathrm{d}x = \int_0^{\frac{\pi}{4}} x\mathrm{d}(\tan x) = x\tan x\Big|_0^{\frac{\pi}{4}} - \int_0^{\frac{\pi}{4}}\tan x\mathrm{d}x$

$$= \frac{\pi}{4} + \ln|\cos x|\Big|_0^{\frac{\pi}{4}} = \frac{\pi}{4} - \frac{1}{2}\ln 2.$$

[例 13] 求 $\int_0^{\frac{1}{2}} \arccos x\mathrm{d}x$.

解 $\int_0^{\frac{1}{2}} \arccos x\mathrm{d}x = x\arccos x\Big|_0^{\frac{1}{2}} - \int_0^{\frac{1}{2}} x\mathrm{d}(\arccos x)$

$$= \frac{\pi}{6} + \int_0^{\frac{1}{2}} \frac{x}{\sqrt{1-x^2}}\mathrm{d}x = \frac{\pi}{6} - \frac{1}{2}\int_0^{\frac{1}{2}} \frac{\mathrm{d}(1-x^2)}{\sqrt{1-x^2}}$$

$$= \frac{\pi}{6} - \sqrt{1-x^2}\Big|_0^{\frac{1}{2}} = \frac{\pi}{6} - \frac{\sqrt{3}}{2} + 1.$$

[例 14] 求 $\int_1^2 x^2\ln x\mathrm{d}x$.

解 $\int_1^2 x^2\ln x\mathrm{d}x = \frac{1}{3}\int_1^2 \ln x\mathrm{d}(x^3) = \frac{x^3}{3}\ln x\Big|_1^2 - \frac{1}{3}\int_1^2 x^3\mathrm{d}(\ln x)$

$$= \frac{8}{3}\ln 2 - \frac{1}{3}\int_1^2 x^2\mathrm{d}x = \frac{8}{3}\ln 2 - \frac{1}{9}x^3\Big|_1^2$$

$$= \frac{8}{3}\ln 2 - \frac{7}{9}.$$

[例 15] 对自然数 $n$，导出 $I_n = \int_0^{\frac{\pi}{2}} \sin^n x\mathrm{d}x$ 的递推公式，并求其值.

**解** 对于 $n\geqslant 2$，使用分部积分法，得

$$
\begin{aligned}
I_n &= \int_0^{\frac{\pi}{2}} \sin^{n-1} x \sin x \mathrm{d}x = -\int_0^{\frac{\pi}{2}} \sin^{n-1} x \mathrm{d}\cos x \\
&= -\sin^{n-1} x \cos x \Big|_0^{\frac{\pi}{2}} + \int_0^{\frac{\pi}{2}} \cos x \mathrm{d}\sin^{n-1} x \\
&= (n-1)\int_0^{\frac{\pi}{2}} \sin^{n-2} x \cos^2 x \mathrm{d}x \\
&= (n-1)\int_0^{\frac{\pi}{2}} \sin^{n-2} x \cdot (1-\sin^2 x)\mathrm{d}x \\
&= (n-1)\int_0^{\frac{\pi}{2}} \sin^{n-2} x \mathrm{d}x - (n-1)\int_0^{\frac{\pi}{2}} \sin^n x \mathrm{d}x \\
&= (n-1) I_{n-2} - (n-1) I_n ,
\end{aligned}
$$

移项，便得递推公式

$$
I_n = \frac{n-1}{n} I_{n-2} \quad (n \geqslant 2). \tag{4.28}
$$

又 $I_1 = \int_0^{\frac{\pi}{2}} \sin x \mathrm{d}x = -\cos x \Big|_0^{\frac{\pi}{2}} = 1$，$I_0 = \int_0^{\frac{\pi}{2}} \mathrm{d}x = \frac{\pi}{2}$，反复利用公式(4.28)，可得出

$$
\begin{aligned}
I_{2m} &= \frac{2m-1}{2m} \cdot \frac{2m-3}{2m-2} \cdot \frac{2m-5}{2m-4} \cdot \cdots \cdot \frac{5}{6} \cdot \frac{3}{4} \cdot \frac{1}{2} I_0 \\
&= \frac{2m-1}{2m} \cdot \frac{2m-3}{2m-2} \cdot \cdots \cdot \frac{3}{4} \cdot \frac{1}{2} \cdot \frac{\pi}{2}; \\
I_{2m+1} &= \frac{2m}{2m+1} \cdot \frac{2m-2}{2m-1} \cdot \frac{2m-4}{2m-3} \cdot \cdots \cdot \frac{4}{5} \cdot \frac{2}{3} \cdot I_1 \\
&= \frac{2m}{2m+1} \cdot \frac{2m-2}{2m-1} \cdot \cdots \cdot \frac{4}{5} \cdot \frac{2}{3}.
\end{aligned}
$$

其中 $m=1, 2, \cdots$. 因此，

$$
\int_0^{\frac{\pi}{2}} \sin^n x \mathrm{d}x = \begin{cases} \dfrac{(2m-1)!!}{(2m)!!} \cdot \dfrac{\pi}{2}, & n = 2m, \\ \dfrac{(2m)!!}{(2m+1)!!}, & n = 2m+1. \end{cases} \tag{4.29}
$$

其中双阶层“!!”表示连续偶数或奇数的连乘积.

［**例 16**］ 求 $\int_{-\frac{\pi}{2}}^{\frac{\pi}{2}} \cos^5 x \mathrm{d}x$.

**解** 由于 $f(x)=\cos^5 x$ 在 $\left[-\frac{\pi}{2},\frac{\pi}{2}\right]$ 上为偶函数，由例 8、例 10 及式(4.29)得

$$\int_{-\frac{\pi}{2}}^{\frac{\pi}{2}}\cos^5 x\mathrm{d}x=2\int_0^{\frac{\pi}{2}}\cos^5 x\mathrm{d}x=2\int_0^{\frac{\pi}{2}}\sin^5 x\mathrm{d}x=2\cdot\frac{4}{5}\cdot\frac{2}{3}=\frac{16}{15}.$$

**3. 广义积分简介**

我们前面讨论的定积分是以积分区间为有限区间、被积函数为有界函数为前提的，但有些实际问题需要突破这两条限制，即考虑无穷区间上的积分或无界函数的积分. 当然，这样的积分已经不属于前面所说的定积分了，一般称它们为广义积分，而对应地称前面的定积分为常义积分.

(1) 无穷区间上的广义积分

**定义 4.4** 设函数 $f(x)$ 在区间 $[a,+\infty)$ 上连续，任取实数 $b>a$，则 $\int_a^b f(x)\mathrm{d}x$ 存在，如果极限 $\lim\limits_{b\to+\infty}\int_a^b f(x)\mathrm{d}x$ 存在，则称它为 $f(x)$ 在 $[a,+\infty)$ 上的**广义积分**，记作 $\int_a^{+\infty}f(x)\mathrm{d}x$，即

$$\int_a^{+\infty}f(x)\mathrm{d}x=\lim_{b\to+\infty}\int_a^b f(x)\mathrm{d}x. \tag{4.30}$$

这时也叫做广义积分**收敛**；如果极限 $\lim\limits_{b\to+\infty}\int_a^b f(x)\mathrm{d}x$ 不存在，则称广义积分 $\int_a^{+\infty}f(x)\mathrm{d}x$ **发散**，或说不存在.

由此可见，当广义积分 $\int_a^{+\infty}f(x)\mathrm{d}x$ 收敛时，它代表一个确定的数值；当广义积分 $\int_a^{+\infty}f(x)\mathrm{d}x$ 发散时，它只是一个没有任何意义的符号.

类似地，可以定义函数 $f(x)$ 在区间 $(-\infty,b]$ 上的广义积分 $\int_{-\infty}^b f(x)\mathrm{d}x$，它作为下列极限值

$$\int_{-\infty}^b f(x)\mathrm{d}x=\lim_{a\to-\infty}\int_a^b f(x)\mathrm{d}x, \tag{4.31}$$

若式(4.31) 右端极限存在，则称广义积分 $\int_{-\infty}^b f(x)\mathrm{d}x$ **收敛**；否则它

为发散.

对于整个实轴$(-\infty,+\infty)$上定义的连续函数$f(x)$，其广义积分$\int_{-\infty}^{+\infty} f(x)\mathrm{d}x$可定义为

$$\int_{-\infty}^{+\infty} f(x)\mathrm{d}x=\int_{-\infty}^{c} f(x)\mathrm{d}x+\int_{c}^{+\infty} f(x)\mathrm{d}x, \qquad (4.32)$$

其中$c$为某一实数，当然只在右端两个广义积分$\int_{-\infty}^{c} f(x)\mathrm{d}x$与$\int_{c}^{+\infty} f(x)\mathrm{d}x$同时收敛时，广义积分$\int_{-\infty}^{+\infty} f(x)\mathrm{d}x$才收敛；当广义积分$\int_{-\infty}^{c} f(x)\mathrm{d}x$和$\int_{c}^{+\infty} f(x)\mathrm{d}x$至少有一个发散时，就称广义积分$\int_{-\infty}^{+\infty} f(x)\mathrm{d}x$发散.

［例 17］ 广义积分$\int_{0}^{+\infty} x\mathrm{e}^{-x^2}\mathrm{d}x$是收敛还是发散？

**解** 由于

$$\begin{aligned}\lim_{b\to+\infty}\int_0^b x\mathrm{e}^{-x^2}\mathrm{d}x&=\lim_{b\to+\infty}-\frac{1}{2}\int_0^b \mathrm{e}^{-x^2}\mathrm{d}(-x^2)\\&=\lim_{b\to+\infty}\left[-\frac{1}{2}\mathrm{e}^{-x^2}\right]_0^b\\&=\lim_{b\to+\infty}\frac{1}{2}(1-\mathrm{e}^{-b^2})=\frac{1}{2}.\end{aligned}$$

故广义积分$\int_{0}^{+\infty} x\mathrm{e}^{-x^2}\mathrm{d}x$收敛，且其值为$\frac{1}{2}$.

广义积分$\int_{0}^{+\infty}\mathrm{e}^{-x^2}\mathrm{d}x$在概率统计中非常有用，可以证明它收敛，但因被积函数的原函数不能用初等函数表示，故现在无法求出其值. 以后利用其他的办法可以求出此值.

［例 18］ 计算广义积分 $\int_{-\infty}^{+\infty}\frac{\mathrm{d}x}{1+x^2}$.

**解** 由于

$$\begin{aligned}\lim_{b\to+\infty}\int_0^b\frac{\mathrm{d}x}{1+x^2}&=\lim_{b\to+\infty}\arctan x\Big|_0^b\\&=\lim_{b\to+\infty}\arctan b=\frac{\pi}{2},\end{aligned}$$

又 $$\lim_{a\to-\infty}\int_a^0\frac{\mathrm{d}x}{1+x^2}=\lim_{a\to-\infty}\arctan x\Big|_a^0$$

$$=\lim_{a\to-\infty}(-\arctan a)=\frac{\pi}{2}.$$

故广义积分 $\int_{-\infty}^{+\infty}\frac{\mathrm{d}x}{1+x^2}$ 收敛，且

$$\int_{-\infty}^{+\infty}\frac{\mathrm{d}x}{1+x^2}=\int_{-\infty}^{0}\frac{\mathrm{d}x}{1+x^2}+\int_{0}^{+\infty}\frac{\mathrm{d}x}{1+x^2}=\frac{\pi}{2}+\frac{\pi}{2}=\pi.$$

为了书写方便起见，在计算无穷区间上的广义积分时，引入记号 $\lim\limits_{b\to+\infty}F(x)=F(+\infty)$，$\lim\limits_{a\to-\infty}F(x)=F(-\infty)$，则可把牛顿-莱布尼茨公式的形式推广于广义积分的计算，设 $F(x)$ 为 $f(x)$ 的一个原函数，则相应有公式：

$$\int_a^{+\infty}f(x)\mathrm{d}x=F(x)\Big|_a^{+\infty}=F(+\infty)-F(a),$$

$$\int_{-\infty}^{b}f(x)\mathrm{d}x=F(x)\Big|_{-\infty}^{b}=F(b)-F(-\infty),$$

$$\int_{-\infty}^{+\infty}f(x)\mathrm{d}x=F(x)\Big|_{-\infty}^{+\infty}=F(+\infty)-F(-\infty).$$

另外，关于定积分的一些基本性质、换元积分公式和分部积分公式都可移植到广义积分中来，在此不一一说明了.

**[例 19]** 讨论广义积分 $\int_a^{+\infty}\frac{\mathrm{d}x}{x^p}$($a$、$p$ 为常数且 $a>0$) 的收敛或发散性质(简称为敛散性).

**解** 当 $p=1$ 时，$\int_a^{+\infty}\frac{\mathrm{d}x}{x}=\ln x\Big|_a^{+\infty}=+\infty$；

当 $p\neq1$ 时，$\int_a^{+\infty}\frac{\mathrm{d}x}{x^p}=\frac{x^{1-p}}{1-p}\Big|_a^{+\infty}=\begin{cases}+\infty, & p<1,\\ \frac{a^{1-p}}{p-1}, & p>1.\end{cases}$

结论：广义积分 $\int_a^{+\infty}\frac{\mathrm{d}x}{x^p}$ 当 $p\leqslant1$ 时发散；当 $p>1$ 时收敛，且其值为 $\frac{a^{1-p}}{p-1}$.

**[例 20]** 求 $\int_0^{+\infty}\frac{\mathrm{d}x}{(x^2+a^2)^{\frac{3}{2}}}$ $(a>0)$.

**解** 令 $x=a\tan t$，则当 $x=0$ 时 $t=0$；当 $x\to+\infty$ 时 $t\to\frac{\pi}{2}$，故利用相应的换元公式，得

$$\int_0^{+\infty}\frac{\mathrm{d}x}{(x^2+a^2)^{\frac{3}{2}}}=\int_0^{\frac{\pi}{2}}\frac{a\sec^2 t}{a^3\cdot\sec^3 t}\mathrm{d}t=\frac{1}{a^2}\int_0^{\frac{\pi}{2}}\cos\ t\mathrm{d}t$$

$$=\frac{1}{a^2}\sin t\Big|_0^{\frac{\pi}{2}}=\frac{1}{a^2}$$

（2）无界函数的广义积分　本段讨论积分区间为有限，但被积函数在其中有无穷间断点的积分，它是另一类反常积分.

**定义 4.5**　设函数 $f(x)$ 在 $(a,b]$ 上连续，$\lim\limits_{x\to a^+}f(x)=\infty$（即 $f(x)$ 在 $a$ 点邻近无界），取 $\varepsilon>0$ 甚小，则 $\int_{a+\varepsilon}^{b}f(x)\mathrm{d}x$ 为定积分，它存在（因 $f(x)$ 为闭区间 $[a+\varepsilon,b]$ 上的连续函数），如果极限 $\lim\limits_{\varepsilon\to0^+}\int_{a+\varepsilon}^{b}f(x)\mathrm{d}x$ 存在，则称广义积分 $\int_a^b f(x)\mathrm{d}x$ **收敛**，其值即为此极限，即

$$\int_a^b f(x)\mathrm{d}x=\lim_{\varepsilon\to0^+}\int_{a+\varepsilon}^{b}f(x)\mathrm{d}x;$$

如果上述极限不存在，则称广义积分 $\int_a^b f(x)\mathrm{d}x$ **发散**，它无意义.

若 $f(x)$ 在 $[a,b)$ 上连续，$\lim\limits_{x\to b^-}f(x)=\infty$，则类似地用极限 $\lim\limits_{\varepsilon\to0^+}\int_a^{b-\varepsilon}f(x)\mathrm{d}x$ 的存在或不存在来定义广义积分 $\int_a^b f(x)\mathrm{d}x$ 的**收敛**或**发散**.

若在 $[a,b]$ 内一点 $c$ 处，$\lim\limits_{x\to c}f(x)=\infty$，此外均连续，可将 $\int_a^b f(x)\mathrm{d}x$ 分为两个积分 $\int_a^c f(x)\mathrm{d}x$ 和 $\int_c^b f(x)\mathrm{d}x$，利用上述定义，当这两个广义积分都收敛时，称广义积分**收敛**，且其值

$$\int_a^b f(x)\mathrm{d}x=\int_a^c f(x)\mathrm{d}x+\int_c^b f(x)\mathrm{d}x;$$

当这两个广义积分中至少有一个发散时，广义积分 $\int_a^b f(x)\mathrm{d}x$ 就**发散**，这时它无意义.

上述几种无界函数的广义积分也称为**瑕积分**，对应地 $x=a$ 或 $x=b$ 或 $x=c$ 称为相应瑕积分的**瑕点**，亦即使被积函数在其邻近为无界的点.

**[例 21]** 讨论广义积分 $\int_0^1 \frac{\mathrm{d}x}{\sqrt{x}}$ 的敛散性.

**解** 由于 $f(x)=\frac{1}{\sqrt{x}}$，$\lim\limits_{x\to 0^+} f(x)=+\infty$，故 $x=0$ 是此积分的瑕点，而

$$\lim_{\varepsilon\to 0^+}\int_\varepsilon^1 \frac{\mathrm{d}x}{\sqrt{x}} = \lim_{\varepsilon\to 0^+} 2\sqrt{x}\Big|_\varepsilon^1 = \lim_{\varepsilon\to 0^+} 2(1-\sqrt{\varepsilon}) = 2,$$

故广义积分 $\int_0^1 \frac{\mathrm{d}x}{\sqrt{x}}$ 收敛，且

$$\int_0^1 \frac{\mathrm{d}x}{\sqrt{x}} = 2.$$

**[例 22]** 判断 $\int_0^a \frac{\mathrm{d}x}{\sqrt{a^2-x^2}}$ $(a>0)$ 收敛并求其值.

**解** 由于 $f(x)=\frac{1}{\sqrt{a^2-x^2}}$，$\lim\limits_{x\to a^-} f(x)=+\infty$，故 $x=a$ 是此积分的瑕点，而

$$\lim_{\varepsilon\to 0^+}\int_0^{a-\varepsilon} \frac{\mathrm{d}x}{\sqrt{a^2-x^2}} = \lim_{\varepsilon\to 0^+} \arcsin\frac{x}{a}\Big|_0^{a-\varepsilon} = \lim_{\varepsilon\to 0^+} \arcsin\frac{a-\varepsilon}{a} = \frac{\pi}{2}.$$

故广义积分 $\int_0^a \frac{\mathrm{d}x}{\sqrt{a^2-x^2}}$ 收敛，且 $\int_0^a \frac{\mathrm{d}x}{\sqrt{a^2-x^2}} = \frac{\pi}{2}$.

**[例 23]** 讨论 $\int_{-1}^1 \frac{\mathrm{d}x}{x^2}$ 的敛散性.

**解** 由于 $\lim\limits_{x\to 0}\frac{1}{x^2}=+\infty$，即 $x=0$ 是所讨论积分的瑕点，而

$$\lim_{\varepsilon\to 0^+}\int_\varepsilon^1 \frac{\mathrm{d}x}{x^2} = \lim_{\varepsilon\to 0^+} -\frac{1}{x}\Big|_\varepsilon^1 = \lim_{\varepsilon\to 0^+}\left(\frac{1}{\varepsilon}-1\right) = +\infty,$$

即广义积分 $\int_0^1 \frac{\mathrm{d}x}{x^2}$ 发散，依前面定义 $\int_{-1}^0 \frac{\mathrm{d}x}{x^2}$，$\int_0^1 \frac{\mathrm{d}x}{x^2}$ 中已有一个发散，故广义积分 $\int_{-1}^1 \frac{\mathrm{d}x}{x^2}$ 发散.

特别要注意一点，因为这类瑕积分的积分区间为有限，故它在形式上与定积分并无二样．但它在积分区间内总要出现瑕点，使函数无界．遇到具体积分时，一定要检验被积函数在积分区间内有瑕点否？如果有，则就要依上述方法来判定其收敛还是发散．不这样做，就易于得出错误的结论．譬如例 23 中的积分（它是瑕积分），如依定积分应用牛顿-莱布尼茨公式，得

$$\int_{-1}^{1}\frac{\mathrm{d}x}{x^2}=\left[-\frac{1}{x}\right]_{-1}^{1}=-2.$$

这当然是错误的．原因在于被积函数 $\frac{1}{x^2}$ 在 $x=0$ 间断，且在其邻近无界，不能用上述公式来计算．

## 第五节　定积分的应用

定积分的应用是甚为广泛的，为便于处理应用问题，本节首先把定积分处理问题的思想归纳为微元法，然后用这种方法来解决某些实际问题．如平面图形的面积，旋转体体积，曲线的弧长和一些物理量的计算等．

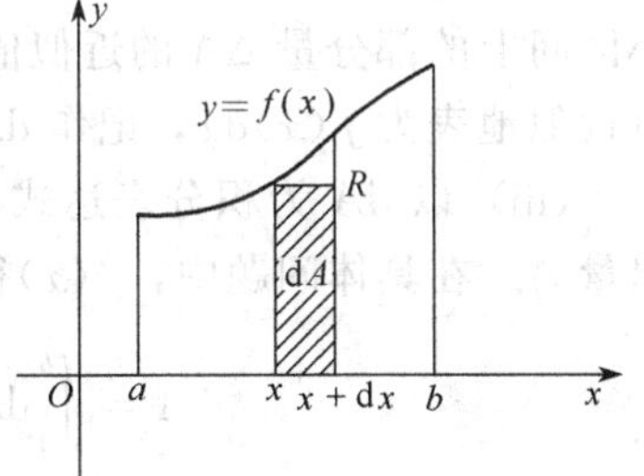

图 4.10

**1. 微元法**

本章一开始就用分细的办法处理了如图 4.10 中的曲边梯形的面积 $A$，归结为如下的定积分

$$A=\int_a^b f(x)\mathrm{d}x. \tag{4.33}$$

其主要思路是：将区间 $[a,b]$ 分成 $n$ 个小区间，然后将整个曲边梯形分成 $n$ 个小曲边梯形．任取其中一个小区间，记为 $[x,x+\mathrm{d}x]$，相应的小曲边梯形面积记为 $\Delta A$，则 $A=\sum\Delta A$ 且 $\Delta A\approx f(x)\mathrm{d}x$，且 $\mathrm{d}x$ 愈小，这种近似就愈精确，记 $\mathrm{d}A=f(x)\mathrm{d}x$，称之为面积微元，公式 (4.33) 说明所求曲边梯形的面积

$$A = \int_a^b \mathrm{d}A.$$

即曲边梯形的面积 $A$ 等于区间 $[a,b]$ 上的面积微元 $\mathrm{d}A$ 在 $[a,b]$ 上的定积分.

一般地，如果某一个具体问题中所要计算的量 $A$ 符合下列条件：

(i) $A$ 是一个与变量 $x$ 及其变化区间 $[a,b]$ 有关的量；

(ii) $A$ 对区间 $[a,b]$ 具有可加性，即把区间 $[a,b]$ 分成若干小区间后，量 $A$ 可相应地分成若干部分，它等于所分成的部分量 $\Delta A$ 的和，即 $A=\sum \Delta A$；

(iii) 小区间 $[x,x+\mathrm{d}x]$ 上的部分量 $\Delta A$ 可近似地表示为某连续函数 $f(x)$与 $\mathrm{d}x$ 的乘积，即 $\Delta A \approx f(x)\mathrm{d}x$.

那么就可以考虑用定积分表示量 $A$，具体步骤如下：

(i) 根据问题的具体情况，选取一个变量，记为 $x$，为积分变量，并确定它的变化范围 $[a,b]$；

(ii) 将区间 $[a,b]$ 分成若干小区间，任取其中一个小区间为 $[x,x+\mathrm{d}x]$，通过以直代曲、以常量代替变量等方法求量 $A$ 对应于此小区间上的部分量 $\Delta A$ 的近似值，且设法找出一个函数 $f(x)$，使 $\Delta A$ 可近似地表为 $f(x)\mathrm{d}x$，记作 $\mathrm{d}A$. 称 $\mathrm{d}A=f(x)\mathrm{d}x$ 为量 $A$ 的**微元**；

(iii) 以 $\mathrm{d}A$ 为积分表达式，将 $\mathrm{d}A$ 在$[a,b]$上取定积分，便可求出量 $A$. 在具体问题中，$f(x)$往往是连续函数，故可积，即

$$A = \int_a^b \mathrm{d}A = \int_a^b f(x)\mathrm{d}x.$$

通过上述步骤寻求量 $A$ 的方法就称为**微元法**.

以下几段通过一些具体的例子说明微元法的应用.

**2. 定积分在几何上的应用举例**

(1) 平面图形的面积　如果在$(x,y)$坐标系内，一平面图形由上、下两条曲线 $y=f(x)$、$y=g(x)$及左、右两条直线 $x=a$、$x=b$ 所围成，如图 4.11 所示. 则可取 $x$ 为积分变量，其变化区间为$[a,b]$. 将$[a,b]$细分，过每一分点作铅直线将图形分为许多狭长的小图形，任取其中一个小区间$[x,x+\mathrm{d}x]$作代表，相应的小狭长图形的面积近似于图 4.11 中影线部分的小矩形(其高为$(f(x)-g(x))$，底为 $\mathrm{d}x$)的

面积，于是得到面积微元为

$$dA=[f(x)-g(x)]dx,$$

故要求的平面图形的面积为

$$A=\int_a^b[f(x)-g(x)]dx. \tag{4.34}$$

当然，如果把此平面图形的面积视为 $x=a$，$x=b$，$x$ 轴分别和两条边界曲线围成的两曲边梯形的面积之差，也可推出公式(4.34).

如果平面图形由左、右两条曲线 $x=\varphi(y)$、$x=\psi(y)$ 及上、下两条直线 $x=d$、$x=c$ 所围成，如图 4.12 所示. 则可取 $y$ 为积分变量，其变化区间为 $[c,d]$. 将 $[c,d]$ 类似地细分后可取小区间 $[y,y+dy]$ 作代表，相应的窄长小图形的面积近似于图 4.12 中阴影部分的小矩形的面积，可得到面积微元为

$$dA=[\psi(y)-\varphi(y)]dy,$$

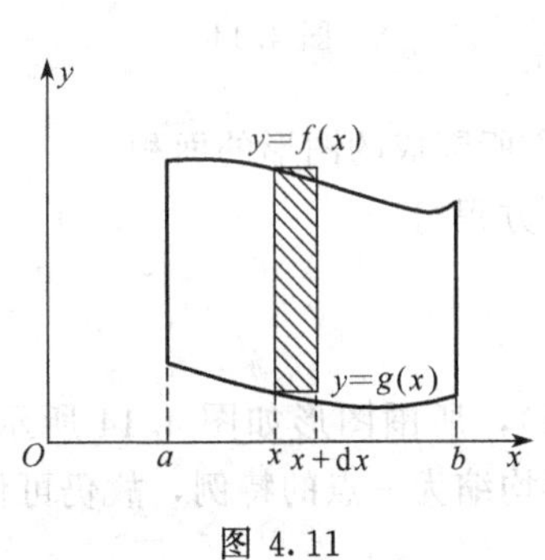

图 4.11

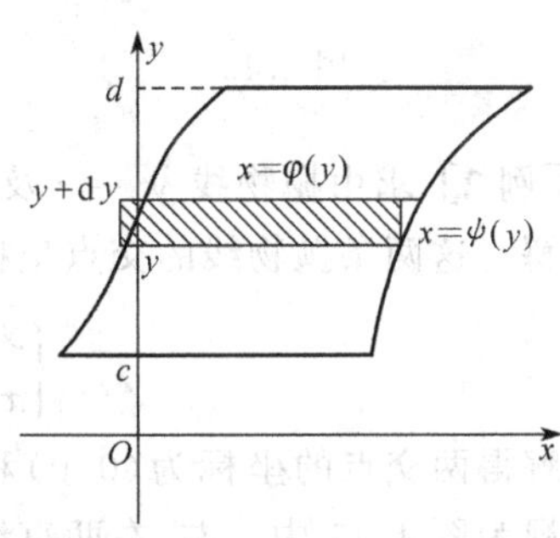

图 4.12

从而此平面图形的面积为

$$A=\int_c^d[\psi(y)-\varphi(y)]dy. \tag{4.35}$$

式(4.34)、式(4.35)给出了这两类平面图形面积的计算方法，且易见它适用于某一条(或两条)直边缩为一点的情况. 对于以一条封闭的曲线所围成的一般平面图形，其本身不是图 4.11 或图 4.12 的形状，但可用一些平行于 $x$ 轴(或 $y$ 轴)的直线将它适当地划分为若干块，使其每一块都成为上述图 4.11 和图 4.12 中的一种，故可用式(4.34)或式(4.35)计算其面积，最后把每一块的面积值相加，即可得出此一般平面图形的面积.

[**例 1**] 求由 $y=x^2+1$，$y=x$，$x=0$ 及 $x=1$ 所围图形的面积.

**解** 该图形的上、下边界曲线分别为 $y=x^2+1$ 和 $y=x$，左、右两直线边界分别为 $x=0$、$x=1$，如图 4.13. 故由公式(4.34)可得

$$A=\int_0^1[x^2+1-x]\mathrm{d}x=\frac{1}{3}x^3\Big|_0^1+x\Big|_0^1-\frac{x^2}{2}\Big|_0^1=\frac{5}{6}.$$

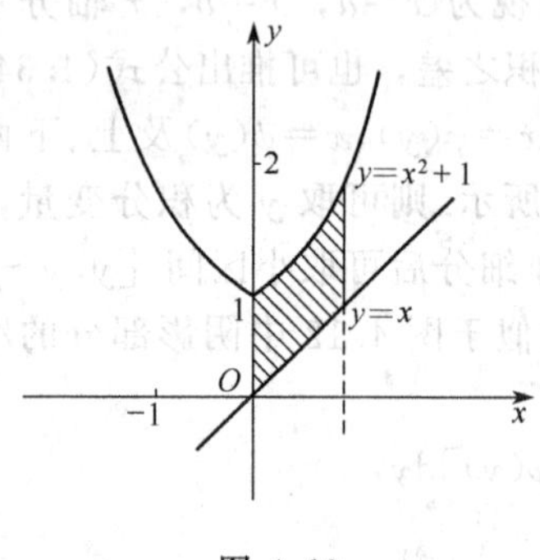


图 4.13

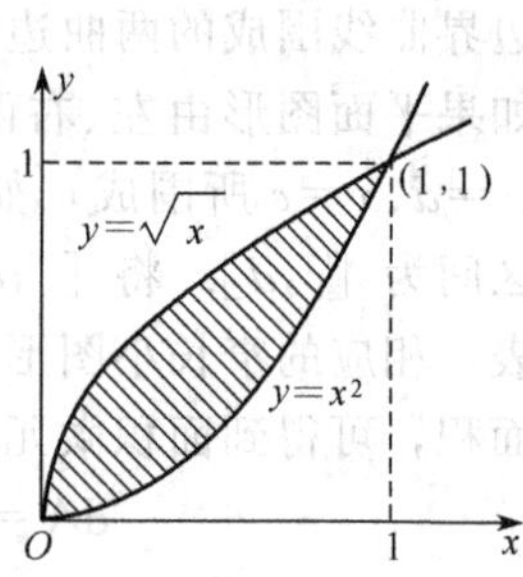


图 4.14

[**例 2**] 求由抛物线 $y^2=x$ 及 $y=x^2$ 所围成的图形的面积.

**解** 这两条抛物线的交点坐标满足方程组

$$\begin{cases}y=x^2,\\x=y^2.\end{cases}$$

由它解得两交点的坐标为(0,0)和(1,1)，所围图形如图 4.14 所示. 它可视为图 4.11 中，左、右两直线边界均缩为一点的特例，故仍可使用公式(4.34)得出该图形的面积为

$$A=\int_0^1(\sqrt{x}-x^2)\mathrm{d}x=\left(\frac{2}{3}x^{\frac{3}{2}}-\frac{1}{3}x^3\right)\Big|_0^1=\frac{1}{3}.$$

[**例 3**] 求抛物线 $y^2=2x$ 与直线$y=x-4$ 所围成的图形的面积.

**解** 先求抛物线 $y^2=2x$ 与直线$y=x-4$ 的交点，解方程组

$$\begin{cases}y^2=2x,\\y=x-4.\end{cases}$$

可得交点坐标为(2,−2)和(8,4)，于是所围成的图形如图 4.15 所示，即左、右边界为曲线 $x=\frac{y^2}{2}$、$x=y+4$，上、下边界分别缩为一点，由公式(4.35)，可得所围成的图形的面积

$$A=\int_{-2}^{4}\left(y+4-\frac{y^2}{2}\right)\mathrm{d}y=\left(\frac{y^2}{2}+4y-\frac{y^3}{6}\right)\Big|_{-2}^{4}=18.$$

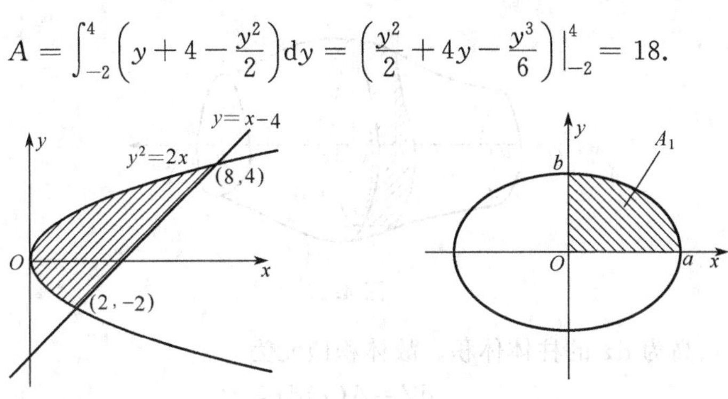


图 4.15　　　　图 4.16

也可以过点(2,−2)作铅直直线把此图形分为左、右两块，分别用公式(4.34)计算，然后相加而得，请读者自行完成.

**[例 4]** 求椭圆 $\dfrac{x^2}{a^2}+\dfrac{y^2}{b^2}=1$ 所围成的图形的面积.

**解**　如图 4.16 所示，整个图形被 $x$、$y$ 轴分成四部分，由对称性可知，整个图形的面积 $A$ 等于第一象限部分的图形的面积 $A_1$ 的四倍，而

$$A_1=\int_0^a y\mathrm{d}x=\frac{b}{a}\int_0^a\sqrt{a^2-x^2}\,\mathrm{d}x,$$

在上式中令 $x=a\sin t$，得

$$A_1=ab\int_0^{\frac{\pi}{2}}\cos^2 t\mathrm{d}t=\frac{ab}{2}\int_0^{\frac{\pi}{2}}(1+\cos 2t)\mathrm{d}t=\frac{\pi ab}{4}.$$

从而整个椭圆图形的面积

$$A=4A_1=\pi ab.$$

当 $a=b$ 时，便得到大家熟知的圆面积公式：$A=\pi a^2$.

(2) 平行截面面积为已知的立体的体积　设一立体(如图 4.17 所示)，它介于过点 $x=a$ 和 $x=b$ $(a<b)$且垂直于 $x$ 轴的两平行平面之间，对 $x\in[a,b]$，假设过点 $x$ 用垂直于 $x$ 轴的平面截该立体所得的截面面积为已知的连续函数 $A(x)$，则该立体的体积可以用定积分来计算.

具体做法是：取 $x$ 为积分变量，其变化区间为$[a,b]$，将$[a,b]$细分后任取代表小区间$[x,x+\mathrm{d}x]$，对应的薄片的体积近似于底面积为

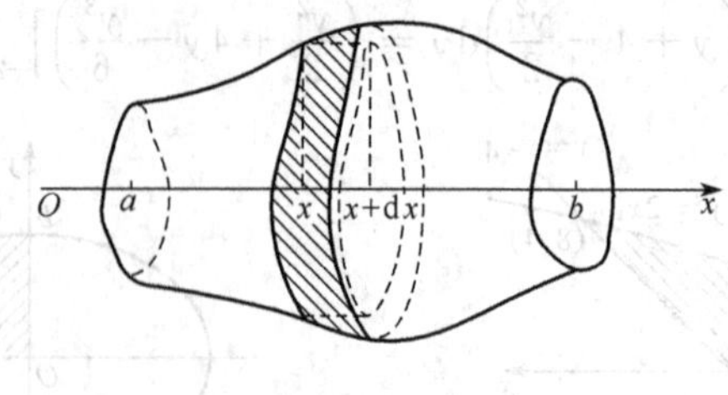


图 4.17

$A(x)$、高为 $\mathrm{d}x$ 的柱体体积，故体积微元为

$$\mathrm{d}V=A(x)\mathrm{d}x,$$

从而，所求立体的体积

$$V=\int_a^b A(x)\mathrm{d}x. \tag{4.36}$$

**[例 5]** 一立体图形的底为圆 $x^2+y^2=a^2$ 和 $x$，$y$ 两坐标轴在第一象限所围的部分，且已知垂直于 $y$ 轴的平面截此立体时均为正方形，如图 4.18. 试求该立体的体积.

**解** 取 $y$ 为积分变量，其变化范围为 $[0, a]$，而过点 $y$ 且垂直于 $y$ 轴的截面为边长 $=x$ 的正方形，其面积为

$$A(y)=x^2=a^2-y^2.$$

由公式(4.36)得知所求立体的体积为

$$V=\int_0^a A(y)\mathrm{d}y=\int_0^a (a^2-y^2)\mathrm{d}y=\frac{2}{3}a^3.$$

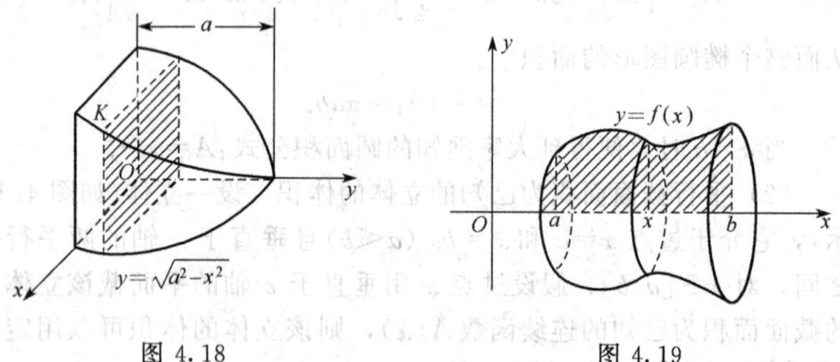


图 4.18　　图 4.19

此法特别适用于一类具轴对称性的立体——旋转体的体积的计算. 所谓旋转体就是一曲边梯形以其曲边所对的直边为对称轴，将曲边梯

形绕此轴旋转一周所得到的立体，将 $x$ 轴取为对称轴，则如图 4.19 所示．通常遇到的圆柱体、圆锥体、圆台体和球体等都是旋转体．

如图 4.19，设曲边梯形的曲边为连续曲线段 $y=f(x)$，$a\leqslant x\leqslant b$．现给出图中旋转体的体积计算公式．

易知，对 $x\in[a,b]$，过 $x$ 轴上该点的截面截得一圆盘，其半径为 $y=f(x)$，故其面积

$$A(x)=\pi|y|^2=\pi[f(x)]^2.$$

因而，由式(4.36)知该旋转体体积为

$$V_x=\pi\int_a^b[f(x)]^2\mathrm{d}x. \tag{4.37}$$

**［例 6］** 求椭圆 $\dfrac{x^2}{a^2}+\dfrac{y^2}{b^2}=1$ 所围图形分别绕 $x$ 轴与 $y$ 轴旋转所得的旋转体体积．

**解** 由于椭圆所围图形关于两坐标轴都是对称的，故只需考虑第一象限内的曲边梯形(图 4.20 中影线部分)，将它绕坐标轴旋转即可．

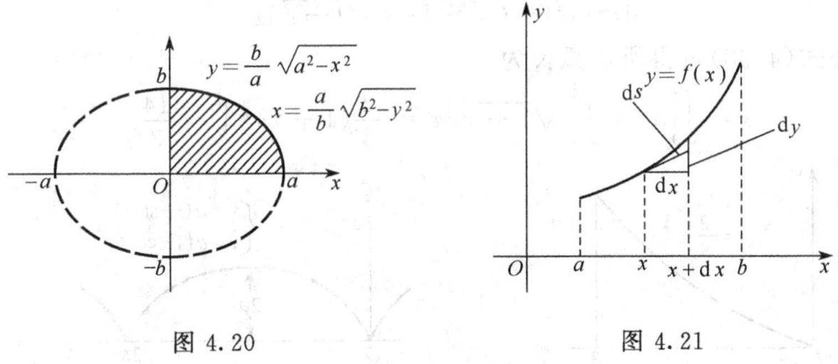


图 4.20

图 4.21

例如，绕 $x$ 轴旋转时，在 $x$ 处截面面积 $A(x)=\pi y^2$．故由公式(4.37)(乘以 2 倍)得体积

$$V_x=2\pi\int_0^a y^2\mathrm{d}x=\frac{2\pi b^2}{a^2}\int_0^a(a^2-x^2)\mathrm{d}x=\frac{4}{3}\pi ab^2.$$

类似地，可计算出绕 $y$ 轴旋转所得的立体体积

$$V_y=2\pi\int_0^b x^2\mathrm{d}y=\frac{2\pi a^2}{b^2}\int_0^b(b^2-y^2)\mathrm{d}y=\frac{4}{3}\pi a^2b.$$

特别当 $a=b$ 时，便得半径为 $a$ 的球体体积 $V=\dfrac{4}{3}\pi a^3$．

(3) **平面曲线的弧长** 设函数$y=f(x)$在$[a,b]$上具有连续的一阶导数，它对应于一段平面曲线弧，现给出其弧长的计算公式. 将区间$[a,b]$细分，任取一小区间$[x,x+\mathrm{d}x]$，对应的曲线弧的长度$\Delta s$可以用该曲线在点$(x,f(x))$处的相应切线段的长度来近似代替(如图4.21所示)，即

$$\Delta s\approx\sqrt{(\mathrm{d}x)^2+(\mathrm{d}y)^2}=\sqrt{1+(y')^2}\,\mathrm{d}x,$$

从而得出弧长$s$的微元(亦称为弧微分)为

$$\mathrm{d}s=\sqrt{(\mathrm{d}x)^2+(\mathrm{d}y)^2}=\sqrt{1+(y')^2}\,\mathrm{d}x.$$

利用微元法，得此平面曲线弧的长度为

$$s=\int_a^b\sqrt{1+(y')^2}\,\mathrm{d}x. \tag{4.38}$$

**[例 7]** 计算曲线$y=\dfrac{2}{3}x^{\frac{3}{2}}$上相应于$x\in[0,3]$的一段弧(如图4.22)的长度.

**解** 由于$y'=x^{\frac{1}{2}}$，从而弧微分

$$\mathrm{d}s=\sqrt{1+(y')^2}\,\mathrm{d}x=\sqrt{1+x}\,\mathrm{d}x,$$

由公式(4.38)可得所求弧长为

$$s=\int_0^3\mathrm{d}s=\int_0^3\sqrt{1+x}\,\mathrm{d}x=\frac{2}{3}(1+x)^{\frac{3}{2}}\Big|_0^3=\frac{14}{3}.$$

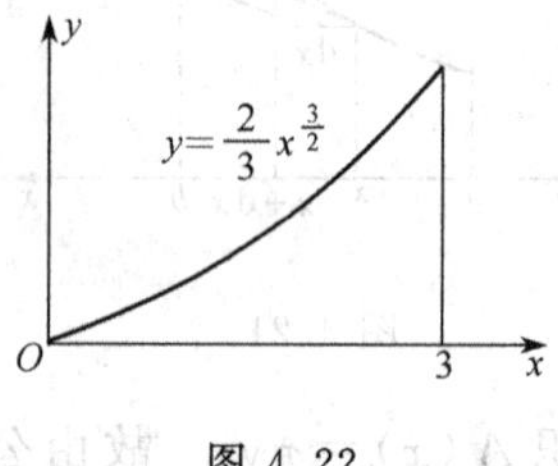

图 4.22

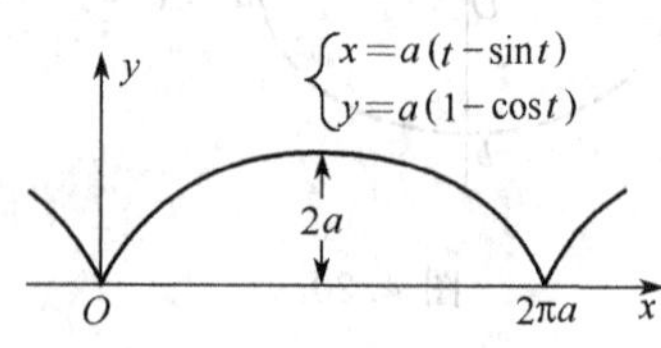

图 4.23

**[例 8]** 求摆线(如图 4.23)

$$\begin{cases}x=a(t-\sin t),\\ y=a(1-\cos t)\end{cases}$$

的一拱$(0\leqslant t\leqslant 2\pi)$的长度.

**解** 由于$\mathrm{d}x=a(1-\cos t)\mathrm{d}t$，$\mathrm{d}y=a\sin t\mathrm{d}t$，故弧微分

$$\mathrm{d}s=\sqrt{(\mathrm{d}x)^2+(\mathrm{d}y)^2}=a\cdot\sqrt{2(1-\cos t)}\,\mathrm{d}t=2a\sin\frac{t}{2}\mathrm{d}t.$$

故所求弧长为

$$s=\int_0^{2\pi}\mathrm{d}s=2a\int_0^{2\pi}\sin\frac{t}{2}\mathrm{d}t=-4a\cos\frac{t}{2}\Big|_0^{2\pi}=8a.$$

**3. 定积分在经济及其他方面的应用举例**

由第三章的最后一节可知，在经济学中导数表示一些边际经济量，如边际成本、边际收益、边际利润等，即由已知总经济量通过求导可得出边际经济量. 反过来，如果先知道了边际经济量，则利用积分可求出总经济量.

［**例 9**］设某企业生产一种产品的边际收益为 $R'(x)=75(20-\sqrt{x})$，求该产品的产量从 225 个单位增加到 400 个单位时所增加的收益.

**解** 由于收益微元 $\mathrm{d}R=R'(x)\mathrm{d}x=75(20-\sqrt{x})\mathrm{d}x$，故增加的收益为

$$R=\int_{225}^{400}\mathrm{d}R=\int_{225}^{400}75(20-\sqrt{x})\mathrm{d}x$$

$$=75\left(20x-\frac{2}{3}x^{\frac{3}{2}}\right)\Big|_{225}^{400}=31250.$$

［**例 10**］设某公司的边际成本是销量 $x$ 的函数，即 $C'(x)=2\mathrm{e}^{0.2x}$，若已知该公司的固定成本 $C_0=90$，求销量为 $x$ 时的总成本 $C(x)$.

**解** 由于总成本 $C=C_0+C_1$，其中 $C_0$ 为固定成本，$C_1$ 为可变成本，而 $C'(x)=C_1'(x)$，故销量为 $x$ 时的可变成本为

$$C_1(x)=\int_0^x C_1'(t)\mathrm{d}t=\int_0^x C'(t)\mathrm{d}t=2\int_0^x \mathrm{e}^{0.2t}\mathrm{d}t=10(\mathrm{e}^{0.2x}-1).$$

因此，销量为 $x$ 时的总成本为

$$C(x)=C_0+C_1(x)=10\mathrm{e}^{0.2x}+80.$$

［**例 11**］设某种商品日生产的固定成本为20元，而日产 $x$ 单位时的边际成本为 $C'(x)=0.1x+2$(元/单位)，销售 $x$ 单位时的边际收益 $R'(x)=-0.1x+18$(元/单位)，假定每天生产的产品可以全部售出，求总利润函数 $L(x)$，并问日产多少单位时才能获得最大利润.

**解** 由于

$$C(x)=C_0+C_1(x)=20+\int_0^x C_1'(t)\mathrm{d}t=20+\int_0^x C'(t)\mathrm{d}t$$

$$= 20 + \int_0^x (0.1t + 2)\mathrm{d}t = \frac{x^2}{20} + 2x + 20,$$

而

$$R(x) = \int_0^x R'(t)\mathrm{d}t = \int_0^x (-0.1t + 18)\mathrm{d}t = -\frac{x^2}{20} + 18x.$$

所以总利润函数

$$L(x) = R(x) - C(x) = -\frac{x^2}{20} + 18x - \left(\frac{x^2}{20} + 2x + 20\right)$$

$$= -\frac{x^2}{10} + 16x - 20.$$

又由于

$$L'(x) = -\frac{x}{5} + 16.$$

令 $L'(x)=0$ 得 $x=80$，又 $L''(x) = -\frac{1}{5} < 0$，故日产 80 单位才能获得最大利润，且最大利润为

$$L(80) = -\frac{80^2}{10} + 16 \times 80 - 20 = 620(\text{元}).$$

下面再举几个例子说明定积分可广泛应用于各种实际问题的计算.

［**例 12**］火车以144 km/h 的速度行驶，在到达某车站前以等加速度 $a=-2.5\ \mathrm{m/s^2}$ 刹车，问火车需要在到站前多少距离时开始刹车，才能使火车到站时停稳.

**解** 首先要计算从开始刹车到停车所需的时间，即匀减速运动从 $v_0=144\ \mathrm{km/h}$ 到 $v(t)=0$ 所需的时间．由于

$$v_0 = \frac{144 \times 1000}{3600} = 40\ \ (\mathrm{m/s}),$$

而 $v(t) = v_0 + at = 40 - 2.5t$，令 $v(t)=0$ 得 $t=16$ s，
因此，火车从开始刹车的地方到车站的距离为

$$S = \int_0^{16} v(t)\mathrm{d}t = \int_0^{16} (40 - 2.5t)\mathrm{d}t = \left[40t - \frac{5}{4}t^2\right]_0^{16} = 320\ (\mathrm{m}).$$

［**例 13**］一金属薄片形如直角三角形(如图 4.24)，其上任一点$(x,y)$处的面密度与该点处的横坐标 $x$ 的平方成正比，求此薄片的质量 $m$.

**解** 设薄片上任一点$(x,y)$处的面密度为$\mu$，则由题设可知

$$\mu=kx^2,$$

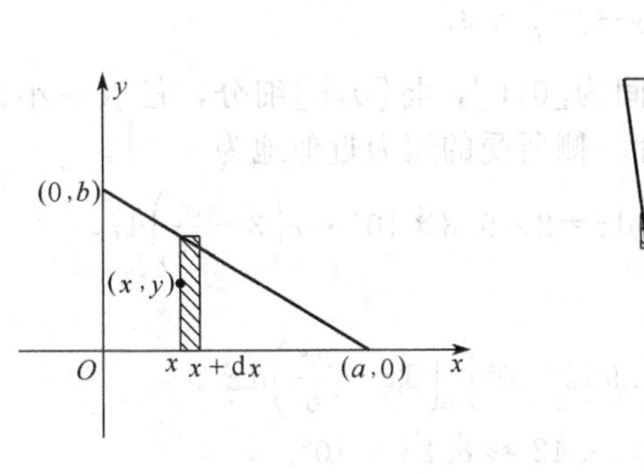

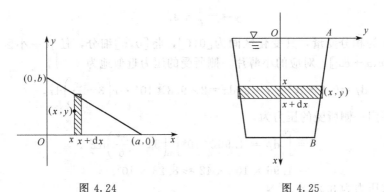

图 4.24

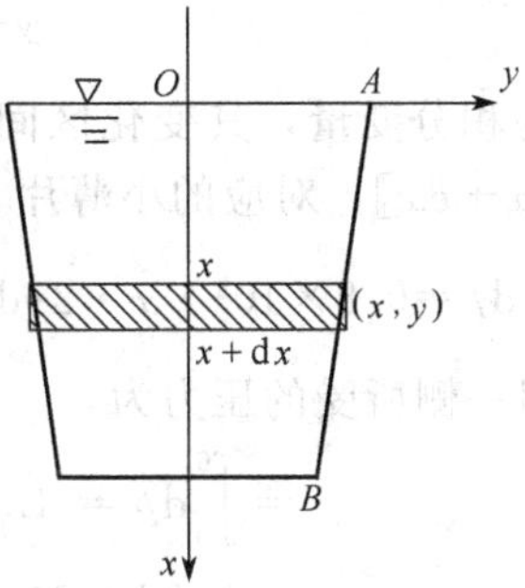

图 4.25

其中$k$为比例常数．亦即薄片上横坐标相同点处的面密度是相同的．现取$x$为积分变量，其变化区间为$[0,a]$，将$[0,a]$细分后任取一小区间$[x,x+\mathrm{d}x]$，那么对应的小薄片的面积近似于高为$y=\dfrac{b}{a}(a-x)$、底为$\mathrm{d}x$的小矩形的面积，而小矩形内每一点处的面密度可近似地看成是均匀的，以$kx^2$为密度，于是小薄片的质量为

$$\Delta m\approx kx^2\,\mathrm{d}A=kx^2\cdot\frac{b}{a}(a-x)\,\mathrm{d}x=\frac{bk}{a}(ax^2-x^3)\,\mathrm{d}x,$$

即薄片的质量微元为

$$\mathrm{d}m=\frac{kb}{a}(ax^2-x^3)\,\mathrm{d}x.$$

从而薄片的总质量

$$m=\int_0^a\mathrm{d}m=\frac{kb}{a}\int_0^a(ax^2-x^3)\,\mathrm{d}x=\frac{kb}{a}\left(\frac{a}{3}x^3-\frac{x^4}{4}\right)\Bigg|_0^a=\frac{ka^3b}{12}.$$

**[例 14]** 一闸门呈倒置的等腰梯形直立于水中，上、下底的长度分别为 6 m 和 4 m，而高为 6 m，当闸门上底正好位于水面时求其一侧所受到的水压力(设水的密度为$10^3$ kg/m$^3$)．

**解** 由物理学可知，如果将一面积为$S$的薄片与液体表面垂直地放置在距液面深$h$处，那么薄片一侧所受的压力为

$$p=\rho ghS,$$

其中 $\rho$ 为液体的密度.

现如图 4.25 建立平面直角坐标系，则直线 $AB$ 的方程为

$$y=-\frac{x}{6}+3.$$

取 $x$ 为积分变量，其变化区间为[0,6]，将[0,6]细分，任取一小区间$[x,x+\mathrm{d}x]$，对应的小薄片一侧所受的压力近似地为

$$\mathrm{d}p=9.8\times10^3\cdot x\cdot 2y\mathrm{d}x=2\times9.8\times10^3\cdot x\left(3-\frac{x}{6}\right)\mathrm{d}x,$$

故闸门一侧所受的压力为

$$\begin{aligned}p&=\int_0^6\mathrm{d}p=1.96\times10^4\int_0^6\left(3x-\frac{x^2}{6}\right)\mathrm{d}x\\&=1.96\times10^4\times42\approx8.23\times10^5.\end{aligned}$$

所求压力为 $8.23\times10^5$ N.

**[例 15]** 某城市居民人口分布密度为

$$p(r)=\frac{1}{r^2+2r+2},$$

其中 $r$(km)是离开市中心的距离，$p(r)$的单位是 10 万人/km$^2$. 求该城市离市中心 10 km 范围内的人口数.

**解** 取 $r$ 为积分变量，其变化区间为[0,10]，将[0,10]细分，任取一小区间$[r,r+\mathrm{d}r]$，那么在离开市中心 $r$ 到 $r+\mathrm{d}r$ km 的范围内的人口数的近似值为

$$\mathrm{d}p=p(r)\mathrm{d}A=2\pi rp(r)\mathrm{d}r,$$

因此，离市中心 10km 范围内的人口数

$$\begin{aligned}p&=\int_0^{10}\mathrm{d}p=2\pi\int_0^{10}\frac{r\mathrm{d}r}{r^2+2r+2}\\&=\pi\left[\int_0^{10}\frac{\mathrm{d}(r^2+2r+2)}{r^2+2r+2}-2\int_0^{10}\frac{\mathrm{d}(r+1)}{(r+1)^2+1}\right]\\&=\pi\left[\ln(r^2+2r+2)\Big|_0^{10}-2\arctan(r+1)\Big|_0^{10}\right]\\&=\pi(\ln61-2\arctan 11+2\arctan 1)\\&\approx8.55=85.5\ (\text{万人}).\end{aligned}$$

即离市中心 10 km 范围内约有 855000 人.

## 练 习 4

1. 利用定积分定义计算下列积分：

(1) $\int_0^4 2x\mathrm{d}x$；　　(2) $\int_0^1 (3x^2+1)\mathrm{d}x$.

2. 利用定积分的几何意义，说明下列等式：

(1) $\int_0^1 2x\mathrm{d}x = 1$；　　(2) $\int_{-\frac{\pi}{2}}^{\frac{\pi}{2}} \cos x\mathrm{d}x = 2\int_0^{\frac{\pi}{2}} \cos x\mathrm{d}x$；

(3) $\int_{-1}^1 \sqrt{1-x^2}\mathrm{d}x = \frac{\pi}{2}$；　　(4) $\int_{-1}^1 x^3\mathrm{d}x = 0$.

3. 估计下列各积分的值：

(1) $\int_1^4 (x^2+1)\mathrm{d}x$；　　(2) $\int_0^1 \mathrm{e}^x\mathrm{d}x$ .

4. 求下列函数对 $x$ 的导数：

(1) $y = \int_0^x \sqrt{1+t}\mathrm{d}t$；　　(2) $y = \int_{-x}^0 \sin t^2\mathrm{d}t$；

(3) $y = \int_0^{x^2} \frac{\mathrm{d}t}{\sqrt{1+t^4}}$；　　(4) $y = \int_{x^2}^{x^3} \mathrm{e}^{-t}\mathrm{d}t$.

5. 计算下列定积分：

(1) $\int_0^1 (3x^2-x+1)\mathrm{d}x$；　　(2) $\int_1^2 \left(x^2+\frac{1}{x^4}\right)\mathrm{d}x$；

(3) $\int_{-1-\mathrm{e}}^{-2} \frac{\mathrm{d}x}{1+x}$；　　(4) $\int_{-\frac{1}{2}}^{\frac{1}{2}} \frac{\mathrm{d}x}{\sqrt{1-x^2}}$；

(5) $\int_{\frac{1}{\sqrt{3}}}^{\sqrt{3}} \frac{\mathrm{d}x}{1+x^2}$；　　(6) $\int_{-1}^2 2\mid x\mid\mathrm{d}x$；

(7) $\int_1^4 \mid x-2\mid\mathrm{d}x$；　　(8) $\int_{-\pi}^{\pi} \mid\sin x\mid\mathrm{d}x$.

6. 计算下列不定积分：

(1) $\int (x^2+1)^2\mathrm{d}x$；　　(2) $\int \frac{(1-x)^2}{\sqrt{x}}\mathrm{d}x$；

(3) $\int \left[\frac{2}{1+x^2}-\frac{3}{\sqrt{1-x^2}}\right]\mathrm{d}x$；　　(4) $\int \left[2\mathrm{e}^x+\frac{7}{x}\right]\mathrm{d}x$；

(5) $\int \sin^2\frac{x}{2}\mathrm{d}x$；　　(6) $\int \sec x(\sec x-\tan x)\mathrm{d}x$；

(7) $\int \frac{\mathrm{e}^{2x}-1}{\mathrm{e}^x+1}\mathrm{d}x$；　　(8) $\int \frac{3x^4+3x^2+1}{x^2+1}\mathrm{d}x$；

(9) $\int \frac{1+\cos^2 x}{1+\cos 2x}\mathrm{d}x$；　　(10) $\int \frac{\mathrm{d}x}{x^2(1+x^2)}$.

7. 求下列不定积分：

(1) $\int \frac{\mathrm{d}x}{2+3x}$；　　(2) $\int x^2\cdot\sqrt{1+x^3}\mathrm{d}x$；

(3) $\int\left(e^{2x}-\cos\frac{x}{3}\right)dx$;

(4) $\int\frac{\sin\sqrt{x}}{\sqrt{x}}dx$;

(5) $\int\frac{\ln(1+x)}{1+x}dx$;

(6) $\int\frac{e^{\frac{1}{x}}}{x^2}dx$;

(7) $\int\frac{(\arctan x)^2}{1+x^2}dx$;

(8) $\int\frac{2x-1}{x^2-x+3}dx$;

(9) $\int\frac{x-1}{x^2+1}dx$;

(10) $\int\frac{dx}{9+4x^2}$;

(11) $\int\frac{dx}{(x-1)(x+2)}$;

(12) $\int x\cos(3x^2)dx$;

(13) $\int\frac{\sin x}{\cos^3 x}dx$;

(14) $\int\cos^3 x dx$;

(15) $\int\frac{2x+1}{(x-1)^8}dx$;

(16) $\int\tan^6 x\sec^2 x dx$ ;

(17) $\int\frac{dx}{1+\sqrt{2x}}$;

(18) $\int\frac{x^2}{\sqrt{1-x^2}}dx$;

(19) $\int\frac{dx}{x(x^6+1)}$;

(20) $\int\frac{\sqrt{x^2-9}}{x}dx(x>3)$;

(21) $\int\frac{dx}{\sqrt{x}+\sqrt[4]{x}}$;

(22) $\int\frac{dx}{\sqrt{(x^2+1)^3}}$;

(23) $\int\frac{dx}{e^x+e^{-x}}$;

(24) $\int\frac{dx}{\sqrt{1+e^x}}$ .

8. 求下列不定积分：

(1) $\int x\sin x dx$;

(2) $\int 2xe^{-2x}dx$;

(3) $\int x\cos 3x dx$;

(4) $\int\arcsin x dx$;

(5) $\int\ln(x^2+1)dx$;

(6) $\int\frac{\ln\ln x}{x}dx$;

(7) $\int e^x\cos x dx$;

(8) $\int x\tan^2 x dx$;

(9) $\int\sin(\ln x)dx$;

(10) $\int e^{\sqrt[3]{x}}dx$.

9. 求下列定积分：

(1) $\int_0^4\frac{dt}{1+\sqrt{t}}$;

(2) $\int_{\frac{1}{\pi}}^{\frac{2}{\pi}}\frac{1}{x^2}\sin\frac{1}{x}dx$;

(3) $\int_{-\frac{\pi}{2}}^{\frac{\pi}{2}}\sqrt{\cos^3 x-\cos^5 x}dx$;

(4) $\int_0^{\pi}\sqrt{1+\sin 2x}dx$;

(5) $\int_{-1}^{1}\frac{x\mathrm{d}x}{\sqrt{5-4x}}$；　　　(6) $\int_{0}^{1}\sqrt{4-x^2}\,\mathrm{d}x$；

(7) $\int_{0}^{\frac{\pi}{4}}\tan^3 x\mathrm{d}x$；　　　(8) $\int_{\sqrt{2}}^{2}\frac{\mathrm{d}x}{\sqrt{x^2-1}}$；

(9) $\int_{1}^{\sqrt{3}}\frac{\mathrm{d}x}{x\sqrt{x^2+1}}$；　　　(10) $\int_{0}^{\ln 2}\sqrt{\mathrm{e}^x-1}\,\mathrm{d}x$.

10. 计算下列定积分：

(1) $\int_{-\pi}^{\pi}x^2\sin x\mathrm{d}x$；　　　(2) $\int_{-\frac{\pi}{4}}^{\frac{\pi}{4}}(1+x^6\tan x)\mathrm{d}x$；

(3) $\int_{-\frac{1}{2}}^{\frac{1}{2}}\frac{(\arcsin x)^2}{\sqrt{1-x^2}}\mathrm{d}x$；　　　(4) $\int_{-\frac{\pi}{2}}^{\frac{\pi}{2}}(x+\cos x)\sin^2 x\mathrm{d}x$.

11. 证明：当 $x>0$ 时，$\int_{x}^{1}\frac{\mathrm{d}t}{1+t^2}=\int_{1}^{\frac{1}{x}}\frac{\mathrm{d}t}{1+t^2}$.

12. 设 $f(x)$为连续函数，证明：

$$\int_{0}^{a}x^3 f(x^2)\mathrm{d}x=\frac{1}{2}\int_{0}^{a^2}xf(x)\mathrm{d}x.$$

13. 求下列定积分：

(1) $\int_{1}^{\mathrm{e}}\ln x\mathrm{d}x$；　　　(2) $\int_{0}^{1}x\mathrm{e}^{2x}\mathrm{d}x$；

(3) $\int_{0}^{\sqrt{3}}x\arctan x\mathrm{d}x$；　　　(4) $\int_{1}^{4}\frac{\ln x}{\sqrt{x}}\mathrm{d}x$；

(5) $\int_{0}^{2\pi}x\cos^2 x\mathrm{d}x$；　　　(6) $\int_{0}^{1}(1-x^2)^3\mathrm{d}x$.

14. 已知 $f(x)$ 的一个原函数是：$(\sin x)\ln x$，求$\int_{1}^{\pi}xf'(x)\mathrm{d}x$.

15. 求下列广义积分：

(1) $\int_{-\infty}^{0}\frac{\mathrm{d}x}{1-x}$；　　　(2) $\int_{1}^{+\infty}\frac{\mathrm{d}x}{x(x+1)}$；

(3) $\int_{1}^{+\infty}\mathrm{e}^{-\sqrt{x}}\mathrm{d}x$；　　　(4) $\int_{-\infty}^{+\infty}\frac{\mathrm{d}x}{x^2+2x+2}$；

(5) $\int_{1}^{2}\frac{x}{\sqrt{x-1}}\mathrm{d}x$；　　　(6) $\int_{-1}^{1}\frac{\mathrm{d}x}{\sqrt{1-x^2}}$；

(7) $\int_{0}^{2}\frac{\mathrm{d}x}{(1-x)^2}$；　　　(8) $\int_{0}^{+\infty}\frac{1}{\sqrt{x}}\mathrm{e}^{-\sqrt{x}}\mathrm{d}x$.

16. 求下列各题中平面图形的面积：

(1) 由曲线 $y=3+2x-x^2$，直线 $x=1$、$x=5$ 和 $x$ 轴所围成的图形；

(2) 由曲线 $y=\mathrm{e}^x$、直线 $y=\mathrm{e}$ 及 $y$ 轴所围成的图形；

(3) 由曲线 $y=x^2$ 与直线 $y=2x+3$ 所围成；

(4) 由曲线 $y=\frac{1}{x}$ 与直线 $y=x$、$x=2$ 所围成；

(5) 由曲线 $y=x^2$ 与直线 $y=x$ 及 $y=2x$ 所围成；

(6) 由曲线 $y=\sin x \quad \left(0\leqslant x\leqslant\frac{\pi}{2}\right)$ 与直线 $y=1$ 及 $y$ 轴所围成.

17. 求由抛物线 $y=-x^2+4x-3$ 及其在点(0，−3)和(3，0)处的切线所围成的图形的面积.

18. 求以半径为 $R$ 的圆为底、平行且等于底圆直径的线段为顶、高为 $h$ 的正劈锥体的体积(如图 4.26 所示).

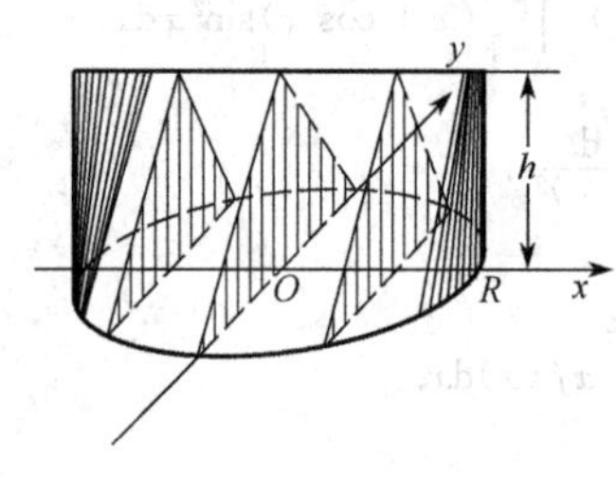


图 4.26

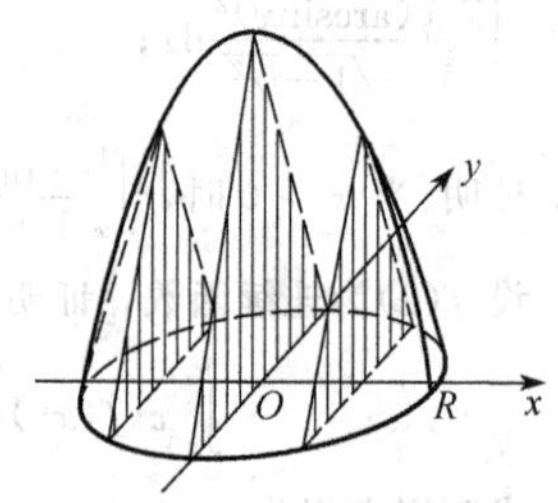


图 4.27

19. 计算底面是半径为 $R$ 的圆，而垂直于底面上一条固定直径的所有截面都是等边三角形的立体体积(如图 4.27 所示).

20. 求下列平面图形绕指定轴旋转所得的旋转体体积：

(1) 直线 $x-2y+2=0$ 与 $x$ 轴、$y$ 轴所围成，绕 $x$ 轴；

(2) 曲线 $y^2=4x$ 与 $y=2$ 及 $y$ 轴所围成，绕 $y$ 轴；

(3) 曲线 $y=x^3$ 与 $x=2$ 及 $x$ 轴所围成，分别绕 $x$ 轴、$y$ 轴；

(4) 曲线 $x^2+(y-5)^2=16$ 所围，绕 $x$ 轴.

21. 求曲线 $y=\frac{\sqrt{x}}{3}(3-x)$ 上相应于 $1\leqslant x\leqslant 3$ 的一段弧的长度.

22. 求星形线 $\begin{cases} x=a\cos^3 t, \\ y=a\sin^3 t \end{cases}$ 的全长(如图 4.28 所示).

23. 已知某产品总产量的变化率是时间 $t$(单位：年)的函数

$$f(t)=2t+5,$$

分别求第一个五年和第二个五年的总产量.

24. 已知某产品生产 $x$ 个单位时，边际收益为 $R'(x)=200-\frac{x}{100}$，

(1) 求生产了 50 个单位时的总收益；

(2) 如果已经生产了 100 个单位，求再生产 100 个单位时的总收益.

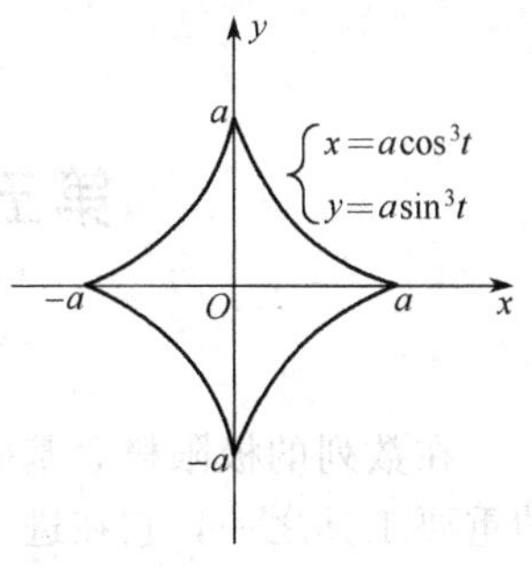

图 4.28

25. 某产品的边际成本 $C'=1$，而生产量为 $x$(百台)时的边际收益为$R'(x)=5-x$，其中 $C$、$R$ 的单位为万元.

(1) 问生产量等于多少时，总利润最大?

(2) 在利润最大的生产量的基础上又生产了 100 台，总利润减少了多少?

26. 设生产某产品的固定成本为 18.02 元，而生产 $x$ 单位产品的边际成本为 $C'(x)=32-0.04x$，求生产 200 单位产品的总成本.

27. 某公司销售 $x$ 单位产品的边际收益为$R'(x)=100-5x$，求

(1) 收益函数;

(2) 销售 18 单位时的总收益;

(3) 需求函数.

28. 一物体以速度 $v(t)=3t^2+2t$ (m/s)作直线运动，求它在[0, 3]内的平均速度.

29. 一直径为 6m 的半圆形闸门，铅直地浸入水中，其直径恰好位于水表面，求闸门一侧受到的水压力.

30. 设某日 12h 内气温 $T$(℃)与时间 $t$(h)的关系为

$$T(t)=12+3t-0.2t^2,$$

求前 6h 及整个 12h 内的平均温度.

牛顿在发明“正流数术”的第二年又建立“反流数术”，并讨论了利用这种逆运算求面积，从而建立了微积分基本定理. 这些都整理成第三章末所提到的《流数简论》一文中.

莱布尼兹则于1686 年发表了第一篇积分学论文《深奥的几何与不可分量及无限的分析》，阐述了求积问题及其与微分问题的互逆关系. 并首次引入积分符号“∫”.

# 第五章　无穷级数

在数列的极限概念基础上发展出来的无穷级数理论是数学研究中的重要工具之一，它在进一步深入研究函数的性质以及数值计算等方面都有重要的应用，本章就来介绍这方面的基本内容.

## 第一节　无穷级数的敛散性

### 1. 无穷级数的有关概念

从第二章所讨论到的数列开始. 给定了一个无穷数列$\{u_n\}$：

$$u_1, u_2, \cdots, u_n, \cdots,$$

把它的各项用加号连接起来，即

$$u_1 + u_2 + \cdots + u_n + \cdots,$$

并用符号"$\sum$"来表示求和，上式简记为

$$\sum_{n=1}^{\infty} u_n = u_1 + u_2 + \cdots + u_n + \cdots. \tag{5.1}$$

这一无穷个实数求和的式(5.1)就称为**数项无穷级数**，简称为**数项级数**或**级数**. 式(5.1)中的第 $n$ 项称为数项级数的**一般项**或**通项**.

把式(5.1)的前 $n$ 项的和记为 $S_n$，即

$$S_n = u_1 + u_2 + \cdots + u_n = \sum_{i=1}^{n} u_i, \tag{5.2}$$

称式(5.2)为级数(5.1)的**前 $n$ 项部分和**. 从而得到一个数列

$$S_1, S_2, \cdots, S_n, \cdots, \tag{5.3}$$

称式(5.3)为级数(5.1)的**部分和数列**.

根据部分和数列$\{S_n\}$的收敛或发散性质(以下简称为**敛散性**)可以引导出级数(5.1)的收敛或发散性质.

**定义 5.1**　如果级数$\sum\limits_{n=1}^{\infty} u_n$的部分和数列$\{S_n\}$收敛，即

$$\lim_{n\to\infty} S_n = S \quad (S\text{ 为一实数}),$$

则称无穷级数 $\sum_{n=1}^{\infty} u_n$ **收敛**，极限 $S$ 称为此**级数的和**，可表示为

$$S = \sum_{n=1}^{\infty} u_n = u_1 + u_2 + u_3 + \cdots + u_n + \cdots;$$

如果 $\{S_n\}$ 发散，则称无穷级数 $\sum_{n=1}^{\infty} u_n$ **发散**，它就没有和.

当级数 $\sum_{n=1}^{\infty} u_n$ 收敛时，部分和 $S_n$ 和级数的和 $S$ 的差

$$R_n = S - S_n = u_{n+1} + u_{n+2} + \cdots = \sum_{k=n+1}^{\infty} u_k,$$

称为该级数的**第 $n$ 个余项**，或简称为**余项**. $|R_n|$ 就是用 $S_n$ 作为 $S$ 的近似值所产生的误差.

上述定义表明：判断一个级数 $\sum_{n=1}^{\infty} u_n$ 的敛散性问题归结为其部分和数列 $\{S_n\}$ 的敛散性问题. 反之，有时也将数列 $\{a_n\}$ 的敛散性问题转化为一个相应的级数的敛散性问题. 可令 $a_0 = 0$,

$$u_1 = a_1 - a_0,\ u_2 = a_2 - a_1,\ u_3 = a_3 - a_2,\ \cdots,$$
$$u_n = a_n - a_{n-1},\ \cdots,$$

则得级数

$$\sum_{n=1}^{\infty} u_n = \sum_{n=1}^{\infty} (a_n - a_{n-1}),$$

易见级数 $\sum_{n=1}^{\infty} u_n$ 的部分和数列即为 $\{a_n\}$.

下面举几个例子说明如果能简化部分和数列求出其极限，则可依定义 5.1 来判别相应级数的敛散性.

**[例 1]** 无穷级数

$$\sum_{n=1}^{\infty} aq^{n-1} = a + aq + aq^2 + \cdots + aq^{n-1} + \cdots \tag{5.4}$$

叫做**等比级数**，又称**几何级数**，其中 $a\neq 0$，$q$ 称为级数的**公比**. 试讨论该级数的敛散性.

**解** 设$|q|\neq1$，则部分和

$$\begin{aligned}S_n&=a+aq+\cdots+aq^{n-1}\\&=\frac{a-aq^n}{1-q}\\&=\frac{a}{1-q}-\frac{a}{1-q}\cdot q^n.\end{aligned}$$

如果$|q|<1$，

由于
$$\lim_{n\to\infty}q^n=0,$$
则
$$\lim_{n\to\infty}S_n=\frac{a}{1-q},$$
所以，当$|q|<1$时，几何级数(5.4)收敛，其和为$\frac{a}{1-q}$.

当$|q|>1$时，

由于
$$\lim_{n\to\infty}q^n=\infty,$$
则
$$\lim_{n\to\infty}S_n=\infty,$$
所以，当$|q|>1$时，级数(5.4)发散，它没有和.

当$|q|=1$时，分$q=1$，$q=-1$讨论

$q=1$，$S_n=a+a+\cdots+a=na$.

从而 $\lim\limits_{n\to\infty}S_n=\infty$，所以级数(5.4)发散；

$q=-1$，$S=a-a+a-a+\cdots$，当$n$为偶数时，$S_n=0$；当$n$为奇数时，$S_n=a$，因此当$n\to\infty$时，$S_n$无极限，此时级数(5.4)发散.

综上，有以下重要结论：

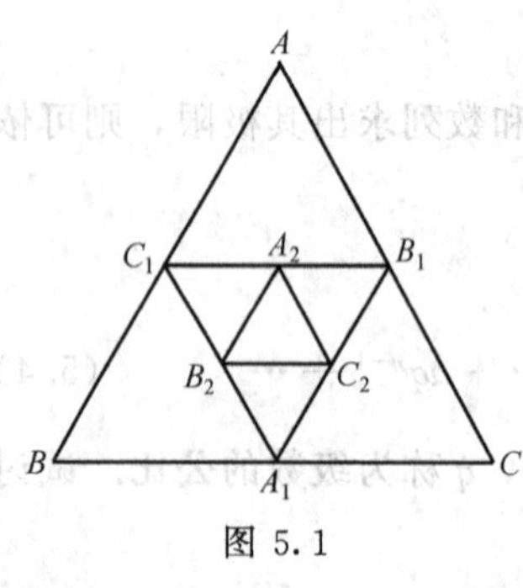

图 5.1

几何级数$\sum\limits_{n=1}^{\infty}aq^{n-1}$，当$|q|<1$时级数收敛，其和为$\frac{a}{1-q}$；当$|q|\geqslant1$时级数发散．这是一个重要的标准级数.

[**例 2**] 如图 5.1 所示．等边三角形$ABC$的面积等于 1，连接这个三角形各边的中点得到一个小三角形$A_1B_1C_1$，再连接此小三角形各边的中点得到一个

更小的三角形 $A_2B_2C_2$，如此无限继续下去，求所得到的这些三角形面积的和.

**解** 由题意可得所有的三角形面积的和是

$$1+\frac{1}{4}+\left(\frac{1}{4}\right)^2+\left(\frac{1}{4}\right)^3+\cdots.$$

这是一个公比 $q=\frac{1}{4}$ 的几何级数，因而收敛，其和应为

$$S=\frac{1}{1-\frac{1}{4}}=\frac{4}{3}.$$

**[例 3]** 判断级数 $\sum\limits_{n=1}^{\infty}\ln\left(1+\frac{1}{n}\right)$ 的敛散性.

**解** 考虑级数的部分和

$$\begin{aligned}S_n&=\ln(1+1)+\ln\left(1+\frac{1}{2}\right)+\ln\left(1+\frac{1}{3}\right)+\cdots+\ln\left(1+\frac{1}{n}\right)\\&=\ln 2+\ln\frac{3}{2}+\ln\frac{4}{3}+\cdots+\ln\frac{n+1}{n}\\&=\ln 2+(\ln 3-\ln 2)+(\ln 4-\ln 3)\cdots+[\ln(n+1)-\ln n]\\&=\ln(n+1),\end{aligned}$$

因为

$$\lim_{n\to\infty}S_n=+\infty,$$

从而可知级数 $\sum\limits_{n=1}^{\infty}\ln\left(1+\frac{1}{n}\right)$ 发散.

**[例 4]** 求证级数 $\sum\limits_{n=1}^{\infty}\frac{1}{n(n+1)}$ 收敛，且其和为 1.

**证** 因为级数部分和

$$\begin{aligned}S_n&=\sum_{k=1}^{n}\frac{1}{k(k+1)}\\&=\sum_{k=1}^{n}\left(\frac{1}{k}-\frac{1}{k+1}\right)\\&=\left(1-\frac{1}{2}\right)+\left(\frac{1}{2}-\frac{1}{3}\right)+\cdots+\left(\frac{1}{n}-\frac{1}{n+1}\right)\\&=1-\frac{1}{n+1},\end{aligned}$$

由
$$\lim_{n\to\infty} S_n=\lim_{n\to\infty}\left(1-\frac{1}{n+1}\right)=1.$$

故级数$\sum\limits_{n=1}^{\infty}\dfrac{1}{n(n+1)}$收敛，且其和为 1.

但对绝大部分级数来说，要把部分和数列简化为有限形式，而求出其极限或判断其极限不存在，往往是很难办到的. 且在应用级数理论时也并不企望求出其和，而只要知道其和是否存在？亦即级数是收敛还是发散？为此，我们将给出一些简明的法则，直接从通项 $u_n$(而不是复杂的部分和 $S_n$)的形式就可以判别 级数$\sum\limits_{n=1}^{\infty}u_n$的敛散性. 为此首先要对级数的基本性质展开一些讨论.

**2. 级数的基本性质**

**性质 1**　如级数$\sum\limits_{n=1}^{\infty}u_n$收敛于$S_1$，级数$\sum\limits_{n=1}^{\infty}v_n$收敛于$S_2$，则级数$\sum\limits_{n=1}^{\infty}(u_n\pm v_n)$也收敛，其和为$S_1\pm S_2$.

**证**　设$S_{n1}$、$S_{n2}$、$S_n$分别为级数$\sum\limits_{n=1}^{\infty}u_n$、$\sum\limits_{n=1}^{\infty}v_n$，$\sum\limits_{n=1}^{\infty}(u_n\pm v_n)$的前 $n$ 个部分和，则

$$\begin{aligned}S_n&=(u_1\pm v_1)+(u_2\pm v_2)+\cdots+(u_n\pm v_n)\\&=(u_1+u_2+\cdots+u_n)\pm(v_1+v_2+\cdots+v_n)\\&=S_{n1}\pm S_{n2},\end{aligned}$$

故依极限的运算性质可得

$$\lim_{n\to\infty} S_n=\lim_{n\to\infty}(S_{n1}\pm S_{n2})=\lim_{n\to\infty} S_{n1}\pm\lim_{n\to\infty} S_{n2}=S_1\pm S_2,$$

这就说明级数$\sum\limits_{n=1}^{\infty}(u_n\pm v_n)$收敛于$S_1\pm S_2$，即

$$\sum_{n=1}^{\infty}(u_n\pm v_n)=\sum_{n=1}^{\infty}u_n\pm\sum_{n=1}^{\infty}v_n.$$

上式说明两个收敛级数可以逐项相加或相减，所得级数仍收敛.

**性质 2**　如果级数$\sum\limits_{n=1}^{\infty}u_n$收敛于$S$，$C$为常数，则级数$\sum\limits_{n=1}^{\infty}Cu_n$也

收敛，且其和为 $CS$，即

$$\sum_{n=1}^{\infty} Cu_n = C\sum_{n=1}^{\infty} u_n = CS.$$

**证**　设级数 $\sum_{n=1}^{\infty} u_n$ 前 $n$ 项和为 $S_n$，因为 $\sum_{n=1}^{\infty} u_n$ 收敛于 $S$，所以 $\lim_{n\to\infty} S_n = S$ 记 $\sum_{n=1}^{\infty} Cu_n$ 前 $n$ 项和为 $T_n$，则

$$\begin{aligned} T_n &= Cu_1 + Cu_2 + \cdots + Cu_n \\ &= C(u_1 + u_2 + \cdots + u_n) \\ &= CS_n. \end{aligned}$$

从而可得　　$\lim_{n\to\infty} T_n = \lim_{n\to\infty} CS_n = C\lim_{n\to\infty} S_n = CS.$

性质 2 说明，将收敛级数的各项乘以一常数，所得级数仍收敛；且同理推知，发散级数的各项乘以一非零常数后所得的级数仍发散. 即级数各项乘以非零常数不改变敛散性.

**性质 3**　在级数前面加上有限项或去掉有限项，级数的敛散性不变.

**证**　考虑以下两个级数

$$u_1 + u_2 + \cdots + u_k + u_{k+1} + u_{k+2} + \cdots + u_{k+n} + \cdots, \tag{5.5}$$

$$u_{k+1} + u_{k+2} + \cdots + u_{k+n} + \cdots. \tag{5.6}$$

级数(5.6)是级数(5.5)去掉前 $k$ 项而得，而级数(5.5)也可视为由级数(5.6)加上前 $k$ 项所得的级数.

设 $S_n$ 和 $T_n(n\geqslant k)$ 分别为级数(5.5)和式(5.6)的部分和，则有

$$T_n = S_{n+k} - S_k.$$

由于 $k$ 有限，$S_k$ 是常数，所以 $T_n$ 和 $S_{n+k}$ 同时有极限或同时无极限. 因而 $T_n$ 和 $S_n$ 也同时有或同时无极限，故两个级数有相同的敛散性.

**性质 4**　设级数 $\sum_{n=1}^{\infty} u_n$ 收敛，其和为 $S$，则保持原有顺序对其任意添加括号后所成的级数仍收敛，且其和仍为 $S$.

**证**　设 $T_m$ 表示加括号后新级数的前 $m$ 项部分和，用 $S_p$（$p$ 依赖于 $m$，且 $p\geqslant m$）表示原级数 $\sum_{n=1}^{\infty} u_n$ 中恰好包括 $T_m$ 中所有项的部分

和，则有

$$T_m = S_p.$$

当 $m \to \infty$ 时，$p \to \infty$，故有

$$\lim_{m \to \infty} T_m = \lim_{p \to \infty} S_p = S.$$

**推论** 如果加括号后所成的级数发散，则原来的级数也发散.

**注** 性质 4 的逆命题未必正确，即由级数加括号后所得级数收敛，并不能断定原级数是收敛的. 例如，级数

$$(1-1)+(1-1)+\cdots+(1-1)+\cdots$$

收敛于零，而去掉括号后的级数

$$1-1+1-1+\cdots+1-1+\cdots$$

是发散的.

**性质 5** （收敛的必要条件）若级数 $\sum_{n=1}^{\infty} u_n$ 收敛，则对其通项 $u_n$ 必有

$$\lim_{n \to \infty} u_n = 0 .$$

**证** 设级数 $\sum_{n=1}^{\infty} u_n$ 的部分和为 $S_n$，由于级数收敛，设其和为 $S$，则有

$$\lim_{n \to \infty} S_n = S.$$

由于
$$u_n = S_n - S_{n-1},$$
故
$$\lim_{n \to \infty} u_n = \lim_{n \to \infty} (S_n - S_{n-1}) = S - S = 0 .$$

性质 5 是一个常用的重要性质. 考虑一个级数的敛散性时，可以首先考察当 $n \to \infty$ 时，级数的通项 $u_n$ 是否趋于零. 只要能断言 $\lim\limits_{n \to \infty} u_n \neq 0$，则该级数发散.

[**例 5**] 判定下列级数的敛散性：

(i) $\sum_{n=1}^{\infty} n \sin \frac{\pi}{n}$；　　(ii) $\sum_{n=1}^{\infty} (-1)^n \frac{n}{n+1}$.

**解** (i) 由于级数 $\sum_{n=1}^{\infty} n \sin \frac{\pi}{n}$ 的通项 $u_n = n \sin \frac{\pi}{n}$. 而

$$\lim_{n\to\infty} u_n=\lim_{n\to\infty} n\sin\frac{\pi}{n}=\lim_{n\to\infty}\frac{\sin\frac{\pi}{n}}{\frac{\pi}{n}}\cdot\pi=\pi\neq 0,$$

所以原级数发散.

(ii) 由于级数$\sum_{n=1}^{\infty}(-1)^n\frac{n}{n+1}$的通项

$$u_n=(-1)^n\frac{n}{n+1}=(-1)^n\frac{1}{1+\frac{1}{n}}$$

当$n\to\infty$时，不存在极限，故原级数发散.

**注** 性质 5 是级数收敛的必要条件，但它未必充分，也就是说当通项趋于零时，不能得出相应级数为收敛的结论. 例如本节例 3，级数

$$\sum_{n=1}^{\infty}\ln\left(1+\frac{1}{n}\right)$$

的通项为
$$u_n=\ln\left(1+\frac{1}{n}\right),$$
显然有
$$\lim_{n\to\infty} u_n=0,$$
但已证其为发散级数.

下面将进一步给出$\lim\limits_{n\to\infty} u_n=0$时，判别级数$\sum_{n=1}^{\infty}u_n$敛散性的一些特别法则.

## 第二节　数项级数

### 1. 正项级数及其收敛性判别法

**定义 5.2** 如果级数(5.1)

$$\sum_{n=1}^{\infty}u_n=u_1+u_2+\cdots+u_n+\cdots$$

满足条件
$$u_n\geqslant 0,\quad n=1,2,3,\cdots,$$
则称它为**正项级数**.

正项级数$\sum_{n=1}^{\infty}u_n$的部分和数列$\{S_n\}$显然是单调不减数列，即

$$S_1 \leqslant S_2 \leqslant \cdots \leqslant S_{n-1} \leqslant S_n \leqslant \cdots. \tag{5.7}$$

在第二章中已引用有上界的单调增加数列必有极限，就是说，若数列$\{S_n\}$满足条件(5.7)且有上界，则$\lim\limits_{n\to\infty} S_n$存在. 因而级数(5.1)收敛;若$\{S_n\}$无上界，则$\lim\limits_{n\to\infty} S_n=\infty$，级数(5.1)就发散. 这就得到了关于正项级数敛散性的如下基本定理.

**定理 5.1** 正项级数收敛的充要条件是其部分和数列有界.

［**例 1**］判别级数$\sum\limits_{n=1}^{\infty}\frac{1}{n^2}$的敛散性.

**解** 因为

$$\begin{aligned} S_n &= 1+\frac{1}{2^2}+\frac{1}{3^2}+\cdots+\frac{1}{n^2}<1+\frac{1}{1\cdot 2}+\frac{1}{2\cdot 3}+\cdots+\frac{1}{(n-1)n} \\ &= 1+\left(1-\frac{1}{2}\right)+\left(\frac{1}{2}-\frac{1}{3}\right)+\cdots+\left(\frac{1}{n-1}-\frac{1}{n}\right) \\ &= 2-\frac{1}{n}<2 . \end{aligned}$$

即此级数的部分和$S_n$有上界，故正项级数$\sum\limits_{n=1}^{\infty}\frac{1}{n^2}$收敛.

**定理 5.2** （比较判别法）设$\sum\limits_{n=1}^{\infty}u_n$和$\sum\limits_{n=1}^{\infty}v_n$为两个正项级数，且满足关系式$u_n \leqslant v_n$，$n=1, 2, \cdots$，则有：

(i) 若级数$\sum\limits_{n=1}^{\infty}v_n$收敛，则级数$\sum\limits_{n=1}^{\infty}u_n$也收敛；

(ii) 若级数$\sum\limits_{n=1}^{\infty}u_n$发散，则级数$\sum\limits_{n=1}^{\infty}v_n$也发散.

**证** 设

$$S_n = u_1+u_2+\cdots+u_n,$$
$$T_n = v_1+v_2+\cdots+v_n.$$

因为 $$u_n \leqslant v_n \quad n=1, 2, \cdots,$$

故得 $$S_n \leqslant T_n.$$

从而由定理 5.1 可知：

(i) 如果正项级数$\sum\limits_{n=1}^{\infty}v_n$收敛，则$T_n$有界，从而$S_n$也有界，由

此推知$\sum_{n=1}^{\infty} u_n$收敛；

(ii) 用反证法，依(i)即可推得所需结论.

［**例 2**］ 判断级数$\sum_{n=1}^{\infty} \frac{1}{n^n}$的收敛性.

**解** 此级数的通项满足不等式

$$0<\frac{1}{n^n}\leqslant\frac{1}{n^2},\quad n=1,2,\cdots,$$

由例 1 知$\sum_{n=1}^{\infty} \frac{1}{n^2}$为收敛，故由定理 5.1 知$\sum_{n=1}^{\infty} \frac{1}{n^n}$亦收敛.

［**例 3**］ 判断级数$\sum_{n=1}^{\infty} \frac{1}{n}$的敛散性.

**解** 将此级数依如下规律加括号：

$$\left(1+\frac{1}{2}\right)+\left(\frac{1}{3}+\frac{1}{2^2}\right)+\left(\frac{1}{2^2+1}+\frac{1}{6}+\frac{1}{7}+\frac{1}{2^3}\right)+\cdots+$$

$$\left(\frac{1}{2^r+1}+\cdots+\frac{1}{2^{r+1}}\right)+\cdots.$$

它的各项(括号内的)可相应缩小为

$$\left(0+\frac{1}{2}\right)+\left(\frac{1}{4}+\frac{1}{4}\right)+\left(\frac{1}{8}+\frac{1}{8}+\frac{1}{8}+\frac{1}{8}\right)+\cdots+$$

$$\overbrace{\left(\frac{1}{2^{r+1}}+\cdots+\frac{1}{2^{r+1}}\right)}^{\text{共 } 2^r \text{ 项}}+\cdots.$$

此级数即为

$$\frac{1}{2}+\frac{1}{2}+\frac{1}{2}+\cdots+\frac{1}{2}+\cdots,$$

显然它是发散的，由定理 5.2 及性质 4 的推论知$\sum_{n=1}^{\infty} \frac{1}{n}$为发散.

级数$\sum_{n=1}^{\infty} \frac{1}{n}$常称为**调和级数**，它是更一般的 ***p*-级数**$\sum_{n=1}^{\infty} \frac{1}{n^p}$在$p=1$时的特例.

［**例 4**］ 讨论 $p$-级数的敛散性.

**解** 它为正项级数，可运用比较判别法.

当 $p\leqslant 1$ 时，由 $\frac{1}{n}\leqslant\frac{1}{n^p}$，$n=1, 2, \cdots$. 因调和级数 $\sum\limits_{n=1}^{\infty}\frac{1}{n}$ 发散，故这时 $\sum\limits_{n=1}^{\infty}\frac{1}{n^p}$ 亦发散.

当 $p>1$ 时，对它加如下括号

$$1+\left(\frac{1}{2^p}+\frac{1}{3^p}\right)+\left[\frac{1}{(2^2)^p}+\frac{1}{5^p}+\frac{1}{6^p}+\frac{1}{(2^3-1)^p}\right]+\cdots+\overbrace{\left[\frac{1}{(2^r)^p}+\cdots+\frac{1}{(2^{r+1}-1)^p}\right]}^{\text{共 } 2^r \text{ 项}}+\cdots.$$

将各个括号内的项相应适当放大可得如下级数

$$1+\left(\frac{1}{2^p}+\frac{1}{2^p}\right)+\left(\frac{1}{4^p}+\frac{1}{4^p}+\frac{1}{4^p}+\frac{1}{4^p}\right)+\cdots+\left(\frac{1}{(2^r)^p}+\cdots+\frac{1}{(2^r)^p}\right)+\cdots$$

$$=1+\frac{1}{2^{p-1}}+\left(\frac{1}{2^{p-1}}\right)^2+\cdots+\left(\frac{1}{2^{p-1}}\right)^r+\cdots.$$

上式右端为级数 $\sum\limits_{r=1}^{\infty}\left(\frac{1}{2^{p-1}}\right)^r$，此为公比 $\frac{1}{2^{p-1}}<1$ 的几何级数，故收敛. 由定理 5.2 及性质 4 知 $\sum\limits_{n=1}^{\infty}\frac{1}{n^p}$ 当 $p>1$ 时为收敛级数.

由此得出结论：$p$-级数 $\sum\limits_{n=1}^{\infty}\frac{1}{n^p}$ 当 $p\leqslant 1$ 时发散，当 $p>1$ 时收敛. 和前述几何级数一样，$p$-级数是又一重要的标准级数. 在判别正项级数 $\sum\limits_{n=1}^{\infty}u_n$ 的敛散性时，利用比较判别法(定理 5.2)，设法把具体的 $u_n$ 与这两个标准级数之一的通项作比较是经常采用的基本方法.

**[例 5]** 判别下列级数的敛散性：

(i) $\sum\limits_{n=1}^{\infty}\frac{1}{n(n+1)(n+2)}$； (ii) $\sum\limits_{n=1}^{\infty}\frac{1}{\sqrt{(2n-1)(2n+1)}}$ .

**解** (i) 由于其通项

$$\frac{1}{n(n+1)(n+2)}\leqslant\frac{1}{n^3},$$

又 $\sum_{n=1}^{\infty}\frac{1}{n^3}$ 为 $p=3>1$ 的收敛 $p$-级数，由比较判别法知原级数收敛.

(ii) 由于
$$\frac{1}{\sqrt{(2n-1)(2n+1)}}>\frac{1}{2n},$$

又因为 $\sum_{n=1}^{\infty}\frac{1}{2n}=\frac{1}{2}\sum_{n=1}^{\infty}\frac{1}{n}$ 为调和级数，它发散. 由比较判别法知原级数发散.

比较判别法有下述较便于应用的极限形式，证明从略.

**定理 5.3** 设 $\sum_{n=1}^{\infty}u_n$ 与 $\sum_{n=1}^{\infty}v_n$ 是两个正项级数，且 $\lim_{n\to\infty}\frac{u_n}{v_n}=l$，则有：

(i) 当 $0<l<+\infty$ 时，此两级数有相同的敛散性；

(ii) 当 $l=0$ 时，若级数 $\sum_{n=1}^{\infty}v_n$ 收敛，则级数 $\sum_{n=1}^{\infty}u_n$ 也收敛；

(iii) 当 $l=+\infty$ 时，若级数 $\sum_{n=1}^{\infty}v_n$ 发散，则级数 $\sum_{n=1}^{\infty}u_n$ 也发散.

**[例 6]** 判别级数 $\sum_{n=1}^{\infty}\frac{1}{\sqrt{n^2+n}}$ 的收敛性.

**解** 因为
$$\lim_{n\to+\infty}\frac{\frac{1}{\sqrt{n^2+n}}}{\frac{1}{n}}=\lim_{n\to+\infty}\frac{n}{\sqrt{n^2+n}}$$
$$=\lim_{n\to+\infty}\frac{1}{\sqrt{1+\frac{1}{n}}}=1,$$

由于 $\sum_{n=1}^{\infty}\frac{1}{n}$ 为发散级数，故由定理 5.3 知
$$\sum_{n=1}^{\infty}\frac{1}{\sqrt{n^2+n}}\text{ 发散.}$$

例 6 说明，具体应用定理 5.3 时，常把 $\sum_{n=1}^{\infty}u_n$ 的通项 $u_n$ 与 $p$-级数

的通项 $\frac{1}{n^p}$ 比较，而视其趋向于零的阶数 $p$ 而定，$p>1$ 时为收敛，$p\leqslant 1$ 时为发散. 这种依靠 $u_n$ 相对于 $\frac{1}{n}$ 趋向于零的阶数来判定敛散性的方法常称为**阶数法**. 下述比值判定法的基本思想则是把 $\sum_{n=1}^{\infty}u_n$ 与几何级数作比较而得出的.

**定理 5.4**（比值判别法） 设正项级数 $\sum_{n=1}^{\infty}u_n$，如果 $u_n>0$，$n=1, 2, \cdots$，则有：

(i) 若 $\lim_{n\to\infty}\frac{u_{n+1}}{u_n}=q<1$，则级数 $\sum_{n=1}^{\infty}u_n$ 收敛；

(ii) 若 $\lim_{n\to\infty}\frac{u_{n+1}}{u_n}=q>1$（包括此极限为 $+\infty$ 的情况），则级数 $\sum_{n=1}^{\infty}u_n$ 发散.

**证** (i) 若 $q<1$，选择 $\varepsilon=\frac{1-q}{2}>0$. 因为

$$\lim_{n\to\infty}\frac{u_{n+1}}{u_n}=q,$$

所以，对此 $\varepsilon$ 存在 $N>0$，使当 $n\geqslant N$ 时，有

$$\left|\frac{u_{n+1}}{u_n}-q\right|<\varepsilon,$$

即

$$q-\varepsilon<\frac{u_{n+1}}{u_n}<q+\varepsilon, \tag{5.8}$$

由 $r=q+\varepsilon=\frac{1+q}{2}<1$，故从式(5.8)得出

$$\frac{u_{N+1}}{u_N}<r,\ \frac{u_{N+2}}{u_{N+1}}<r,\ \cdots,$$

即有

$$u_{N+1}<ru_N,\ u_{N+2}<ru_{N+1}<r^2u_N,$$
$$u_{N+3}<r^3u_N,\ \cdots,$$

得知级数

$$u_{N+1}+u_{N+2}+u_{N+3}+\cdots=\sum_{k=1}^{\infty}u_{N+k}$$

的各项均小于几何级数$\sum\limits_{k=1}^{\infty}r^k u_N$的对应项，而$0<r<1$，由定理5.2知$\sum\limits_{k=1}^{\infty}u_{N+k}$收敛.

由级数性质3知，在该级数$\sum\limits_{k=1}^{\infty}u_{N+k}$前面添加$N$项$u_1$，$u_2$，…，$u_N$，得到的级数仍收敛，从而$\sum\limits_{n=1}^{\infty}u_n$收敛.

(ii) 若$q>1$，选取$\varepsilon>0$甚小，使$q-\varepsilon>1$，则因为

$$\lim_{n\to\infty}\frac{u_{n+1}}{u_n}=q,$$

对$\varepsilon>0$，存在$N$，使当$n\geqslant N$时有

$$\left|\frac{u_{n+1}}{u_n}-q\right|<\varepsilon,$$

即

$$q-\varepsilon<\frac{u_{n+1}}{u_n}<q+\varepsilon,$$

而$q-\varepsilon>1$，所以

$$u_{n+1}>(q-\varepsilon)u_n>u_n. \tag{5.9}$$

式(5.9)说明$u_n$为单调增加数列，因而

$$u_n\not\to 0\quad(n\to+\infty).$$

故知级数$\sum\limits_{n=1}^{\infty}u_n$发散.

而当$\lim\limits_{n\to\infty}\frac{u_{n+1}}{u_n}=\infty$时，有$u_{n+1}>u_n$，所以$u_n\not\to 0$ $(n\to+\infty)$，从而级数$\sum\limits_{n=1}^{\infty}u_n$亦发散.

[**例7**] 判断下列级数的敛散性：

(i) $\sum_{n=1}^{\infty} \frac{2^n n!}{n^n}$； (ii) $\sum_{n=1}^{\infty} \frac{n!}{3^n}$； (iii) $\sum_{n=1}^{\infty} \frac{1}{(2n-1)\cdot 2n}$.

**解** (i) 因为

$$\lim_{n\to\infty} \frac{u_{n+1}}{u_n} = \lim_{n\to\infty} \frac{2^{n+1}(n+1)!}{(n+1)^{n+1}} \cdot \frac{n^n}{2^n . n!}$$

$$= \lim_{n\to\infty} \frac{2(n+1)n^n}{(n+1)^{n+1}} = \lim_{n\to\infty} \frac{2}{\left(1+\frac{1}{n}\right)^n}$$

$$= \frac{2}{\mathrm{e}} < 1.$$

故由定理 5.4 知级数$\sum_{n=1}^{\infty} \frac{2^n n!}{n^n}$收敛.

(ii) 因为

$$\lim_{n\to\infty} \frac{u_{n+1}}{u_n} = \lim_{n\to\infty} \frac{(n+1)!}{3^{n+1}} \cdot \frac{3^n}{n!}$$

$$= \lim_{n\to\infty} \frac{n+1}{3} = +\infty$$

同样由定理 5.4 知级数$\sum_{n=1}^{\infty} \frac{n!}{3^n}$发散.

(iii) 由于

$$\lim_{n\to\infty} \frac{u_{n+1}}{u_n} = \lim_{n\to\infty} \frac{(2n-1)\cdot 2n}{(2n+1)(2n+2)} = 1,$$

此时定理 5.4 失效，故需另求它法，可利用下列不等式

$$\frac{1}{(2n-1)\cdot 2n} < \frac{1}{(2n-1)^2} \leqslant \frac{1}{n^2},$$

而$\sum_{n=1}^{\infty} \frac{1}{n^2}$为 $p=2$ 的收敛 $p$-级数，故由定理 2.4 知原级数收敛.

从上例知，若 $\lim\limits_{n\to\infty} \frac{u_{n+1}}{u_n} = 1$ 时，比值判别法将不能对级数敛散性作出判断. 此时级数可能收敛，但也可能发散，例如调和级数 $\sum_{n=1}^{\infty} \frac{1}{n}$ 是发散的，而 $\lim\limits_{n\to\infty} \frac{u_{n+1}}{u_n} = 1$，因此当 $\lim\limits_{n\to\infty} \frac{u_{n+1}}{u_n} = 1$ 时，比值判别法失

效，需改用其他判别方法来判别级数 $\sum_{n=1}^{\infty} u_n$ 的敛散性.

**2. 交错级数及其收敛性判别法**

当 $u_n \leqslant 0$ 时，$\sum_{n=1}^{\infty} u_n$ 称为负项级数，只要把各项负号提出，则正项级数的判别法显然可直接用于负项级数，当 $u_n$ 不保持常号时，称 $\sum_{n=1}^{\infty} u_n$ 为变号级数，这时上述方法失效. 以下讨论此类级数，本段先讨论一个重要的特殊情况，即交错级数.

**定义 5.3** 形如

$$\sum_{n=1}^{\infty} (-1)^{n-1} u_n = u_1 - u_2 + u_3 - u_4 + \cdots + u_{2n-1} - u_{2n} + \cdots, \tag{5.10}$$

其中 $u_n > 0$，$n = 1, 2, \cdots$的级数，称为**交错级数**，它的各项正负相间.

关于这类级数，有莱布尼茨(Leibniz)创立的如下判别法.

**定理 5.5** 如果交错级数(5.10) 满足下列两个条件：

(i) 数列$\{u_n\}$单调不增，即 $u_n \geqslant u_{n+1}, n = 1, 2, \cdots$;

(ii) $\lim\limits_{n\to\infty} u_n = 0$,

则此级数收敛，且其和 $S \leqslant u_1$，而余项满足

$$|R_n| \leqslant u_{n+1}.$$

**证** 先证明前 $2n$ 项部分和 $S_{2n}$ 的极限存在.

由于 $u_{2n+1} \geqslant u_{2n+2}$，所以

$$S_{2(n+1)} = S_{2n} + (u_{2n+1} - u_{2n+2}) \geqslant S_{2n},$$

这说明数列 $S_{2n}$ 是单调不减的. 又由于

$$u_{2k} - u_{2k+1} \geqslant 0 \quad (k = 1, 2, \cdots),$$

故有

$$S_{2n} = u_1 - (u_2 - u_3) - (u_4 - u_5) - \cdots - (u_{2n-2} - u_{2n-1}) - u_{2n} \leqslant u_1,$$

这说明数列 $S_{2n}$ 有上界.

因此，当 $n \to \infty$ 时 $S_{2n}$ 有极限，设 $\lim\limits_{n\to\infty} S_{2n} = S$. 由第二章极限的性质知

$$S \leqslant u_1.$$

又因为 $S_{2n+1} = S_{2n} + u_{2n+1}$，$\lim\limits_{n\to\infty} u_{2n+1} = 0$，

故有

$$\lim_{n\to\infty} S_{2n+1} = S.$$

故不论 $n$ 是奇数还是偶数，均有 $\lim\limits_{n\to\infty} S_n = S \leqslant u_1$. 因此级数收敛.

其余项 $R_n$ 可以写为

$$R_n = \pm(u_{n+1} - u_{n+2} + \cdots),$$

其绝对值 $|R_n| = u_{n+1} - u_{n+2} + \cdots$，它也是一个交错级数，且满足定理的两个条件，故由前可知，其和不大于此级数的第一项，即

$$|R_n| \leqslant u_{n+1}.$$

通常将满足定理 5.5 条件的交错级数称为**莱布尼茨**级数，它是收敛的.

［**例 8**］判断级数 $\sum\limits_{n=1}^{\infty} \dfrac{(-1)^{n+1}}{n}$ 的敛散性.

**解** 此级数是交错级数，又有

$$\frac{1}{n} > \frac{1}{n+1}，即 u_n > u_{n+1}，$$

且

$$\lim_{n\to\infty} u_n = \lim_{n\to\infty} \frac{1}{n} = 0,$$

故它是莱布尼茨级数，从而收敛.

**3. 绝对收敛与条件收敛**

本段考虑**任意项级数** $\sum\limits_{n=1}^{\infty} u_n$，就是说，对 $u_n$ 的符号不加任何限制. 显然，前面所讨论的正项级数、负项级数和交错级数都是任意项级数的特殊情况. 对一般情况的任意项级数须引入绝对收敛与条件收敛的概念.

**定义 5.4** 如果级数 $\sum\limits_{n=1}^{\infty} |u_n|$ 收敛，则称级数 $\sum\limits_{n=1}^{\infty} u_n$ **绝对收敛**. 如果级数 $\sum\limits_{n=1}^{\infty} u_n$ 收敛，但 $\sum\limits_{n=1}^{\infty} |u_n|$ 发散，则称该级数**条件收敛**.

**定理 5.6** 如果任意项级数 $\sum_{n=1}^{\infty} u_n$ 绝对收敛，则级数 $\sum_{n=1}^{\infty} u_n$ 本身也收敛.

**证** 令 $v_n = u_n + |u_n| \quad (n=1, 2, 3, \cdots)$,

显然 $\sum_{n=1}^{\infty} v_n$ 是正项级数，且满足：$v_n \leqslant 2|u_n|$. 由于级数 $2\sum_{n=1}^{\infty}|u_n|$ 收敛，由比较判别法知级数 $\sum_{n=1}^{\infty} v_n$ 也收敛.

又由于 $u_n = v_n - |u_n|$，且 $\sum_{n=1}^{\infty} v_n$ 与 $\sum_{n=1}^{\infty}|u_n|$ 都收敛，由级数的性质 1 知级数 $\sum_{n=1}^{\infty} u_n$ 收敛.

**注** 定理 5.6 的逆定理不成立. 即由级数 $\sum_{n=1}^{\infty} u_n$ 收敛，不能推知 $\sum_{n=1}^{\infty}|u_n|$ 也收敛. 例如，交错级数 $\sum_{n=1}^{\infty}(-1)^{n-1}\frac{1}{n}$ 收敛，但 $\sum_{n=1}^{\infty}|u_n| = \sum_{n=1}^{\infty}\frac{1}{n}$ 是调和级数，它是发散的.

**[例 9]** 判断下列级数的敛散性，若收敛，指出是条件收敛还是绝对收敛：

(i) $\sum_{n=1}^{\infty}(-1)^{n+1}\frac{n^3}{3^n}$; (ii) $\sum_{n=1}^{\infty}(-1)^{n+1}\ln\frac{n^2+1}{n^2}$;

(iii) $\sum_{n=1}^{\infty}\frac{n\cos n\pi}{n^2+1}$; (iv) $\sum_{n=1}^{\infty}\frac{x^n}{n}$，$x$ 为任意实数.

**解** (i) 考虑 $\sum_{n=1}^{\infty}|u_n| = \sum_{n=1}^{\infty}\frac{n^3}{3^n}$.

因为

$$\lim_{n\to\infty}\frac{|u_{n+1}|}{|u_n|} = \lim_{n\to\infty}\frac{(n+1)^3}{3^{n+1}}\cdot\frac{3^n}{n^3}$$

$$= \lim_{n\to\infty}\frac{(n+1)^3}{3n^3} = \frac{1}{3} < 1.$$

由比值判别法，$\sum_{n=1}^{\infty}\frac{n^3}{3^n}$ 收敛，因此原级数 $\sum_{n=1}^{\infty}(-1)^{n+1}\frac{n^3}{3^n}$ 绝对

收敛.

(ii) 考虑 $\sum\limits_{n=1}^{\infty}|u_n|=\sum\limits_{n=1}^{\infty}\ln\left(1+\frac{1}{n^2}\right)$.

与 $\sum\limits_{n=1}^{\infty}\frac{1}{n^2}$ 作比较，因为

$$\lim_{n\to\infty}\frac{\ln\left(1+\frac{1}{n^2}\right)}{\frac{1}{n^2}}=\lim_{n\to\infty}\ln\left(1+\frac{1}{n^2}\right)^{n^2}=\ln e=1,$$

而 $\sum\limits_{n=1}^{\infty}\frac{1}{n^2}$ 是 $p=2$ 的 $p$-级数，为收敛，故由定理 5.3 知 $\sum\limits_{n=1}^{\infty}|u_n|$ 收敛，即级数 $\sum\limits_{n=1}^{\infty}(-1)^{n+1}\ln\left(1+\frac{1}{n^2}\right)$绝对收敛.

(iii) 令 $u_n=\frac{n\cos n\pi}{n^2+1}$，而 $\cos n\pi=(-1)^n$. 考虑$\sum\limits_{n=1}^{\infty}|u_n|=\sum\limits_{n=1}^{\infty}\frac{n}{n^2+1}$，由于

$$\frac{n}{n^2+1}\geqslant\frac{n}{n^2+n^2}=\frac{1}{2n},$$

而$\sum\limits_{n=1}^{\infty}\frac{1}{2n}$ 是发散级数，由**比较判别法**知$\sum\limits_{n=1}^{\infty}\frac{n}{n^2+1}$ 发散，说明$\sum\limits_{n=1}^{\infty}u_n$ 非绝对收敛.

因
$$\sum_{n=1}^{\infty}\frac{n\cos n\pi}{n^2+1}=\sum_{n=1}^{\infty}(-1)^n\frac{n}{n^2+1},$$

故$\sum\limits_{n=1}^{\infty}u_n$ 是交错级数.

又因为

$$u_n-u_{n+1}=\frac{n}{n^2+1}-\frac{n+1}{(n+1)^2+1}=\frac{n^2+n-1}{(n^2+1)[(n+1)^2+1]}>0,$$

即
$$u_n>u_{n+1},$$

且
$$\lim_{n\to\infty}u_n=\lim_{n\to\infty}\frac{n}{n^2+1}=0.$$

故 $\sum_{n=1}^{\infty} u_n$ 为莱布尼茨级数，因而收敛，说明原级数为条件收敛.

(iv) 令 $u_n = \frac{x^n}{n}$. 考虑级数 $\sum_{n=1}^{\infty} \left| \frac{x^n}{n} \right|$.

$$\lim_{n \to \infty} \left| \frac{u_{n+1}}{u_n} \right| = \lim_{n \to \infty} \frac{|x|^{n+1}}{n+1} \cdot \frac{n}{|x|^n}$$

$$= \lim_{n \to \infty} \frac{n}{n+1} |x| = |x|,$$

所以，当 $|x| < 1$ 时，原级数绝对收敛；

当 $|x| > 1$ 时，与定理 5.4 的证明类似，可推知级数一般项 $u_n \not\to 0 (n \to +\infty)$，所以级数发散；

当 $x=1$ 时，级数为 $\sum_{n=1}^{\infty} \frac{1}{n}$，它是调和级数，故发散；

当 $x=-1$ 时，级数为 $\sum_{n=1}^{\infty} (-1)^n \frac{1}{n}$，是莱布尼茨级数，它条件收敛.

## 第三节 幂级数

### 1. 幂级数的概念

前面所讲述的数项级数，它的每一项都是常数，当级数的通项都是在某一区间 $(a,b)$ 上定义的函数时，就称为**函数项级数**，即

$$\sum_{n=1}^{\infty} u_n(x) = u_1(x) + u_2(x) + \cdots + u_n(x) + \cdots, \tag{5.11}$$

其中 $u_n(x)$，$n=1,2,\cdots$ 是定义在 $(a,b)$ 上的函数.

我们不讨论一般的函数项级数的理论，而是就 $u_n(x)$ 为 $(x-x_0)$ 的 $n$ 次幂的特殊情况，即下面要定义的幂级数来展开讨论. 它是研究函数及数值计算中一个应用很广泛的有力工具.

**定义 5.5** 形如

$$\sum_{n=0}^{\infty} a_n (x-x_0)^n = a_0 + a_1(x-x_0) + a_2(x-x_0)^2 + \cdots + a_n(x-x_0)^n + \cdots \tag{5.12}$$

的级数称为$(x-x_0)$的**幂级数**，其中$x_0 \in R$为常数，$a_0$，$a_1$，…，$a_n$，…，均为实常数，称为幂级数的**系数**，变量$x$在某区间$(a,b)$(可为$R$)内变化.

当$x_0=0$时，上述级数为

$$\sum_{n=0}^{\infty} a_n x^n = a_0 + a_1 x + a_2 x^2 + \cdots + a_n x^n + \cdots, \tag{5.13}$$

称为$x$的**幂级数**.

**注** 与前面数项级数中$n$从1开始不同，以下针对幂级数的特点，级数的首项足码从零开始，它对应于幂级数中不含变量$x$的部分，即常数项.

**2. 幂级数的收敛域**

对幂级数(5.12)，只要作代换$y=x-x_0$，即可化$y$的幂级数$\sum\limits_{n=0}^{\infty} a_n y^n$的形式，因此，下面主要讨论$x$的幂级数(5.13).

**定理 5.7** 对幂级数(5.13)有如下结论：

(i) 若对某一$x_0 \neq 0$，幂级数(5.13)收敛，则对任意满足$|x|<|x_0|$的$x$,幂级数(5.13)绝对收敛；

(ii) 若对某一$x=x_0$，幂级数(5.13)发散，则对任意满足$|x|>|x_0|$的$x$，幂级数(5.13)也发散.

**证** (i) 由于$\sum\limits_{n=0}^{\infty} a_n x_0^n$为一收敛的数项级数，故根据级数收敛的必要条件知

$$\lim_{n\to\infty} a_n x_0^n = 0 .$$

于是存在正数$M$，使得

$$|a_n x_0^n| \leqslant M,\ n=0,1,2,\cdots,$$

对级数的通项$a_n x^n$，有

$$|a_n x^n| = \left| a_n x_0^n \cdot \frac{x^n}{x_0^n} \right| = |a_n x_0^n| \cdot \left| \frac{x}{x_0} \right|^n \leqslant M \left| \frac{x}{x_0} \right|^n. \tag{5.14}$$

对满足$|x|<|x_0|$的任何$x$($x$取定)，由于$\left|\frac{x}{x_0}\right|<1$，故以

式(5.14)右端为通项的几何级数 $\sum_{n=0}^{\infty} M\left|\frac{x}{x_0}\right|^n$ 收敛．由比较判别法知级数 $\sum_{n=0}^{\infty} |a_n x^n|$ 收敛．所以 $\sum_{n=0}^{\infty} a_n x^n$ 绝对收敛．

(ii) 设 $\sum_{n=0}^{\infty} a_n x_0^n$ 发散，要证 $\sum_{n=0}^{\infty} a_n x^n$ 也发散，其中 $|x|>|x_0|$．反设 $\sum_{n=0}^{\infty} a_n x^n$ 收敛，则由本定理(i)的结论知 $\sum_{n=0}^{\infty} a_n x_0^n$ 收敛．这与假设矛盾．故知 $\sum_{n=0}^{\infty} a_n x^n$ 发散．

定理 5.7 说明，如果幂级数(5.13)在 $x=x_0$ 处收敛，则对于开区间 $(-|x_0|, |x_0|)$ 内的任何 $x$，幂级数(5.13)都收敛；如果幂级数(5.13)在 $x=x_0$ 处发散，则对于闭区间 $[-|x_0|, |x_0|]$ 外的任何 $x$，幂级数(5.13)都发散．这进一步说明，如果幂级数(5.13)不只是在 $x=0$ 一点收敛，也不是在整个数轴上都收敛，则必有一个确定的正数 $R$，使得对于满足

$$|x|<R$$

的 $x$，幂级数(5.13)绝对收敛，而对于满足

$$|x|>R$$

的 $x$，幂级数(5.13)发散；而当 $x=R$ 与 $x=-R$ 时，幂级数(5.13)可能收敛也可能发散．需看 $a_n$ 的具体情况来加以讨论．

这一正数 $R$ 称为幂级数(5.13)的**收敛半径**，区间 $(-R, R)$ 称为幂级数(5.13)的**收敛区间**．当幂级数(5.13)在 $(-\infty, +\infty)$ 内收敛时，简记为 $R=+\infty$．如果幂级数(5.13)只在 $x=0$ 收敛，则规定收敛半径 $R=0$，并说收敛区间只有一点 $x=0$．

下述定理给出了幂级数收敛半径 $R$ 的求法．

**定理 5.8** 对于幂级数(5.13)，设 $a_n \neq 0$，如果

$$\lim_{n\to\infty}\left|\frac{a_{n+1}}{a_n}\right|=\rho \quad (\text{可为}+\infty), \tag{5.15}$$

则当 $\rho \neq 0$ 时，收敛半径 $R=\frac{1}{\rho}$；当 $\rho=0$ 时，$R=+\infty$；当 $\rho=+\infty$ 时，

$R=0$.

**证** 考虑幂级数(5.13)的绝对收敛性. 由式(5.15)，对 $x\neq 0$ 有

$$\lim_{n\to\infty}\left|\frac{a_{n+1}x^{n+1}}{a_n x^n}\right|=\lim_{n\to\infty}\left|\frac{a_{n+1}}{a_n}\right||x|=\rho|x|.$$

如果 $\lim\limits_{n\to\infty}\left|\frac{a_{n+1}}{a_n}\right|=\rho$ 存在，且 $0<\rho<+\infty$，根据比值判别法，则当 $\rho|x|<1$，即 $|x|<\frac{1}{\rho}$ 时级数 $\sum\limits_{n=0}^{\infty}|a_n x^n|$ 收敛，从而幂级数(5.13)绝对收敛；当 $\rho|x|>1$ 即 $|x|>\frac{1}{\rho}$ 时，幂级数 $\sum\limits_{n=0}^{\infty}|a_n x^n|$ 发散，且由于

$$\lim_{n\to\infty}\frac{|a_{n+1}x^{n+1}|}{|a_n x^n|}=\rho|x|>1,$$

可知从某一个 $n$ 开始有

$$|a_{n+1}x^{n+1}|>|a_n x^n|,$$

因此一般项 $|a_n x^n|\not\to 0$，所以 $a_n x^n\not\to 0$，从而幂级数(5.13)发散. 综上知收敛半径 $R=\frac{1}{\rho}$.

如果 $\rho=0$，则对任意 $x\neq 0$，有

$$\lim_{n\to\infty}\left|\frac{a_{n+1}x^{n+1}}{a_n x^n}\right|=0<1.$$

所以对任何 $x$ 幂级数(5.13)绝对收敛，于是 $R=+\infty$.

如果 $\rho=+\infty$，则对于一切 $x\neq 0$，$\sum\limits_{n=0}^{\infty}a_n x^n$ 必发散. 否则由定理5.7知将有点 $x\neq 0$ 使 $\sum\limits_{n=0}^{\infty}|a_n x^n|$ 收敛而产生矛盾. 因此幂级数(5.13)只在 $x=0$ 点收敛，于是 $R=0$.

综上可知，只要能求出极限式(5.15)，则就可得出幂级数(5.13)的收敛半径 $R$，从而得知它当 $|x|<R$ 时收敛，而当 $|x|>R$ 时发散，对 $x=R$ 和 $x=-R$ 时幂级数的敛散性，则要具体加以分析.

使幂级数(5.13)收敛的一切 $x$ 构成的集合就称为它的**收敛域**. 根据上述讨论，可知收敛域可能是以 $-R,R$ 为端点的闭区间、开区间或半开半闭的区间.

［例 1］求幂级数$\sum\limits_{n=0}^{\infty}\dfrac{x^n}{\sqrt{n+1}}$的收敛半径和收敛域.

**解** 由于

$$\rho=\lim_{n\to\infty}\frac{|a_{n+1}|}{|a_n|}=\lim_{n\to\infty}\left(\frac{1}{\sqrt{n+2}}\bigg/\frac{1}{\sqrt{n+1}}\right)=1,$$

故收敛半径$R=\dfrac{1}{\rho}=1$. 再讨论端点$\pm1$处的敛散性.

当$x=-1$时，得交错级数 $\sum\limits_{n=0}^{\infty}\dfrac{(-1)^n}{\sqrt{n+1}}$,

由于 $\lim\limits_{n\to\infty}\dfrac{1}{\sqrt{n+1}}=0$，且$\dfrac{1}{\sqrt{n+1}}<\dfrac{1}{\sqrt{n}}$,

由莱布尼茨判别法知$\sum\limits_{n=0}^{\infty}\dfrac{(-1)^n}{\sqrt{n+1}}$收敛；

当$x=1$时，得级数$\sum\limits_{n=0}^{\infty}\dfrac{1}{\sqrt{n+1}}$，易知它与$\sum\limits_{n=1}^{\infty}\dfrac{1}{\sqrt{n}}$同敛散，后者为$p=\dfrac{1}{2}$的$p$-级数，发散.

答案是:所求级数的收敛半径$R=1$，收敛域为$[-1,1)$.

［例 2］求幂级数

$$1+x+2^2\cdot x^2+\cdots+n^nx^n+\cdots$$

的收敛域.

**解**

$$\rho=\lim_{n\to\infty}\frac{|a_{n+1}|}{|a_n|}=\lim_{n\to\infty}\frac{(n+1)^{n+1}}{n^n}$$

$$=\lim_{n\to\infty}(1+n)\left(1+\frac{1}{n}\right)^n=+\infty,$$

所以$R=0$，收敛域为$x=0$.

［例 3］求幂级数$\sum\limits_{n=1}^{\infty}\dfrac{(x-1)^n}{3^n\cdot n}$的收敛域.

**解** 令$y=x-1$，则上述幂级数化为

$$\sum_{n=1}^{\infty}\frac{y^n}{3^n\cdot n}. \tag{5.16}$$

由于

$$\rho=\lim_{n\to\infty}\frac{|a_{n+1}|}{|a_n|}=\lim_{n\to\infty}\left(\frac{1}{3^{n+1}(n+1)}\Big/\frac{1}{3^n\cdot n}\right)=\frac{1}{3},$$

所以收敛半径 $R=3$.

当 $y=3$ 时，级数化为 $\sum\limits_{n=1}^{\infty}\frac{1}{n}$，为 $p=1$ 的 $p$-级数，故发散；

当 $y=-3$ 时级数为 $\sum\limits_{n=1}^{\infty}(-1)^n\frac{1}{n}$，它是莱布尼茨级数，故收敛. 以上讨论说明级数(5.16)的收敛域为$[-3,3)$.

回到原变量 $x$，得$-3\leqslant x-1<3$，即$-2\leqslant x<4$. 所以此题级数的收敛域为$[-2,4)$.

求幂级数收敛半径的公式(5.15)中涉及前后项系数之比，因此必须要求一切 $a_n\neq 0$. 如果有些 $a_n=0$，这种幂级数(5.13)就称为缺项的. 对它来说，式(5.15)失效. 这时就要直接应用比值判定法来判断敛散性.

[**例 4**] 求幂级数 $\sum\limits_{n=1}^{\infty}\frac{2n+1}{2^n}x^{2n-1}$ 的收敛域.

**解** 此级数缺少偶次项，对照式(5.13)，相当于一切 $a_{2n}=0$. 令 $u_n(x)=\frac{2n+1}{2^n}x^{2n-1}$，利用比值判定法，求

$$\lim_{n\to\infty}\left|\frac{u_{n+1}(x)}{u_n(x)}\right|=\lim_{n\to\infty}\left|\frac{(2n+3)\cdot 2^n x^{2n+1}}{(2n+1)\cdot 2^{n+1}x^{2n-1}}\right|=\frac{x^2}{2}.$$

因此，当 $\frac{x^2}{2}<1$，即 $|x|<\sqrt{2}$ 时级数绝对收敛，$|x|>2$ 时，$\sum\limits_{n=1}^{\infty}|u_n|$ 发散，且易说明 $u_n\not\to 0$，故级数发散；当 $x=\pm\sqrt{2}$ 时级数成为 $\pm\sum\limits_{n=1}^{\infty}\frac{2n+1}{\sqrt{2}}$，显然均为发散. 原级数的收敛域为$(-\sqrt{2},\sqrt{2})$.

**3. 幂级数在收敛区间内的性质**

对于幂级数(5.13)来说，只要它的收敛域不只是一点. 而是一个区间，则对此区间内的一点 $x$，$\sum\limits_{n=0}^{\infty}a_nx^n$ 为一收敛的数项级数，因而有一个确定的和 $S$. 当然和 $S$ 依赖于收敛域内 $x$ 点的选取，从而就得

到了一个函数 $S(x)$，称之为幂级数(5.13)的**和函数**，可表为

$$S(x)=\sum_{n=0}^{\infty}a_nx^n, \ x \text{ 在收敛域内取值}.$$

也就是说，和函数的定义域即为相应幂级数的收敛域.

例如，$\sum\limits_{n=0}^{\infty}x^n$ 的收敛域为$(-1,1)$，由等比级数的求和公式可得出 $S(x)=\dfrac{1}{1-x}$，尽管右端的分式函数对 $x\neq 1$ 均有定义，但作为上述幂级数的和函数

$$S(x)=\sum_{n=0}^{\infty}x^n,$$

它只在$(-1,1)$内成立.

为便于后面的应用，现叙述关于幂级数的和函数的连续性、可导性及有关幂级数运算的一些性质. 其证明从略.

**性质 1** 设幂级数 $\sum\limits_{n=0}^{\infty}a_nx^n$，$\sum\limits_{n=0}^{\infty}b_nx^n$ 的收敛半径分别为 $R_1$ 和 $R_2$，令 $R=\min\{R_1,R_2\}$，则有：

(i) $\sum\limits_{n=0}^{\infty}a_nx^n\pm\sum\limits_{n=0}^{\infty}b_nx^n=\sum\limits_{n=0}^{\infty}(a_n\pm b_n)x^n$， $x\in(-R,R)$；

(ii) $\left(\sum\limits_{n=0}^{\infty}a_nx^n\right)\cdot\left(\sum\limits_{n=0}^{\infty}b_nx^n\right)=a_0b_0+(a_0b_1+a_1b_0)x+(a_0b_2+a_1b_1+a_2b_0)x^2+\cdots+(a_0b_n+a_1b_{n-1}+a_2b_{n-2}+\cdots+a_nb_0)x^n+\cdots$， $x\in(-R,R)$.

**注** 关于两者相除 $\dfrac{\sum\limits_{n=0}^{\infty}a_nx^n}{\sum\limits_{n=0}^{\infty}b_nx^n}$，只要 $b_0\neq 0$，则可知它仍为幂级数，设为 $\sum\limits_{n=0}^{\infty}c_nx^n$，系数 $c_n$ 待定，它可以通过乘法 $\sum\limits_{n=0}^{\infty}a_nx^n=\left(\sum\limits_{n=0}^{\infty}b_nx^n\right)\cdot\left(\sum\limits_{n=0}^{\infty}c_nx^n\right)$，让等式两端同次幂系数相等，依次求出 $c_0$，$c_1$，….

**性质 2** 幂级数 $\sum_{n=0}^{\infty} a_n x^n$ 的和函数 $S(x)$ 在它的收敛区间 $(-R, R)$ 内是连续的，即有

$$\lim_{x \to x_0} S(x) = \lim_{x \to x_0} \sum_{n=0}^{\infty} a_n x^n = \sum_{n=0}^{\infty} (\lim_{x \to x_0} a_n x^n)$$

$$= \sum_{n=0}^{\infty} a_n x_0^n = S(x_0), \quad x_0 \in (-R, R).$$

上式也说明，求极限与无穷求和这两个运算次序可以交换.

**性质 3** 幂级数 $\sum_{n=0}^{\infty} a_n x^n$ 在收敛区间 $(-R, R)$ 内的和函数可导，且可通过逐项求导得出，即有

$$S'(x) = \left(\sum_{n=0}^{\infty} a_n x^n\right)' = \sum_{n=0}^{\infty} (a_n x^n)'$$

$$= \sum_{n=0}^{\infty} n a_n x^{n-1}, \quad x \in (-R, R).$$

上式中逐项求导后的幂级数的收敛半径仍为 $R$.

**性质 4** 幂级数 $\sum_{n=0}^{\infty} a_n x^n$ 在其收敛区间内的和函数可积，且可通过逐项积分得出，逐项积分后的幂级数收敛半径仍为 $R$，即有

$$\int_0^x S(x) \mathrm{d}x = \int_0^x \left(\sum_{n=0}^{\infty} a_n x^n\right) \mathrm{d}x = \sum_{n=0}^{\infty} \int_0^x a_n x^n \mathrm{d}x$$

$$= \sum_{n=0}^{\infty} \frac{a_n}{n+1} x^{n+1}, \quad x \in (-R, R).$$

**注** 性质 2 中关于幂级数的连续性，显然在整个定义域(收敛域)上成立；但关于逐项求导、逐项积分的性质 3、性质 4，只能保证在收敛区间的内部成立，而在区间端点处敛散性可能发生变化.

求收敛级数的和或求函数项级数的和函数往往是困难的，但利用幂级数的上述基本性质，有时可以比较方便地求出一些幂级数的和函数.

[**例 5**] 求下列幂级数的和函数：

(i) $\sum_{n=1}^{\infty} \frac{x^n}{n}$； (ii) $\sum_{n=1}^{\infty} n x^n$.

**解** (i) 由于 $a_n=\frac{1}{n}$，

$$\lim_{n\to\infty}\left|\frac{a_{n+1}}{a_n}\right|=\lim_{n\to\infty}\left(\frac{1}{n+1}\Big/\frac{1}{n}\right)=1.$$

所以收敛半径 $R=1$.

考虑区间端点处，$x=1$ 时级数显然发散，$x=-1$ 时级数收敛，所以收敛域为$[-1,1)$.

设幂级数$\sum\limits_{n=1}^{\infty}\frac{x^n}{n}$的和函数为$S(x)$，由性质 3 则有

$$S'(x)=\sum_{n=1}^{\infty}\left(\frac{x^n}{n}\right)'=\sum_{n=1}^{\infty}x^{n-1}=\frac{1}{1-x},\quad x\in(-1,1),$$

再由性质 4，逐项积分，则有

$$S(x)=\sum_{n=1}^{\infty}\frac{x^n}{n}=\int_0^x\frac{1}{1-t}\mathrm{d}t=-\ln(1-x),\quad x\in(-1,1)$$

又级数$\sum\limits_{n=1}^{\infty}\frac{x^n}{n}$在$x=-1$时收敛，和函数$S(x)$在$x=-1$时连续，所以 $S(x)=-\ln(1-x)$， $x\in[-1,1)$.

由上例看出，虽然原级数不能直接求和，但逐项求导后的级数易于求出和，再通过逐项积分求出了原级数的和.

(ii) 对$\sum\limits_{n=1}^{\infty}nx^n$有

$$\lim_{n\to\infty}\left|\frac{a_{n+1}}{a_n}\right|=\lim_{n\to\infty}\frac{n+1}{n}=1,$$

所以收敛半径 $R=1$.

在 $x=\pm1$ 时，级数分别为$\sum\limits_{n=1}^{\infty}n$ 和$\sum\limits_{n=1}^{\infty}(-1)^n n$，通项不趋于零，所以都发散. 故幂级数的收敛域为$(-1,1)$.

设幂级数的和函数为$S(x)$，则

$$S(x)=\sum_{n=1}^{\infty}nx^n=x\sum_{n=1}^{\infty}nx^{n-1}=xS_1(x),$$

其中 $S_1(x)=\sum\limits_{n=1}^{\infty}nx^{n-1}$，对它逐项积分，则

$$\int_0^x S_1(x)\mathrm{d}x = \sum_{n=1}^{\infty}\int_0^x nt^{n-1}\mathrm{d}t = \sum_{n=1}^{\infty}x^n = \frac{x}{1-x}.$$

所以

$$S_1(x) = \left(\int_0^x S_1(x)\mathrm{d}x\right)' = \left(\frac{x}{1-x}\right)' = \frac{1}{(1-x)^2}.$$

从而

$$S(x)=xS_1(x)=\frac{x}{(1-x)^2},\quad x\in(-1,1).$$

## 第四节　初等函数的幂级数展开

从上面两节的讨论已经看到，幂级数在其收敛区间内确定了一个连续函数，且利用幂级数类似于多项式的运算性质(包括加减，求导求积都可逐项进行）这些优点可以得出许多有用的结果. 因此如果能把我们经常接触的初等函数用幂级数表示出来，这将会对函数性质的研究有很大帮助. 因此本节就来讨论这一问题.

**1. 泰勒级数和麦克劳林级数**

首先证明以下定理：

**定理 5.9**　设函数 $f(x)$ 在 $x_0$ 点的某邻域 $U$ 内可用幂级数 $\sum\limits_{n=0}^{\infty}a_n(x-x_0)^n$ 表示，则 $f(x)$ 在 $U$ 内任意次可导，且

$$a_0=f(x_0),\quad a_n=\frac{f^{(n)}(x_0)}{n!},\quad n=1, 2, \cdots. \tag{5.17}$$

**证**　设 $\sum\limits_{n=0}^{\infty}a_n(x-x_0)^n$ 的收敛半径为 $R$，则由上述幂级数的可导性得知它在区间 $\mathrm{I}=(x_0-R,x_0+R)$ 内任意次可导，取 $U$ 足够小，使得 $U\subseteq \mathrm{I}$，因此 $f(x)=\sum\limits_{n=0}^{\infty}a_n(x-x_0)^n$ 在 $U$ 内任意次可导，依逐项求导性质，有

$$f(x) = \sum_{n=0}^{\infty}a_n(x-x_0)^n,$$

$$\begin{aligned}f'(x) &= \sum_{n=1}^{\infty}na_n(x-x_0)^{n-1}\\ &= a_1+2a_2(x-x_0)+\cdots+na_n(x-x_0)^{n-1}+\cdots,\end{aligned}$$

$$f''(x) = \sum_{n=2}^{\infty} n(n-1)a_n(x-x_0)^{n-2}$$

$$= 2!a_2 + 3\times 2a_3(x-x_0) + \cdots + n(n-1)a_n(x-x_0)^{n-2} + \cdots,$$

$$\vdots$$

$$f^{(n)}(x) = n!\ a_n + \frac{(n+1)!}{1!}a_{n+1}(x-x_0) + \frac{(n+2)!}{2!}a_{n+2}(x-x_0)^2 + \cdots,$$

$$\vdots$$

在上述各式中，让 $x=x_0$ 则得到

$$f(x_0)=a_0,\quad f'(x_0)=a_1,\quad f''(x_0)=2!\ a_2,\quad \cdots,$$

$$f^{(n)}(x_0)=n!\ a_n,\ \cdots.$$

易见上述各式即为式(5.17)，定理得证.

此定理说明，如果函数 $f(x)$ 在 $x_0$ 的邻域可以表示成(以下也称展开为)幂级数 $\sum\limits_{n=0}^{\infty} a_n(x-x_0)^n$，则其系数 $a_n$ 必由式(5.17)确定，也就说明了展开成的幂级数惟一确定，即必定有

$$f(x) = f(x_0) + \frac{f'(x_0)}{1!}(x-x_0) + \frac{f''(x_0)}{2!}(x-x_0)^2 + \cdots + \frac{f^{(n)}(x_0)}{n!}(x-x_0)^n + \cdots$$

$$= \sum_{n=0}^{\infty} \frac{f^{(n)}(x_0)}{n!}(x-x_0)^n, \tag{5.18}$$

在其中，规定 $f^{(0)}(x_0)=f(x_0)$，$0!=1$.

式(5.18)中的级数称为 $f(x)$ 在 $x_0$ 点的**泰勒**(Taylor)**级数**，它是 $f(x)$ 在 $x_0$ 点的**幂级数展开式**. 对初等函数来说，最常用的是在 $x_0=0$ 点展开，即

$$f(x) = \sum_{n=0}^{\infty} \frac{f^{(n)}(0)}{n!}x^n$$

$$= f(0) + \frac{f'(0)}{1!}x + \frac{f''(0)}{2!}x^2 + \cdots + \frac{f^{(n)}(0)}{n!}x^n + \cdots. \tag{5.19}$$

式(5.19)右端称为 $f(x)$ 的**麦克劳林**(Maclaurin)**级数**. 实际上，只要对

式(5.18)作自变量代换 $x-x_0=t$,则 $f(x)=f(t+x_0)=g(t)$，对$g(t)$就成为麦克劳林级数．因此，我们在下面只讨论麦克劳林级数．

特别要指出一点，在上面的讨论中，前提条件是“如果 $f(x)$在 $x_0$(或 0)点的邻域可展开为幂级数”，那么展开式(5.18)或式(5.19)才能成立．事实上，不满足这一前提的函数是确实存在的，例如

$$f(x)=\begin{cases} e^{-x^{-2}}, & x\neq 0, \\ 0, & x=0. \end{cases}$$

不难证明 $f(x)$任意次可导，且 $f^{(n)}(0)=0$，$n=1,2,\cdots$．故此函数的麦克劳林级数各项系数均为 0，即式(5.19)右端$=0$，但 $f(x)\neq 0$，只要 $x\neq 0$．这就说明，对这一 $f(x)$，展开式(5.19)不成立．

因而必须确定 $f(x)$ 满足什么样的条件才能展成幂级数，然后方可大胆地利用展开式(5.18)和式(5.19)．现就麦克劳林级数来讨论这一问题，把式(5.19)右端的无穷级数写成如下形式

$$f(x)=f(0)+\frac{f'(0)}{1!}x+\cdots+\frac{f^{(n)}(0)}{n!}x^n+R_n(x), \tag{5.20}$$

其中 $R_n(x)$ 为麦克劳林级数的余项．如果它的形式还是一个无穷级数，则于事无补．我们的前人则在一定条件下设法把它表示为有限形式．例如，设 $f(x)$ 在 $x=0$ 的某邻域$U$ 内任意阶可导，则有下列**拉格朗日型余项**

$$R_n(x)=\frac{f^{(n+1)}(\theta x)}{(n+1)!}x^{n+1},\quad 0<\theta<1, \tag{5.21}$$

其证明从略．这里可与一元函数微分学中的有关内容作对照．取 $n=0$ 时的拉格朗日余项 $R_0(x)=f'(\theta x)x$,则式(5.20) 成为

$$f(x)=f(0)+f'(\theta x)x.$$

或写成

$$\frac{f(x)-f(0)}{x}=f'(\theta x),\quad 0<\theta<1\,.$$

它就是对 $f(x)$ 在 $[0,x]$ 区间上应用微分中值定理所得出的式子．因此，式(5.20) 实际上是(一阶) 微分中值定理向高阶的推广．而当 $|x|$ 甚小时，用微分代替函数的改变量时

$$f(x)\approx f(0)+f'(0)x,$$

它略去了关于 $x$ 的高阶无穷小 $o(x)$，而式(5.20) 则进一步告诉我们 $o(x)$ 的具体内容，其主要部分相应的形式依次为 $\frac{f''(0)}{2!}x^2$，$\frac{f'''(0)}{3!}x^3$，… 当 $|x|$ 甚小时，$n$ 越大，无穷小 $x^n$ 的阶数就越高. 这就是后面用公式(5.20) 作近似计算可以取得很高的精确度的理由.

现来证明：

**定理 5.10** 设 $f(x)$ 在 $x=0$ 的某邻域 $U$ 内有任意阶导数，则 $f(x)$ 在 $U$ 内可展开为麦克劳林级数(5.19) 的充要条件是式(5.20) 中的余项 $R_n(x)$ 满足

$$\lim_{n\to\infty}R_n(x)=0,\quad x\in U. \tag{5.22}$$

**证** 因为 $f(x)$在 $U$ 内有任意阶导数，因此对任何自然数 $n$，有

$$f(x)=\sum_{k=0}^{n}\frac{f^{(k)}(0)}{k!}x^k+R_n(x),\quad x\in U.$$

令 $n\to\infty$，则得到

$$f(x)=\lim_{n\to\infty}\left(\sum_{k=0}^{n}\frac{f^{(k)}(0)}{k!}x^k\right)+\lim_{n\to\infty}R_n(x).$$

所以在 $U$ 内等式

$$\begin{aligned}f(x)&=\lim_{n\to\infty}\left(\sum_{k=0}^{n}\frac{f^{(k)}(0)}{k!}x^k\right)\\&=f(0)+\frac{f'(0)}{1!}x+\frac{f''(0)}{2!}x^2+\cdots+\frac{f^{(n)}(0)}{n!}x^n+\cdots\end{aligned}$$

成立的充要条件是

$$\lim_{n\to\infty}R_n(x)=0\ .$$

对于每一个基本初等函数，利用拉格朗日余项的形式不难验证条件式(5.22) 均成立. 因此，基本初等函数均可以展成麦克劳林级数.

**2. 初等函数的幂级数展开式**

(1) 直接展开法 按照以下步骤，求出某些基本初等函数的麦克劳林展开式：

第一步:求出 $f(0)$及 $f(x)$的各阶导数在 $x=0$ 的值，$f^{(k)}(0)$，$k=1,2,\cdots$；

第二步：写出麦克劳林级数

$$f(0)+\frac{f'(0)}{1!}x+\frac{f''(0)}{2!}x^2+\cdots+\frac{f^{(n)}(0)}{n!}x^n+\cdots,$$

并求出其收敛域；

第三步：证明拉格朗日余项式（5.21）满足式（5.22），即 $\lim\limits_{n\to\infty}R_n(x)=0$，$x\in$收敛域.

完成了这几步，即可断言，在函数的定义域与幂级数的收敛域的公共部分，$f(x)$可展开为

$$f(x)=f(0)+\frac{f'(0)}{1!}x+\frac{f''(0)}{2!}x^2+\cdots+\frac{f^{(n)}(0)}{n!}x^n+\cdots.$$

［**例 1**］将指数函数 $f(x)=\mathrm{e}^x$ 展开成 $x$ 的幂级数.

**解**　由于 $f^{(n)}(x)=\mathrm{e}^x$，$n=1,2,3,\cdots$. 因此

$$f^{(n)}(0)=1,\ n=1,\ 2,\ 3,\ \cdots$$

且
$$f(0)=1.$$

于是得到麦克劳林级数为

$$1+x+\frac{x^2}{2!}+\cdots+\frac{x^n}{n!}+\cdots,$$

利用定理 5.8，易求出它的收敛半径为 $R=+\infty$.

对任一取定的 $x\in(-\infty,+\infty)$，余项式(5.21)的绝对值为

$$|R_n(x)|=\left|\frac{\mathrm{e}^{\theta x}}{(n+1)!}x^{n+1}\right|<\mathrm{e}^{|x|}\cdot\frac{|x|^{n+1}}{(n+1)!},\quad 0<\theta<1.$$

因 $\mathrm{e}^{|x|}$ 为有限数，又 $\dfrac{|x|^{n+1}}{(n+1)!}$是收敛级数 $\sum\limits_{n=0}^{\infty}\dfrac{|x|^{n+1}}{(n+1)!}$ 的一般项，所以有

$$\lim_{n\to\infty}\mathrm{e}^{|x|}\frac{|x|^{n+1}}{(n+1)!}=0,$$

即
$$\lim_{n\to\infty}R_n(x)=0.$$

于是函数 $f(x)=\mathrm{e}^x$ 可展为幂级数，即

$$\mathrm{e}^x=1+x+\frac{x^2}{2!}+\cdots+\frac{x^n}{n!}+\cdots,\quad -\infty<x<+\infty. \tag{5.23}$$

[**例 2**] 将正弦函数 $f(x)=\sin x$ 展开成 $x$ 的幂级数.

**解** 由第三章求高阶导数的公式，有

$$f^{(n)}(x)=\sin\left(x+\frac{n\pi}{2}\right),\ n=1,\ 2,\ 3,\ \cdots,$$

因此得

$$f(0)=0,\quad f'(0)=1,\quad f''(0)=0,\quad f'''(0)=-1,\ \cdots,$$
$$f^{(2k)}(0)=0,\ f^{(2k+1)}(0)=(-1)^k,\ \cdots.$$

于是得到级数

$$x-\frac{x^3}{3!}+\frac{x^5}{5!}-\cdots+(-1)^{n-1}\frac{x^{2n-1}}{(2n-1)!}+\cdots.$$

易求出它的收敛半径为 $R=+\infty$.

考察余项(5.21)，对任意 $x\in(-\infty,+\infty)$，$0<\theta<1$，有

$$|R_n(x)|=\left|\frac{\sin\left[\theta x+\frac{(n+1)\pi}{2}\right]}{(n+1)!}x^{n+1}\right|\leqslant\frac{|x|^{n+1}}{(n+1)!}.$$

同例 1，有

$$\lim_{n\to\infty}\frac{|x|^{n+1}}{(n+1)!}=0,$$

从而

$$\lim_{n\to\infty}R_n(x)=0.$$

故得 $f(x)=\sin x$ 的幂级数展开式

$$\sin x=x-\frac{x^3}{3!}+\frac{x^5}{5!}-\cdots+(-1)^{n-1}\frac{x^{2n-1}}{(2n-1)!}+\cdots,$$
$$-\infty<x<+\infty. \tag{5.24}$$

(2) 间接法　上述直接展开法步骤清楚，但计算量一般比较大，尤其当 $f(x)$较复杂时，$f^{(n)}(x)$的表达式往往就很难得到. 下面介绍一种间接法，即利用一些已知函数的幂级数展开式，适当的变量代换以及幂级数的运算技巧可以比较简单地将所给的函数展开成幂级数.

[**例 3**] 将函数 $f(x)=\cos x$ 展成 $x$ 的幂级数.

**解** 由于$(\sin x)'=\cos x$，故可对式(5.23)逐项求导得到 $\cos x$

的展开式，即

$$\cos x=(\sin x)'=\left[\sum_{n=0}^{\infty}(-1)^n\frac{x^{2n+1}}{(2n+1)!}\right]'$$
$$=\sum_{n=0}^{\infty}\left[(-1)^n\frac{x^{2n+1}}{(2n+1)!}\right]'=\sum_{n=0}^{\infty}(-1)^n\frac{x^{2n}}{(2n)!},$$

由幂级数的性质 3 得知，上式对收敛域$(-\infty,+\infty)$内的一切 $x$ 均成立，因此得到

$$\cos x=1-\frac{x^2}{2!}+\frac{x^4}{4!}-\cdots+(-1)^n\frac{x^{2n}}{(2n)!}+\cdots,\quad -\infty<x<+\infty. \tag{5.25}$$

［**例 4**］将函数 $\ln(1+x)$展成 $x$ 的幂级数，并证明

$$\sum_{n=1}^{\infty}(-1)^{n-1}\frac{1}{n}=\ln 2\ .$$

**解**　由于　$\displaystyle\int_0^x\frac{1}{1+x}\mathrm{d}x=\ln(1+x),$

而

$$\frac{1}{1+x}=1-x+x^2-x^3+\cdots,\quad -1<x<1.$$

对上式逐项积分得

$$\ln(1+x)=x-\frac{x^2}{2}+\frac{x^3}{3}-\cdots+(-1)^{n+1}\frac{x^n}{n}+\cdots,\quad -1<x<1\ .$$

因为上式右端的幂级数在 $x=1$ 时收敛，其和函数 $S(x)=\ln(1+x)$在 $x=1$ 处左连续，故在 $x=1$ 时也成立，即得到

$$\ln(1+x)=x-\frac{x^2}{2}+\frac{x^3}{3}-\cdots+(-1)^{n+1}\frac{x^n}{n}+\cdots,\quad -1<x\leqslant 1\ . \tag{5.26}$$

所以　$S(1)=\lim\limits_{x\to 1-0}S(x)=\lim\limits_{x\to 1-0}\ln(1+x)=\ln 2,$

这就证明了

$$\sum_{n=1}^{\infty}(-1)^{n-1}\frac{1}{n}=\ln 2\ .$$

现将常用的几个基本初等函数的麦克劳林级数列举如下，以方便于应用.

当 $f(x)=a_0+a_1x+\cdots+a_nx^n$ 时，易知 $f^{(i)}(0)=a_i$，$i=0$，1，…，$n$,而一切 $f^{(j)}(0)=0$，$j>n$ 时，故 $f(x)$的幂级数展开式为

$$f(x)=f(0)+f'(0)x+\frac{f''(0)}{2!}x^2+\cdots+\frac{f^{(n)}(0)}{n!}x^n+\cdots$$

$$=a_0+a_1x+\cdots+a_nx^n,$$

即多项式函数的幂级数展开式就是它本身.

$$\frac{1}{1-x}=1+x+x^2+\cdots+x^n+\cdots,\quad |x|<1;$$

$$\frac{1}{1+x}=1-x+x^2-x^3+\cdots+(-1)^nx^n+\cdots,\quad |x|<1;$$

$$e^x=1+\frac{x}{1!}+\frac{x^2}{2!}+\cdots+\frac{x^n}{n!}+\cdots,\quad -\infty<x<+\infty;$$

$$\sin x=x-\frac{x^3}{3!}+\frac{x^5}{5!}-\frac{x^7}{7!}+\cdots+$$

$$(-1)^n\frac{x^{2n+1}}{(2n+1)!}+\cdots,\quad -\infty<x<+\infty;$$

$$\cos x=1-\frac{x^2}{2!}+\frac{x^4}{4!}-\frac{x^6}{6!}+\cdots+$$

$$(-1)^n\frac{x^{2n}}{(2n)!}+\cdots,\quad -\infty<x<+\infty;$$

$$\ln(1+x)=x-\frac{x^2}{2}+\frac{x^3}{3}-\frac{x^4}{4}+\cdots+$$

$$(-1)^{n-1}\frac{x^n}{n}+\cdots,\quad -1<x\leqslant 1;$$

$$(1+x)^\alpha=1+\alpha x+\frac{\alpha(\alpha-1)}{2!}x^2+\cdots+$$

$$\frac{\alpha(\alpha-1)\cdots(\alpha-n+1)}{n!}x^n+\cdots,$$

$-1<x<1$，$\alpha$ 为任意实数.

上面的公式包含了前面已推导出的式(5.23)～式(5.26). 最后一式的证明较繁一些，这里从略. 但它也是一个很常用的展开式，它实际上是中学数学中有限的二项式定理的推广，因 $\alpha$ 取自然数时，易见，右端 $x^n$ 以后各项的系数均为零，即得出一 $n$ 次多项式，故此式

也称为**二项展开式**. 最前面的两个公式也是它在 $\alpha=-1$ 时的特例，$\frac{1}{1-x}$则只要在 $\frac{1}{1+x}$ 的展式中将 $x$ 换为 $-x$ 即可. 由于这两个式子很常用，所以特别单列出来.

**[例 5]** 将函数 $\frac{x}{1+x^2}$展开为 $x$ 的幂级数.

**解** 由 $\frac{1}{1+x}$的展式中将 $x$ 换为 $x^2$ 可得

$$\frac{1}{1+x^2}=1-x^2+x^4-\cdots+(-1)^n x^{2n}+\cdots,\quad -1<x<1,$$

故

$$\frac{x}{1+x^2}=x-x^3+x^5-\cdots+(-1)^n x^{2n+1}+\cdots,\quad -1<x<1.$$

**[例 6]** 将函数$(1+x)\mathrm{e}^x$ 展成 $x$ 的幂级数.

**解** 由于

$$(1+x)\mathrm{e}^x=(x\mathrm{e}^x)',$$

而

$$x\mathrm{e}^x=x\left(1+x+\frac{x^2}{2!}+\cdots+\frac{x^n}{n!}+\cdots\right)$$

$$=x+x^2+\frac{x^3}{2!}+\cdots+\frac{x^{n+1}}{n!}+\cdots.$$

因此

$$(1+x)\mathrm{e}^x=(x\mathrm{e}^x)'=1+2x+3\cdot\frac{x^2}{2!}+\cdots+(n+1)\frac{x^n}{n!}+\cdots$$

$$=1+\sum_{n=1}^{\infty}\frac{n+1}{n!}x^n,\quad -\infty<x<+\infty.$$

此题当然也可以用幂级数的乘法，将$(1+x)$与 $\mathrm{e}^x$ 的展开式相乘，上述解法则更具技巧性.

**[例 7]** 将函数 $x\arctan x-\ln\sqrt{1+x^2}$ 展成 $x$ 的幂级数.

**解** 因为 $\arctan x=\int_0^x\frac{\mathrm{d}t}{1+t^2}$

$$=\int_0^x[1-t^2+t^4-t^6+\cdots+(-1)^n t^{2n}+\cdots]\mathrm{d}t$$

$$=x-\frac{x^3}{3}+\frac{x^5}{5}-\frac{x^7}{7}+\cdots+(-1)^n\frac{x^{2n+1}}{2n+1}+\cdots$$

$$= \sum_{n=0}^{\infty}(-1)^n \frac{x^{2n+1}}{2n+1}, \quad -1 \leqslant x \leqslant 1.$$

又由式(5.26)可得

$$\ln(1+x^2) = \sum_{n=1}^{\infty} \frac{(-1)^{n-1}}{n} x^{2n}, \quad -1 \leqslant x \leqslant 1.$$

故有

$$x\arctan x - \ln\sqrt{1+x^2} = x\arctan x - \frac{1}{2}\ln(1+x^2)$$

$$= x\sum_{n=0}^{\infty}(-1)^n \frac{x^{2n+1}}{2n+1} - \frac{1}{2}\sum_{n=1}^{\infty}\frac{(-1)^{n-1}}{n}x^{2n}$$

$$= \sum_{n=0}^{\infty}(-1)^n \frac{x^{2n+2}}{2n+1} - \sum_{n=0}^{\infty}\frac{(-1)^n}{2n+2}x^{2n+2}$$

$$= \sum_{n=0}^{\infty}(-1)^n \frac{x^{2n+2}}{(2n+1)(2n+2)}, -1 \leqslant x \leqslant 1.$$

**[例 8]** 将函数 $f(x)=\ln(1-x-2x^2)$ 展成 $x$ 的幂级数.

**解** 因为 $\ln(1-x-2x^2)=\ln[(1-2x)(1+x)]$

$$=\ln(1+x)+\ln(1-2x),$$

由式(5.26)可得

$$\ln(1+x) = \sum_{n=1}^{\infty}(-1)^{n-1}\frac{x^n}{n}, \quad -1 < x \leqslant 1;$$

$$\ln(1-2x) = \sum_{n=1}^{\infty}(-1)^{n-1}\frac{(-2x)^n}{n}$$

$$= -\sum_{n=1}^{\infty}\frac{2^n x^n}{n}, \quad -1 < -2x \leqslant 1,$$

即

$$-\frac{1}{2} \leqslant x < \frac{1}{2}$$

于是

$$f(x) = \ln(1-x-2x^2) = \sum_{n=1}^{\infty}\left[(-1)^{n-1}\frac{x^n}{n} - 2^n\frac{x^n}{n}\right]$$

$$= \sum_{n=1}^{\infty}\frac{(-1)^{n-1}-2^n}{n}x^n, \quad -\frac{1}{2} \leqslant x < \frac{1}{2}.$$

**[例 9]** 将函数 $\cos^2 x$ 展为 $x$ 的幂级数.

**解** 由于 $\cos^2 x = \dfrac{1+\cos 2x}{2} = \dfrac{1}{2}+\dfrac{1}{2}\cos 2x,$

$$\cos 2x=\sum_{n=0}^{\infty}(-1)^n\frac{(2x)^{2n}}{(2n)!},\quad -\infty<x<+\infty,$$

故得

$$\cos^2 x=\frac{1}{2}+\sum_{n=0}^{\infty}(-1)^n\frac{(2x)^{2n}}{2\cdot(2n)!},\quad -\infty<x<+\infty.$$

最后，举例说明如何用间接法将函数展开成$(x-x_0)$的幂级数.

［例 10］将函数$\dfrac{1}{9-x^2}$在点$x=1$处展开成幂级数.

解　由于

$$\begin{aligned}\frac{1}{9-x^2}&=\frac{1}{6}\left(\frac{1}{3-x}+\frac{1}{3+x}\right)\\&=\frac{1}{6}\left[\frac{1}{2-(x-1)}+\frac{1}{4+(x-1)}\right]\\&=\frac{1}{12}\cdot\frac{1}{1-\frac{x-1}{2}}+\frac{1}{24}\cdot\frac{1}{1+\frac{x-1}{4}}.\end{aligned}$$

而$\dfrac{1}{1-\frac{x-1}{2}}=\sum\limits_{n=0}^{\infty}\left(\dfrac{x-1}{2}\right)^n$，由$\left|\dfrac{x-1}{2}\right|<1$得$-1<x<3$. 即收敛域为$-1<x<3$．而

$$\frac{1}{1+\frac{x-1}{4}}=\sum_{n=0}^{\infty}\left(-\frac{x-1}{4}\right)^n=\sum_{n=0}^{\infty}(-1)^n\left(\frac{x-1}{4}\right)^n,$$

由$\left|\dfrac{x-1}{4}\right|<1$得$-3<x<5$，且$x=-3$，$x=5$时级数发散．即收敛域为$-3<x<5$．最后得出

$$\begin{aligned}\frac{1}{9-x^2}&=\frac{1}{12}\sum_{n=0}^{\infty}\frac{(x-1)^n}{2^n}+\frac{1}{24}\sum_{n=0}^{\infty}(-1)^n\frac{(x-1)^n}{4^n}\\&=\sum_{n=0}^{\infty}\left[\frac{1}{3\cdot 2^{n+2}}+(-1)^n\frac{1}{6\cdot 4^{n+1}}\right](x-1)^n,\quad -1<x<3.\end{aligned}$$

［例 11］求函数$f(x)=e^{\frac{x}{a}}$　$(a\neq 0)$在$x_0=a$点的幂级数展开式.

解　设$x-a=t$，则$x=t+a$，从而$\dfrac{x}{a}=\dfrac{t+a}{a}=\dfrac{t}{a}+1$，所以

$$f(x) = e^{\frac{x}{a}} = e^{\frac{t}{a}} \cdot e = e\sum_{n=0}^{\infty} \frac{1}{n!}\left(\frac{t}{a}\right)^n.$$

代回原变量得

$$f(x) = e\sum_{n=0}^{\infty} \frac{1}{n!}\left(\frac{x-a}{a}\right)^n$$

$$= e\sum_{n=0}^{\infty} \frac{1}{n!a^n}(x-a)^n, \quad -\infty < x < +\infty.$$

## 第五节　无穷级数的应用

从前面的讨论可知，基本初等函数在一定范围内都可以展开成幂级数，而幂级数具有很多方便的运算性质，因此它在函数的研究中成为一个很有用的工具. 下面就来介绍幂级数在数值计算中的一些应用.

**1. 函数值的近似计算**

设 $f(x)$可展开为麦克劳林级数

$$f(x)=f(0)+\frac{f'(0)}{1!}x+\frac{f''(0)}{2!}x^2+\cdots+\frac{f^{(n)}(0)}{n!}x^n+\cdots.$$

在上式中去掉 $x^n$ 项以后的部分，得到 $n$ 次多项式

$$f(0)+\frac{f'(0)}{1!}x+\frac{f''(0)}{2!}x^2+\cdots+\frac{f^{(n)}(0)}{n!}x^n.$$

称它为 $f(x)$的第 $n$ 次近似表达式. 例如

第一次近似表达式为(即用微分来代替函数的改变量)

$$f(x)\approx f(0)+f'(0)x;$$

第二次近似表达式为

$$f(x)\approx f(0)+f'(0)x+\frac{1}{2}f''(0)x^2,$$

$$\vdots$$

当$|x|$甚小时，往往只要取前面的几项就可以得到精确度甚高的近似公式，借助计算器或计算机，就能快捷方便地算出所需的函数值. 常用的对数表、三角函数表等就是根据这一原理造出来的.

下面来分析一下在这种近似过程中的误差问题.

设收敛级数$\sum_{n=1}^{\infty} a_n x^n$的和函数为$S(x)$，前$N$个部分和为

$$S_N(x)=\sum_{K=1}^{N} a_K x^K, \quad x \text{ 属于收敛域},$$

则用$S_N(x)$近似代替$S(x)$，即$S(x) \approx S_N(x)$，其产生的误差为

$$|R_n(x)|=|S(x)-S_N(x)|=\left|\sum_{K=N+1}^{\infty} a_K x^K\right|.$$

由于有
$$\lim_{N \to \infty}\left|\sum_{n=N+1}^{\infty} a_K x^K\right|=0 .$$

故对任意给定的$\varepsilon>0$($\varepsilon$在具体计算中体现为所要求的精确度)，这时存在$N_0>0$，使

$$|R_{N_0}(x)|=|S(x)-S_{N_0}(x)|<\varepsilon.$$

即误差总可小于预先规定的精确度. 这种误差$|R_N(x)|$称为**截断误差**.

此外，在具体计算中，对于无限小数需要“四舍五入”，由此引起的误差称为**舍入误差**. 要估计它的累计甚为复杂，这在专门的计算方法课程中才考虑，在这里仅讨论截断误差.

**[例 1]** 计算$\sqrt[5]{247}$的近似值，要求误差不超过 0.0001.

**解** 由
$$\sqrt[5]{247}=\sqrt[5]{3^5+4}=3\left(1+\frac{4}{3^5}\right)^{\frac{1}{5}},$$

可利用$(1+x)^\alpha$的展开式，这里$\alpha=\frac{1}{5}, x=\frac{4}{3^5}<1$，得

$$\begin{aligned}\sqrt[5]{247}&=3\left(1+\frac{4}{3^5}\right)^{\frac{1}{5}}\\&=3\left[1+\frac{1}{5}\cdot\frac{4}{3^5}+\frac{1}{5}\left(\frac{1}{5}-1\right)\cdot\frac{1}{2!}\left(\frac{4}{3^5}\right)^2+\cdots\right]\\&=3\left[1+\frac{1}{5}\cdot\frac{4}{3^5}-\frac{1}{5}\cdot\frac{4}{5}\cdot\frac{1}{2!}\cdot\frac{16}{3^{10}}+\cdots\right].\end{aligned}$$

上式的方括号中的级数从第二项起是交错级数，由定理 5.5 知，其余项的绝对值不超过此余项的首项. 不难验证有

$$\frac{1}{5}\cdot\frac{4}{3^5}>0.0001,$$

而

$$0.0001 > 3 \cdot \frac{1}{5} \cdot \frac{4}{5} \cdot \frac{1}{2!} \cdot \frac{16}{3^{10}}. \tag{5.27}$$

故可取前两项作近似值，得到

$$\sqrt[5]{247} \approx 3\left(1 + \frac{1}{5} \cdot \frac{4}{3^5}\right) \approx 3.0099.$$

由式(5.27)可知误差不超过0.0001.

**[例 2]** 计算 $\pi$ 的近似值，精确到 $\frac{1}{10^5}$.

**解** 由第四节的例 7 可得

$$\begin{aligned}\arctan x &= \sum_{n=0}^{\infty} (-1)^n \cdot \frac{1}{2n+1} x^{2n+1} \\ &= x - \frac{x^3}{3} + \frac{x^5}{5} - \cdots + (-1)^n \frac{x^{2n+1}}{2n+1} + \cdots, \quad -1 \leqslant x \leqslant 1.\end{aligned}$$

在上式中如令 $x=1$，得

$$\frac{\pi}{4} = 1 - \frac{1}{3} + \frac{1}{5} - \frac{1}{7} + \cdots + (-1)^n \frac{1}{2n+1} + \cdots.$$

这是莱布尼茨级数，根据所要求的精确度，要求第 $n$ 项近似的误差

$$|R_n(x)| \leqslant \frac{1}{2n+1} \leqslant \frac{1}{100000},$$

则须取 $n=50000$，也就要用 50001 项来作计算.这说明此级数的收敛速度太慢，具体计算时不宜采用. 主要原因是 $1^n=1$,不会随 $n \to \infty$ 而趋于 0. 故另取 $x = \frac{1}{\sqrt{3}}$ 代入 $\arctan x$ 的展开式，得到

$$\frac{\pi}{6} = \sum_{n=0}^{\infty} (-1)^n \frac{\sqrt{3}}{(2n+1) \cdot 3^{n+1}},$$

因此

$$\pi = \sum_{n=0}^{\infty} (-1)^n \frac{2\sqrt{3}}{(2n+1) \cdot 3^n}.$$

它也是一个莱布尼茨级数，但其通项趋于零的速度显然比前一个要快得多了.

估计误差

$$\left|\pi - S_N\left(\frac{1}{\sqrt{3}}\right)\right| = \left|\sum_{K=N+1}^{\infty} (-1)^K \frac{2\sqrt{3}}{(2k+1) \cdot 3^K}\right|$$

$$<\left|\frac{2\sqrt{3}}{(2N+3)\cdot 3^N}\right|<\frac{1}{10^5}.$$

易知当 $N=8$ 时有 $\left|\pi-S_8\left(\frac{1}{\sqrt{3}}\right)\right|<\frac{1}{10^5}$，从而

$$\pi\approx 2\sqrt{3}\left(1-\frac{1}{3}\cdot\frac{1}{3}+\frac{1}{5}\cdot\frac{1}{3^2}-\cdots+\frac{1}{17}\cdot\frac{1}{3^8}\right).$$

每一项计算时取六位小数，最后“四舍五入”得出

$$\pi\approx 3.14159.$$

**2. 定积分的数值计算**

当 $f(x)$ 的原函数不能用初等函数的有限形式表示出来时，计算 $f(x)$ 的定积分就遇到了困难. 现在，可以用幂级数取有限项的办法近似计算这些定积分的值. 这是幂级数的又一重要应用. 具体计算时，当然要求被积函数能够展成收敛的幂级数，且积分限必须在幂级数的收敛域之内，然后利用逐项积分来近似计算出所求定积分的值.

［**例 3**］ 计算正弦积分 $\int_0^1\frac{\sin x}{x}\mathrm{d}x$ 的近似值，要求误差不超过 0.0001.

**解** 由于 $\frac{\sin x}{x}=1-\frac{x^2}{3!}+\frac{x^4}{5!}-\frac{x^6}{7!}+\cdots$，$-\infty<x<+\infty$.

逐项积分有

$$\int_0^1\frac{\sin x}{x}\mathrm{d}x=1-\frac{1}{3\cdot 3!}+\frac{1}{5\cdot 5!}-\frac{1}{7\cdot 7!}+\cdots.$$

上式右端为莱布尼茨级数，其第四项

$$\frac{1}{7\cdot 7!}<0.0001.$$

所以取前三项计算，即可达到要求的精度，即

$$\int_0^1\frac{\sin x}{x}\mathrm{d}x\approx 1-\frac{1}{3\cdot 3!}+\frac{1}{5\cdot 5!}\approx 0.9461.$$

在概率统计中，需要计算下列积分的值.

$$\Phi(x)=\frac{2}{\sqrt{\pi}}\int_0^x \mathrm{e}^{-x^2}\mathrm{d}x.$$

利用 $\mathrm{e}^x$ 的幂级数展开式(5.23)，可得到

$$\Phi(x)=\frac{2}{\sqrt{\pi}}\int_0^x \mathrm{e}^{-x^2}\mathrm{d}x=\frac{2}{\sqrt{\pi}}\int_0^x\left(1-\frac{x^2}{1!}+\frac{x^4}{2!}-\frac{x^6}{3!}+\cdots\right)\mathrm{d}x$$

$$=\frac{2}{\sqrt{\pi}}\left(x-\frac{x^3}{1!\cdot 3}+\frac{x^5}{2!\cdot 5}-\frac{x^7}{3!\cdot 7}+\cdots\right).$$

$$(-\infty<x<+\infty)$$

［例 4］ 计算 $\Phi\left(\frac{1}{2}\right)$，要求误差不超过 0.001.

**解** $\Phi\left(\frac{1}{2}\right)=\frac{2}{\sqrt{\pi}}\int_0^{\frac{1}{2}} e^{-x^2}\,dx$

$$=\frac{1}{\sqrt{\pi}}\left(1-\frac{1}{2^2\cdot 3}+\frac{1}{2^4\cdot 5\cdot 2!}-\frac{1}{2^6\cdot 7\cdot 3!}+\cdots\right).$$

右端为莱布尼茨级数，易见

$$|R_4|\leqslant\frac{1}{\sqrt{\pi}\cdot 2^8\cdot 9\cdot 4!}<0.0001,$$

因此 $\Phi\left(\frac{1}{2}\right)=\frac{2}{\sqrt{\pi}}\int_0^{\frac{1}{2}} e^{-x^2}\,dx$

$$\approx\frac{1}{\sqrt{\pi}}\left(1-\frac{1}{2^2\cdot 3}+\frac{1}{2^4\cdot 5\cdot 2!}-\frac{1}{2^6\cdot 7\cdot 3!}\right)$$

$$\approx 0.5205\ .$$

**3. 关于欧拉公式**

在许多理论研究及应用问题中，常用到下列复数形式的**欧拉(Euler)公式**

$$e^{ix}=\cos x+i\sin x,\tag{5.28}$$

其中 $i=\sqrt{-1}$ ($i^2=-1$) 为虚数单位. 我们知道，在实数范围内指数函数与正弦、余弦函数是性质截然不同的两类函数，后者为 $2\pi$ 周期且分别具有奇、偶性，前者则不是. 但借助于复数公式(5.28)将两者联系了起来. 它还可以变形，用 $-x$ 代替 $x$ 得

$$e^{-ix}=\cos x-i\sin x.$$

与式(5.28)相加减，可以得到

$$\begin{aligned}\cos x&=\frac{e^{ix}+e^{-ix}}{2},\\ \sin x&=\frac{e^{ix}-e^{-ix}}{2i}.\end{aligned}\tag{5.29}$$

在第七章讲述某些微分方程的求解时，公式(5.28)和式(5.29)也

是很有用的.

现在可以利用幂级数展开式来形式地验证式(5.28). 在 $e^x$ 的展开式(5.23)

$$e^x=1+x+\frac{x^2}{2!}+\frac{x^3}{3!}+\cdots+\frac{x^n}{n!}+\cdots$$

中，将 $x$ 换为 $ix$，则得

$$e^{ix}=1+ix+\frac{(ix)^2}{2!}+\frac{(ix)^3}{3!}+\cdots+\frac{(ix)^n}{n!}+\cdots$$

$$=1+ix-\frac{x^2}{2!}-i\frac{x^3}{3!}+\cdots+(-1)^k\frac{x^{2k}}{(2k)!}+(-1)^k i\frac{x^{2k+1}}{(2k+1)!}+\cdots,$$

把不含 $i$ 与包含 $i$ 的项分类合并得

$$e^{ix}=\left(1-\frac{x^2}{2!}+\cdots+(-1)^k\frac{x^{2k}}{(2k)!}+\cdots\right)$$

$$+i\left(x-\frac{x^3}{3}+\cdots+(-1)^k\frac{x^{2k+1}}{(2k+1)!}+\cdots\right).$$

由 $\sin x$，$\cos x$ 的展开式(5.24)、式(5.25)，即得

$$e^{ix}=\cos x+i\sin x.$$

## 练　习　5

1. 写出下列级数的前四项：

(1) $\sum_{n=1}^{\infty}(-1)^{n-1}\frac{1}{n^2}$；　　(2) $\sum_{n=1}^{\infty}\frac{1}{(2n-1)2^{2n-1}}$；

(3) $\sum_{n=1}^{\infty}\frac{(-1)^{n-1}}{\sqrt{n(n+1)}}$.

2. 根据前几项的规律写出下列级数的第 $n$ 项：

(1) $\frac{1}{1\cdot 3}+\frac{1}{3\cdot 5}+\frac{1}{5\cdot 7}+\cdots$；　　(2) $\frac{2}{1}-\frac{3}{2}+\frac{4}{3}-\frac{5}{4}+\cdots$；

(3) $\frac{1}{2}+\frac{1\cdot 3}{2\cdot 4}+\frac{1\cdot 3\cdot 5}{2\cdot 4\cdot 6}+\cdots$；

(4) $\left(\frac{1}{6}+\frac{8}{9}\right)+\left(\frac{1}{6^2}+\frac{8^2}{9^2}\right)+\left(\frac{1}{6^3}+\frac{8^3}{9^3}\right)+\cdots$.

3. 判断下列级数的敛散性，若收敛，求出其和：

(1) $\frac{1}{1\cdot 3}+\frac{1}{3\cdot 5}+\frac{1}{5\cdot 7}+\cdots$；　　(2) $\frac{2}{1}-\frac{3}{2}+\frac{4}{3}-\frac{5}{4}+\cdots$；

(3) $\sum_{n=1}^{\infty}\frac{1}{(n+1)(n+2)}$；　　(4) $\sum_{n=1}^{\infty}\frac{1}{(3n-1)(3n+2)}$；

(5) $\frac{1}{2}+\frac{3}{4}+\frac{5}{6}+\frac{7}{8}+\cdots$；　　(6) $\sum_{n=1}^{\infty}\left(\frac{1}{2^n}+\frac{1}{n}\right)$；

(7) $\sum_{n=1}^{\infty}\frac{n+5}{3n+1}$；　　(8) $\sum_{n=1}^{\infty}n\sin\frac{1}{n}$；

(9) $\sum_{n=1}^{\infty}\left(\frac{1}{2}\right)^{2n+1}$；　　(10) $\sum_{n=1}^{\infty}\cos\frac{\pi}{n^2}$；

(11) $\sum_{n=1}^{\infty}(\sqrt{n+2}-2\sqrt{n+1}+\sqrt{n})$.

4. 已知级数 $\sum_{n=1}^{\infty}u_n$ 的第 $n$ 个部分和 $S_n=\frac{n+1}{n}$，求通项 $u_n$ 以及和数 $S$.

5. 判断级数的敛散性：

(1) $\sum_{n=1}^{\infty}\frac{1}{n(n+1)(n+2)}$；　　(2) $\sum_{n=1}^{\infty}\frac{1}{\sqrt{n^4+1}}$；

(3) $\sum_{n=1}^{\infty}\frac{1}{n\sqrt{n+1}}$；　　(4) $\sum_{n=1}^{\infty}\frac{1}{\ln(n+1)}$；

(5) $\sum_{n=1}^{\infty}\frac{\sqrt{n-1}}{\sqrt{n^2+2n+1}}$；　　(6) $\sum_{n=1}^{\infty}\frac{1}{\sqrt{n(n+1)}}$；

(7) $\sum_{n=1}^{\infty}n\sin\frac{1}{n^3}$；　　(8) $\sum_{n=1}^{\infty}\tan\frac{\pi}{4n}$.

6. 判定下列级数的敛散性：

(1) $\sum_{n=1}^{\infty}\frac{n^2}{2^n}$；　　(2) $\sum_{n=1}^{\infty}\frac{n!}{2^n}$；

(3) $\sum_{n=1}^{\infty}\frac{1}{(2n+1)!}$；　　(4) $\sum_{n=1}^{\infty}\frac{(n+1)!}{n^{n+1}}$；

(5) $\sum_{n=1}^{\infty}\frac{n}{3^n}\sin^2\frac{n\pi}{6}$；　　(6) $\frac{1}{2}+\frac{3}{2^2}+\frac{5}{2^3}+\cdots$；

(7) $\sum_{n=1}^{\infty}\frac{(n!)^2}{(2n)!}$；　　(8) $\frac{2}{1\cdot 2}+\frac{2^2}{2\cdot 3}+\frac{2^3}{3\cdot 4}+\frac{2^4}{4.5}+\cdots$.

7. 判断下列级数的敛散性：

(1) $\sum_{n=1}^{\infty}(-1)^n\frac{1}{\ln n}$；　　(2) $\sum_{n=1}^{\infty}(-1)^{n-1}\frac{1}{\sqrt{n}}$；

(3) $\sum_{n=2}^{\infty}\frac{(-1)^n}{n-\ln n}$；　　(4) $1-\frac{1}{3^2}+\frac{1}{5^2}+\cdots$.

8. 判定下列级数的敛散性，若收敛，指出是条件收敛还是绝对收敛：

(1) $\sum_{n=1}^{\infty}(-1)^{n-1}\frac{n}{2^n}$；　　(2) $\sum_{n=1}^{\infty}\frac{\cos n\pi}{n}$；

(3) $\sum_{n=1}^{\infty}(-1)^{n-1}\frac{3^n}{n+1}$；　　(4) $\sum_{n=1}^{\infty}\frac{\arctan n\pi}{n^2}$.

9. 求下列幂级数的收敛域：

(1) $\sum_{n=1}^{\infty}(-1)^n\frac{x^n}{2^n}$；　　(2) $\sum_{n=1}^{\infty}\frac{x^n}{n+1}$；

(3) $\sum_{n=1}^{\infty}n!x^n$；　　(4) $\sum_{n=1}^{\infty}\frac{x^n}{n!}$；

(5) $\sum_{n=1}^{\infty}\frac{\sqrt{n}}{n^2+1}x^n$；　　(6) $\sum_{n=2}^{\infty}\frac{(2x)^n}{n(n-1)}$；

(7) $\sum_{n=1}^{\infty}\frac{(x-5)^n}{\sqrt{n}}$；　　(8) $\sum_{n=1}^{\infty}\frac{x^n}{n\cdot 3^n}$.

10. 求幂级数$\sum_{n=1}^{\infty}\frac{2^{2n-1}}{\sqrt{n}}(1-x)^n$的收敛域.

11. 将下列函数展开为 $x$ 的幂级数：

(1) $f(x)=\frac{x^3}{1+x}$；　　(2) $f(x)=\cos^2 x$；

(3) $f(x)=\ln(2+3x)$；　　(4) $f(x)=x\ln(1-x^2)$；

(5) $f(x)=\frac{1}{x^2-3x+2}$；　　*(6) $f(x)=\arcsin x$.

12. 将 $f(x)=\frac{1}{2+x}$ 展成$(x-1)$的幂级数.

13. 求幂级数$\sum_{n=1}^{\infty}nx^{n-1}$的收敛域并求和函数.

14. 利用逐项求导或求积求下列级数的和.

(1) $\sum_{n=1}^{\infty}\frac{x^{4n+1}}{4n+1}$，$|x|<1$；　　(2) $\sum_{n=1}^{\infty}\frac{n(n+1)}{2}x^{n-1}$，$|x|<1$.

# 第六章　多元微积分

前面几章所研究的对象是一元函数，它只含有一个自变量．本章则来考虑多个自变量的情形，研究对象为多元函数．在一元微积分的基础上来建立多元函数的微分与积分的概念，我们将以两个自变量的二元函数为主．因为从一元函数到二元函数会出现许多新的本质不同的情况，但是从二元到三元以至于更多元的函数则基本类似，以下所述的关于二元函数的概念与分析方法可以类似地推广到二元以上的多元函数的情况．在学习本章时希望读者特别注意把有关概念与前面所讲的一元函数的情形加以对比，掌握好它们之间的联系，特别是不同之处，这是学好本章的关键．

## 第一节　多元函数的基本概念

### 1．多元函数的定义

在第一章讲述一元函数的定义时已经提到过多元函数的概念．在对客观世界的各种事物用数学方法去分析时，经常会遇到某一变量的变化不只是由一个因素所决定的情况．例如，长方形的面积 $S$ 与它的长 $x$ 和宽 $y$ 都有关，即有关系式

$$S=xy,\qquad x>0,\ y>0. \tag{6.1}$$

又如，购买一套商品房的费用 $P$ 不仅与其单价 $x$ 和面积 $y$ 有关，还与该套住房所在的楼层 $z$ 有关，因此影响 $P$ 的因素有三个．在前一例中，$S$ 依赖于两个变量，其表达式(6.1)是一个二元函数，后一例中 $P$ 依赖于三个变量 $x,y,z$，则对应于三元函数．一般来说，当自变量的个数大于 1 时，就称为多元函数．由后面的讨论就可知道，在考虑二元函数的极限、连续性、微分和积分等问题时，会出现一些与一元函数时有本质不同的情况，但二元与三元或更多变元的函数之间则差异不大．因此，在本章中我们主要就二元函数来展开

讨论，其大多数论述则不难推广到自变量多于两个的多元函数情况.

首先给出二元函数的一般概念.

**定义 6.1** 令 $D$ 代表 $xOy$ 平面上的一个点集，如果对于每一点 $(x,y)\in D$，按照一定的法则总有变量 $z$ 的一个确定的值与之对应，则称 $z$ 是变量 $x$，$y$ 的**二元函数**（以下主要讨论二元函数，故常简称为函数），记为

$$z=f(x,y) \quad 或 \quad z=z(x,y),$$

其中 $x$，$y$ 称为**自变量**，$z$ 称为**因变量或函数**，点集 $D$ 称为该函数的**定义域**，数集

$$\{z|z=f(x,y),(x,y)\in D\}$$

称为该函数的**值域**，它代表 $z$ 轴上的一个点集.

类似地，可以给出三元及三元以上的多元函数的定义.

**2. 二元函数的定义域**

同一元函数一样，从纯数学的角度确定用数学式子表示的二元函数的定义域，就是寻求使函数式有意义的那些自变量所确定的点集. 如果是实际问题所总结出来的数学模型，则根据具体情况来确定，例如在式(6.1)中 $x>0,y>0$ 就属于这种情况.

［**例 1**］求二元函数 $z=\sqrt{1-x^2-y^2}$ 的定义域.

**解** 由 $1-x^2-y^2\geqslant 0$ 时函数式有意义可知所求定义域为：

$$D=\{(x,y)|x^2+y^2\leqslant 1\}.$$

显然 $D$ 是 $xOy$ 平面上单位圆 $x^2+y^2=1$ 的内部以及圆周上的点组成的集合，如图 6.1 影线部分所示.

［**例 2**］求二元函数 $z=f(x,y)=\sqrt{x^2-9}+\sqrt{4-y^2}$ 的定义域，并用图形加以表示.

**解** 由 $x^2-9\geqslant 0$，$4-y^2\geqslant 0$ 得

$$\begin{cases}|x|\geqslant 3,\\|y|\leqslant 2,\end{cases}$$

故有 $$D=\{(x,y)||x|\geqslant 3 且 |y|\leqslant 2\},$$

定义域 $D$ 如图 6.2 影线部分.

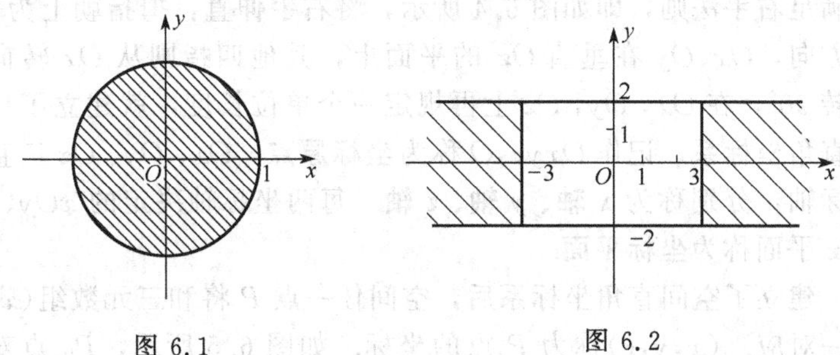


图 6.1　　　　图 6.2

［**例 3**］求函数 $z=f(x,y)=\ln[(9-x^2-y^2)(x^2+y^2-1)]$ 的定义域，并画出其图形.

**解**　由 $(9-x^2-y^2)(x^2+y^2-1)>0$ 解出得

$$x^2+y^2<3 \quad \text{且} \quad x^2+y^2>1,$$

即有　　$D=\{(x,y)|1<x^2+y^2<3\}$，

定义域 $D$ 的图形如图 6.3 中阴影部分所示.

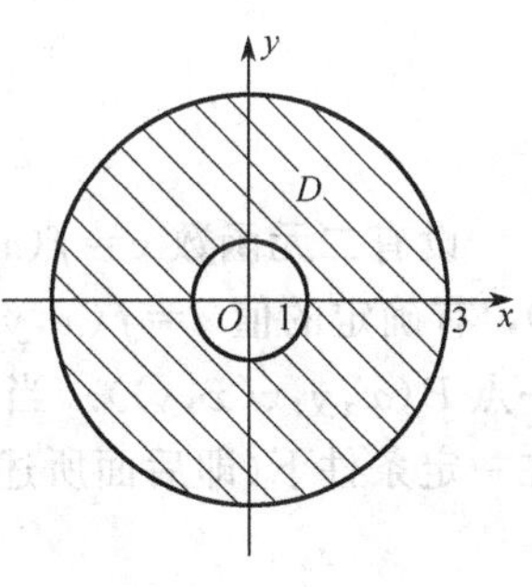


图 6.3

从所给出的几个例子我们可以知道，二元函数 $z=f(x,y)$ 的定义域是一个平面区域. 这种平面区域可以是 $xy$ 平面上由几条曲线所围成的某个或某几个部分，也可以是整个 $xy$ 平面. 仿照一元函数中相应的规定，我们将围成平面区域的曲线称为该区域的边界，不包含边界的区域称为开区域，包含部分边界的区域称为半开区域，包含所有边界的区域称为闭区域. 如果区域延伸到无限远处，就称为无界区域，反之则称为有界区域. 例如，本节例 1、例 3 中函数的定义域是有界区域，例 2 中函数的定义域为无界区域.

**3. 二元函数的几何意义**

与建立平面直角坐标系后可用 $(x,y)$ 来表示平面上的点的情形一样，我们如下来建立空间直角坐标系.

在空间任取一点 $O$，过点 $O$ 作三条互相垂直的直线 $Ox$、$Oy$、$Oz$，

其满足右手法则，即如图 6.4 所示，将右手伸直，拇指朝上为 $Oz$ 的正方向，$Ox$、$Oy$ 在垂直 $Oz$ 的平面上，其他四指则从 $Ox$ 转向 $Oy$，旋转 $90°$，在 $Ox$，$Oy$，$Oz$ 上再规定一个单位长度，就建立了一个空间直角坐标系，记作 $Oxyz$，$O$ 称为**坐标原点**，$Ox$、$Oy$、$Oz$ 三直线为坐标轴，分别称为 **$x$ 轴、$y$ 轴、$z$ 轴**. 每两坐标轴决定的 $xOy$、$yOz$、$zOx$ 平面称为**坐标平面**.

建立了空间直角坐标系后，空间任一点 $P$ 将和三元数组 $(x,y,z)$ 一一对应. $(x,y,z)$ 称为 $P$ 点的坐标. 如图 6.5 所示，$P_0$ 点对应坐标 $(x_0, \ y_0, \ z_0)$.

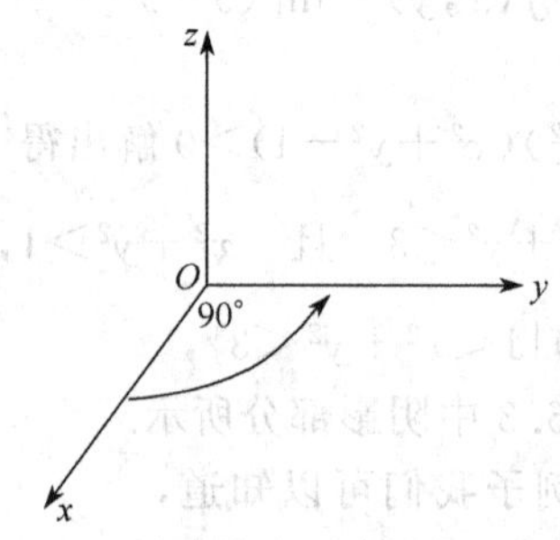


图 6.4

设有二元函数 $z=f(x,y)$，以 $D$ 为定义域，则对任一点 $(x,y)\in D$，有确定的值 $z=f(x,y)$ 存在，从而得到 $Oxyz$ 空间直角坐标系中一点 $P(x,y,z(x,y))$. 当 $(x,y)$ 在 $D$ 上变动时，点 $P$ 在空间中移动，在一定条件下(即后面所述 $f(x,y)$ 为连续函数)将形成一张曲面，如

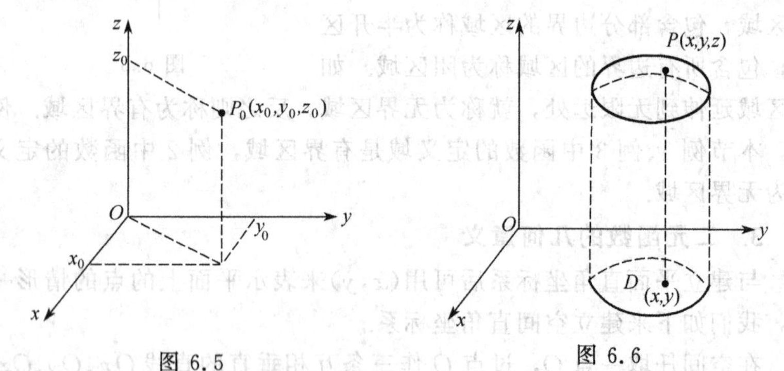


图 6.5　　图 6.6

图 6.6 所示．称此曲面为 $z=f(x,y)$ 的图形．

［**例 4**］ 分析并画出二元函数 $z=f(x,y)=x^2+y^2$ 的图形．

**解** 当 $z=0$ 时，$x=0$，$y=0$，即 $(0,0,0)$ 在图形上．$z=c<0$ 时无轨迹．

当 $z=c>0$ 时，它是在 $xOy$ 平面上方且与之平行的一个平面，用此平面去截曲面 $z=x^2+y^2$，得截线为

$$\begin{cases}x^2+y^2=c,\\z=c.\end{cases}$$

此截线为平面 $z=c$ 上，圆心在 $(0,0,c)$，半径为 $\sqrt{c}$ 的圆，且随着 $c$ 的变大，所截得的圆也扩大．故可知 $z=f(x,y)$ 的图形是由一个个圆心在 $z$ 轴上，半径越来越大的圆向上"堆积"而成，见图 6.7.

如再用 $yOz$ 或 $zOx$ 两坐标面从纵向截割曲面，所得截线为

$$\begin{cases}z=y^2,\\x=0,\end{cases} \quad 或 \quad \begin{cases}z=x^2,\\y=0.\end{cases}$$

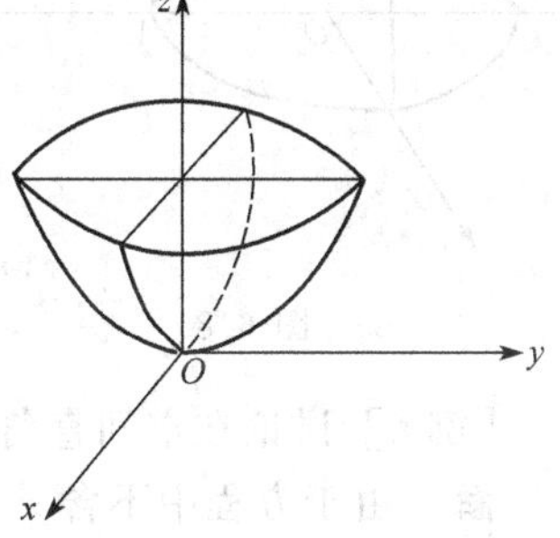


图 6.7

它们分别为 $yOz$ 平面或 $zOx$ 平面上的抛物线，故此曲面常称为**圆抛物面或旋转抛物面**．类似地，$z=\dfrac{x^2}{a^2}+\dfrac{y^2}{b^2}$ 称为**椭圆抛物面**．

例 4 中作出二元函数的图形的步骤，实际上提供了描绘二元函数图形的一个很有效的一般方法，称为"截线法"．在进一步的学习中，我们常常需要运用这种方法来画出所需的空间图形．

［**例 5**］ 讨论并画出二元函数 $z=\sqrt{1-x^2-y^2}$ 的图形．

**解** 由于 $1-(x^2+y^2)\geqslant 0$，故

$$D=\{(x,y)\,|\,x^2+y^2\leqslant 1\}.$$

易知 $0\leqslant z\leqslant 1$，当 $z=0$ 时，$x^2+y^2=1$，为 $xOy$ 平面上一个圆

$$\begin{cases}x^2+y^2=1,\\z=0,\end{cases}$$

此圆的圆心为 $(0,0,0)$，半径为 1.

当 $z=1$ 时，必有 $x=y=0$，对应得 $z$ 轴上的一点$(0,0,1)$.

当 $z=c,0<c<1$ 时，对应于平行坐标面 $xOy$ 的平面上的一个圆

$$\begin{cases} x^2+y^2=1-c^2, \\ z=c. \end{cases}$$

此圆的圆心为$(0,0,c)$，半径为 $\sqrt{1-c^2}$.

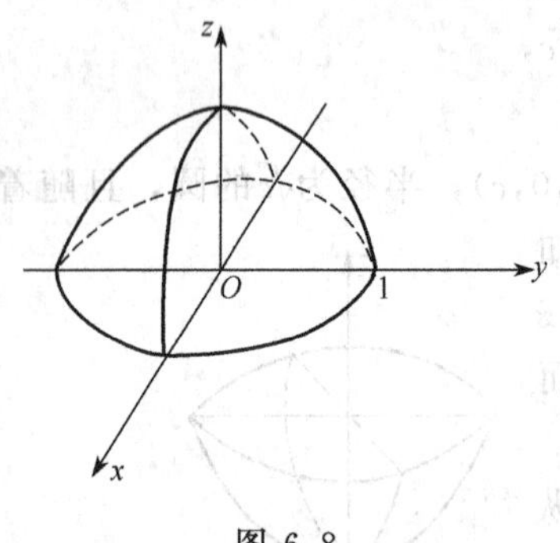


图 6.8

再用 $x=0$ 和 $y=0$ 平面去截，则分别得到两个半圆周

$$\begin{cases} x=0, \\ z=\sqrt{1-y^2}, \end{cases} \quad 和 \quad \begin{cases} y=0, \\ z=\sqrt{1-z^2}. \end{cases}$$

综合以上分析可知此函数的图形为一个半球面. 如图 6.8 所示.

由上、下对称可知，$x^2+y^2+z^2=R^2$ 是以 $O(0,0,0)$ 为中心，半径为 $R$ 的球面.

**[例 6]** 讨论在空间直角坐标系之下 $x^2+y^2=R^2$ 的图形.

**解** 由于方程中不含 $z$，这意味着对于点$(x_0,y_0,z_0)$来说，只要其中的 $x_0$ 与 $y_0$ 满足方程，不论 $z_0$ 取何值，它都在此曲面上，即通过$(x_0,y_0)$平行于 $z$ 轴的直线上的所有点都在曲面上. 而方程 $x^2+y^2=R^2$ 在 $xOy$ 平面上表示以原点为圆心，半径为 $R$ 的圆，因此这个方程表示的曲面，是由平行于 $z$ 轴的直线沿 $xOy$ 平面上的圆 $x^2+y^2=R^2$ 移动所形成的圆柱面. 如图 6.9 所示. 其中平行于 $z$ 轴的直线叫做它的**母线**，$x^2+y^2=R^2$ 叫做它的**准线**.

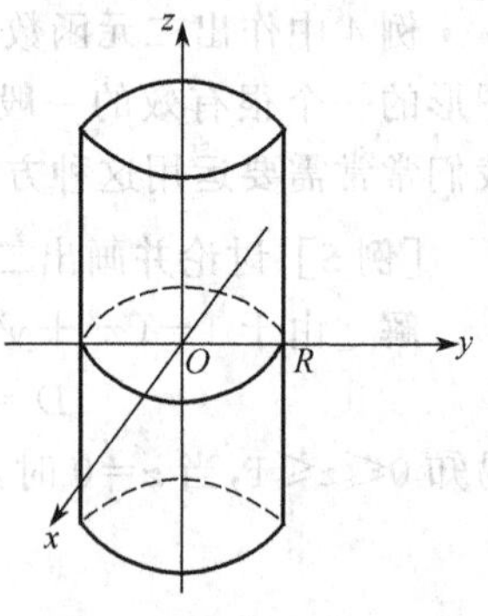


图 6.9

和在平面直角坐标系之下由隐式方程 $F(x,y)=0$ 可确定某一曲线一样，在空间直角坐标系之下，由隐式方程 $F(x,y,z)=0$ 可确定某一曲面. 下面列出一些常用的标准曲面方程：

平面方程　$Ax+By+Cz+D=0$，

球面方程　$x^2+y^2+z^2=R^2$　(以原点为球心)，

$$(x-a)^2+(y-b)^2+(z-c)^2=R^2\text{，（以点}(a,b,c)\text{为球心），}$$

椭球面方程 $\quad \dfrac{x^2}{a^2}+\dfrac{y^2}{b^2}+\dfrac{z^2}{c^2}=1$，

圆柱面方程 $\quad x^2+y^2=R^2$，

椭圆抛物面方程 $\quad z=\dfrac{x^2}{a^2}+\dfrac{y^2}{b^2}$，

锥面方程 $\quad x^2+y^2-z^2=0$，

其中 $x,y,z$ 为变量，$A,B,C,R,a,b,c$ 等均为常数.

仿照例 4、例 5 的方法，读者可自行画出以上曲面的图形.

## 第二节 二元函数的极限和连续性

在一元函数中已经看到极限概念的基本重要性. 对二元和二元以上的函数同样如此. 因此我们首先引入二元函数的极限概念.

### 1. 二元函数的极限

考虑二元函数 $z=f(x,y)$，其定义域为 $D$，点 $(x_0,y_0)$ 属于 $D$ 或 $D$ 的边界. 为考察点 $(x,y)$ 在 $D$ 内无限趋近于点 $(x_0,y_0)$ 时，对应的函数值 $f(x,y)$ 的变化情况，首先做如下的准备工作.

(1) 利用平面上两点 $(x_0,y_0)$ 与 $(x,y)$ 间的距离 $\rho=\sqrt{(x-x_0)^2+(y-y_0)^2}$ 来定义点 $(x_0,y_0)$ 的 **δ-邻域**为：给定 $\delta>0$，与点 $(x_0,y_0)$ 距离小于 $\delta$ 的点 $(x,y)$ 的全体，即点集合

$$\{(x,y)\mid\sqrt{(x-x_0)^2+(y-y_0)^2}<\delta,\ \delta>0\}.$$

它确定一个开圆域：以 $(x_0,y_0)$ 为圆心，$\delta$ 为半径的圆周的内部区域. 如在此集合中，去掉圆心，则称为**空心 δ-邻域**.

(2) 二元函数 $z=f(x,y)$ 在点 $(x_0,y_0)$ 的空心 $\delta$-邻域内有定义，和一元函数极限一样，函数 $f(x,y)$ 在点 $(x_0,y_0)$ 是否有定义可不用考虑.

(3) 点 $(x,y)$ 无限趋近于点 $(x_0,y_0)$，记为 $(x,y)\to(x_0,y_0)$ 或 $x\to x_0,y\to y_0$，是指两点间的距离无限趋近于 0，即

$$\rho=\sqrt{(x-x_0)^2+(y-y_0)^2}\to0.$$

这意味着点 $(x,y)$ 可以沿平面 $(x,y)$ 上的任意路径趋近于点 $(x_0,y_0)$.

由于在平面上这样的路径有无数多条，所以与一元函数的极限情

况相比，这里的情况要复杂、困难得多.

**定义 6.2** 如上，设二元函数 $z=f(x,y)$ 在 $(x_0,y_0)$ 点的某空心 $\delta$-邻域内有定义，若存在常数 $A$，且对于任意给定的正数 $\varepsilon$，总存在正数 $\delta$，使当 $0<\rho=\sqrt{(x-x_0)^2+(y-y_0)^2}<\delta$ 时，有

$$|f(x,y)-A|<\varepsilon, \tag{6.2}$$

则称当 $(x,y)$ 趋于 $(x_0,y_0)$ 时，二元函数 $z=f(x,y)$ **以 $A$ 为极限**，或称 $f(x,y)$ **在 $(x_0,y_0)$ 点有极限 $A$**，记作

$$\lim_{\substack{x\to x_0\\ y\to y_0}} f(x,y)=A,\quad \lim_{(x,y)\to(x_0,y_0)} f(x,y)=A,$$

或 $$\lim_{\rho\to 0} f(x,y)=A.$$

若不存在这样的常数 $A$，使式(6.2)成立，则称 $(x,y)$ 趋于 $(x_0,y_0)$ 时 $f(x,y)$ 的**极限不存在，或称 $f(x,y)$ 在 $(x_0,y_0)$ 点无极限.**

**[例 1]** 证明 $\lim\limits_{\substack{x\to 1\\ y\to 1}}(2x+3y)=5.$

**证** 因为

$$|2x+3y-5|=|2x-2+3y-3|\leqslant 2|x-1|+3|y-1|$$

$$\leqslant 3\sqrt{2(x-1)^2+2(y-1)^2}=3\sqrt{2}\cdot\sqrt{(x-1)^2+(y-1)^2}$$

故对任意的 $\varepsilon>0$，可取正数 $\delta=\dfrac{\sqrt{2}}{6}\varepsilon>0$，则当

$$0<\sqrt{(x-1)^2+(y-1)^2}<\delta$$

时，就有

$$|2x+3y-5|<\varepsilon.$$

依定义 6.2 知

$$\lim_{\substack{x\to 1\\ y\to 1}}(2x+3y)=5.$$

**[例 2]** 证明 $\lim\limits_{\substack{x\to 0\\ y\to 0}}\dfrac{x^2y}{x^2+y^2}=0.$

**证** 因为

$$\left|\frac{x^2y}{x^2+y^2}\right|=|x|\cdot\frac{|xy|}{x^2+y^2}\leqslant\frac{|x|}{2},$$

故对任意 $\varepsilon>0$，可取正数 $\delta=2\varepsilon>0$，则当

$$0<\sqrt{(x-0)^2+(y-0)^2}<\delta$$

时，必有 $|x|<\delta$ 时，故

$$\left|\frac{x^2y}{x^2+y^2}-0\right|\leqslant\frac{|x|}{2}<\varepsilon.$$

所以

$$\lim_{\substack{x\to0\\y\to0}}\frac{x^2y}{x^2+y^2}=0.$$

［例 3］讨论二元函数 $f(x,y)=\dfrac{xy}{x^2+y^2}$ 在(0,0)处的极限问题.

**解** 当点 $(x,y)$ 沿方向 $y=kx$ （$k$ 为任意实数）趋向于(0,0)时，有

$$\lim_{\substack{y=kx\\x\to0}}\frac{xy}{x^2+y^2}=\lim_{\substack{y=kx\\x\to0}}\frac{kx^2}{x^2+k^2x^2}=\frac{k}{1+k^2},$$

这意味着所求的极限值随 $k$ 的不同而各异，故不可能存在满足定义 6.2 的常数 $A$，因此二元函数 $f(x,y)=\dfrac{xy}{x^2+y^2}$ 在(0,0)点极限不存在.

在上例中如果把二元函数改为 $f_1(x,y)=\dfrac{xy}{x^2+y}$，则可以算得，当沿方向 $y=kx$ 趋向于(0,0)时，$f_1(x,y)$ 的极限都是零，沿 $y$ 轴方向趋向于(0,0)时，$f_1(x,y)$ 的极限也是零，但如取曲线 $y=x^3-x^2$，则沿此曲线趋于(0,0)时，$f_1(x,y)$ 的极限为 $-1$. 所以 $f_1(x,y)$ 在(0,0)处也是没有极限的. 例 2 的函数 $\dfrac{x^2y}{x^2+y^2}$ 在(0,0)点有极限，但把它稍作变形为例 3 或上述 $f_1(x,y)$，在(0,0)点就没有极限了. 这一事实说明了二元函数的极限比一元函数的情况要复杂得多.

依照定义 6.2，易于说明一元函数中关于极限的运算法则❶对二元函数仍然成立，这里我们就不一一加以证明了，请读者重温一下第

---

❶ 关于多元函数的复合，情况要比一元函数多样化一些，因在 $f(x,y)$ 中，如把 $x,y$ 作为中间变量，它可以是另外一个、两个或更多个自变量的函数，故有多种情况. 这将在后面讲复合函数求导公式时再加以讨论.

二章第二节的一些定理.

**2. 二元函数的连续性**

**定义 6.3** 设二元函数 $z=f(x,y)$ 在点 $(x_0,y_0)$ 的某邻域内有定义，极限 $\lim\limits_{\substack{x\to x_0\\y\to y_0}} f(x,y)$ 存在，且

$$\lim_{\substack{x\to x_0\\y\to y_0}} f(x,y)=f(x_0,y_0),$$

则称函数 $f(x,y)$ **在点 $(x_0,y_0)$ 处连续**.

如果 $f(x,y)$ 在点 $(x_0,y_0)$ 处不连续，则称点 $(x_0,y_0)$ 为函数 $f(x,y)$ 的**间断点**.

若 $f(x,y)$ 在定义域 $D$ 上每一点处都连续，则称 $f(x,y)$ 为 **$D$ 上的连续函数**.

与一元函数类似，二元连续函数有以下一些重要性质：

(1) 设 $f(x,y),g(x,y)$ 为区域 $D$ 上的连续函数，则它们的和、差、积和商(当分母函数不取零值时)均为 $D$ 上的连续函数；

(2) 若二元函数是连续的，则它和其他连续函数复合之后所得的函数仍为连续函数；

(3) 一切二元初等函数(是指用一个表达式定义的函数，其中只出现第一章中所述的基本初等函数经过有限次四则运算及多元复合的情况)在其定义域内是连续的；

(4) 在有界闭区域 $D$ 上的二元连续函数，在 $D$ 上一定有最大值 $M$ 和最小值 $m$；

(5) 在有界闭区域 $D$ 上的二元连续函数，必能在 $D$ 上取得 $[m,M]$ 中的任何数值.

**[例 4]** 设二元函数 $f(x,y)=\dfrac{x+y}{x^2+y^2+e^{xy}}$，求 $\lim\limits_{\substack{x\to 1\\y\to 1}} f(x,y)$.

**解** 由于 $f(x,y)$ 是初等函数，因分母恒大于零，故定义域为整个 $(x,y)$ 平面，在 $(1,1)$ 处 $f(x,y)$ 有定义，由上述性质(3)知它在点 $(1,1)$ 为连续，因此有

$$\lim_{\substack{x\to 1\\y\to 1}} f(x,y)=f(1,1)=\frac{1+1}{1+1+e}=\frac{2}{2+e}.$$

此例说明，对二元初等函数 $f(x,y)$ 求 $(x,y)\to(x_0,y_0)$ 的极限时，只要 $f$ 在 $(x_0,y_0)$ 有定义，则只须求出函数值 $f(x_0,y_0)$ 即可作为其极限值.

[**例 5**] 讨论二元函数 $f(x,y)=\sin\dfrac{1}{x^2+y^2-1}$ 的连续性.

**解** 函数在圆周 $x^2+y^2=1$ 上没有定义，在此圆周内部及外部的所有点处均为连续. 而此圆周上的每一点均为间断点.

此例说明二元函数的间断点不一定是孤立的点，而可以遍布在一条连续曲线上.

## 第三节 偏导数与全微分

### 1. 偏导数的概念及其求法

在第三章和第四章中我们已经熟悉了一元函数的导数概念及其应用. 这一概念可以移植到多元函数. 例如对二元函数 $f(x,y)$ 可固定其中一个自变量而把它视为另一自变量的一元函数来求导，这就引出了偏导数.

在 $(x_0,y_0)$ 点邻近来考虑，让 $x$ 从 $x_0$ 改变 $\Delta x$，$y$ 从 $y_0$ 改变 $\Delta y$.

**定义 6.4** 设二元函数 $z=f(x,y)$ 在点 $(x_0,y_0)$ 的某一邻域内有定义，如果当 $y$ 保持定值 $y_0$ 时，一元函数 $f(x,y_0)$ 在 $x_0$ 处对 $x$ 的导数存在，即

$$\lim_{\Delta x\to 0}\frac{f(x_0+\Delta x,y_0)-f(x_0,y_0)}{\Delta x}=\lim_{x\to x_0}\frac{f(x,y_0)-f(x_0,y_0)}{x-x_0}$$

存在，则此极限值称为函数 $z=f(x,y)$ 在点 $(x_0,y_0)$ 处**关于 $x$ 的偏导数**，记作

$$f'_x(x_0,y_0)，\text{或 }\frac{\partial f(x_0,y_0)}{\partial x}，\text{或 }\left.\frac{\partial z}{\partial x}\right|_{\substack{x=x_0\\ y=y_0}}，\text{或 }\left.z'_x\right|_{\substack{x=x_0\\ y=y_0}}.$$

同样，如果保持 $x=x_0$，一元函数 $f(x_0,y)$ 在 $y_0$ 处对于 $y$ 有导数存在，即

$$\lim_{\Delta y\to 0}\frac{f(x_0,y_0+\Delta y)-f(x_0,y_0)}{\Delta y}=\lim_{y\to y_0}\frac{f(x_0,y)-f(x_0,y_0)}{y-y_0}$$

存在，则称此极限值为二元函数 $f(x,y)$ 在 $(x_0,y_0)$ 处**关于 $y$ 的偏导**

数，记作

$$f'_y(x_0,y_0)，或 \frac{\partial f(x_0,y_0)}{\partial y}，或 \left.\frac{\partial z}{\partial y}\right|_{\substack{x=x_0\\y=y_0}} 或 \left.z'_y\right|_{\substack{x=x_0\\y=y_0}}$$

如果 $z=f(x,y)$在某区域 $D$ 内每一点$(x,y)$处都存在对 $x$，对 $y$ 的偏导数，则它们分别称为 $f(x,y)$关于 $x$，关于 $y$ 的偏导函数，或简称为偏导数，记作

$$f'_x(x,y)，\frac{\partial f}{\partial x}，z'_x 或 \frac{\partial z}{\partial x}，$$

$$f'_y(x,y)，\frac{\partial f}{\partial y}，z'_y 或 \frac{\partial z}{\partial y}.$$

由上述定义可知，求二元函数 $f(x,y)$关于 $x$ 或 $y$ 的偏导数，实际上就是作为一元函数来求导. 因此，一元函数的求导法则和求导公式全部可以沿用.

**[例 1]** 求二元函数 $z=x^y$ $(x>0)$的偏导数.

**解** 对 $x$ 求偏导数时，$y$ 视作常数，故应用幂函数求导公式得

$$z'_x=yx^{y-1}.$$

对 $y$ 求偏导数时，$x$ 为常数，故为指数函数求导，得

$$z'_y=x^y\ln x.$$

**[例 2]** 设 $f(x,y)=x^2y^2+\dfrac{x}{x^2+y^2}$，求 $f'_x(0,1)$，$f'_y(0,1)$.

**解** 因为

$$f'_x(x,y)=2xy^2+\frac{x^2+y^2-x\cdot 2x}{(x^2+y^2)^2}=2xy^2+\frac{y^2-x^2}{(x^2+y^2)}，$$

$$f'_y(x,y)=2x^2y+\frac{-x\cdot 2y}{(x^2+y^2)^2}=2x^2y-\frac{2xy}{(x^2+y^2)^2}，$$

将 $x=0$，$y=1$ 代入可得

$$f'_x(0,1)=1，f'_y(0,1)=0.$$

求二元函数在定点$(x_0,y_0)$的偏导数时，如上例解法，可以先求出偏导函数，然后将 $x=x_0$，$y=y_0$ 代入. 也可以先将 $y=y_0$ 代入，再对 $x$ 求导得$f'_x(x,y_0)$，然后将 $x=x_0$ 代入即可. 类似地可求出 $f'_y(x_0,y_0)$. 有时后一方法会简捷一些. 如对例 2 可这样解得

由 $f(x,1)=x^2+\dfrac{x}{x^2+1}$可得

$$f'_x(0,1)=\left(x^2+\frac{x}{x^2+1}\right)'\bigg|_{x=0}$$

$$=\left[2x+\frac{x^2+1-x\cdot 2x}{(x^2+1)^2}\right]\bigg|_{x=0}$$

$$=1.$$

由 $f(0,y)=0$，可得

$$f'_y(0,1)=0.$$

这时可见用后一方法求导要简便得多.

如同一元函数的导数在经济问题中的应用一样，二元函数的偏导数也有较多应用. 这时它的两个偏导数分别称为关于 $x$ 和关于 $y$ 的边际函数.

**[例 3]** 设某厂生产甲、乙两种产品，产量分别为 $x$、$y$(单位)，其利润函数为 $L(x,y)=-x^2-4y^2+8x+24y-15$. 求关于甲产品产量 $x$ 和关于乙产品产量 $y$ 的边际利润函数在(1,1)的值.

**解** 利润函数对于甲产品产量 $x$ 的边际利润函数为：

$$L'_x=-2x+8，故 L'_x(1,1)=6.$$

利润函数对于乙产品产量 $y$ 的边际利润函数为：

$$L'_y=-8y+24，故 L'_y(1,1)=16.$$

由于偏导数或关于某变量的边际函数实质是一个变量固定情况下的一元函数导数，因此上例在经济学中的实际意义同一元函数. 例如，产品以千台为单位，$L'_x(1,1)=6$ 就表示在乙产品生产 1 千台不变情况下，甲产品为 1 千台再增产 1 千台时利润可增加 6(单位)；$L'_y(1,1)=16$则表示在甲产品生产 1 千台不变情况下，乙产品产量从 1 千台再增加 1 千台时利润可增加 16(单位).

一般来说，函数 $z=f(x,y)$的偏导数 $z'_x$，$z'_y$ 仍是 $x$、$y$ 的函数，如果它们还可对 $x$ 和 $y$ 求偏导数，则称这些偏导数(应该有四个)为 $z=f(x,y)$的二阶偏导数，分别记作

$$\frac{\partial}{\partial x}\left(\frac{\partial z}{\partial x}\right)=\frac{\partial^2 z}{\partial x^2},\ \frac{\partial}{\partial y}\left(\frac{\partial z}{\partial x}\right)=\frac{\partial^2 z}{\partial x\partial y},$$

$$\frac{\partial}{\partial y}\left(\frac{\partial z}{\partial y}\right)=\frac{\partial^2 z}{\partial y^2},\ \frac{\partial}{\partial x}\left(\frac{\partial z}{\partial y}\right)=\frac{\partial^2 z}{\partial y\partial x}.$$

或记作 $z''_{xx}$，$z''_{xy}$，$z''_{yy}$，$z''_{yx}$，

其中 $z''_{xy}$，$z''_{yx}$ 称为二元函数 $z=f(x,y)$ 的二阶混合偏导数.

依此类推，可以给出三阶和更高阶的偏导数.

应该指出，上面提到的 $z''_{xy}$ 和 $z''_{yx}$ 这两个求导次序不同的二阶混合偏导数一般来说未必相等. 但可以证明：当二阶偏导数 $z''_{xy}$，$z''_{yx}$ 是 $x$、$y$ 的连续函数时，它们必相等，即

$$z''_{xy}(x,y)=z''_{yx}(x,y). \tag{6.3}$$

和一元函数的讨论一样，通常遇到的二元函数往往都是初等函数，它们的二阶偏导数仍然是初等函数，因此式(6.3)总成立，这就是说求混合偏导数时与对 $x,y$ 的求导次序无关.

［**例 4**］ 求二元函数 $z=x^2+y^2+\sin xy$ 的二阶偏导数.

**解** $\dfrac{\partial z}{\partial x}=2x+y\cos xy$，$\dfrac{\partial z}{\partial y}=2y+x\cos xy$，

$$\frac{\partial^2 z}{\partial x^2}=2-y^2\sin xy,\quad \frac{\partial^2 z}{\partial y^2}=2-x^2\sin xy,$$

$$\frac{\partial^2 z}{\partial x\partial y}=\cos xy-xy\sin xy=\frac{\partial^2 z}{\partial y\partial x}.$$

**2. 全微分**

一元函数的微分是指当自变量作微小改变时，函数改变量的主要部分，它是自变量的改变量的线性函数. 这一概念可推广到二元函数，有以下定义：

**定义 6.5** 设函数 $z=f(x,y)$ 在点 $(x,y)$ 的邻域内有定义，当 $x$，$y$ 分别有改变量 $\Delta x$、$\Delta y$ 时，函数的改变量记为 $\Delta z$，即

$$\Delta z=f(x+\Delta x,y+\Delta y)-f(x,y),$$

它称为函数 $z=f(x,y)$ 在 $(x,y)$ 点处的**全改变量**.

令 $\rho=\sqrt{\Delta x^2+\Delta y^2}$，如果函数的全改变量 $\Delta z$ 可以表示为 $\Delta x,\Delta y$ 的线性函数与 $\rho$ 的一个高阶无穷小的和，即

$$\Delta z=A\Delta x+B\Delta y+o(\rho),$$

其中 $A$、$B$ 是 $x$、$y$ 的函数，与 $\Delta x$、$\Delta y$ 无关，则称二元函数 $z=f(x,y)$ **在 $(x,y)$ 处可微**，$\Delta z$ 的主部 $A\Delta x+B\Delta y$ 称为函数 $z=f(x,y)$ **在点 $(x,y)$ 处的全微分**，记作 $\mathrm{d}z$ 或 $\mathrm{d}f(x,y)$，即

$$\mathrm{d}z=\mathrm{d}f(x,y)=A\Delta x+B\Delta y.$$

如果函数 $z=f(x,y)$ 在区域 $D$ 内每一点都可微，则称此函数在 **$D$ 内可微**.

当 $z=f(x,y)$ 在 $(x,y)$ 点可微时有

$$\lim_{\substack{\Delta x\to 0\\ \Delta y\to 0}}\Delta z=\lim_{\substack{\Delta x\to 0\\ \Delta y\to 0}}[A\Delta x+B\Delta y+o(\rho)]=0.$$

又

$$\lim_{\substack{\Delta x\to 0\\ \Delta y\to 0}}\Delta z=0 \Leftrightarrow \lim_{\substack{\Delta x\to 0\\ \Delta y\to 0}}f(x+\Delta x,y+\Delta y)=f(x,y),$$

所以，$z=f(x,y)$ 在 $(x,y)$ 点可微时，它在该点必定连续. 但要注意，反之未必成立，即由函数的连续性不能推出可微性.

关于函数 $z=f(x,y)$ 的可微性条件以及如何求出其微分中的 $A$ 和 $B$，我们介绍如下常用的定理.

**定理 6.1** 设函数 $z=f(x,y)$ 在点 $(x,y)$ 的某邻域内有连续偏导数 $\frac{\partial f}{\partial x}$，$\frac{\partial f}{\partial y}$，则 $f(x,y)$ 在点 $(x,y)$ 可微，且

$$\mathrm{d}z=\frac{\partial f(x,y)}{\partial x}\mathrm{d}x+\frac{\partial f(x,y)}{\partial y}\mathrm{d}y.\text{[1]} \tag{6.4}$$

**证** 给 $x,y$ 以改变量 $\Delta x$，$\Delta y$，则 $z$ 有改变量

$$\begin{aligned}\Delta z&=f(x+\Delta x,y+\Delta y)-f(x,y)\\&=[f(x+\Delta x,y+\Delta y)-f(x,y+\Delta y)]+\\&\quad[f(x,y+\Delta y)-f(x,y)].\end{aligned} \tag{6.5}$$

由于 $\frac{\partial f(x,y)}{\partial x}$，$\frac{\partial f(x,y)}{\partial y}$ 在 $(x,y)$ 的邻域内存在，当 $|\Delta x|$，$|\Delta y|$ 充分小时，可对式(6.5)右端两[ ]分别应用微分中值定理，得

$$\Delta z=\frac{\partial f(x+\theta_1\Delta x,\ y+\Delta y)}{\partial x}\Delta x+\frac{\partial f(x,y+\theta_2\Delta y)}{\partial y}\Delta y, \tag{6.6}$$

其中 $0<\theta_1$，$\theta_2<1$，由 $\frac{\partial f}{\partial x}$，$\frac{\partial f}{\partial y}$ 连续，故当 $\Delta x\to 0$，$\Delta y\to 0$ 时，$\rho=\sqrt{\Delta x^2+\Delta y^2}$ 也 $\to 0$，从而有

$$\lim_{\rho\to 0}\frac{\partial f(x+\theta_1\Delta x,\ y+\Delta y)}{\partial x}=\frac{\partial f(x,y)}{\partial x},$$

---

[1] 这里和一元函数中一样，把自变量的改变量 $\Delta x$，$\Delta y$ 称为其微分，并分别记为 $\mathrm{d}x$，$\mathrm{d}y$.

$$\lim_{\rho\to 0}\frac{\partial f(x,y+\theta_2\Delta y)}{\partial y}=\frac{\partial f(x,y)}{\partial y},$$

亦即有
$$\frac{\partial f(x+\theta_1\Delta x,y+\Delta y)}{\partial x}=\frac{\partial f(x,y)}{\partial x}+\alpha,$$
$$\frac{\partial f(x,y+\theta_2\Delta y)}{\partial y}=\frac{\partial f(x,y)}{\partial y}+\beta,$$

其中当 $\rho\to 0$ 时 $\alpha$，$\beta\to 0$. 因此由式(6.6)得

$$\Delta z=\frac{\partial f(x,y)}{\partial x}\Delta x+\frac{\partial f(x,y)}{\partial y}\Delta y+\alpha\Delta x+\beta\Delta y. \qquad (6.7)$$

而

$$\frac{|\alpha\Delta x+\beta\Delta y|}{\rho}=\frac{|\alpha\Delta x+\beta\Delta y|}{\sqrt{\Delta x^2+\Delta y^2}}\leqslant$$
$$\frac{|\alpha||\Delta x|}{\sqrt{\Delta x^2+\Delta y^2}}+\frac{|\beta||\Delta y|}{\sqrt{\Delta x^2+\Delta y^2}}\leqslant|\alpha|+|\beta|.$$

当 $\rho\to 0$ 时，上式右端 $\to 0$，故式(6.7)中的 $\alpha\Delta x+\beta\Delta y$ 是 $\rho$ 的高阶无穷小，即

$$\Delta z=\frac{\partial f(x,y)}{\partial x}\Delta x+\frac{\partial f(x,y)}{\partial y}\Delta y+o(\rho).$$

依微分的定义以及 $\Delta x=\mathrm{d}x$，$\Delta y=\mathrm{d}y$ 得出

$$\mathrm{d}z=\frac{\partial f(x,y)}{\partial x}\Delta x+\frac{\partial f(x,y)}{\partial y}\Delta y$$
$$=\frac{\partial f(x,y)}{\partial x}\mathrm{d}x+\frac{\partial f(x,y)}{\partial y}\mathrm{d}y.$$

关于二元函数的连续性、可微性及其偏导数的存在性，三者之间有如下的关系.

偏导数存在且连续⇒可微⇒偏导数存在；可微⇒函数连续

但要注意，以上的箭头反过来推论未必成立.

[例 5] 求 $z=\arctan\dfrac{y}{x}$ 的全微分.

**解** 由于 $\dfrac{\partial z}{\partial x}=\dfrac{-y}{x^2+y^2}$，$\dfrac{\partial z}{\partial y}=\dfrac{x}{x^2+y^2}$，因此得

$$\mathrm{d}z=\frac{\partial z}{\partial x}\mathrm{d}x+\frac{\partial z}{\partial y}\mathrm{d}y$$

$$=\frac{x\mathrm{d}y-y\mathrm{d}x}{x^2+y^2}.$$

[**例 6**] 求二元函数 $z=\ln(x^2+y^2)$的全微分．

**解** 由于 $\frac{\partial z}{\partial x}=\frac{2x}{x^2+y^2}$，$\frac{\partial z}{\partial y}=\frac{2y}{x^2+y^2}$，所以

$$\mathrm{d}z=\frac{\partial z}{\partial x}\mathrm{d}x+\frac{\partial z}{\partial y}\mathrm{d}y=\frac{2x}{x^2+y^2}\mathrm{d}x+\frac{2y}{x^2+y^2}\mathrm{d}y.$$

[**例 7**] 求二元函数 $z=\mathrm{e}^{xy}$在(1,2)处的全微分.

**解** 由于 $\left.\frac{\partial z}{\partial x}\right|_{(x,y)=(1,2)}=y\mathrm{e}^{xy}\,|_{(x,y)=(1,2)}=2\mathrm{e}^2$，

$$\left.\frac{\partial z}{\partial y}\right|_{(x,y)=(1,2)}=x\mathrm{e}^{xy}\,|_{(x,y)=(1,2)}=\mathrm{e}^2,$$

从而得出

$$\mathrm{d}z\,|_{(1,\,2)}=2\mathrm{e}^2\,\mathrm{d}x+\mathrm{e}^2\,\mathrm{d}y.$$

由定义可知二元函数的全微分是函数改变量的主要部分，故当$|\Delta x|$、$|\Delta y|$很小时，可有以下近似公式

$$\Delta z\approx\mathrm{d}z=\frac{\partial z}{\partial x}\Delta x+\frac{\partial z}{\partial y}\Delta y. \tag{6.8}$$

上式也可表示为

$$f(x+\Delta x,y+\Delta y)\approx f(x,y)+\frac{\partial z}{\partial x}\Delta x+\frac{\partial z}{\partial y}\Delta y. \tag{6.9}$$

和一元函数的微分用于近似计算一样，式(6.8)和式(6.9)也常用于近似计算.

[**例 8**] 若把圆锥体作形变，使它的底半径 $R$ 由 30 cm 增加到 30.1cm，高 $H$ 由 60 cm 减少到 59.5 cm，试求其体积变化的近似值.

**解** 由圆锥体的体积公式为

$$V=\frac{1}{3}\pi R^2H,$$

可得

$$\mathrm{d}V=\frac{2}{3}\pi RH\cdot\Delta R+\frac{1}{3}\pi R^2\cdot\Delta H.$$

由题意知 $R=30$，$H=60$，$\Delta R=0.1$，$\Delta H=-0.5$. 代入上式

可得

$$\Delta V \approx \mathrm{d}V = \frac{2}{3}\pi \cdot 30 \cdot 60 \cdot 0.1 + \frac{1}{3}\pi \cdot 30^2 \cdot (-0.5)$$

$$= -30\pi \approx 94.2.$$

即圆锥体经形变后体积减少 94.2 $\mathrm{cm}^3$.

**3. 多元复合函数的求导法则**

多元函数的复合可出现各种不同方式. 例如, 对二元函数 $z=f(u,v)$, 如把 $u$, $v$ 看成中间变量, 它们可以是一个自变量 $t$ 的函数 $\varphi(t)$, $\psi(t)$, 复合后得 $z=f(\varphi(t), \psi(t))$, 它是一个一元函数, 当然这时应假设 $u=\varphi(t)$, $v=\psi(t)$ 的值域 $(u,v)$ 包含在 $z=f(u,v)$ 的定义域内, 复合才有意义, 这一点以后不再一一说明. 如果 $u$, $v$ 同时是两个变量 $x$, $y$ 的二元函数 $\varphi(x,y)$, $\psi(x,y)$, 则复合后得 $z=f(\varphi(x,y), \psi(x,y))$, 它是 $(x,y)$ 到 $z$ 的二元复合函数. $u$, $v$ 还可取更多元的函数来复合, 不再赘述. 以下就上述两种情况来给出复合函数求导公式, 这些方法完全可以推广应用于更多元、多次复合的情况.

**定理 6.2** 如果函数 $u=\varphi(t)$ 及 $v=\psi(t)$ 在点 $t$ 均可导, 函数 $z=f(u,v)$ 在对应点 $(u,v)$ 具有连续偏导数, 则复合函数

$$z=f(\varphi(t), \psi(t))$$

在点 $t$ 可导, 且有以下计算公式

$$\frac{\mathrm{d}z}{\mathrm{d}t}=\frac{\partial z}{\partial u}\frac{\mathrm{d}u}{\mathrm{d}t}+\frac{\partial z}{\partial v}\frac{\mathrm{d}v}{\mathrm{d}t}. \tag{6.10}$$

可注意公式中符号“d”与“∂”的不同用法, 前者是一元函数的求导用“$\frac{\mathrm{d}}{\mathrm{d}t}$”, 后者则是作为二元函数(或多元函数)对其中某一个变量求导, “$\frac{\partial}{\partial u}$”等是**偏导数**的记号.

**定理 6.3** 如果函数 $u=\varphi(x,y)$ 及 $v=\psi(x,y)$ 在点 $(x,y)$ 处的四个偏导数存在, 函数 $z=f(u,v)$ 在对应点 $(u,v)$ 具有连续偏导数, 则复合函数

$$z=f(\varphi(x,y), \psi(x,y))$$

对 $x$、$y$ 的偏导数存在, 且有以下计算公式

$$\frac{\partial z}{\partial x}=\frac{\partial z}{\partial u}\frac{\partial u}{\partial x}+\frac{\partial z}{\partial v}\frac{\partial v}{\partial x},$$

$$\frac{\partial z}{\partial y}=\frac{\partial z}{\partial u}\frac{\partial u}{\partial y}+\frac{\partial z}{\partial v}\frac{\partial v}{\partial y}. \tag{6.11}$$

式(6.10)、式(6.11)的证明这里从略，它们完全可以仿照一元函数复合求导公式的证明并注意偏导数的定义即可. 和那里一样，这类复合求导公式常称为**链法则**.

为了便于记忆以上计算公式，定理 6.3、定理 6.4 中函数、中间变量和自变量有以下关系图：

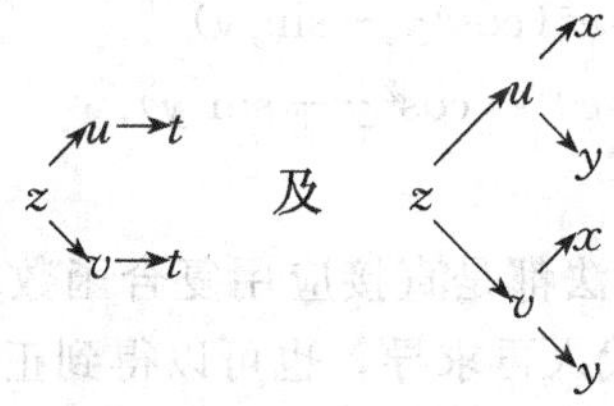


以上关系图反映出的求导规则是：当函数 $z$ 对某个自变量求导(或偏导)时，先找出 $z$ 到这个自变量的联系线路，然后从左至右对中间变量、自变量求偏导(或求导)，同一条线路上用“乘号”相连，不同的线路用“加号”相连，即可得到计算公式. 掌握以上方法，对多元、多层复合的情况就可正确地写出复合函数求偏导公式，而不必死记硬背.

**[例 9]** 设 $z=u^v, u=2x+3y, v=x+2y$，求 $\frac{\partial z}{\partial x}, \frac{\partial z}{\partial y}$.

**解**

$$\begin{aligned}\frac{\partial z}{\partial x}&=\frac{\partial z}{\partial u}\frac{\partial u}{\partial x}+\frac{\partial z}{\partial v}\frac{\partial v}{\partial x}=vu^{v-1}\cdot 2+u^v\cdot \ln u\cdot 1\\&=2(x+2y)(2x+3y)^{x+2y-1}+\\&\quad(2x+3y)^{x+2y}\cdot\ln(2x+3y)\\&=(2x+3y)^{x+2y-1}[2(x+2y)+\\&\quad(2x+3y)\ln(2x+3y)].\end{aligned}$$

$$\begin{aligned}\frac{\partial z}{\partial y}&=\frac{\partial z}{\partial u}\frac{\partial u}{\partial y}+\frac{\partial z}{\partial v}\frac{\partial v}{\partial y}=v\cdot u^{v-1}\cdot 3+u^v\cdot\ln u\cdot 2\\&=(2x+3y)^{x+2y-1}[3(x+2y)+\end{aligned}$$

$$2(2x+3y)\ln(2x+3y)].$$

**[例 10]** 设 $z=e^{x}\cos y, x=\sin y$，求 $\frac{dz}{dy}$.

**解** 由于变量关系图为：

$$z \begin{cases} \nearrow x \to y \\ \searrow y \end{cases}$$

故
$$\begin{aligned}\frac{dz}{dy}&=\frac{\partial z}{\partial x}\frac{dx}{dy}+\frac{\partial z}{\partial y}\\&=e^{x}\cos y\cdot\cos y+e^{x}(-\sin y)\\&=e^{x}(\cos^{2}y-\sin y)\\&=e^{\sin y}(\cos^{2}y-\sin y).\end{aligned}$$

例 9 和例 10 的解法都是直接应用复合函数求导公式，如果在此二例中先将中间变量代入再求导，也可以得到正确结果. 这两种方法分别可称为公式法和代入法. 例如用代入法来解例 10 有：

先将 $x=\sin y$ 代入到 $z=e^{x}\cos y$ 中得

$$z=e^{\sin y}\cos y,$$

这是一个关于 $y$ 的一元函数，所以

$$\begin{aligned}\frac{dz}{dy}&=e^{\sin y}\cos^{2}y+e^{\sin y}(-\sin y)\\&=e^{\sin y}(\cos^{2}y-\sin y).\end{aligned}$$

**4. 隐函数求导公式**

在第三章中已通过 $x^{2}+y^{2}=a^{2}$ 等简单例子推出由这种隐式方程确定的一元函数的求导方法，它实际上涉及了这里所讲的二元函数的复合与求导公式问题. 因此，现在可以作较一般的论述. 设有方程

$$F(x,y)=0, \tag{6.12}$$

且有点 $(x,y)$ 适合此方程（注意这是能确定函数关系的前提，例如 $x^{2}+y^{2}+1=0$ 根本没有 $(x,y)$ 适合它，因而不能确定 $y$ 是 $x$ 的函数）. 进一步假定在点 $(x,y)$ 的邻域 $U$ 内 $F$ 具连续偏导数，且 $F'_{y}\neq0$，则在 $U$ 内必存在函数 $y=y(x)$ 适合式(6.12)，即

$$F(x,y(x))\equiv0, \tag{6.13}$$

它就是由隐式方程(6.12)确定的函数❶.

为得出 $y(x)$ 的求导公式，将式(6.13)两端对 $x$ 求导，右端当然≡0，而左端恰为二元复合求导，即 $F(x,y)$ 与 $x=x$，$y=y(x)$ 的复合，利用公式(6.11)得

$$\frac{\mathrm{d}}{\mathrm{d}x}(F(x,y(x)))=\frac{\partial F}{\partial x}\frac{\mathrm{d}x}{\mathrm{d}x}+\frac{\partial F}{\partial y}\frac{\mathrm{d}y}{\mathrm{d}x}=\frac{\partial F}{\partial x}+\frac{\partial F}{\partial y}\frac{\mathrm{d}y}{\mathrm{d}x}\equiv 0.$$

故得

$$\frac{\mathrm{d}y}{\mathrm{d}x}=-\frac{\dfrac{\partial F}{\partial x}}{\dfrac{\partial F}{\partial y}}. \tag{6.14}$$

对于含有三个未知数的方程

$$F(x,y,z)=0, \tag{6.15}$$

可以类似地讨论，当有点 $(x,y,z)$ 适合式(6.15)，且在该点邻域内 $F$ (作为三元函数)对 $x$，$y$，$z$ 均具有连续偏导数，且 $\frac{\partial F}{\partial z}\neq 0$，则在此邻域内就确定了 $z$ 为 $x$，$y$ 的函数 $z=z(x,y)$. 为求出 $\frac{\partial z}{\partial x}$，$\frac{\partial z}{\partial y}$，可将 $z(x,y)$ 代入式(6.15)得出 $x$，$y$ 的恒等式，分别对 $x$，$y$ 求偏导，应用类似于公式(6.12)的方法(不同的是，在式(6.12)中 $F$ 为二元函数，而现在 $F$ 为三元函数，它对 $x$ 求导时，$y$ 作常数看待，同样对 $y$ 求导时，$x$ 作常数看待)，可得

$$F'_x+F'_z\frac{\partial z}{\partial x}=0,$$

$$F'_y+F'_z\frac{\partial z}{\partial y}=0.$$

现已设 $F'_z\neq 0$ 时，故可解得

$$\frac{\partial z}{\partial x}=-\frac{F'_x}{F'_z},\ \frac{\partial z}{\partial y}=-\frac{F'_y}{F'_z}. \tag{6.16}$$

这就是二元隐函数式 $F(x,y,z)=0$ 的求偏导数公式.

---

❶ 这一论述就是通常所说的隐函数存在定理，其证明从略 .

[**例 11**] 求由方程 $e^z-z^2-x^2-y^2=0$ 确定的 $z=z(x,y)$ 的偏导数 $\frac{\partial z}{\partial x}$ 和 $\frac{\partial z}{\partial y}$.

**解** 令 $F(x,y,z)=e^z-z^2-x^2-y^2$，有

$$\frac{\partial F}{\partial x}=-2x,\ \frac{\partial F}{\partial y}=-2y,\ \frac{\partial F}{\partial z}=e^z-2z.$$

从而由式(6.16)可得

$$\frac{\partial z}{\partial x}=-\frac{F'_x}{F'_z}=-\frac{-2x}{e^z-2z}=\frac{2x}{e^z-2z},$$

$$\frac{\partial z}{\partial y}=-\frac{F'_y}{F'_z}=-\frac{-2y}{e^z-2z}=\frac{2y}{e^z-2z}.$$

## 第四节　二元函数微分法的应用

### 1. 二元函数的极值

**定义 6.6** 设函数 $z=f(x,y)$ 在点 $(x_0,y_0)$ 有定义，且存在该点的邻域 $U$，使对于任意 $(x,y)\in U$，且 $(x,y)\neq(x_0,y_0)$，有

$$f(x,y)<f(x_0,y_0)\quad(\text{或}\quad f(x,y)>f(x_0,y_0)),$$

则称函数在点 $(x_0,y_0)$ 有**极大值** $f(x_0,y_0)$（或**极小值** $f(x_0,y_0)$）. 相应地 $(x_0,y_0)$ 称为 $f$ 的**极大点（或极小点）**.

极大值和极小值统称为**极值**，极大点和极小点统称为**极值点**.

关于二元函数的极值，首先给出如下的必要条件.

**定理 6.4** 如果二元函数 $f(x,y)$ 在点 $(x_0,y_0)$ 处有极值，且两个一阶偏导数存在，则有

$$f'_x(x_0,y_0)=0,\ f'_y(x_0,y_0)=0.$$

**证** 不妨设 $f(x,y)$ 在 $(x_0,y_0)$ 点取得极大值. 则一元函数 $f(x,y_0)$ 在 $x_0$ 点取得极大值，故由一元函数极值的费马定理得：$f'_x(x_0,y_0)=0$. 同理，考虑一元函数 $f(x_0,y)$，则可得 $f'_y(x_0,y_0)=0$. 使得 $f'_x(x,y)=f'_y(x,y)=0$ 的点 $(x_0,y_0)$ 称为 $z=f(x,y)$ 的**驻点**.

[**例 1**] 求二元函数 $z=f(x,y)=x^2+y^2$ 的极值.

**解** 由

$$f'_x=2x=0,\quad f'_y=2y=0,$$

故驻点为 $(x_0,y_0)=(0,0)$.

因为 $f(0,0)=0<x^2+y^2$，它对 $(x,y)\neq(0,0)$ 点都成立，所以(0,0)为极小点，函数有极小值为0，它也是此函数的最小值.

**注** 和一元函数的情况一样，极值可能在驻点取得，但不是驻点而偏导数不存在处也可能取到极值. 例如 $z=\sqrt{x^2+y^2}$，$z'_x\big|_{\substack{x=0\\y=0}}$ 和 $z'_y\big|_{\substack{x=0\\y=0}}$ 不存在，(0,0)显然是极小点，它并不是驻点. 此外，定理6.4只是说明驻点是取得极值的可疑点，是否取得极值，可利用如下的充分条件做出判断.

**定理6.5** 如果 $z=f(x,y)$ 以 $(x_0,y_0)$ 为其驻点，且在点 $(x_0,y_0)$ 的某一邻域内有连续的二阶偏导数，简记 $f''_{xx}(x_0,y_0)=A$，$f''_{xy}(x_0,y_0)=B$，$f''_{yy}(x_0,y_0)=C$，则有：

(i) 当 $AC-B^2>0$ 时函数在 $(x_0,y_0)$ 取得极值，且当 $A<0$ 时 $f(x_0,y_0)$ 为极大值，当 $A>0$ 时 $f(x_0,y_0)$ 为极小值；

(ii) 当 $AC-B^2<0$ 时，$(x_0,y_0)$ 不是 $f(x,y)$ 的极值点；

(iii) 当 $AC-B^2=0$ 时，$(x_0,y_0)$ 是否为 $f(x,y)$ 的极值点需另作讨论.

证明从略.

[**例2**] 求二元函数 $z=x^3+y^3-3xy$ 的极值.

**解** 先求驻点，令

$$\begin{cases}\dfrac{\partial z}{\partial x}=3x^2-3y=0,\\[2ex]\dfrac{\partial z}{\partial y}=3y^2-3x=0.\end{cases}$$

得驻点为(0,0)和(1,1).

又有 $\dfrac{\partial^2 z}{\partial x^2}=6x$，$\dfrac{\partial^2 z}{\partial x\partial y}=-3$，$\dfrac{\partial^2 z}{\partial y^2}=6y$，从而在(0,0)处

$$A=f''_{xx}(0,0)=0,\ B=f''_{xy}(0,0)=-3,\ C=f''_{yy}=0,$$

$$AC-B^2<0.$$

所以(0,0)不是极值点.

对于点(1,1)，有 $A=f''_{xx}(1,1)=6$，$B=f''_{xy}(1,1)=-3$，$C=f''_{yy}(1,1)=6$，从而

$$A>0 \text{ 且 } AC-B^2=27>0,$$

所以函数在点(1,1)取得极小值 $f(1,1)=-1$.

对于实际应用问题中的最大或最小值问题，与一元函数的情况类似，往往可以这样判断:如果实际问题的确存在最大值或最小值，且在定义域内只有惟一的极值可疑点，则就可断言函数在该点取得最大值或最小值.

**[例 3]** 设计制造一个容积为 $V$ 的无盖长方盒，问怎样确定长、宽、高才可使材料最省?

**解** 欲使材料最省，即需使长方盒的表面积最小. 设长方盒的长为 $x$，宽为 $y$，高为 $h$，表面积为 $S$. 则此长方盒的容积

$$V=xyh,$$

$$\begin{aligned} S&=xy+(2x+2y)\cdot h \\ &=xy+(2x+2y)\cdot \frac{V}{xy} \\ &=xy+2V\left(\frac{1}{x}+\frac{1}{y}\right),\ x>0,\ y>0. \end{aligned}$$

$$\text{令}\quad \begin{cases} S'_x=y-\dfrac{2V}{x^2}=0, \\ S'_y=x-\dfrac{2V}{y^2}=0, \end{cases}$$

由此解出 $x=\sqrt[3]{2V}$，$y=\sqrt[3]{2V}$，在此点处高 $h=\dfrac{V}{xy}=\dfrac{\sqrt[3]{2V}}{2}$.

由于函数 $S(x,y)$ 在 $x>0$，$y>0$ 中只有惟一驻点$(\sqrt[3]{2V},\ \sqrt[3]{2V})$，又该实际问题肯定存在最小值，故当长、宽、高分别为 $\sqrt[3]{2V}$，$\sqrt[3]{2V}$，$\dfrac{\sqrt[3]{2V}}{2}$时，$S$ 有最小值，即此时用料最省.

**[例 4]** 甲、乙两厂共同生产同种产品供应市场，两厂的成本函数为 $C_{甲}=2x^2+2x+3$，$C_{乙}=2y^2+18y+3$，其中 $x$、$y$ 分别为甲、乙两厂的产量. 已知该产品的需求函数为 $Q=35-\dfrac{1}{2}p$，其中 $p$ 为售价，且需求量即为两厂的总产量. 求该产品取得最大利润时的利润值

是多少?

**解** 由题意，需求量 $Q=x+y$，且有 $p=70-2Q$.

总收入函数

$$R(Q)=p\cdot Q=(70-2Q)\cdot Q$$
$$=[70-2(x+y)]\cdot(x+y).$$

设利润函数为 $L$，由于利润=总收入-总成本，故有

$$L=R(Q)-(C_{甲}+C_{乙})$$
$$=[70-2(x+y)](x+y)-(2x^2+2x+3+2y^2+18y+3)$$
$$=-4x^2-4xy-4y^2+68x+52y-6.$$

令

$$\begin{cases}L'_x=-8x-4y+68=0,\\L'_y=-4x-8y+52=0.\end{cases}$$

解得驻点为(7,3).

又 $A=L''_{xx}=-8$，$B=L''_{xy}=-4$，$C=L''_{yy}=-8$.

即 $AC-B^2=(-8)(-8)-(-4)^2=48>0$ 且 $A<0$.

所以函数 $L(x,y)$ 在(7,3)点有极大值.

$$L(7,3)=[70-2(7+3)](7+3)-(98+14+3+18+54+3)$$
$$=500-190=310(\text{单位}).$$

故该产品最大利润为 310 单位，此时甲、乙两厂产量应分别为 7 个单位和 3 个单位.

**2. 条件极值**

前面给出的极值问题，对于函数 $f(x,y)$ 的两个自变量 $x$ 与 $y$ 只限制在函数的定义域内，不受其他条件限制，我们称这种极值问题为无条件极值问题. 如果对自变量 $x$ 与 $y$ 还附加有其他限制条件，这时的求极值问题称为条件极值问题.

在例 3 中，有 $S=xy+(2x+2y)\cdot h$，可视为 $S=S(x,y,h)$，即为 $x$，$y$，$h$ 的三元函数，($x>0$，$y>0$，$h>0$). 而限制条件为

$$xyh=V(\text{常数}).$$

当时是解出 $h=V/xy$ 代入 $S=S(x,y,h)$ 中后 $S$ 成为二元函数. 实质上是将三元函数的条件极值问题转化为二元函数的无条件极值问

题．但在一些具体问题中，这样做往往使表达式变繁或者在限制条件中很难解出某一变量，以减少自变量的个数．为解决此类问题，下面介绍求条件极值的**拉格朗日乘数法**．

求函数 $z=f(x,y)$ 在条件 $\varphi(x,y)=0$ 下的极值．

首先做出一辅助函数

$$F(x,y,\lambda)=f(x,y)+\lambda\varphi(x,y),$$

其中 $\lambda$ 为参数，称为拉格朗日乘数，$F(x,y,\lambda)$ 称为拉格朗日函数．

其次，寻求可能的极值点，即从方程组

$$\begin{cases}F'_x=f'_x+\lambda\varphi'_x=0,\\ F'_y=f'_y+\lambda\varphi'_y=0,\\ F'_\lambda=\varphi(x,y)=0\end{cases}$$

中解出 $x$，$y$，$\lambda$，则 $(x,y)$ 为原条件极值问题的可能极值点．

最后，根据实际问题的情况判断 $(x,y)$ 是否为极值点．

类似地可将此方法推广到三元或更多元函数的条件极值问题．

**［例 5］** 某公司可通过电台及报纸两种方式做销售某种商品的广告，根据统计资料，销售收入 $R$（万元）与电台广告费用 $x_1$（万元）及报纸广告费用 $x_2$（万元）之间的关系有如下的经验公式

$$R=15+14x_1+32x_2-8x_1x_2-2x_1^2-10x_2^2.$$

(i) 在广告费用不受限制的情况下，求最优广告策略；

(ii) 若提供的广告费用为 1.5 万元，求相应的最优广告策略．

**解** 所谓最优广告策略就是寻求利润最大情况下的广告策略．

(i) 由于利润函数 $L=$ 总收入函数 $R-$ 总成本函数 $C$，根据题意有

$$\begin{aligned}L&=R-(x_1+x_2)\\&=15+13x_1+31x_2-8x_1x_2-2x_1^2-10x_2^2.\end{aligned}$$

解方程组

$$\begin{cases}L'_{x_1}=-4x_1-8x_2+13=0,\\ L'_{x_2}=-8x_1-20x_2+31=0.\end{cases}$$

得

$$\begin{cases}x_1=0.75,\\ x_2=1.25.\end{cases}$$

又 $A=L''_{x_1x_1}(0.75,1.25)=-4$，$C=L''_{x_2x_2}(0.75,1.25)=-20$，

$$B=L''_{x_1x_2}(0.75,1.25)=-8.$$

因为 $AC-B^2=80-64=16>0$ 且 $A=-4<0$，所以函数 $L(x_1,x_2)$在$(0.75,1.25)$处达到极大值，由实际问题知此极大值即为最大值. 故最优广告策略为电台和报纸广告分别投入费用0.75万元和1.25万元.

(ii) 由题意知限制条件为：$x_1+x_2=1.5$(万元)，问题是在此条件下求利润函数的极值.

作拉格朗日函数

$$\begin{aligned}F(x_1,x_2,\lambda)&=L(x_1,x_2)+\lambda(x_1+x_2-1.5)\\&=15+13x_1+31x_2-8x_1x_2-2x_1^2-\\&\quad 10x_2^2+\lambda(x_1+x_2-1.5).\end{aligned}$$

解方程组

$$\begin{cases}F'_{x_1}=13-8x_2-4x_1+\lambda=0,\\F'_{x_2}=31-8x_1-20x_2+\lambda=0,\\F'_{\lambda}=x_1+x_2-1.5=0.\end{cases}$$

得 $x_1=0$，$x_2=1.5$. 由于实际问题必有最大利润，故在$(0,1.5)$处获得最大值，该实际问题的最优广告策略为广告费 1.5 万元应全部用于报纸广告时，可使利润最大.

## 第五节 二重积分的概念

### 1. 二重积分的定义

第四章中已经知道定积分可用于计算平面图形的面积等，但对于一些立体图形的体积，密度不均匀薄板的质量等就无法用定积分来计算了，解决它们需要增多自变量的个数，为此就要把定积分的基本思想方法对二元(及二元以上的)函数加以推广，建立二重积分的概念.

类似于平面上曲边梯形面积的计算，下面来考虑曲顶柱体的体积的计算问题，由此引出二重积分的定义.

设 $D$ 是 $xOy$ 平面上一条连续闭曲线 $C$ 围成的有界闭区域，$z=f(x,y)$为定义在 $D$ 上的正值二元连续函数，它所确定的图形为张在 $D$

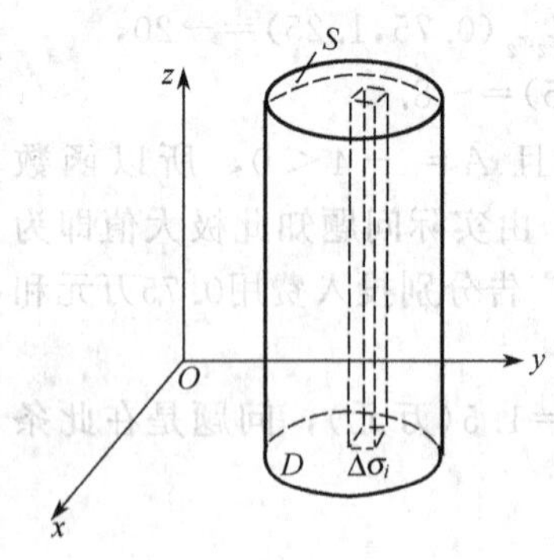

图 6.10

上方的曲面 $S$. 以曲面 $S$ 为顶，区域 $D$ 为底，以 $C$ 为准线，母线平行于 $z$ 轴的柱面为侧面所围成的立体称为以 $D$ 为底的**曲顶柱体**，如图 6.10 所示.

现来计算它的体积 $V$，首先将区域 $D$ 任意分割成 $n$ 个小的闭区域

$$\Delta\sigma_1, \Delta\sigma_2, \cdots, \Delta\sigma_n.$$

每一小区域 $\Delta\sigma_i$ 的面积不妨也记为 $\Delta\sigma_i$，$i=1$，$2$，…，$n$.

再分别以这些小闭区域的边界曲线为准线，作母线平行于 $z$ 轴的柱面，它们将原曲顶柱体分为 $n$ 个细长的曲顶柱体，体积分别记为 $\Delta V_i$，$i=1$，$2$，…，$n$，则有

$$V = \sum_{i=1}^{n} \Delta V_i.$$

任取 $(x_i, y_i) \in \Delta\sigma_i$，$i=1$，$2$，…，$n$，当分割得很细时，$\Delta V_i$ 可近似地看成高为 $f(x_i, y_i)$ 的平顶柱体，故有

$$\Delta V_i \approx f(x_i, y_i)\Delta\sigma_i,$$

所以

$$V \approx \sum_{i=1}^{n} f(x_i, y_i)\Delta\sigma_i. \tag{6.17}$$

将 $n$ 个小闭区域的直径(区域内任意两点距离的最大值)的最大值记为 $\lambda$，最后令 $\lambda \to 0$. 如果这时求和式(6.17)的极限存在，我们就把它作为曲顶柱体的体积 $V$，即

$$V = \lim_{\lambda \to 0} \sum_{i=1}^{n} f(x_i, y_i)\Delta\sigma_i.$$

将这一具体问题的处理过程一般化，可以得出二重积分的如下定义：

**定义 6.7** 设二元函数 $z=f(x,y)$ 是有界闭区域 $D$ 上的有界函数，将区域 $D$ 任意分割成 $n$ 个小闭区域(它们同时代表相应小区域的面积)

$$\Delta\sigma_1, \Delta\sigma_2, \cdots, \Delta\sigma_n,$$

任取 $(x_i, y_i) \in \Delta\sigma_i$，作出和数

$$\sum_{i=1}^{n} f(x_i, y_i)\Delta\sigma_i.$$

如果当各小闭区域的直径中的最大值 $\lambda\to 0$ 时，上述和的极限总存在，则称 $f(x,y)$ 在 $D$ 上是**可积的**，此极限称为函数 $f(x,y)$ **在区域 $D$ 上的二重积分**，记作

$$\iint_D f(x,y)\,\mathrm{d}\sigma,$$

即

$$\iint_D f(x,y)\,\mathrm{d}\sigma = \lim_{\lambda\to 0}\sum_{i=1}^{n} f(x_i, y_i)\Delta\sigma_i, \tag{6.18}$$

其中，$D$ 称为**积分区域**，$f(x,y)$ 称为**被积函数**，$\mathrm{d}\sigma$ 称为**面积元素**.

由于二重积分定义中区域 $D$ 的分割方法是任意的，如果在 $xOy$ 平面上用平行于 $x$ 轴、$y$ 轴的直线平行分割 $D$，将得到大多为小的矩形区域，当分割无限加细时，可略去靠边界的非矩形小区域，这时 $xOy$ 平面上 $D$ 的面积元素 $\mathrm{d}\sigma$ 可记为 $\mathrm{d}x\mathrm{d}y$. 故在直角坐标系中，二重积分式(6.18)也记为

$$\iint_D f(x,y)\,\mathrm{d}x\mathrm{d}y.$$

可以证明，如果二元函数 $f(x,y)$ 在有界闭区域 $D$ 上连续，则上述极限一定存在. 即 $D$ 上的连续函数一定是可积的.

依此定义，上述曲顶柱体的体积 $V$ 就是二重积分式(6.18)的值

$$V = \iint_D f(x,y)\,\mathrm{d}\sigma.$$

因此当被积函数 $f(x,y)>0$ 时，二重积分 $\iint_D f(x,y)\,\mathrm{d}\sigma$ 的几何意义就是相应的曲顶柱体的体积；如果 $f(x,y)<0$，则 $z=f(x,y)$ 所张的曲面，以及相应的曲顶柱体都在 $xOy$ 平面下方，此时二重积分为负值，其绝对值为此曲顶柱体体积；如果 $f(x,y)$ 在区域 $D$ 上变号即在部分区域内取正值，另一部分区域内取负值，则由上可知二重积分式(6.18)为上、下半空间所对应的各曲顶柱体体积的代数和.

**2. 二重积分的性质**

由定义 6.7 可见，与定积分一样，二重积分也是一个和数的极

限，因此与极限运算相关的性质二重积分同样具有. 下面列出二重积分所具有的常用性质，其证明与定积分类似，这里从略. 当然，以下假定所涉及的函数在相应区域上都是可积的.

**性质 1** 被积函数的常数因子可提到二重积分号的外面，即

$$\iint_D Kf(x,y)\mathrm{d}\sigma = K\iint_D f(x,y)\mathrm{d}\sigma. \text{（}K\text{ 为常数）}. \tag{6.19}$$

**性质 2** 两函数的和或差的二重积分等于其二重积分的和或差，即

$$\iint_D [f(x,y)\pm g(x,y)]\mathrm{d}\sigma = \iint_D f(x,y)\mathrm{d}\sigma \pm \iint_D g(x,y)\mathrm{d}\sigma. \tag{6.20}$$

**性质 3** 二重积分对于积分区域具有可加性，即如果积分区域 $D$ 被一条曲线分为 $D_1$、$D_2$ 两个部分，则有

$$\iint_D f(x,y)\mathrm{d}\sigma = \iint_{D_1} f(x,y)\mathrm{d}\sigma + \iint_{D_2} f(x,y)\mathrm{d}\sigma. \tag{6.21}$$

**性质 4** 如果在区域 $D$ 上，$f(x,y)\equiv 1$，设 $S$ 为 $D$ 的面积，则

$$\iint_D 1\cdot \mathrm{d}\sigma = \iint_D \mathrm{d}\sigma = S. \tag{6.22}$$

**性质 5** 如果对所有的 $(x,y)\in D$，$f(x,y)\geqslant 0$ （或 $\leqslant 0$），则

$$\iint_D f(x,y)\mathrm{d}\sigma \geqslant 0 \quad \text{（或} \leqslant 0\text{）}. \tag{6.23}$$

作为推论可知:若 $f(x,y)\leqslant g(x,y)$，$(x,y)\in D$，则

$$\iint_D f(x,y)\mathrm{d}\sigma \leqslant \iint_D g(x,y)\mathrm{d}\sigma. \tag{6.24}$$

因只要对函数 $g(x,y)-f(x,y)$ 应用式(6.20)和式(6.23)即可. 进一步，由

$$-|f(x,y)|\leqslant f(x,y)\leqslant |f(x,y)|,$$

可得积分不等式

$$\left|\iint_D f(x,y)\mathrm{d}\sigma\right| \leqslant \iint_D |f(x,y)|\mathrm{d}\sigma. \tag{6.25}$$

**性质 6** 设 $M$ 与 $m$ 分别是函数 $z=f(x,y)$ 在 $D$ 上的最大值与最小值，$S$ 为 $D$ 的面积，则有

$$mS \leqslant \iint_D f(x,y)\mathrm{d}\sigma \leqslant MS. \tag{6.26}$$

**性质 7** （二重积分的中值定理） 如果 $f(x,y)$ 在闭区域 $D$ 上连续，$S$ 是 $D$ 的面积，则在 $D$ 上至少存在一点 $(\xi,\eta)$，使得下式成立

$$\iint_D f(x,y)\mathrm{d}\sigma = f(\xi,\eta)\cdot S. \tag{6.27}$$

和一元函数的积分中值定理的几何意义一样，可对式(6.27)作如下的几何解释:不妨设在 $D$ 上 $f(x,y)>0$，则以曲面 $z=f(x,y)$ 为顶，区域 $D$ 为底的曲顶柱体与一平顶柱体有相同的体积，该平顶柱体亦以 $D$ 为底，高则为 $D$ 内某适当点 $(\xi,\eta)$ 处的函数值 $f(\xi,\eta)$.

## 第六节　二重积分的计算

当然，按照定义 6.7 去具体计算二重积分在大多数情况下是很难做出结果的，必须有新的办法. 其基本思路是设法把二重积分化为两层不同的定积分(分别以 $x$ 和 $y$ 作积分变量)来计算，要实现这一点的关键是把积分区域 $D$ 关于变量 $x$，$y$ 用适当的不等式表示出来.

**1. 在直角坐标系之下计算二重积分**

由上述几何意义，当 $f(x,y)>0$ 时，二重积分表示以 $D$ 为底，曲面 $z=f(x,y)$ 为顶的曲顶柱体的体积 $V$，即

$$V = \iint_D f(x,y)\mathrm{d}\sigma.$$

假定积分区域 $D$ 可用如下不等式表示

$$\varphi_1(x) \leqslant y \leqslant \varphi_2(x),\ a \leqslant x \leqslant b,$$

如图 6.11 所示，则可用如下的“截割”法来求体积 $V$，从而导出二重积分的计算公式.

先计算截面面积. 为此，任取 $x_0 \in [a,b]$，用平行于 $yOz$ 坐标面的平面 $x=x_0$ 来截割曲顶柱体可得一截面，此截面是一个以区间 $[\varphi_1(x_0),\varphi_2(x_0)]$ 为底，曲线 $z=f(x_0,y)$ 为曲边的曲边梯形，如图 6.12斜线部分所示. 故其面积为

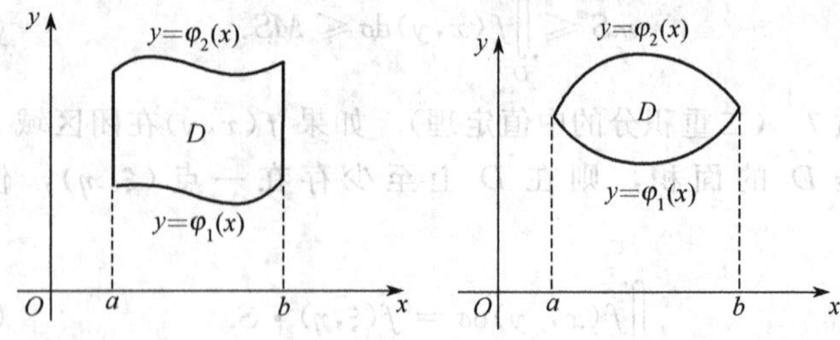


图 6.11

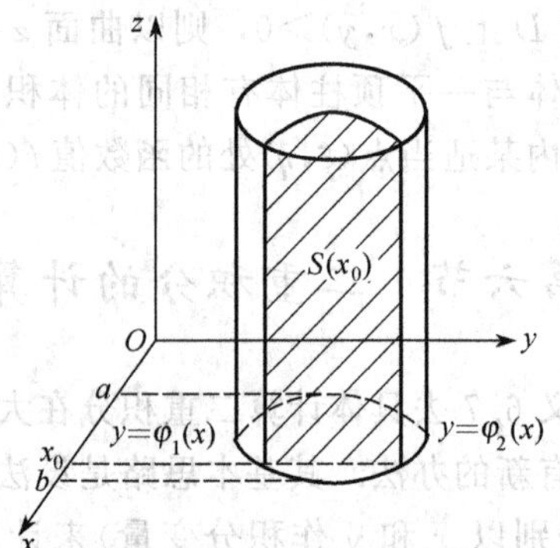


图 6.12

$$S(x_0)=\int_{\varphi_1(x_0)}^{\varphi_2(x_0)} f(x_0,y)\mathrm{d}y.$$

由于 $x_0$ 为任取，将 $x_0$ 换为 $x$，则得$[a,b]$上任一点 $x$ 且平行于 $yOz$ 平面的截面的面积为

$$S(x)=\int_{\varphi_1(x)}^{\varphi_2(x)} f(x,y)\mathrm{d}y.$$

考察 $S(x)$，$S(x+\Delta x)$两截面间厚度为 $\Delta x$ 的柱体的近似体积 $\Delta V$，则有

$$\Delta V\approx S(x)\Delta x.$$

于是整个曲顶柱体体积为

$$V=\int_a^b S(x)\mathrm{d}x=\int_a^b\left[\int_{\varphi_1(x)}^{\varphi_2(x)} f(x,y)\mathrm{d}y\right]\mathrm{d}x,$$

上式右端有时也写成下列形式

$$V=\int_a^b \mathrm{d}x\int_{\varphi_1(x)}^{\varphi_2(x)} f(x,y)\mathrm{d}y. \tag{6.28}$$

它化为两次计算定积分：先计算 $\int_{\varphi_1(x)}^{\varphi_2(x)} f(x,y)\mathrm{d}y$，这时把 $x$ 视为常数，对积分变量 $y$ 做定积分，结果得出一个 $x$ 的函数，再在$[a,b]$内关于 $x$ 计算定积分即可，因此也把式(6.28)的右端称为**累次积分**.

在上面我们做了 $f(x,y)>0$ 的假设. 实际上，即使 $f(x,y)$在 $D$ 内变号，也不难说明所得结果式(6.28)仍成立. 抛开其几何背景，即得到如下的定理.

**定理 6.6** 设二元函数 $z=f(x,y)$在区域 $D$ 上连续. 区域$D$ 为

$$D=\{(x,y)\,|\,\varphi_1(x)\leqslant y\leqslant\varphi_2(x),\ a\leqslant x\leqslant b\},$$

其中 $\varphi_1(x)$、$\varphi_2(x)$为$[a,b]$上的连续函数，则有下列公式

$$\iint_D f(x,y)\mathrm{d}\sigma=\int_a^b \mathrm{d}x\int_{\varphi_1(x)}^{\varphi_2(x)} f(x,y)\mathrm{d}y. \tag{6.29}$$

类似地，如积分区域 $D$ 可表为

$$D=\{(x,y)\,|\,\psi_1(y)\leqslant x\leqslant\psi_2(y),\ c\leqslant y\leqslant d\},$$

其中 $\psi_1(y)$、$\psi_2(y)$在区间$[c,d]$上连续，则有下列公式

$$\iint_D f(x,y)\mathrm{d}\sigma=\int_c^d \mathrm{d}y\int_{\varphi_1(y)}^{\varphi_2(y)} f(x,y)\mathrm{d}x. \tag{6.30}$$

即二重积分也可化为先对 $x$ 后对 $y$ 的累次积分来计算.

**注 1** 若区域 $D=\{(x,y)\,|\,a\leqslant x\leqslant b,\ c\leqslant y\leqslant d\}$，即为一矩形区域，则可随便取累次积分对 $x$，对 $y$ 的次序，结果相同.

$$\begin{aligned}\iint_D f(x,y)\mathrm{d}\sigma&=\int_a^b \mathrm{d}x\int_c^d f(x,y)\mathrm{d}y\\&=\int_c^d \mathrm{d}y\int_a^b f(x,y)\mathrm{d}x.\end{aligned}$$

**注 2** 若区域 $D$ 不能直接表为定理 6.6 中的形式，即某些平行于 $x$ 轴、$y$ 轴的直线与 $D$ 的边界相交于三个以上的点，例如图 6.13 中所示. 这时可先用平行于 $y$ 轴的适当直线将 $D$ 分为若干个子区域，如图 6.13 中 $D_1$，$D_2$，$D_3$，$D_4$，$D_5$. 利用积分关于区域的可加性，得

$$\iint_D f(x,y)\mathrm{d}\sigma=\sum_{i=1}^{5}\iint_{D_i} f(x,y)\mathrm{d}\sigma.$$

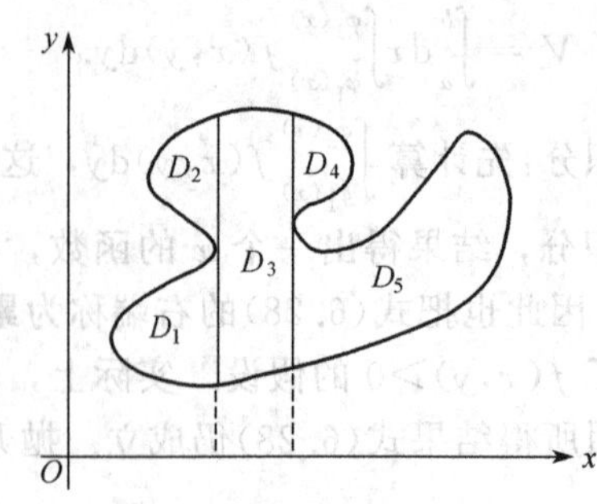

图 6.13

每一个 $D_i$ 上的积分则可用公式(6.29)计算.

二重积分中较困难的是积分限的确定. 为此，具体积分时可采用“穿入穿出法”来帮助我们确定积分限. 具体做法是：如先对 $y$ 后对 $x$ 积分，可先将积分区域 $D$ 在 $x$ 轴上作投影区间 $[a,b]$，以此确定积分变量 $x$ 的上限 $b$ 和下限 $a$；再任取一点 $x_0\in[a,b]$，过 $x_0$ 作平行于 $y$ 轴的自下而上的射线穿过 $D$，则穿入的边界线 $\varphi_1(x)$ 取为下限，穿出的边界线为 $\varphi_2(x)$，取为上限. 即得式(6.29)

$$\iint_D f(x,y)\mathrm{d}\sigma=\int_a^b \mathrm{d}x\int_{\varphi_1(x)}^{\varphi_2(x)} f(x,y)\mathrm{d}y.$$

若先对 $x$ 后对 $y$ 积分，也可仿上确定积分上下限.

**[例 1]** 计算 $\iint_D f(x,y)\mathrm{d}x\mathrm{d}y$，其中 $D$ 由 $y=x^2$ 及 $y=1$ 所围成区域.

**解** 首先画出积分区域 $D$ 的图形，如图 6.14 所示；其次运用“穿入穿出法”确定积分限.

因为 $D=\{(x,y)\mid -1\leqslant x\leqslant 1,\ x^2\leqslant y\leqslant 1\}$，故得

$$\begin{aligned}\iint_D f(x,y)\mathrm{d}x\mathrm{d}y&=\iint_D (x+y)\mathrm{d}x\mathrm{d}y\\&=\int_{-1}^1 \mathrm{d}x\int_{x^2}^1 (x+y)\mathrm{d}y=\int_{-1}^1\left(xy+\frac{1}{2}y^2\right)\Big|_{x^2}^1 \mathrm{d}x\\&=\int_{-1}^1\left(\frac{1}{2}-\frac{1}{2}x^4\right)\mathrm{d}x=\frac{1}{2}\left(x-\frac{1}{5}x^5\right)\Big|_{-1}^1\\&=\frac{4}{5}.\end{aligned}$$

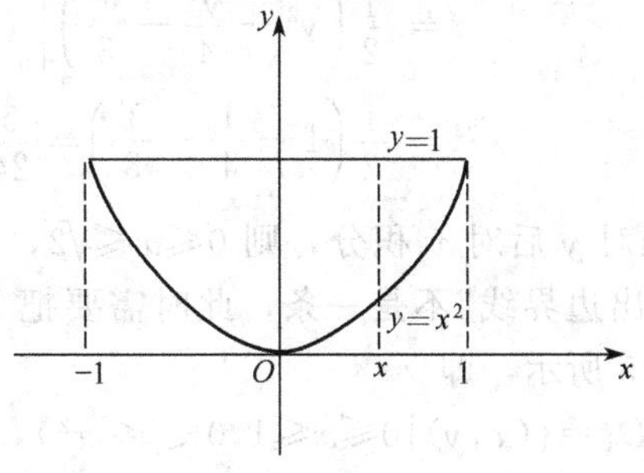


图 6.14

［例 2］计算二重积分 $\iint\limits_D xy\,\mathrm{d}\sigma$，其中 $D$ 为 $y=x^2$，$y=\sqrt{2-x^2}$ 及 $x$ 轴所围成区域.

**解** 画出区域 $D$ 的图形，如图 6.15 所示.

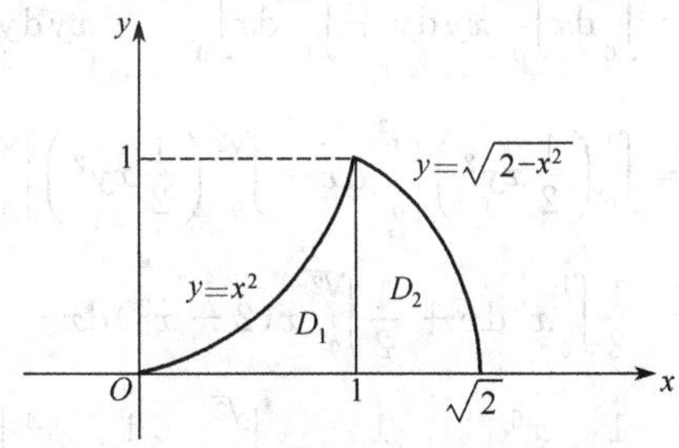


图 6.15

方法 1 若先对 $x$ 后对 $y$ 积分，用"穿入穿出法"确定积分限.

由于 $D=\{(x,y)\,|\,\sqrt{y}\leqslant x\leqslant\sqrt{2-y^2},\ 0\leqslant y\leqslant 1\}$，则

$$\begin{aligned}\iint\limits_D xy\,\mathrm{d}\sigma &= \int_0^1 \mathrm{d}y\int_{\sqrt{y}}^{\sqrt{2-y^2}} xy\,\mathrm{d}x\\ &= \int_0^1\left(y\cdot\frac{x^2}{2}\bigg|_{\sqrt{y}}^{\sqrt{2-y^2}}\right)\mathrm{d}y\\ &= \int_0^1 \frac{1}{2}y\cdot(2-y^2-y)\,\mathrm{d}y\end{aligned}$$

$$=\frac{1}{2}\left(y^2-\frac{y^4}{4}-\frac{y^3}{3}\right)\Big|_0^1$$

$$=\frac{1}{2}\left(1-\frac{1}{4}-\frac{1}{3}\right)=\frac{5}{24}.$$

方法 2 若先对 $y$ 后对 $x$ 积分，则 $0\leqslant x\leqslant\sqrt{2}$，而考虑变量 $y$ 的变化范围时，“穿出边界线”不是一条，此时需要把 $D$ 分成 $D_1$ 和 $D_2$ 两部分，如图 6.15 所示，即

$$D_1=\{(x,y)\mid 0\leqslant x\leqslant 1,0\leqslant y\leqslant x^2\},$$

$$D_2=\{(x,y)\mid 1\leqslant x\leqslant\sqrt{2},0\leqslant y\leqslant\sqrt{2-x^2}\},$$

则

$$\iint\limits_D xy\,\mathrm{d}\sigma=\iint\limits_{D_1}xy\,\mathrm{d}\sigma+\iint\limits_{D_2}xy\,\mathrm{d}\sigma$$

$$=\int_0^1\mathrm{d}x\int_0^{x^2}xy\,\mathrm{d}y+\int_1^{\sqrt{2}}\mathrm{d}x\int_0^{\sqrt{2-x^2}}xy\,\mathrm{d}y$$

$$=\int_0^1\left(\frac{1}{2}xy^2\right)\Big|_0^{x^2}\mathrm{d}x+\int_0^{\sqrt{2}}\left(\frac{1}{2}xy^2\right)\Big|_0^{\sqrt{2-x^2}}\mathrm{d}x$$

$$=\frac{1}{2}\int_0^1x^5\,\mathrm{d}x+\frac{1}{2}\int_1^{\sqrt{2}}x(2-x^2)\,\mathrm{d}x$$

$$=\frac{1}{2}\cdot\frac{x^6}{6}\Big|_0^1+\frac{1}{2}\cdot x^2\Big|_1^{\sqrt{2}}-\frac{1}{2}\cdot\frac{x^4}{4}\Big|_1^{\sqrt{2}}$$

$$=\frac{5}{24}.$$

显然，方法 1 较为简便.

**[例 3]** 求二重积分 $\iint\limits_D\frac{\cos x}{x}\mathrm{d}\sigma$，$D$ 为 $x=\frac{\pi}{6}$，$y=x$ 及 $x$ 轴所围成的区域.

**解** 首先画出积分区域 $D$，如图 6.16 所示.

若先对 $x$ 后对 $y$ 积分$\left(\text{即 }D\text{：}y\leqslant x\leqslant\frac{\pi}{6}，0\leqslant y\leqslant\frac{\pi}{6}\right)$则积分化为二次积分

$$\int_0^{\frac{\pi}{6}} \mathrm{d}y \int_y^{\frac{\pi}{6}} \frac{\cos x}{x} \mathrm{d}x,$$

但$\frac{\cos x}{x}$的原函数不能用初等函数表示，到此计算无法进行下去.

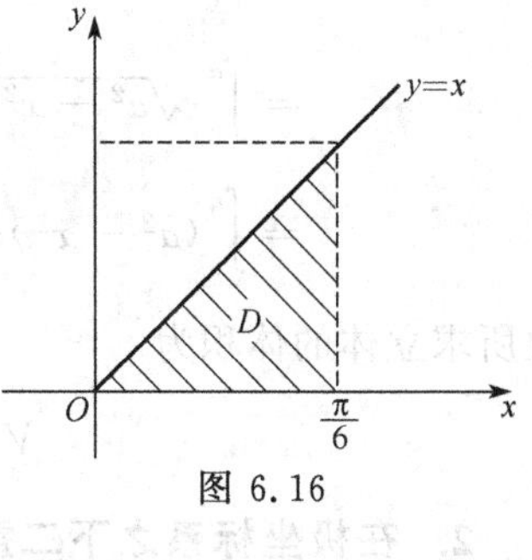

图 6.16

改为先对 $y$ 后对 $x$ 积分，有 $D$：$0\leqslant y\leqslant x, 0\leqslant x\leqslant \frac{\pi}{6}$,则

$$\iint_D \frac{\cos x}{x} \mathrm{d}\sigma = \int_0^{\frac{\pi}{6}} \mathrm{d}x \int_0^x \frac{\cos x}{x} \mathrm{d}y$$

$$= \int_0^{\frac{\pi}{6}} \cos x \mathrm{d}x = \frac{1}{2}.$$

从上面两例可以看出，在二重积分的计算中，要适当地选择累次积分的次序，否则会使计算变繁，甚至计算不出来.

下面再举一个用二重积分来求立体体积的例子.

**[例 4]** 求由两个底半径相等的直交圆柱面:$x^2+y^2=a^2$，$x^2+z^2=a^2$ 所围成的立体的体积.

**解** 由该立体关于坐标面的对称性，只要算出 $x\geqslant 0$，$y\geqslant 0$，$z\geqslant 0$部分的体积 $V_1$(如图 6.17 所示)，则所求立体的体积为

$$V=8V_1.$$

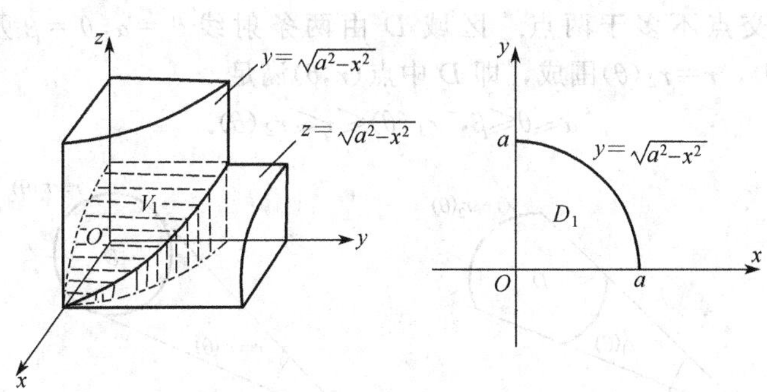

图 6.17

$V_1$ 可看成一个曲顶柱体，它的曲顶是柱面 $z=\sqrt{a^2-x^2}$，底为 $xOy$ 平面上 $D_1$：$0\leqslant x\leqslant a$，$0\leqslant y\leqslant \sqrt{a^2-x^2}$，故有

$$V_1=\iint\limits_{D_1}\sqrt{a^2-x^2}\,\mathrm{d}\sigma=\int_0^a\mathrm{d}x\int_0^{\sqrt{a^2-x^2}}\sqrt{a^2-x^2}\,\mathrm{d}y$$

$$=\int_0^a\sqrt{a^2-x^2}\cdot y\Big|_0^{\sqrt{a^2-x^2}}\mathrm{d}x$$

$$=\int_0^a(a^2-x^2)\mathrm{d}x=\frac{2}{3}a^3.$$

故所求立体的体积为

$$V=8V_1=\frac{16}{3}a^3.$$

**2. 在极坐标系之下二重积分的计算**

在二重积分的计算中，常遇到积分区域为：圆域、环域或这些形状区域的一部分，被积函数也常遇到形如：$f(x^2+y^2)$，$f\left(\frac{y}{x}\right)$等函数. 此时如果在直角坐标系下进行二重积分计算，则一般较繁，甚至计算不能顺利完成. 但如果我们改用极坐标来计算，则常会简易得多.

现我们来导出极坐标系之下二重积分的累次积分公式.

平面直角坐标$(x,y)$与极坐标$(r,\theta)$的变换公式为

$$x=r\cos\theta,\ y=r\sin\theta.$$

设积分区域 $D$ 如图 6.18 所示，这里设通过原点的射线与区域 $D$ 的边界交点不多于两点. 区域 $D$ 由两条射线 $\theta=\alpha,\theta=\beta$ 及曲线 $r=r_1(\theta)$，$r=r_2(\theta)$围成，即 $D$ 中点$(r,\theta)$满足

$$\alpha\leqslant\theta\leqslant\beta,\ r_1(\theta)\leqslant r\leqslant r_2(\theta).$$

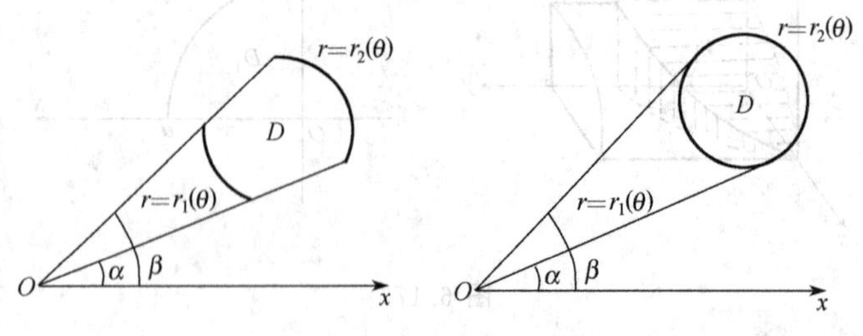


图 6.18

用一组圆心在 $O$ 的同心圆族：$r=$常数，再用一组从 $O$ 点出发的

射线族，$\theta=$常数，将区域 $D$ 分割成许多小区域. 考虑图 6.19 所示的区域 $D$ 分割后的某个小微元 $\Delta D$

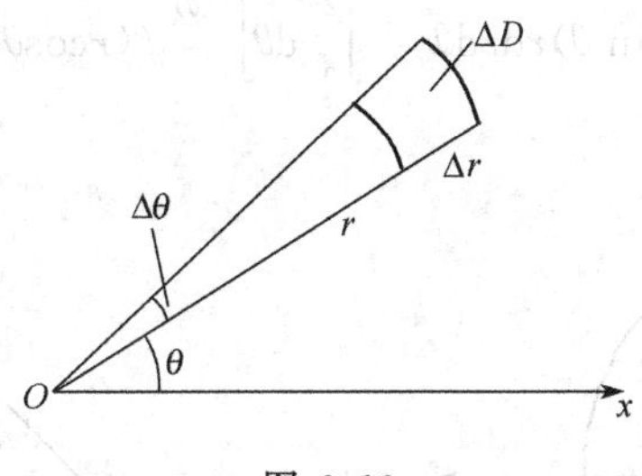


图 6.19

由扇形公式得知 $\Delta D$ 的面积 $\Delta\sigma$ 为

$$\begin{aligned}\Delta\sigma &= \frac{1}{2}(r+\Delta r)^2\Delta\theta-\frac{1}{2}r^2\Delta\theta \\ &= r\Delta r\Delta\theta+\frac{1}{2}(\Delta r)^2\Delta\theta \\ &\approx r\Delta r\Delta\theta.\end{aligned}$$

即略去高阶无穷小量时，小区域 $\Delta D$ 的面积 $\Delta\sigma$ 可近似看成为小矩形面积.

仿前，可将二重积分 $\iint\limits_D f(x,y)\mathrm{d}\sigma$ 视为曲顶柱体体积 $V$，则小区域 $\Delta D$ 所对应的小曲顶柱体体积为

$$\Delta V\approx f(r\cos\theta,r\sin\theta)r\Delta r\Delta\theta.$$

同二重积分定义的过程一样，我们可得二重积分在极坐标系中的表达式为

$$V=\iint\limits_D f(x,y)\mathrm{d}\sigma=\iint\limits_D f(r\cos\theta,r\sin\theta)r\mathrm{d}r\mathrm{d}\theta, \tag{6.31}$$

其中面积元素为 $\mathrm{d}\sigma=r\mathrm{d}r\mathrm{d}\theta$.

为计算式(6.31)右端的二重积分，仍要根据区域的情况化为累次积分进行. 对以上区域 $D$ 有

$$D=\{(r,\theta)\mid\alpha\leqslant\theta\leqslant\beta,\ r_1(\theta)\leqslant r\leqslant r_2(\theta)\},$$

故二重积分式(6.31)可化为极坐标下的累次积分

$$\iint\limits_D f(x,y)\mathrm{d}\sigma=\int_\alpha^\beta\mathrm{d}\theta\int_{r_1(\theta)}^{r_2(\theta)}f(r\cos\theta,r\sin\theta)r\mathrm{d}r. \tag{6.32}$$

如果区域 $D$ 是把原点 $O$ 包含在内部的有界闭区域，边界曲线为 $r=r(\theta)$，如图 6.20 所示，则有

$$\iint_D f(r\cos\theta, r\sin\theta)r\mathrm{d}r\mathrm{d}\theta = \int_0^{2\pi}\mathrm{d}\theta\int_0^{r(\theta)} f(r\cos\theta, r\sin\theta)r\mathrm{d}r. \tag{6.33}$$

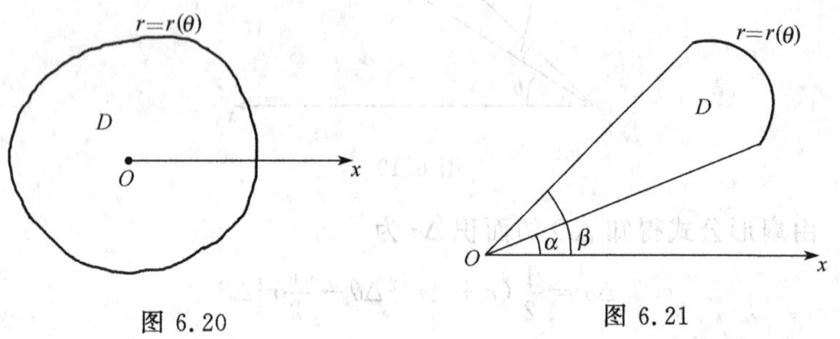


图 6.20　　　　图 6.21

如果区域 $D$ 是以 $O$ 为顶点的扇形，它以 $\theta=\alpha$，$\theta=\beta$ 及 $r=r(\theta)$ 为边界(如图 6.21 所示)，则有

$$\iint_D f(r\cos\theta, r\sin\theta)r\mathrm{d}r\mathrm{d}\theta = \int_\alpha^{\beta}\mathrm{d}\theta\int_0^{r(\theta)} f(r\cos\theta, r\sin\theta)r\mathrm{d}r. \tag{6.34}$$

［**例 5**］ 计算二重积分：$\iint\limits_D \dfrac{1-x^2-y^2}{1+x^2+y^2}\mathrm{d}x\mathrm{d}y$，其中 $D$ 是由 $x^2+y^2=1$，$x=0$ 和 $y=0$ 所围成区域在第一象限的部分.

**解**　画出积分区域 $D$，如图 6.22 所示. 由于被积函数和 $D$ 的边界线方程均含 $x^2+y^2$，故用极坐标来计算.

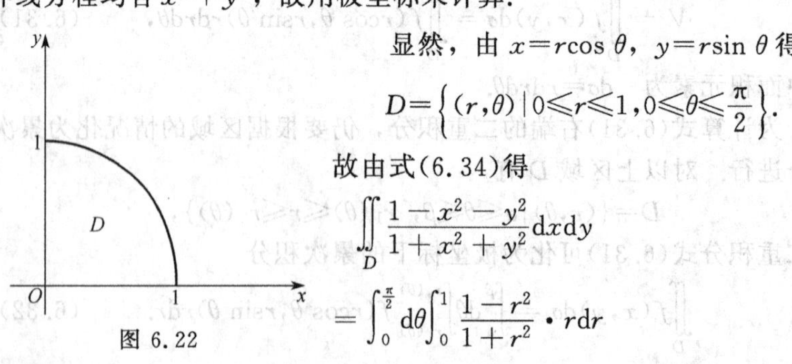


图 6.22

显然，由 $x=r\cos\theta$，$y=r\sin\theta$ 得

$$D=\left\{(r,\theta)\,|\,0\leqslant r\leqslant 1, 0\leqslant\theta\leqslant\frac{\pi}{2}\right\}.$$

故由式(6.34)得

$$\iint_D \frac{1-x^2-y^2}{1+x^2+y^2}\mathrm{d}x\mathrm{d}y$$

$$=\int_0^{\frac{\pi}{2}}\mathrm{d}\theta\int_0^1\frac{1-r^2}{1+r^2}\cdot r\mathrm{d}r$$

$$=\int_0^{\frac{\pi}{2}}\left[\int_0^1\frac{1}{2}\left(\frac{2}{1+r^2}-1\right)\mathrm{d}(r^2)\right]\mathrm{d}\theta$$

$$=\frac{\pi}{2}\left[\ln(1+r^2)-\frac{1}{2}r^2\right]\Big|_0^1$$

$$=\frac{\pi}{2}\ln 2-\frac{\pi}{4}.$$

［例 6］计算二重积分 $\iint\limits_D \sin\sqrt{x^2+y^2}\,\mathrm{d}x\mathrm{d}y$，其中积分区域 $D$ 为

$$D=\{(x,y)\mid \pi^2\leqslant x^2+y^2\leqslant 4\pi^2\}.$$

**解** 显然积分区域 $D$ 是一个圆环.

设 $x=r\cos\theta$，$y=r\sin\theta$，则

$$D=\{(r,\theta)\mid \pi\leqslant r\leqslant 2\pi, 0\leqslant\theta<2\pi\}=D_2-D_1,$$

其中 $D_1$，$D_2$ 分别为半径 $\pi$，$2\pi$ 的圆盘，故

$$I=\iint\limits_D \sin\sqrt{x^2+y^2}\,\mathrm{d}x\mathrm{d}y$$

$$=\iint\limits_{D_2}\sin\sqrt{x^2+y^2}\,\mathrm{d}x\mathrm{d}y-\iint\limits_{D_1}\sin\sqrt{x^2+y^2}\,\mathrm{d}x\mathrm{d}y.$$

分别应用公式(6.33)，故得

$$I=\int_0^{2\pi}\mathrm{d}\theta\int_0^{2\pi}\sin r\cdot r\mathrm{d}r-\int_0^{2\pi}\mathrm{d}\theta\int_0^{\pi}\sin r\cdot r\mathrm{d}r$$

$$=\int_0^{2\pi}\mathrm{d}\theta\int_{\pi}^{2\pi}r\mathrm{d}(-\cos r)$$

$$=-\int_0^{2\pi}\left[r\cos r\,\Big|_{\pi}^{2\pi}-\int_{\pi}^{2\pi}\cos r\mathrm{d}r\right]\mathrm{d}\theta$$

$$=\int_0^{2\pi}(-3\pi)\mathrm{d}\theta=-6\pi^2.$$

［例 7］验证球体积 $V=\frac{4}{3}\pi R^3$.

**解** 设球面方程为 $x^2+y^2+z^2=R^2$.

因为 $z\geqslant 0$ 时，$\iint\limits_D z(x,y)\mathrm{d}\sigma$ 为曲顶柱体体积，所以

$$V_{\text{球}}=2\iint\limits_D\sqrt{R^2-x^2-y^2}\,\mathrm{d}\sigma,$$

其中 $$D=\{(x,y)\mid x^2+y^2\leqslant R^2\}.$$

用极坐标计算公式(6.33)得

$$\begin{aligned}V_{球}&=2\int_0^{2\pi}\mathrm{d}\theta\int_0^R\sqrt{R^2-r^2}\,r\mathrm{d}r\\&=2\pi\int_0^R(R^2-r^2)^{\frac{1}{2}}\mathrm{d}r^2\\&=-2\pi\cdot\frac{2}{3}(R^2-r^2)^{\frac{3}{2}}\Big|_0^R\\&=\frac{4}{3}\pi R^3.\end{aligned}$$

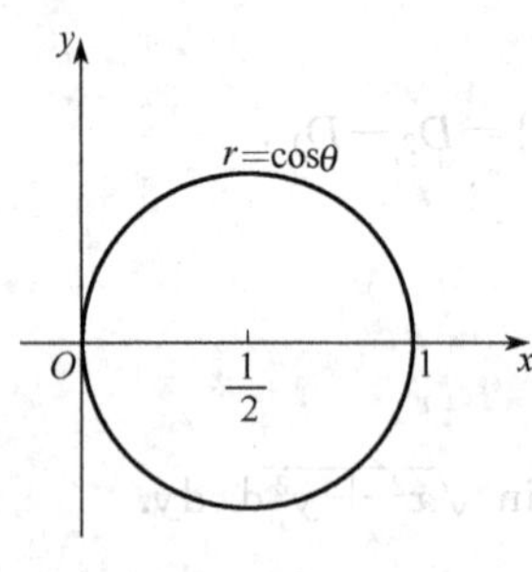


图 6.23

下面再举两例，可比较二重积分在直角坐标系或极坐标系下的计算.

**[例 8]** 求二重积分 $\iint\limits_D\sqrt{x}\,\mathrm{d}x\mathrm{d}y$，其中 $D=\{(x,y)\mid x^2+y^2\leqslant x\}$.

**解法 1** 画出积分区域 $D$ 如图 6.23 所示.

由 $x=r\cos\theta$，$y=r\sin\theta$，

则 $\left(x-\dfrac{1}{2}\right)^2+y^2=\dfrac{1}{4}$ 可化为 $r=\cos\theta$，

故 $$D=\left\{(r,\theta)\mid-\frac{\pi}{2}\leqslant\theta\leqslant\frac{\pi}{2},\ 0\leqslant r\leqslant\cos\theta\right\},$$

所以

$$\begin{aligned}\iint\limits_D\sqrt{x}\,\mathrm{d}x\mathrm{d}y&=\int_{-\frac{\pi}{2}}^{\frac{\pi}{2}}\mathrm{d}\theta\int_0^{\cos\theta}\sqrt{r\cos\theta}\,r\mathrm{d}r\\&=\int_{-\frac{\pi}{2}}^{\frac{\pi}{2}}\left[\cos^{\frac{1}{2}}\theta\cdot\int_0^{\cos\theta}r^{\frac{3}{2}}\mathrm{d}r\right]\mathrm{d}\theta\\&=\frac{4}{5}\int_0^{\frac{\pi}{2}}\cos^3\theta\mathrm{d}\theta=\frac{8}{15}.\end{aligned}$$

**解法 2** 在直角坐标系中

$$D=\{(x,y)\mid 0\leqslant x\leqslant 1,-\sqrt{x-x^2}\leqslant y\leqslant\sqrt{x-x^2}\}$$

故

$$\iint_D \sqrt{x}\,\mathrm{d}x\mathrm{d}y=\int_0^1\mathrm{d}x\int_{-\sqrt{x-x^2}}^{\sqrt{x-x^2}}\sqrt{x}\,\mathrm{d}y$$

$$=2\int_0^1 x\sqrt{1-x}\,\mathrm{d}x.$$

令$\sqrt{1-x}=t$，则

$$2\int_0^1 x\sqrt{1-x}\,\mathrm{d}x=4\int_0^1 t^2(1-t^2)\mathrm{d}t$$

$$=4\left(\frac{t^3}{3}-\frac{t^5}{5}\right)\Big|_0^1$$

$$=\frac{8}{15}.$$

所以 $$\iint_D \sqrt{x}\,\mathrm{d}x\mathrm{d}y=\frac{8}{15}.$$

［例 9］计算二重积分$\iint_D \mathrm{e}^{-(x^2+y^2)}\mathrm{d}\sigma$，其中$D$是圆域$x^2+y^2\leqslant R^2$.

**解** 由$x=r\cos\theta$，$y=r\sin\theta$，则

$$D=\{(r,\theta)\,|\,0\leqslant\theta\leqslant 2\pi,0\leqslant r\leqslant R\},$$

故

$$\iint_D \mathrm{e}^{-(x^2+y^2)}\mathrm{d}\sigma=\int_0^{2\pi}\mathrm{d}\theta\int_0^R \mathrm{e}^{-r^2}r\mathrm{d}r$$

$$=\pi(1-\mathrm{e}^{-R^2}).$$

**注** 上例若用直角坐标计算，由于$\int \mathrm{e}^{-x^2}\mathrm{d}x$不能由初等函数表示，所以积分无法进行.

*如果二元函数积分区域$D$是无界的，则为**广义**的二重积分，如下例.

［例 10］计算$I=\int_{-\infty}^{+\infty}\mathrm{e}^{-x^2}\mathrm{d}x$.

**解** 因为$\int \mathrm{e}^{-x^2}\mathrm{d}x$不能积出，故先求二重积分$\iint_D \mathrm{e}^{-x^2-y^2}\mathrm{d}\sigma$，$D$为全平面，则

$$\iint_D \mathrm{e}^{-x^2-y^2}\mathrm{d}\sigma=\int_0^{2\pi}\mathrm{d}\theta\int_0^{+\infty}\mathrm{e}^{-r^2}r\mathrm{d}r=\pi,$$

而

$$\iint\limits_D e^{-x^2-y^2}\,dxdy = \int_{-\infty}^{+\infty} e^{-x^2}\,dx \cdot \int_{-\infty}^{+\infty} e^{-y^2}\,dy = I^2,$$

故得

$$I=\sqrt{\pi}.$$

此积分称为普阿松(Poisson)积分，概率统计中常出现.

## 练 习 6

1. 求下列函数的定义域，并画出图形：

(1) $z=\sqrt{y^2-4x}+\ln(x+y)$； (2) $z=\dfrac{1}{\sqrt{y-x^2}}$；

(3) $z=\ln(xy)$； (4) $z=\ln(y^2-4x+8)$；

(5) $z=\dfrac{\sqrt{4x-y^2}}{\ln(1-x^2-y^2)}$.

2. 求下列函数的极限：

(1) $\lim\limits_{\substack{x\to 1\\ y\to 0}}\dfrac{\ln(x+e^y)}{\sqrt{x^2+y^2}}$； (2) $\lim\limits_{\substack{x\to 0\\ y\to 0}}\dfrac{xy}{\sqrt{1+xy}-1}$；

(3) $\lim\limits_{\substack{x\to 0\\ y\to 0}}\dfrac{x^4-y^2}{x^2+y}$； (4) $\lim\limits_{\substack{x\to +\infty\\ y\to +\infty}}\dfrac{x+y}{x^2+y^2}$.

3. 证明二元函数

$$f(x,y)=\begin{cases}(x+y)\cos\dfrac{1}{x}, & x\neq 0,\\ 0, & x=0\end{cases}$$

在(0，0)点连续.

4. 求下列函数的偏导数：

(1) $z=3x^2y+4xy^2$； (2) $z=x^y$；

(3) $z=e^x\sin y$； (4) $z=xye^{\sin(xy)}$；

(5) $z=e^{\sin\frac{x}{y}}$； (6) $z=\ln\sqrt{x^2+y^2}$.

5. 设 $f(x,y)=xy+(x-1)\tan\sqrt[3]{\dfrac{y}{x}}$，求 $f'_x(1,0)$，$f'_y(1,0)$.

6. 设 $z=\ln(x+\ln y)$，求 $z'_x(1,e)$，$z'_y(1,e)$.

7. 设 $z=f(x,y)=\arctan\dfrac{x}{y}$，求 $f''_{xy}(0,1)$.

8. 设 $z=f(x,y)=\cos(x^2y)$，求 $f''_{xx}\left(1,\dfrac{\pi}{2}\right)$，$f''_{yy}\left(1,\dfrac{\pi}{2}\right)$.

9. 求下列函数的全微分：

(1) 设 $z=\ln(x+y^2)$，求 $dz|_{(1,0)}$；　　(2) $z=e^{\sin(xy)}$；

(3) $z=\dfrac{xy}{x-y}$；　(4) $z=\arctan\dfrac{y}{x}$.

10. 设 $z=(x+1)^y, x=\cos t, y=\sin t$，求 $\dfrac{dz}{dt}$.

11. 设 $z=z(x,y)$ 由方程 $\dfrac{x}{z}=\ln\dfrac{z}{y}$ 确定，求 $\dfrac{\partial z}{\partial x}$，$\dfrac{\partial z}{\partial y}$.

12. 设 $z=z(x,y)$ 由方程 $xy+\sin z+y-2z=0$ 确定，求 $\dfrac{\partial z}{\partial x}$，$\dfrac{\partial z}{\partial y}$.

13. 设 $z=\ln(e^x+e^y), y=x^2$，求 $\dfrac{dz}{dx}$.

14. 设 $z=y\cdot f(x^2-y^2), f(u)$ 为可微函数，求 $\dfrac{\partial z}{\partial x}$，$\dfrac{\partial z}{\partial y}$.

15. 设 $z=e^u\sin v, u=xy, v=x+y$，求 $\dfrac{\partial z}{\partial x}$，$\dfrac{\partial z}{\partial y}$.

16. 求函数 $z=x^3+y^3-3(x^2+y^2)$ 的极值.

17. 在平面 $xOy$ 上求一点，使它到 $x=0, y=0$ 及 $x+2y-16=0$ 三直线的距离平方之和为最小.

18. 若直角三角形的斜边固定长为 $c$，求其中周长最大的直角三角形.

19. 某商品的生产函数 $Q=6K^{\frac{1}{3}}L^{\frac{1}{2}}$，其中 $Q$ 为产品产量，$K$ 为资本投入，$L$ 为劳动力投入；又知资本投入价格为 4，劳动力投入价格为 3，产品销售价为 2，求生产该产品利润最大时的投入和产出水平，及最大利润.

20. 某厂家生产的一种产品同时在两市场销售，售价分别为 $p_1$ 和 $p_2$；销售量分别为 $q_1$ 和 $q_2$，需求函数分别为

$$q_1=24-0.2p_1,\quad q_2=10-0.05p_2,$$

总成本函数为 $C=35+40(q_1+q_2)$. 试问厂家如何确定两市场的售价，能使其获得总利润最大？最大利润为多少？

21. 计算下列二重积分：

(1) $\iint\limits_D \dfrac{x^2}{y^2}d\sigma$，其中 $D$ 是由直线 $x=2$，$y=x$ 及双曲线 $xy=1$ 所围成区域；

(2) $\iint\limits_D (2y-x)d\sigma$，其中 $D$ 是由抛物线 $y=x^2$ 及直线 $y=x+2$ 所围成区域；

(3) $\iint\limits_D (x^2+y)d\sigma$，其中 $D$ 是抛物线 $y^2=x$ 及直线 $y=x$ 所围成的区域；

(4) $\iint\limits_D x^2e^{-y^2}d\sigma$，其中 $D$ 是由直线 $x=0, y=1, y=x$ 围成区域；

(5) $\iint\limits_{D} \ln(1+x^2+y^2)\mathrm{d}\sigma$，其中 $D$ 是由 $x^2+y\leqslant 1$ 且 $x\geqslant 0$ 所围成区域；

(6) $\iint\limits_{D} x^2\mathrm{d}\sigma$，其中 $D$ 是由圆 $x^2+y^2=1$ 及圆 $x^2+y^2=4$ 围成的圆环形区域；

(7) $\iint\limits_{D} \arctan\dfrac{y}{x}\mathrm{d}\sigma$，其中 $D$ 为圆环 $1\leqslant x^2+y^2\leqslant 4$ 及直线 $y=x$，$y=0$ 所包围在第一象限内的区域；

(8) $\iint\limits_{D} (x+y)\mathrm{d}\sigma$，其中 $D=\{(x,y)\mid x^2+y^2\leqslant x+y+1\}$.

# 第七章　微分方程

前面所研究的函数反映了客观事物中各种变量之间的变化关系.而在许多具体问题中这种关系往往是未知的，不能直接给出其数学表达式，而是根据问题的性质首先导出一些数学模型. 在这些模型中不仅包含了自变量和未知函数，同时也包含有未知函数的导数(或微分)，这就是数学中的微分方程. 为了得出具体的函数关系就要从这种微分方程中把未知函数解出来，这就是本章所要讨论的内容，即微分方程的概念及其初等解法. 在许多经济问题中基本变量往往不是连续而是离散地变化的，相应就会出现差分方程，因此在本章最后将简略地介绍有关差分方程的概念.

## 第一节　微分方程及其解

### 1. 微分方程的概念

先考虑一些具体问题. 如第一章中已提到自由落体运动的规律.设 $s=s(t)$ 为运动路径随时间的变化关系，若不考虑空气阻力，则有

$$\frac{\mathrm{d}s}{\mathrm{d}t}=gt，g\text{ 为重力加速度常数.}$$

又如，考察某放射性元素的衰变，设时刻 $t$ 时该物质的质量为 $y(t)$，根据实验知道衰变的速度与剩余的放射物质的质量成正比，设比例常数 $k>0$，则可得

$$\frac{\mathrm{d}y}{\mathrm{d}t}=-ky.$$

再如，设某商品的需求量 $Q$ 与价格 $p$ 的函数关系为 $Q=Q(p)$，由经济学知识可知 $Q(p)$满足如下关系(第二节例 3 中详述)

$$\frac{\mathrm{d}Q}{\mathrm{d}p}=\frac{Q}{p(p-1)}，Q\left(\frac{1}{2}\right)=1.$$

上述几例的共同特点是：反映数学模型的关系式中都出现了所求函数的导数，由此概括为微分方程的概念.

**定义 7.1** 含有自变量、未知函数及其导数或微分的方程式称为**微分方程**. 只含有一个自变量(如上述例中的时间 $t$，价格 $p$ 等)以及未知函数(一元函数)的导数的微分方程称为**常微分方程**. 含有多个自变量及多元函数的偏导数的微分方程称为**偏微分方程**. 本章仅限于讨论常微分方程，故以下把常微分方程简称为微分方程或方程.

例如，$\frac{\mathrm{d}s}{\mathrm{d}t}=gt$，$\frac{\mathrm{d}y}{\mathrm{d}t}=-ky$，$m\frac{\mathrm{d}^2s}{\mathrm{d}t^2}=F$，$(2x+1)\mathrm{d}x+(y-2)\mathrm{d}y=0$ 和 $\frac{\partial u}{\partial x}=\frac{\partial u}{\partial y}+xy$ 都是微分方程. 前四个是常微分方程，第五个是偏微分方程.

**定义 7.2** 微分方程中出现的未知函数的导数或微分的最高阶数称为该微分方程的**阶**.

例如，$\frac{\mathrm{d}y}{\mathrm{d}t}=-ky$，$(2x+1)\mathrm{d}x+(y-2)\mathrm{d}y=0$，$y'+2y=x$ 是一阶微分方程；$m\frac{\mathrm{d}^2s}{\mathrm{d}t^2}=F$，$(y'')^2+2y'=0$ 是二阶微分方程.

如果微分方程的阶数 $n>1$，则称为高阶微分方程，$n$ 阶微分方程的一般形式为

$$F(x,y,y',y'',\cdots,y^{(n)})=0. \tag{7.1}$$

这里 $F$ 是其变元的已知函数，$x$ 是自变量，$y$ 是未知函数.

**定义 7.3** 如果在微分方程(7.1)中，$F$ 是关于未知函数 $y$ 及其各阶导数 $y'$，$y''$，$\cdots$，$y^{(n)}$ 的一次有理整式，即微分方程(7.1)可表示为如下形式

$$y^{(n)}+a_1(x)y^{(n-1)}+\cdots+a_{n-1}(x)y'+a_n(x)y=f(x), \tag{7.2}$$

其中 $a_i(x)(i=1, 2, \cdots, n)$，$f(x)$都是定义在某个区间 I 上的已知函数，则称微分方程(7.2)为 ***n* 阶线性微分方程**. 不是线性的微分方程称为**非线性微分方程**.

例如，$y'+\frac{y}{x}=\sin x$，$\frac{\mathrm{d}y}{\mathrm{d}t}=-ky$ 是一阶线性方程；

$y''+xy'+\mathrm{e}^xy=0$ 是二阶线性方程；

$\frac{\mathrm{d}y}{\mathrm{d}x}+\sin y=x$，$(y')^2+y=0$ 是一阶非线性方程.

**2. 微分方程的解**

**定义 7.4** 如果在一个微分方程中把未知函数用一个具体的函数代入能使此方程成为恒等式，则称这个函数是**该微分方程的解**.

[**例 1**] 验证函数 $y=\dfrac{\sin x}{x}$ 是微分方程 $x\dfrac{\mathrm{d}y}{\mathrm{d}x}+y=\cos x$ 的解.

**解** 将函数 $y=\dfrac{\sin x}{x}$ 代入方程，则

$$\begin{aligned}\text{左边}&=x\left(\frac{\sin x}{x}\right)'+\frac{\sin x}{x}\\&=x\cdot\frac{x\cos x-\sin x}{x^2}+\frac{\sin x}{x}\\&=\cos x=\text{右边}.\end{aligned}$$

所以 $y=\dfrac{\sin x}{x}$ 是方程的解.

**定义 7.5** 如果隐函数式 $F(x,y)=0$ 所确定的函数 $y=f(x)$ 是微分方程的解，则称 $F(x,y)=0$ 为微分方程的**隐式解**.

[**例 2**] 验证 $x^2+y^2=1$ 是微分方程 $\dfrac{\mathrm{d}y}{\mathrm{d}x}=-\dfrac{x}{y}$ 的隐式解.

**解** 由 $x^2+y^2=1$ 得 $y=\pm\sqrt{1-x^2}$，代入方程有

$$\begin{aligned}\text{左边}&=\frac{\mathrm{d}y}{\mathrm{d}x}=\pm\frac{1}{2}(1-x^2)^{-\frac{1}{2}}\cdot(-2x)\\&=\mp\frac{x}{\sqrt{1-x^2}}\\&=-\frac{x}{\pm\sqrt{1-x^2}}\\&=-\frac{x}{y}=\text{右边}.\end{aligned}$$

所以由定义 7.5 知 $x^2+y^2=1$ 为方程的隐式解.

以后我们把微分方程的解和隐式解统称为微分方程的解.

**定义 7.6** 如果 $n$ 阶微分方程的解中含有 $n$ 个独立的任意常数，则该解称为此微分方程的**通解**. 通解的隐式表达式称为**通积分**. 对通解中的任意常数给以确定的值而得到的解称为**特解**.

对于具体的微分方程，如能求出其通积分，则求解任务就完成

了，不需要再从隐函数式中解出未知函数 $y$ 表成通解的形式.

例如，$x^2+y^2=C$($C$ 为任意常数)是一阶微分方程 $\frac{dy}{dx}=-\frac{x}{y}$ 的通积分. 当取 $C=1$ 时，则 $x^2+y^2=1$ 是方程的一个特解.

**[例 3]** 验证 $y=C_1e^x+C_2e^{-x}$($C_1$，$C_2$ 为任意常数)是微分方程

$$\frac{d^2y}{dx^2}-y=0 \tag{7.3}$$

的通解.

**解** 由于 $y'=C_1e^x-C_2e^{-x}$，$y''=C_1e^x+C_2e^{-x}$，将 $y$，$y''$ 代入方程得

$$y''-y=C_1e^x+C_2e^{-x}-(C_1e^x+C_2e^{-x})\equiv 0.$$

所以 $y=C_1e^x+C_2e^{-x}$ 为该方程的通解.

**注** 当 $C_1$，$C_2$ 为任意常数时，可以验证 $\tilde{y}=C_1e^x+C_2e^{1+x}$ 也是方程(7.3)的解，但 $\tilde{y}$ 不是方程的通解. 因为有 $\tilde{y}=C_1e^x+C_2e^{1+x}=(C_1+C_2e)e^x$，若令 $C_1+C_2e=C$，则得到解 $y=Ce^x$，它实际上只含一个任意常数 $C$，这说明 $C_1$，$C_2$ 不是独立的. 故 $\tilde{y}=C_1e^x+C_2e^{1+x}$ 并不构成方程的通解.

**3. 初值问题**

由上可见，微分方程的通解中含有任意常数，故实际上包含了许多解. 为了得出微分方程某一特定的解，必须对微分方程附加一定的条件，即所谓**定解条件**. 如这种附加条件是由某一瞬间所处的状态给出的，则这种附加条件就称为**初始条件**(或**初值条件**). 求微分方程满足定解条件的解的问题称为**定解问题**，在初始条件下的定解问题称为**初值问题**.

如本节开头所提到的商品经济的例子中，由

$$\begin{cases}\dfrac{dQ}{dp}=\dfrac{Q}{p(p-1)},\\ Q\left(\dfrac{1}{2}\right)=1\end{cases}$$

求 $Q=Q(p)$ 就是一个初值问题.

$n$ 阶微分方程(7.1)的初值问题可以写为

$$\begin{cases}F(x,\ y,\ y',\ \cdots,\ y^{(n)})=0,\\ y(x_0)=y_0,\ y'(x_0)=y_1,\ y''(x_0)=y_2,\ \cdots,\ y^{(n-1)}(x_0)=y_{n-1}.\end{cases}$$

因为柯西在19世纪中叶首先研究了微分方程的初值问题，所以它也称为**柯西问题**.

**[例 4]** 试求初值问题 $\begin{cases} \dfrac{dy}{dx}=2x, \\ y(1)=3 \end{cases}$ 的解.

**解** 将方程写为 $dy=2xdx$，对方程两边进行积分得

$$y=x^2+C.$$

将初始条件 $y(1)=3$ 代入可求出 $C=2$.

故 $y=x^2+2$ 为所求初值问题的解.

## 第二节 初等积分法

求解微分方程的一个常用方法是设法把某些类型的微分方程的求解问题化为初等函数的积分问题，故这种方法统称为初等积分法. 从微分方程理论的发展历史以及它在实际问题中的广泛应用来看，初等积分法是求解微分方程的基本方法，以下简单介绍这一方法的最基本部分. 当然从现代科技的发展中知道大量的非线性微分方程是不能用初等积分法来求出通解的，因而必须进一步发展定性方法以及借助于计算机的数值方法才能适应各种理论和应用问题的要求.

### 1. 变量分离方程

本段考虑形如

$$\frac{dy}{dx}=f(x)g(y), \tag{7.4}$$

或

$$M_1(x)M_2(y)dx=N_1(x)N_2(y)dy$$

的方程，它们可以通过把变量 $x$ 和 $y$ 分离后求解，因此称之为**变量分离方程**. 这里 $f(x)$，$g(x)$，$M_1(x)$，$M_2(y)$，$N_1(x)$，$N_2(y)$分别是 $x$，$y$ 的连续函数.

下面以式(7.4)为例说明如何求出它的通解. 首先分离变量：如 $g(y)\neq 0$，将方程改写成变量分离形式，即把含变量 $y$ 的函数因子及微分 $dy$ 集中到等式的一端，把含变量 $x$ 的函数因子及微分 $dx$ 集中到等式的另一端，将方程化为

$$\frac{\mathrm{d}y}{g(y)}=f(x)\mathrm{d}x,$$

然后两边积分得

$$\int\frac{\mathrm{d}y}{g(y)}=\int f(x)\mathrm{d}x+C.$$

它就是方程(7.4)的通积分，本来不定积分中就含有任意常数，但为了说明是通积分，故把任意常数 $C$ 明确写出．具体解题时 $\int\frac{\mathrm{d}y}{g(y)}$，$\int f(x)\mathrm{d}x$ 分别理解为 $\frac{1}{g(y)}$、$f(x)$ 的某一原函数，当然它能否用初等函数表示出来，这属于求原函数的问题了．上面的讨论，假设了 $g(y)\neq 0$，如果存在 $y_0$ 使 $g(y_0)=0$，则直接将 $y=y_0$ 代入方程验证可知它也是方程的一个解．

以上解题方法的基本思想是把微分方程中的变量 $x$，$y$ 分离，然后两端分别关于 $x$，$y$ 求积分以求出方程的通解或通积分．这是微分方程求解的最基本方法之一．

**[例 1]** 求解初值问题

$$\begin{cases}\frac{\mathrm{d}y}{\mathrm{d}x}=-\frac{x}{y},\\ y(0)=1.\end{cases}$$

**解** 将变量分离可得

$$y\mathrm{d}y=-x\mathrm{d}x,$$

两边积分得

$$\frac{y^2}{2}=-\frac{x^2}{2}+\frac{C}{2},$$

故方程通积分为

$$x^2+y^2=C,$$

其中 $C$ 为任意常数．

将 $x=0$，$y=1$ 代入得 $C=1$．

所求初值问题的解为

$$x^2+y^2=1.$$

**[例 2]** 求微分方程

$$\frac{\mathrm{d}y}{\mathrm{d}x}=-\frac{y}{x}$$

的通解.

**解** 此为变量分离方程. 当 $y\neq 0$ 时，分离变量可得

$$\frac{dy}{y}=-\frac{dx}{x}.$$

两边积分得

$$\ln|y|=-\ln|x|+\ln|C| \quad (C\neq 0),$$

即得解

$$xy=C \quad (C\neq 0).$$

又易见 $y=0$ 也是方程的解.

故 $xy=C$，$C$ 为任意常数(包括 $C=0$)，即为所求方程的通积分.

**[例 3]** 某商品的需求量 $Q$ 对价格 $p$ 的弹性为 $\frac{1}{p-1}$. 已知该商品在价格 $p=\frac{1}{2}$ 时，需求量 $Q=1$，求需求量 $Q$ 对价格 $p$ 的函数关系.

**解** 由弹性 $\eta$ 的定义知

$$\eta=\frac{p}{Q}\frac{dQ}{dp}=\frac{1}{p-1}.$$

所以可归结为如下初值问题

$$\begin{cases}\dfrac{dQ}{dp}=\dfrac{Q}{p(p-1)},\\ Q\left(\dfrac{1}{2}\right)=1.\end{cases}$$

分离变量得

$$\frac{dQ}{Q}=\frac{dp}{p(p-1)},$$

即

$$\frac{dQ}{Q}=\left(\frac{1}{p-1}-\frac{1}{p}\right)dp.$$

两边积分得

$$\ln Q=\ln\frac{p-1}{p}+\ln C.$$

这里 $C>0$ 为任意常数.

从而可得

$$Q=C\,\frac{p-1}{p}.$$

将 $p=\frac{1}{2}$，$Q=1$ 代入得：$C=-1$.

所以 $Q=\frac{1-p}{p}$ 即为所求的函数关系式.

[**例 4**] 在某池塘内养鱼，该池塘最多能养 1000 尾鱼. 在时间 $t$，鱼的尾数 $y$ 是时间 $t$ 的函数 $y=y(t)$，其变化率与鱼尾数 $y$ 及 $1000-y$ 成正比. 已知在池塘内放养鱼 100 尾，3 个月后池塘内有鱼 250 尾. 求放养 $t$ 月后池塘内鱼尾数 $y(t)$的公式. 又放养 6 个月后有鱼多少？

**解** 由题意，可得鱼尾数 $y(t)$满足如下微分方程

$$\frac{\mathrm{d}y}{\mathrm{d}t}=ky(1000-y).$$

且满足条件

$$y(0)=100,\quad y(3)=250.$$

此为变量分离方程，分离变量后可得

$$\frac{\mathrm{d}y}{y(1000-y)}=k\mathrm{d}t,$$

即

$$\left(\frac{1}{y}+\frac{1}{1000-y}\right)\mathrm{d}y=1000k\mathrm{d}t.$$

两边积分得

$$\frac{y}{1000-y}=C\mathrm{e}^{1000kt}.$$

将 $t=0$，$y=100$ 代入得 $C=\frac{1}{9}$. 故有

$$\frac{y}{1000-y}=\frac{1}{9}\mathrm{e}^{1000kt}.$$

将 $t=3$，$y=250$ 代入得 $k=\frac{\ln 3}{1000}$.

故所求函数式为

$$y(t)=\frac{(1000\times 3^{\frac{t}{3}})}{9+3^{\frac{t}{3}}},$$

当 $t=6$ 时得

$$y(6)=500.$$

即放养 6 个月以后池塘里有鱼 500 尾.

**2. 齐次方程**

有些并非分离变量型的微分方程可通过适当的变量替换化为变量分离方程．**齐次方程**就是其中常见的一类．它是指形如

$$\frac{\mathrm{d}y}{\mathrm{d}x}=f\left(\frac{y}{x}\right) \tag{7.5}$$

的方程．这里 $f(u)$是 $u$ 的连续函数．

对于方程(7.5)，通过下述变换将 $y$ 换为新的变量 $u$

$$u=\frac{y}{x},$$

即

$$y=ux,$$

于是有

$$\frac{\mathrm{d}y}{\mathrm{d}x}=x\frac{\mathrm{d}u}{\mathrm{d}x}+u.$$

代入原方程得

$$x\frac{\mathrm{d}u}{\mathrm{d}x}+u=f(u),$$

它是一个变量分离方程

$$\frac{\mathrm{d}u}{\mathrm{d}x}=\frac{f(u)-u}{x}.$$

对它用前部分所述方法求出通积分，再将 $u$ 代回原变量$\frac{y}{x}$，即可得到原方程(7.5)的通积分.

**[例 5]** 试求微分方程 $xy\frac{\mathrm{d}y}{\mathrm{d}x}=x^2+y^2$，满足条件 $y|_{x=\mathrm{e}}=2\mathrm{e}$ 的特解.

**解** 将原方程写为

$$\frac{\mathrm{d}y}{\mathrm{d}x}=\frac{x}{y}+\frac{y}{x},$$

这是一个齐次方程.

令 $u=\frac{y}{x}$，即

$$y=ux,$$

两边求导得

$$\frac{\mathrm{d}y}{\mathrm{d}x}=u+x\,\frac{\mathrm{d}u}{\mathrm{d}x},$$

代入原方程，整理得

$$x\,\frac{\mathrm{d}u}{\mathrm{d}x}=\frac{1}{u}.$$

这是一个变量分离方程. 分离变量后化为

$$u\mathrm{d}u=\frac{\mathrm{d}x}{x},$$

两边积分得

$$\frac{1}{2}u^2=\ln|x|+C.$$

将 $u=\dfrac{y}{x}$ 代回得原方程的通积分

$$y^2=2x^2(\ln|x|+C).$$

再将初始条件 $x=\mathrm{e}$ 时 $y=2\mathrm{e}$ 代入得 $C=1$.

故所求特解为

$$y^2=2x^2(\ln|x|+1).$$

[例 6] 求微分方程 $(y+\sqrt{x^2-y^2})\mathrm{d}x-x\mathrm{d}y=0$ 的通解.

**解** 经整理，方程可写为以下齐次方程

$$\frac{\mathrm{d}y}{\mathrm{d}x}=\frac{y}{x}+\sqrt{1-\left(\frac{y}{x}\right)^2}.$$

令 $u=\dfrac{y}{x}$，即

$$y=xu.$$

两边求导得
$$\frac{\mathrm{d}y}{\mathrm{d}x}=u+x\,\frac{\mathrm{d}u}{\mathrm{d}x},$$

代入原方程得

$$u+x\,\frac{\mathrm{d}y}{\mathrm{d}x}=u+\sqrt{1-u^2},$$

简化后分离变量，方程化为

$$\frac{\mathrm{d}u}{\sqrt{1-u^2}}=\frac{\mathrm{d}x}{x}.$$

两边积分得

$$\arcsin u=\ln|x|+C.$$

故原方程的通积分为

$$\arcsin \frac{y}{x}=\ln|x|+C.$$

**3. 一阶线性微分方程**

当 $n=1$ 时，把方程(7.2)写成

$$y'+p(x)y=q(x). \tag{7.6}$$

它为一阶线性微分方程，其中 $p(x)$，$q(x)$是 $x$ 的连续函数，可依下述步骤求出方程(7.6)的通解.

当 $q(x)\equiv 0$ 时，方程(7.6)为

$$y'+p(x)y=0, \tag{7.7}$$

称为一阶线性**齐次**方程；对应地，当 $q(x)\neq 0$ 时，称方程(7.6)为一阶线性**非齐次**方程.

例如 $\frac{\mathrm{d}y}{\mathrm{d}x}+2x^3y=\sin x$，$x\frac{\mathrm{d}y}{\mathrm{d}x}=\frac{x^3}{2}+y\sin x$ 和 $ay'+by=C$，$y'+y=0$等都是一阶线性方程，而方程

$y'+y^2=x$，$\frac{\mathrm{d}y}{\mathrm{d}x}=\mathrm{e}^y$，$(y')^2+2y=x$ 和 $xy'+\sin y=0$ 等则是一阶非线性方程.

(1) 一阶线性齐次方程的解法　对于方程(7.7)，可采用分离变量原则来求通解. 分离变量后方程(7.7)化为

$$\frac{\mathrm{d}y}{y}=-p(x)\mathrm{d}x \qquad (y\neq 0),$$

两边积分得

$$\ln|y|=-\int p(x)\mathrm{d}x+C_0\text{，}C_0\text{ 为任意常数.}$$

亦即

$$y=\pm\,\mathrm{e}^{C_0}\cdot\mathrm{e}^{-\int p(x)\mathrm{d}x}$$

为方程(7.7)的解，又由于 $y=0$ 也是方程的解. 它们都包含在形式

$$y=C\mathrm{e}^{-\int p(x)\mathrm{d}x}\text{，}C\text{ 为任意常数} \tag{7.8}$$

之中，故式(7.8)为一阶线性齐次方程的通解公式.

**[例 7]** 若国民生产总值每年的递增率是7%，问多少年后能使国民生产总值翻两番.

**解** 设国民生产总值为 $N$，则 $N$ 是时间 $t$ 的函数. 由题意可得如下初值问题

$$\begin{cases} \dfrac{\mathrm{d}N}{\mathrm{d}t}=0.07N, \\ N(0)=N_0. \end{cases}$$

此方程为线性齐次方程，由通解公式(7.8)得

$$N=C\mathrm{e}^{\int 0.07\mathrm{d}t}=C\mathrm{e}^{0.07t}.$$

将 $t=0$ 时，$N=N_0$ 代入得 $C=N_0$，从而得出式(7.8)的初值解

$$N=N_0\mathrm{e}^{0.07t}.$$

当国民生产总值翻两番，即 $N=4N_0$ 时，求出相应的 $t$，由

$$4N_0=N_0\mathrm{e}^{0.07t},$$

得

$$t\approx 20,$$

故按 7%的递增率，国民生产总值需要 20 年时间可翻两番.

(2) 一阶线性非齐次方程的解法　一阶线性非齐次方程(7.6)不是变量分离方程. 现用下述**常数变易法**来求它的通解.

由方程(7.6)相应的齐次方程(7.8)的通解为

$$y=C\mathrm{e}^{-\int p(x)\mathrm{d}x}.$$

将常数 $C$ 变易为适当的可微函数 $C(x)$，使

$$y=C(x)\mathrm{e}^{-\int p(x)\mathrm{d}x}$$

为式(7.8)的解，为此将它代入方程(7.8)得

$$C'(x)\mathrm{e}^{-\int p(x)\mathrm{d}x}-C(x)p(x)\mathrm{e}^{-\int p(x)\mathrm{d}x}+p(x)\cdot C(x)\mathrm{e}^{-\int p(x)\mathrm{d}x}=q(x),$$

从而有

$$C'(x)=q(x)\mathrm{e}^{\int p(x)\mathrm{d}x}.$$

两边积分可以求出 $C(x)$

$$C(x)=\int q(x)\mathrm{e}^{\int p(x)\mathrm{d}x}\mathrm{d}x+C,$$

其中 $C$ 为任意常数. 从而得到

$$y=\mathrm{e}^{-\int p(x)\mathrm{d}x}\left(\int q(x)\mathrm{e}^{\int p(x)\mathrm{d}x}\mathrm{d}x+C\right). \tag{7.9}$$

不难验证式(7.9)是方程(7.6)的解，它包含一个任意常数 $C$，故为通解. 它由两部分相加组成，其中一部分 $Ce^{-\int p(x)\mathrm{d}x}$ 是相应齐次方程(7.7)的通解，另一部分 $e^{-\int p(x)\mathrm{d}x}\int q(x)e^{\int p(x)\mathrm{d}x}\mathrm{d}x$ 则为非齐次方程(7.6)的一个特解. 这是线性微分方程解的结构的一个特性，将在第三节中再次述及.

[**例 8**] 求微分方程 $\dfrac{\mathrm{d}y}{\mathrm{d}x}=-2xy+2xe^{-x^2}$ 的通解.

**解** 这是一个一阶线性微分方程，依上述步骤首先解对应的齐次方程

$$\frac{\mathrm{d}y}{\mathrm{d}x}+2xy=0,$$

其通解为

$$\bar{y}=Ce^{-\int 2x\mathrm{d}x}=Ce^{-x^2}.$$

再用常数变易法，设非齐次方程的解为

$$y=C(x)e^{-x^2},$$

代入原方程得

$$C'(x)e^{-x^2}+C(x)e^{-x^2}\cdot(-2x)+2x\cdot C(x)e^{-x^2}=2xe^{-x^2}.$$

从而

$$C'(x)=2x,$$

两边积分得

$$C(x)=x^2+C,$$

所以原方程的通解为

$$y=x^2e^{-x^2}+Ce^{-x^2}，C\text{ 为任意常数}.$$

也可以把式(7.9)作为公式直接代入来求解，现在

$$p(x)=2x,\ q(x)=2xe^{-x^2},$$

代入式(7.9)可得

$$\begin{aligned} y&=e^{-\int 2x\mathrm{d}x}\left[\int 2xe^{-x^2}e^{\int 2x\mathrm{d}x}\mathrm{d}x+C\right]\\ &=e^{-x^2}\left[\int 2xe^{-x^2}\cdot e^{x^2}\mathrm{d}x+C\right]\\ &=e^{-x^2}(x^2+C). \end{aligned}$$

所以方程的通解为 $y=x^2e^{-x^2}+Ce^{-x^2}$，$C$ 为任意常数.

[**例 9**] 设某种商品的需求函数为 $Q=200-2p$，供给函数为 $S=-100+p$，其中 $p$ 为商品价格. 假设商品价格 $p$ 为时间 $t$ 的函数，即 $p=p(t)$. 该商品初始价格为 300 元，且 $\frac{dp}{dt}=2(Q-S)$.

求 (i) 均衡价格 $p_e$；

(ii) 价格 $p(t)$的函数表达式.

**解** (i) 均衡价格即供需相等时的价格，故有

$$Q=S,$$

即得

$$200-2p=-100+p.$$

因此

$$p_e=100(\text{元}).$$

(ii) 由 $\frac{dp}{dt}=2(Q-S)$得

$$\frac{dp}{dt}=2(300-3p),$$

亦即

$$\frac{dp}{dt}+6p=600.$$

由线性非齐次方程的通解公式(7.9)易计算得

$$p(t)=Ce^{-6t}+100.$$

由 $p(0)=300$，代入得 $C=200$，故所求价格 $p(t)$的函数表达式为

$$p(t)=200e^{-6t}+100.$$

**4. 全微分方程**

**定义 7.7** 对于写成微分形式的一阶微分方程

$$M(x,y)dx+N(x,y)dy=0, \tag{7.10}$$

如果式(7.10)的左端恰为某二元函数 $u(x,y)$的全微分，即有

$$du(x,y)=M(x,y)dx+N(x,y)dy,$$

则称该方程为**全微分方程**，又称为**恰当方程**. 函数 $u(x,y)$ 称为微分式

$$M(x,y)dx+N(x,y)dy$$

的二元**原函数**.

例如

$$ydx+xdy=0,$$

$$\frac{y\mathrm{d}x-x\mathrm{d}y}{y^2}=0$$

都是全微分方程，因为它们的左端分别是二元函数

$$u=xy,\ u=\frac{x}{y}$$

的全微分，即

$$\mathrm{d}(xy)=y\mathrm{d}x+x\mathrm{d}y,$$
$$\mathrm{d}\left(\frac{x}{y}\right)=\frac{y\mathrm{d}x-x\mathrm{d}y}{y^2}.$$

**[例 10]** 试确定方程

$$x\mathrm{d}x+y\mathrm{d}y+\frac{y\mathrm{d}x-x\mathrm{d}y}{x^2+y^2}=0$$

是全微分方程.

**解** 因为 $x\mathrm{d}x+y\mathrm{d}y+\frac{y\mathrm{d}x-x\mathrm{d}y}{x^2+y^2}$

$$=\mathrm{d}\left(\frac{1}{2}x^2\right)+\mathrm{d}\left(\frac{1}{2}y^2\right)+\mathrm{d}\left(\arctan\frac{x}{y}\right)$$
$$=\mathrm{d}\left(\frac{x^2}{2}+\frac{y^2}{2}+\arctan\frac{x}{y}\right).$$

上式说明二元函数 $u(x,y)=\frac{x^2+y^2}{2}+\arctan\frac{x}{y}$ 为原方程左端的微分式的二元原函数，因此原方程是一个全微分方程.

对于方程(7.10)如何判定它是否为全微分方程，在较简单的情况下，如能类似于例 10 把它的左端凑成某一二元函数的全微分，则式(7.10)就是全微分方程. 一般情况下，我们介绍以下定理(证明从略).

**定理 7.1** 如果二元函数 $M(x,y)$, $N(x,y)$ 在矩形域

$$R=\{(x,y)\mid |x-x_0|\leqslant a,|y-y_0|\leqslant b\}$$

上是 $x$、$y$ 的连续函数，且具有连续的一阶偏导数，则在 $R$ 上式(7.10)为全微分方程的充要条件为

$$\frac{\partial M}{\partial y}\equiv\frac{\partial N}{\partial x}.$$

**[例 11]** 判断下列微分方程是否为全微分方程：

(i) $2x(ye^{x^2}-1)\mathrm{d}x+e^{x^2}\mathrm{d}y=0$;

(ii) $y\mathrm{d}x-(x+y^3)\mathrm{d}y=0$.

**解** (i) $M(x,y)=2x(y\mathrm{e}^{x^2}-1)$，$N(x,y)=\mathrm{e}^{x^2}$.

$$\frac{\partial M}{\partial y}=2x\mathrm{e}^{x^2}，\frac{\partial N}{\partial x}=2x\mathrm{e}^{x^2}.$$

因此

$$\frac{\partial M}{\partial y}\equiv\frac{\partial N}{\partial x},$$

由定理 7.1 知原方程为全微分方程.

(ii) $M(x,y)=y$，$N(x,y)=-(x+y^3)$.

$$\frac{\partial M}{\partial y}=1，\frac{\partial N}{\partial x}=-1.$$

因为

$$\frac{\partial M}{\partial y}\neq\frac{\partial N}{\partial x},$$

所以原方程不是全微分方程.

关于全微分方程的求解，现证明以下定理.

**定理 7.2** 对于全微分方程(7.10)，如果 $U(x,y)$是其左端微分式的一个二元原函数，则该全微分方程的通积分为

$$U(x,y)=C,$$

其中 $C$ 为任意常数.

**证** 设 $y=y(x)$是全微分方程的任一解，故有

$$M(x,y(x))\mathrm{d}x+N(x,y(x))\mathrm{d}y(x)\equiv0.$$

因为 $U(x,y)$为方程左端微分的一个原函数，所以有

$$\mathrm{d}U(x,y(x))=M(x,y(x))\mathrm{d}x+N(x,y(x))\mathrm{d}y(x)\equiv0,$$

即

$$\mathrm{d}U(x,y(x))\equiv0.$$

由一元函数微分学中的定理知

$$U(x,y(x))\equiv C，C\text{ 为任意常数}.$$

以上即说明方程任一解 $y=y(x)$满足 $U(x,y)=C$.

其次，对于由 $U(x,y)=C$ 确定的函数 $y=y(x)$，必有

$$U(x,y(x))\equiv C.$$

两边对 $x$ 求导得$\frac{\partial U}{\partial x}+\frac{\partial U}{\partial y}\frac{\mathrm{d}y}{\mathrm{d}x}\equiv0$，即式

$$\frac{\partial U}{\partial x}\mathrm{d}x+\frac{\partial U}{\partial y}\mathrm{d}y\equiv 0,$$

由于$U(x,y)$是$M(x,y)\mathrm{d}x+N(x,y)\mathrm{d}y$的二元原函数，即有

$$\frac{\partial U}{\partial x}=M(x,y),\ \frac{\partial U}{\partial y}=N(x,y),$$

因此

$$M(x,y(x))\mathrm{d}x+N(x,y(x))\mathrm{d}y(x)\equiv 0,$$

上式说明 $y=y(x)$是全微分方程的解.

综上可知$U(x,y)=C$（$C$是任意常数）是方程的通积分.

为利用定理 7.2 求出具体的全微分方程的通积分，现介绍下述常用的方法.

(1) 凑微分法　就例 11 中的方程 $2x(y\mathrm{e}^{x^2}-1)\mathrm{d}x+\mathrm{e}^{x^2}\mathrm{d}y=0$ 来看，那里已得知它是全微分方程．为求二元原函数$U(x,y)$，可将左端重新分项组合，得到

$$(2xy\mathrm{e}^{x^2}\mathrm{d}x+\mathrm{e}^{x^2}\mathrm{d}y)-2x\mathrm{d}x=0,$$

即

$$\mathrm{d}(y\mathrm{e}^{x^2})-\mathrm{d}(x^2)=\mathrm{d}(y\mathrm{e}^{x^2}-x^2).$$

因此

$$U(x,y)=y\mathrm{e}^{x^2}-x^2.$$

由定理 7.2 知方程的通积分为 $y\mathrm{e}^{x^2}-x^2=C$，$C$ 为任意常数.

从上例可知，运用凑微分法解全微分方程时，常要利用适当的分项组合，把各部分凑成全微分．这就需要熟悉二元函数全微分的性质，以及一些常用的二元函数的全微分．例如

$$y\mathrm{d}x+x\mathrm{d}y=\mathrm{d}(xy),\ \frac{-y\mathrm{d}x+x\mathrm{d}y}{x^2}=\mathrm{d}\left(\frac{y}{x}\right),$$

$$\frac{y\mathrm{d}x-x\mathrm{d}y}{y^2}=\mathrm{d}\left(\frac{x}{y}\right),\ \frac{y\mathrm{d}x-x\mathrm{d}y}{x^2+y^2}=\mathrm{d}\left(\arctan\frac{x}{y}\right).$$

［**例 12**］求微分方程$\left(x+\dfrac{1}{y}\right)\mathrm{d}x+\left(\mathrm{e}^y-\dfrac{x}{y^2}\right)\mathrm{d}y=0$ 的通积分.

**解**　因为

$$\frac{\partial M}{\partial y}=-\frac{1}{y^2},\ \frac{\partial N}{\partial x}=-\frac{1}{y^2},$$

$$\frac{\partial M}{\partial y}=\frac{\partial N}{\partial x}.$$

所以方程是全微分方程.

把方程重新分项组合得

$$x\mathrm{d}x+\mathrm{e}^y\mathrm{d}y+\left(\frac{1}{y}\mathrm{d}x-\frac{x}{y^2}\mathrm{d}y\right)=0,$$

即

$$\mathrm{d}\left(\frac{x^2}{2}\right)+\mathrm{d}(\mathrm{e}^y)+\frac{y\mathrm{d}x-x\mathrm{d}y}{y^2}=\mathrm{d}\left(\frac{x^2}{2}+\mathrm{e}^y+\frac{x}{y}\right)=0.$$

故方程的通积分为

$$\frac{x^2}{2}+\mathrm{e}^y+\frac{x}{y}=C,\ C\text{ 为任意常数.}$$

(2) 不定积分法　此方法是根据全微分方程定义和判别法则，通过不定积分来求出原函数 $U(x,y)$.

由于 $M(x,y)\mathrm{d}x+N(x,y)\mathrm{d}y=0$ 是全微分方程，则有以下等式

$$\mathrm{d}U=\frac{\partial U}{\partial x}\mathrm{d}x+\frac{\partial U}{\partial y}\mathrm{d}y=M(x,y)\mathrm{d}x+N(x,y)\mathrm{d}y,$$

$$\frac{\partial U}{\partial x}=M(x,y),\ \frac{\partial U}{\partial y}=N(x,y);$$

$$\frac{\partial M}{\partial y}=\frac{\partial N}{\partial x}.$$

由 $\frac{\partial U}{\partial x}=M(x,y)$，把右端 $y$ 视为常数，关于 $x$ 积分两端，得到

$$U=\int\frac{\partial M}{\partial x}\mathrm{d}x+\varphi(y)$$

$$=\int M(x,y)\mathrm{d}x+\varphi(y),\tag{7.11}$$

这里 $\varphi(y)$ 是 $y$ 的一个可微函数，下面来确定 $\varphi(y)$.

两边对 $y$ 求导，且由于 $\frac{\partial U}{\partial y}=N(x,y)$，故有

$$\frac{\partial U}{\partial y}=\frac{\partial}{\partial y}\int M(x,y)\mathrm{d}x+\varphi'(y)=N(x,y),$$

从而

$$\frac{\mathrm{d}\varphi(y)}{\mathrm{d}y}=N(x,y)-\frac{\partial}{\partial y}\int M(x,y)\mathrm{d}x.$$

两边积分得

$$\varphi(y)=\int\left[N(x,y)-\frac{\partial}{\partial y}\int M(x,y)\mathrm{d}x\right]\mathrm{d}y.$$

代入式(7.11)，得到二元原函数

$$U(x,y)=\int M(x,y)\mathrm{d}x+\int\left[N(x,y)-\frac{\partial}{\partial y}\int M(x,y)\mathrm{d}x\right]\mathrm{d}y. \tag{7.12}$$

类似地可推出

$$U(x,y)=\int\left[M(x,y)-\frac{\partial}{\partial x}\int N(x,y)\mathrm{d}y\right]\mathrm{d}x+\int N(x,y)\mathrm{d}y. \tag{7.12$'$}$$

[**例 13**] 求微分方程 $xy\mathrm{d}x+\frac{1}{2}(x^2+y)\mathrm{d}y=0$ 的通积分.

**解** 因为
$$\frac{\partial M}{\partial y}=x,\ \frac{\partial N}{\partial x}=x,$$
$$\frac{\partial M}{\partial y}\equiv\frac{\partial N}{\partial x}.$$

由定理 7.2 知此为全微分方程. 设左端为 $\mathrm{d}U$，则

$$\frac{\partial U}{\partial x}=M(x,y)=xy.$$

因此

$$U=\int xy\,\mathrm{d}x+\varphi(y)$$
$$=\frac{1}{2}x^2y+\varphi(y).$$

两边对 $y$ 求导有

$$\frac{\partial U}{\partial y}=\frac{1}{2}x^2+\varphi'(y)=N(x,y)=\frac{1}{2}(x^2+y).$$

从而得出

$$\varphi'(y)=\frac{1}{2}y,$$

因此

$$\varphi(y)=\int\frac{1}{2}y\mathrm{d}y=\frac{1}{4}y^2.$$

所求的二元原函数 $U(x,y)=\frac{1}{2}x^2y+\frac{1}{4}y^2$，方程的通积分为

$$\frac{1}{2}x^2y+\frac{1}{4}y^2=C. \quad (C\text{为任意常数})$$

此例也可直接用式(7.12)，求出

$$\begin{aligned}U(x,y)&=\int xy\,\mathrm{d}x+\int\left[\frac{1}{2}(x^2+y)-\frac{\partial}{\partial y}\int xy\,\mathrm{d}x\right]\mathrm{d}y\\&=\frac{1}{2}x^2y+\int\left[\frac{1}{2}\left(x^2+y-\frac{1}{2}x^2\right)\right]\mathrm{d}y\\&=\frac{1}{2}x^2y+\frac{1}{4}y^2.\end{aligned}$$

通积分同上.

## 第三节　常系数线性微分方程

第一节中已提到线性微分方程(7.2)，如果在其中系数 $a_i(x)$ 均为实常数，则得

$$y^{(n)}+a_1y^{(n-1)}+\cdots+a_{n-1}y'+a_ny=f(x), \tag{7.13}$$

它称为 **$n$ 阶常系数线性微分方程**.

当 $f(x)\equiv 0$ 时，即

$$y^{(n)}+a_1y^{(n-1)}+\cdots+a_{n-1}y'+a_ny=0. \tag{7.14}$$

它称为 $n$ 阶常系数线性**齐次**方程. 相应地 $f(x)\neq 0$ 的方程(7.13)就称为 $n$ 阶常系数线性**非齐次**方程.

关于一阶常系数线性微分方程

$$y'+ay=f(x).$$

易见它是第二节中所讨论的一阶线性方程的特例，故用那里的方法可求出其通解. 下面主要介绍应用较广泛的二阶常系数线性微分方程的求解，其方法也适用于高于二阶的情况.

二阶常系数线性微分方程的一般形式为

$$y''+py'+qy=f(x), \tag{7.15}$$

其中 $p$、$q$ 为实常数，$f(x)$为连续函数.

当 $f(x)\equiv 0$ 时，方程

$$y''+py'+qy=0 \tag{7.16}$$

称为与方程(7.15)对应的齐次方程.

下面讨论它们的求解方法.

### 1. 二阶常系数线性齐次方程的解法

关于二阶常系数线性齐次方程的解的性质，有如下的结构性定理.

**定理 7.3** 如果 $y_1(x)$、$y_2(x)$是方程(7.16)的解，则 $C_1y_1(x)+C_2y_2(x)$也是该方程的解，其中 $C_1$，$C_2$ 为任意常数.

**证** 将 $C_1y_1(x)+C_2y_2(x)$代入方程直接验证即可.

**定义 7.8** 如果函数 $y_1(x)$，$y_2(x)$之比为常数，即

$$\frac{y_1(x)}{y_2(x)}=K,\ K \text{ 为常数.}$$

则称 $y_1(x)$与 $y_2(x)$为线性相关，否则称 $y_1(x)$与 $y_2(x)$线性无关.

**定理 7.4** 如果 $y_1(x)$和 $y_2(x)$是常系数线性齐次方程(7.16)的解，且它们线性无关，则该方程的通解为

$$y=C_1y_1(x)+C_2y_2(x),$$

其中 $C_1$，$C_2$ 为任意常数.

证明从略.

求解方程(7.16)的解的基本思路是：由于指数函数 $e^{\lambda x}$($\lambda$ 为常数)的求导有性质$(e^{\lambda x})'=\lambda e^{\lambda x}$，故有理由猜测 $y=e^{\lambda x}$为方程(7.16)的解，其中 $\lambda$ 为待定常数. 将 $y=e^{\lambda x}$，$y'=\lambda e^{\lambda x}$，$y''=\lambda^2e^{\lambda x}$一并代入方程(7.16)，得到

$$\lambda^2e^{\lambda x}+p\lambda e^{\lambda x}+qe^{\lambda x}=(\lambda^2+p\lambda+q)e^{\lambda x}=0.$$

而 $e^{\lambda x}\neq 0$，故 $y=e^{\lambda x}$是方程(7.16)的解的充要条件是 $\lambda$ 满足二次方程

$$\lambda^2+p\lambda+q=0. \tag{7.17}$$

这样就把微分方程(7.16)的求解问题归结为求代数方程(7.17)的根的问题. 对我们来说，后者是轻而易举的. 与方程(7.16)的系数 $p,q$ 相应所得到的二次代数方程(7.17)称为方程(7.16)的**特征方程**. 它的根 $\lambda$ 就称为**特征根**. 由二次方程熟知的求根公式得到方程(7.17)的两个根为

$$\lambda_{1,2}=\frac{-p\pm\sqrt{p^2-4q}}{2}.$$

下面依照两特征根 $\lambda_1$，$\lambda_2$ 为相异实根、重根和共轭复根的三种不同情况来分别给出二阶常系数线性齐次方程(7.16)的通解的表达式. 令方程(7.17)的判别式

$$\Delta=p^2-4q.$$

(1) $\lambda_1$，$\lambda_2$ 为相异实根（即 $\Delta>0$）. 相应地得到 $y_1=e^{\lambda_1 x}$，$y_2=e^{\lambda_2 x}$，它们都是方程(7.16)的解.

由于 $\lambda_1\neq\lambda_2$，从而

$$\frac{y_1(x)}{y_2(x)}=\frac{e^{\lambda_1 x}}{e^{\lambda_2 x}}=e^{(\lambda_1-\lambda_2)x}$$

不是常数，由定义 7.8 知 $y_1(x)$与 $y_2(x)$线性无关，从而由定理7.4可得出方程(7.16)的通解为

$$y=C_1e^{\lambda_1 x}+C_2e^{\lambda_2 x}\quad (C_1，C_2 \text{ 为任意常数}).$$

(2) $\lambda$ 为二重根，$\lambda=\lambda_1=\lambda_2$（即 $\Delta=0$）. 由(1)知 $y_1=e^{\lambda x}$ 为方程的一个解，现再设法找一个与它线性无关的解 $y_2(x)$，即 $y_2(x)$ 应满足

$$\frac{y_2(x)}{y_1(x)}=\frac{y_2(x)}{e^{\lambda x}}=C(x)\neq\text{常数}.$$

设 $y_2(x)=C(x)e^{\lambda x}$，$C(x)$为待定函数，将 $y_2(x)$代入原方程来确定 $C(x)$.

因为有 $\quad y_2'(x)=C'(x)e^{\lambda x}+C(x)\cdot\lambda e^{\lambda x}$，

$$y_2''(x)=C''(x)e^{\lambda x}+2C'(x)\cdot\lambda e^{\lambda x}+C(x)\cdot\lambda^2e^{\lambda x},$$

代入方程(7.16)，整理可得

$$C''(x)+(2\lambda+p)C'(x)+(\lambda^2+p\lambda+q)C(x)=0.$$

由于 $\lambda$ 是特征根，因此它满足方程(7.17). 又这时 $\Delta=0$，故 $\lambda=-\dfrac{p}{2}$,亦即

$$2\lambda+p=0.$$

故得 $\quad C''(x)=0.$

从而 $C'(x)=$常数，不妨取为1. 则 $C(x)=x+\alpha$，不妨取常数 $\alpha=0$，从而得出另一解

$$y_2(x)=xe^{\lambda x},$$

它显然与 $y_1=e^{\lambda x}$线性无关，由定理 7.4 知，方程(7.16)的通解为

$$y=C_1e^{\lambda x}+C_2xe^{\lambda x},$$

或

$$y=(C_1+C_2x)e^{\lambda x}.$$

(3) $\lambda_1$、$\lambda_2$ 为共轭复根（$\Delta<0$）. 设 $\lambda_1=\alpha+i\beta$，$\lambda_2=\alpha-i\beta$. 由第五章末的欧拉公式得

$$e^{(\alpha+i\beta)x}=e^{\alpha x}(\cos\beta x+i\sin\beta x),$$

$$e^{(\alpha-i\beta)x}=e^{\alpha x}(\cos\beta x-i\ \sin\beta x).$$

把两式相加除以 2，相减后除以 2i 可得出两个函数

$$y_1(x)=e^{\alpha x}\cos\beta x,\ y_2(x)=e^{\alpha x}\sin\beta x.$$

不难验证它们是方程(7.16)的两个线性无关解.

由定理 7.4 知，方程的通解为

$$y=C_1e^{\alpha x}\cos\beta x+C_2e^{\alpha x}\sin\beta x,$$

或

$$y=e^{\alpha x}(C_1\cos\beta x+C_2\sin\beta x).$$

综上所述，求解二阶常系数线性齐次方程的步骤及结论可归纳如下：

首先解特征方程(7.17)得出两个特征根 $\lambda_1$，$\lambda_2$. 则：

(i) 当有实特征根且 $\lambda_1\neq\lambda_2$ 时，方程的通解为

$$y=C_1e^{\lambda_1x}+C_2e^{\lambda_2x};$$

(ii) 当有相等实根 $\lambda_1=\lambda_2=\lambda$ 时，方程的通解为

$$y=(C_1+C_2x)e^{\lambda x};$$

(iii) 当有共轭复根 $\lambda_{1,2}=\alpha\pm i\beta$ 时，方程的通解为

$$y=e^{\alpha x}(C_1\cos\beta x+C_2\sin\beta x).$$

以上各通解中的 $C_1$，$C_2$ 均为任意常数.

**[例 1]** 求微分方程 $y''+5y'+6y=0$ 的通解.

**解** 特征方程为

$$\lambda^2+5\lambda+6=0.$$

得特征根 $\lambda_1=-2$，$\lambda_2=-3$，故方程的通解为

$$y=C_1e^{-2x}+C_2e^{-3x},\ C_1,C_2 \text{ 为任意常数}.$$

**[例 2]** 求解微分方程的初值问题

$$\begin{cases}y''+4y'+4y=0,\\ y(0)=2,\ y'(0)=-4.\end{cases}$$

**解** 解特征方程 $\lambda^2+4\lambda+4=0$，得到重特征根

$$\lambda_1=\lambda_2=-2.$$

所以方程的通解为

$$y=(C_1+C_2x)e^{-2x},\ C_1,C_2 \text{ 为任意常数}.$$

由于 $$y'=(C_1+C_2x)e^{-2x}\cdot(-2)+C_2e^{-2x},$$

将 $y(0)=2$，$y'(0)=-4$ 代入 $y$，$y'$的表达式可得

$$C_1=2,\ C_2=0.$$

故所求初值问题的特解为　$y=2e^{-2x}$.

[例 3] 求微分方程 $y''+3y'+3y=0$ 的通解.

**解**　特征方程为 $\lambda^2+3\lambda+3=0$，它有一对共轭复根

$$\lambda_{1,2}=-\frac{3}{2}\pm\frac{\sqrt{3}}{2}\mathrm{i}.$$

故方程的通解为

$$y=e^{-\frac{3}{2}x}\left(C_1\cos\frac{\sqrt{3}}{2}x+C_2\sin\frac{\sqrt{3}}{2}x\right),\quad C_1, C_2 \text{ 为任意常数.}$$

**2. 二阶常系数线性非齐次方程的解法**

首先给出这类方程(7.15)的解的结构定理.

**定理 7.5**　如果 $y^*$ 是二阶常系数线性非齐次方程(7.15)的一个特解，$\bar{y}=C_1y_1(x)+C_2y_2(x)$是其相应的齐次方程(7.16)的通解，则方程(7.15)的通解为

$$y=y^*+C_1y_1(x)+C_2y_2(x), \tag{7.18}$$

其中 $C_1$，$C_2$ 为任意常数.

**证**　将式(7.18)代入方程(7.15)直接验证即可.

公式(7.18)说明，在求出其相应齐次方程的通解后只要找出非齐次方程(7.15)的一个特解，就可写出其通解了. 为求此特解也可采用常数变易法.

设 $y_1(x)$、$y_2(x)$是齐次方程(7.16)的两个线性无关解，则它的通解为

$$\bar{y}=C_1y_1(x)+C_2y_2(x),$$

其中 $C_1$、$C_2$ 为任意常数. 让 $C_1$，$C_2$ 变易为适当的待定函数，使

$$y^*=C_1(x)y_1(x)+C_2(x)y_2(x)$$

为非齐次方程(7.15)的解. 对 $y^*$ 求一阶导数

$$(y^*)'=C_1(x)y'_1(x)+C_2(x)y'_2(x)+C'_1(x)y_1(x)+C'_2(x)y_2(x),$$

为使二阶导数简洁，设 $C_1'(x)$，$C_2'(x)$满足条件

$$C_1'(x)y_1(x)+C_2'(x)y_2(x)=0.$$

这时

$$(y^*)''=C_1(x)y_1''(x)+C_2(x)y_2''(x)$$
$$+C_1'(x)y_1'(x)+C_2'(x)y_2'(x).$$

代入方程(7.15)

$$\begin{aligned}(y^*)''+p(y^*)'+qy^*=&C_1(x)(y_1''(x)+py_1'(x)+qy_1(x))+\\&C_2(x)(y_2''(x)+py_2'(x)+qy_2(x))+\\&C_1'(x)y_1'(x)+C_2'(x)y_2'(x)=f(x).\end{aligned}$$

由于 $y_1(x)$，$y_2(x)$为方程(7.16)的解，故得到

$$C_1'(x)y_1'(x)+C_2'(x)y_2'(x)=f(x).$$

结合所设的条件，得知 $C_1'(x)$，$C_2'(x)$满足下列方程组

$$\begin{cases}C_1'(x)y_1(x)+C_2'(x)y_2(x)=0,\\C_1'(x)y_1'(x)+C_2'(x)y_2'(x)=f(x).\end{cases}\tag{7.19}$$

其系数行列式

$$\begin{vmatrix}y_1(x) & y_2(x)\\y_1'(x) & y_2'(x)\end{vmatrix}=y_1(x)y_2'(x)-y_2(x)y_1'(x)$$
$$=-y_2^2(x)\left(\frac{y_1(x)}{y_2(x)}\right)'.$$

因 $y_1(x)$，$y_2(x)$线性无关，$\dfrac{y_1(x)}{y_2(x)}$不等于常数，故上式右端$\neq 0$. 从而由方程组(7.19) 可解出 $C_1'(x)$和 $C_2'(x)$，然后积分可得出 $C_1(x)$，$C_2(x)$，从而得到特解 $y^*$. 这一计算过程可见下例.

［**例 4**］求微分方程 $y''+y=\dfrac{1}{\sin x}$ 的通解.

**解** 先求相应的齐次方程 $y''+y=0$ 的通解. 其特征方程为

$$\lambda^2+1=0.$$

解得特征根 $\lambda_{1,2}=\pm \mathrm{i}$，所以齐次方程的通解为

$$\bar{y}=C_1\cos x+C_2\sin x.$$

设非齐次方程的特解为

$$y^*=C_1(x)\cos x+C_2(x)\sin x.$$

由方程组(7.19)，$C_1'(x)$，$C_2'(x)$应满足方程组

$$\begin{cases}C_1'(x)\cos x+C_2'(x)\sin x=0,\\-C_1'(x)\sin x+C_2'(x)\cos x=\dfrac{1}{\sin x}.\end{cases}$$

由此易于解得

$$C_1'(x)=-1,\ C_2'(x)=\frac{\cos x}{\sin x},$$

从而得

$$C_1(x)=-x,\ C_2(x)=\ln|\sin x|.$$

故所求的特解为

$$y^*=-x\cos x+\sin x\ln|\sin x|.$$

最后得到原非齐次方程的通解

$$y=C_1\cos x+C_2\sin x-x\cos x+\sin x\ln|\sin x|.$$

用常数变易法求非齐次方程的特解是一个一般的基本方法，但往往计算较繁. 因此当方程(7.15)右端的 $f(x)$ 为常见的初等函数时，可通过观察分析先得出特解具有的相应形式，然后用待定系数法求出它. 分下列几种情况来讨论.

(1) $f(x)$ 为 $x$ 的 $n$ 次多项式 $P_n(x)$. 先看两个例子

**[例 5]** 求方程 $y''-2y'-3y=3x+1$ 的通解.

**解** 先求对应的齐次方程 $y''-2y'-3y=0$ 的通解. 其特征方程 $\lambda^2-2\lambda-3=0$ 有两个实根 $\lambda_1=3$，$\lambda_2=-1$. 故通解为

$$y=C_1e^{3x}+C_2e^{-x},\ C_1,\ C_2 \text{ 为任意常数}.$$

现在 $f(x)=3x+1$. 设想非齐次方程有同样的一次多项式函数形式的特解，即

$$y^*=A+Bx.$$

代入原方程得到

$$-2B-3A-3Bx=3x+1.$$

比较两端 $x$ 的同次幂的系数得

$$-3B=3,\ -2B-3A=1.$$

由此得 $B=-1$，$A=\frac{1}{3}$. 因此 $y^*=\frac{1}{3}-x$ 为特解，所求通解为

$$y=C_1e^{3x}+C_2e^{-x}-x+\frac{1}{3}.$$

**[例 6]** 求方程 $y''-y'=2x+1$ 的特解.

**解** 现在 $f(x)=2x+1$，能否和上题一样假设它的特解仍为一次多项式呢? 答案是否定的，因将 $A+Bx$ 代入方程左端得 $-B$，它为一常数，显然不能等于右端的函数 $2x+1$. 说明其特解不能是一次函

数. 根据求导数的经验，它的特解取为二次多项式是合理的，且常数项可以任取(因代入左端时，常数求导恒为零)，故不妨取此常数项为零，即设特解为

$$y^*=x(A+Bx)=Ax+Bx^2.$$

代入方程后易得

$$2B-2Bx-A=2x+1.$$

比较同次幂系数易解得 $B=-1$，$A=-3$. 故特解为

$$y^*=-x^2-3x.$$

一般地，非齐次项 $f(x)=P_n(x)$时，可分下述三种情况设定特解的形式：

(i) 如果 0 不是对应的齐次方程的特征根，则非齐次方程有同样为 $n$ 次多项式的特解，即可设

$$y^*=Q_n(x).$$

如例 5.

(ii) 如果 0 是对应的齐次方程的单重特征根，则非齐次方程有如下形式的特解

$$y^*=xQ_n(x).$$

例 6 就属于这一情况.

(iii) 如果 0 是对应的齐次方程的二重特征根，则非齐次方程有如下形式的特解

$$y^*=x^2Q_n(x).$$

(2) $f(x)$为指数函数 $k\mathrm{e}^{\alpha x}$，则相应有如下形式的特解：

(i) 如果 $\alpha$ 不是对应的齐次方程(7.16)的特征根，则可设非齐次方程(7.15)的特解为

$$y^*=A\mathrm{e}^{\alpha x};$$

(ii) 如果 $\alpha$ 是方程(7.16)的单重特征根，则可设方程(7.15)的特解为

$$y^*=Ax\mathrm{e}^{\alpha x};$$

(iii) 如果 $\alpha$ 是方程(7.16)的二重特征根，则可设方程(7.15)的特解为

$$y^*=Ax^2\mathrm{e}^{\alpha x}.$$

[例 7] 求 $y''-2y'=3\mathrm{e}^{2x}$ 的特解.

**解** 对应齐次方程的特征方程为 $\lambda^2-2\lambda=0$，它有根 $\lambda_1=0$，$\lambda_2=2$. 而 $f(x)=3e^{2x}$ 中 $\alpha=2$，为单重特征根. 故依情况(ii)设方程的特解为

$$y^*=Axe^{2x},$$

代入原方程，得到

$$(Axe^{2x})''-(Axe^{2x})'=2Ae^{2x}=3e^{2x}.$$

故 $A=\dfrac{3}{2}$，所求特解为

$$y^*=\frac{3}{2}xe^{2x}.$$

(3) $f(x)$ 为三角函数 $a\cos\beta x+b\sin\beta x$，则相应有如下形式的特解：

(i) 如果 $\beta i$ 不是齐次方程(7.16)的特征根，则可设特解为

$$y^*=A\cos\beta x+B\sin\beta x;$$

(ii) 如果 $\beta i$ 是方程(7.16)的特征根(只能是单重，为什么?)，则可设特解为

$$y^*=x(A\cos\beta x+B\sin\beta x).$$

**[例 8]** 求微分方程 $y''+y'-2y=-2\cos x-4\sin x$ 的通解.

**解** 先求相应齐次方程的通解. 其特征方程 $\lambda^2+\lambda-2=0$ 有根 $\lambda_1=1$，$\lambda_2=-2$. 故通解为

$$\overline{y}=C_1e^x+C_2e^{-2x}.$$

对于 $f(x)=-2\cos x-4\sin x$，$\beta i=i$，它不是特征根，故可设原方程有特解

$$y^*=A\cos x+B\sin x.$$

代入方程可得

$$(B-3A)\cos x+(-3B-A)\sin x=-2\cos x-4\sin x.$$

比较两端 $\cos x$ 与 $\sin x$ 的系数得

$$B-3A=-2,\ -3B-A=-4.$$

解出 $A=1$，$B=1$，故 $y^*=\cos x+\sin x$，从而所求通解为

$$y=C_1e^x+C_2e^{-2x}+\cos x+\sin x.$$

综合(1)～(3)的讨论，当 $f(x)$ 是这三类函数的乘积时，即

$$f(x)=e^{\alpha x}[P_m(x)\cos\beta x+Q_n\sin\beta x],$$ [1]

其中 $P_m(x)$ 与 $Q_n(x)$ 的次数 $m$，$n$ 可以不同，令 $k=\max\{m, n\}$. 则可依下列情况设定相应的特解：

(i) 如果 $\alpha+i\beta$ 不是齐次方程(7.16)的特征根，则非齐次方程(7.15)的特解

$$y^*=e^{\alpha x}[M_k(x)\cos\beta x+N_k(x)\sin\beta x];$$

(ii) 如果 $\alpha+i\beta$ 是方程(7.16)的特征根，则方程(7.15)的特解

$$y^*=xe^{\alpha x}[M_k(x)\cos\beta x+N_k(x)\sin\beta x];$$

(iii) 如果 $\beta=0$，$\alpha$ 是方程(7.16)的二重特征根，则方程(7.15)的特解

$$y^*=x^2e^{\alpha x}M_k(x),$$

其中 $M_k(x)$，$N_k(x)$ 均为待定的 $k$ 次多项式.

**[例 9]** 求方程 $y''+3y'+2y=3xe^{-x}$ 的通解.

**解** 对应齐次方程的特征方程 $\lambda^2+3\lambda+2=0$ 有根 $\lambda_1=-1$，$\lambda_2=-2$，故齐次方程的通解为

$$\bar{y}=C_1e^{-x}+C_2e^{-2x}.$$

现在 $f(x)=3xe^{-x}$，相当于 $\beta=0$，$P_k(x)$ 为一次多项式 $3x$，其常数项为 0，$\alpha=-1$ 为单重特征根，故可设非齐次方程的特解

$$y^*=x(Ax+B)e^{-x},$$

代入原方程，同类项合并，并消去 $e^{-x}$ 后得

$$2Ax+(2A+B)=3x.$$

从而可解出 $A=\frac{3}{2}$，$B=-3$. 得到特解

$$y^*=x\left(\frac{3}{2}x-3\right)e^{-x}.$$

故原方程的通解为

$$y=C_1e^{-x}+C_2e^{-2x}+\frac{3}{2}x(x-2)e^{-x}.$$

## 第四节　差分方程初步

由第三章中导数的物理意义可知 $\frac{dy}{dx}$ 代表了自变量 $x$ 连续变化的

---

[1] 不难看出，此形式把(1)～(3)的 $f(x)$ 作为特例，譬如，取 $\alpha=0$，$\beta=1$，即为(1)所讨论的情形.

过程中变量 $y$ 相对于 $x$ 的变化速度. 而在许多科学技术问题及经济应用的研究中，变量往往不是连续变化而只是取一系列离散值，例如，许多实验数据的获得也只是在一系列离散的时间间隔上测定出来. 又如产品的数量单位只能取自然数 1，2，… 来作计量，而$\frac{1}{2}$，0.3 个产品一般说是没有意义的. 处理这些问题时就要用**差商或差分**(即自变量的某一间隔内的平均变化率) $\frac{\Delta y}{\Delta x}$ 来代替 $\frac{\mathrm{d}y}{\mathrm{d}x}$. 通常取 $\Delta x=1$，则 $\Delta y=y(x+1)-y(x)$. 这种取差分的思想也是运用计算机对各种非线性微分方程求数值解的基本出发点. 因此本节对差分及差分方程的解法作一简单的介绍.

**1. 差分的概念**

**定义 7.9** 设函数 $y=f(x)$，当自变量 $x$ 以相等间隔取一系列离散值 $x, x+1, x+2, \cdots$ 时，记

$$y_x=f(x),\ y_{x+1}=f(x+1),\ y_{x+2}=f(x+2),\ \cdots,$$

称差式 $y_{x+1}-y_x$ 为函数 $y=f(x)$ 在 $x$ 的**一阶差分**，记为 $\Delta y_x$，即

$$\Delta y_x=y_{x+1}-y_x; \tag{7.20}$$

一阶差分的差分称为函数 $y=f(x)$ 的**二阶差分**，即

$$\begin{aligned}\Delta(\Delta y_x)&=\Delta y_{x+1}-\Delta y_x\\&=y_{x+2}-y_{x+1}-(y_{x+1}-y_x)\\&=y_{x+2}-2y_{x+1}+y_x.\end{aligned}$$

二阶差分记为 $\Delta^2 y_x$，故

$$\Delta^2 y_x=y_{x+2}-2y_{x+1}+y_x. \tag{7.21}$$

可类似地定义**三阶差分** $\Delta^3 y_x$，**四阶差分** $\Delta^4 y_x$ 等，通常把二阶及二阶以上的差分统称为**高阶差分**.

由以上定义可知，差分有下列性质：

(i) $\Delta(Cy_x)=C\Delta y_x$，$C$ 为任意常数；

(ii) $\Delta(y_x+z_x)=\Delta y_x+\Delta z_x$.

由前可知，这种和微分、积分一样都具有的性质(i)、(ii)常称为**线性性质**.

**[例 1]** 设 $y_x=f_n(x)=x(x-1)(x-2)\cdots(x-n+1)$，$x^{(0)}=1$，求 $\Delta y_x$.

**解** $\Delta y_x = y_{x+1} - y_x = f_n(x+1) - f_n(x)$

$$= (x+1) \cdot x \cdot (x-1) \cdots (x+1-n+1) -$$
$$x(x-1)\cdots(x-n+1)$$
$$= x(x-1)\cdots(x-n+2)[(x+1)-(x-n+1)]$$
$$= nf_{n-1}(x),$$

即 $\quad \Delta y_x = nf_{n-1}(x).$

[**例 2**] 设 $y=x^2+2x$，求 $\Delta y_x$，$\Delta^2 y_x$.

**解** $\Delta y_x = y_{x+1} - y_x$

$$= (x+1)^2 + 2(x+1) - x^2 - 2x$$
$$= 2x+3.$$

由式(7.21)得

$$\Delta^2 y_x = y_{x+2} - 2y_{x+1} + y_x$$
$$= (x+2)^2 + 2(x+2) -$$
$$2(x+1)^2 - 4(x+1) + x^2 + 2x$$
$$= 2.$$

[**例 3**] 证明等式 $\quad \Delta(u_x v_x) = u_{x+1}\Delta v_x + v_x \Delta u_x$.

**证** $\Delta(u_x v_x) = u_{x+1}v_{x+1} - u_x v_x$

$$= u_{x+1}v_{x+1} - u_{x+1}v_x + u_{x+1}v_x - u_x v_x$$
$$= u_{x+1}(v_{x+1} - v_x) + v_x(u_{x+1} - u_x)$$
$$= u_{x+1}\Delta v_x + v_x \Delta u_x.$$

可注意到，它与两函数乘积的求导公式有不同之处.

**2. 差分方程的概念**

在许多经济问题中，常需要从含有未知函数 $y_x$ 的差分等式中去确定这个未知函数，为此首先给出差分方程的概念.

**定义 7.10** 含有未知函数 $y_x$ 的差分 $\Delta y_x$，$\Delta^2 y_x$，…，或含有未知函数 $y_x$ 在 $x$ 的两个或两个以上不同间隔处的值 $y_x$，$y_{x+1}$，…的方程称为**差分方程**.

例如方程

$$F(x, y_x, \Delta y_x, \cdots, \Delta^n y_x) = 0,$$
$$F(x, y_x, y_{x+1}, \cdots, y_{x+n}) = 0 \quad (n \geqslant 1)$$

和
$$G(x, y_x, y_{x-1}, \cdots, y_{x-n}) = 0 \quad (n \geqslant 1)$$

都是差分方程.

差分方程中所出现的差分的最高阶数或方程中未知函数下标的最大值与最小值的差称为**差分方程的阶**.

例如 $\Delta^2 y_x - 3y_x = 2$ 是一个二阶差分方程，$y_{x+5} + y_{x+4} - 2y_{x+2} = 2^x$ 是一个三阶差分方程.

**定义 7.11** 如果函数 $y_x = \varphi(x)$ 代入差分方程后，方程两边恒等，则称函数 $y_x = \varphi(x)$ 为**该差分方程的解**.

如果 $n$ 阶差分方程的解 $y_x$ 中含有 $n$ 个相互独立的任意常数 $C_1, C_2, \cdots, C_n$，即

$$y_x = \varphi(x, C_1, C_2, \cdots, C_n),$$

则称 $y_x$ 为 ***n* 阶差分方程的通解**.

与微分方程类似，我们往往需要根据系统在初始时刻所处的状态，对差分方程附加一定的条件，这种附加条件称为**初始条件**，由初始条件所确定的解称为差分方程的**特解**.

**[例 4]** 说明下列等式是否为差分方程，如果是差分方程，指出其阶数.

(i) $2\Delta y_x = y_x + x$;

(ii) $-2\Delta y_x = 2y_x + x$;

(iii) $\Delta^2 y_x = y_{x+2} - 2y_{x+1} + y_x$;

(iv) $y_x - 2y_{x-1} + y_{x+2} = 1$.

**解** (i) 将 $2\Delta y_x = 2(y_{x+1} - y_x)$ 代入等式得

$$2y_{x+1} - 2y_x = y_x + x,$$

即

$$2y_{x+1} - 3y_x - x = 0.$$

由定义知此等式为差分方程.

又因为下标间隔为 $x+1-x=1$，所以该方程为一阶差分方程.

(ii) 由于 $-2\Delta y_x = -2(y_{x+1} - y_x) = -2y_{x+1} + 2y_x$，代入等式得

$$-2y_{x+1} = x.$$

由于此等式只含一个时期的函数值，所以不是差分方程.

(iii) 由二阶差分的定义，它是一个恒等式，故不是差分方程.

(iv) 因为等式含有 $x$ 的两个以上不同间隔处的函数值，由定义 7.10 知，这是一个差分方程. 又由于

$$x - (x-2) = 2,$$

所以为二阶差分方程.

### 3. 一阶常系数线性差分方程

对常数 $a\neq0$ 及已知函数 $f(x)$. 形如

$$y_{x+1}-ay_x=f(x) \tag{7.22}$$

的差分方程，称为**一阶常系数线性差分方程**.

与线性微分方程类似，当 $f(x)\neq0$ 时，方程称为非齐次的，当 $f(x)\equiv0$ 时，

$$y_{x+1}-ay_x=0 \tag{7.23}$$

称为与差分方程(7.22)相应的**齐次差分方程**.

下面介绍一阶常系数线性差分方程的解法.

(1) 齐次差分方程的迭代解法　对于一阶常系数线性齐次差分方程(7.23)，设 $y_0$ 为初始值，由方程可求出 $y_1$，由 $y_1$ 再求出 $y_2$，再依次求出 $y_3$ 等，即

$$\begin{aligned}&y_1=ay_0,\\&y_2=ay_1=a^2y_0,\\&y_3=ay_2=a^3y_0,\\&\quad\vdots\end{aligned}$$

一般有

$$y_x=a^xy_0 \quad (x=0,1,2,\cdots).$$

可以代入验证对任何常数 $A$，$y_x=Aa^x$ 均为该差分方程的解，故为通解.

以上解法称为迭代法.

(2) 一阶常系数线性非齐次差分方程的解法　与一阶常系数线性非齐次微分方程类似，对于差分方程(7.22)有以下解的结构定理.

**定理 7.6**　一阶常系数线性非齐次差分方程(7.22)的通解 $y_x$ 为该方程的某一特解 $y_x^*$ 和对应齐次方程(7.23)的通解 $\bar{y}_x$ 的和，即

$$y_x=\bar{y}_x+y_x^*,$$

或由(1)的结论

$$y_x=Aa^x+y_x^*,\ A\text{ 为任意常数}.$$

对于非齐次差分方程(7.22)，现就 $f(x)$为几种特殊形式的函数的情况，来讨论差分方程(7.22)的特解 $y_x^*$ 的求法. 与常微分方程求解中的情况类似，这里也是采用待定系数法，首先假设特解 $y_x^*$ 为与 $f(x)$类型相同的函数 $g(x)$，然后代入差分方程，以期求出其中的待

定系数．如果达到目的，则得到特解 $y_x^*$；如果不能确定所要的待定系数，则可将 $y_x^*$ 假设为 $x\cdot g(x)$，再重复前面的过程，以确定待定的系数．下面就 $f(x)$为四种常见的初等函数的情况分别求出 $y_x^*$．

(i) 若 $f(x)=c$（$c$ 为常数），差分方程为

$$y_{x+1}-ay_x=c. \tag{7.24}$$

为求特解 $y_x^*$，可设 $y_x^*=k$（$k$ 为待定常数），代入差分方程(7.24)得

$$k-ak=c.$$

当 $a\neq1$ 时，可得 $\quad k=\dfrac{c}{1-a}.$

故当 $a\neq1$ 时，所求的特解为 $\quad y_x^*=\dfrac{c}{1-a}.$

从而非齐次差分方程(7.24)的通解为

$$y=\frac{c}{1-a}+Aa^x,\ A\text{ 为任意常数}. \tag{7.25}$$

对于初值问题

$$\begin{cases} y_{x+1}-ay_x=c & (a\neq1),\\ x=0\text{ 时},\ y_x=y_0. \end{cases}$$

将 $x=0, y_x=y_0$ 代入上述通解可得

$$A=y_0-\frac{c}{1-a},$$

故得初值问题的特解为

$$y_x=\frac{c}{1-a}+\left[y_0-\frac{c}{1-a}\right]a^x \quad (a\neq1).$$

当 $a=1$ 时，显然无法确定 $k$．故改设 $y_x^*=kx$，代入差分方程(7.24)得

$$k(x+1)-kx=c.$$

即 $k=c$，从而所求特解为

$$y_x^*=cx,$$

于是原方程的通解为

$$y_x=cx+A,\ A\text{ 为任意常数}. \tag{7.26}$$

对初值问题

$$\begin{cases} y_{x+1}-y_x=c, \\ x=0 \text{ 时}, \ y_x=y_0, \end{cases}$$

将 $x=0$，$y_x=y_0$ 代入通解(7.26)，可得 $A=y_0$.

上述初值问题的特解为

$$y_x=cx+y_0.$$

综上可知，当 $f(x)=c$ 时，如果 $a\neq1$，应设 $y_x^*=k$；如果$a=1$，应设 $y_x^*=kx$.

以上所得到的式(7.25)，式(7.26)两式，可作为差分方程(7.24)的通解公式直接应用.

[例 5] 求差分方程 $y_{x+1}-2y_x=-8$ 的通解.

**解** $a=2\neq1$，由公式(7.25)可知，所求通解为

$$y_x=\frac{-8}{1-2}+A\cdot2^x,$$

即 $$y_x=8+A\cdot2^x, \ A \text{ 为任意常数}.$$

也可用待定系数法求解．设 $y_x^*=k$ 代入方程得

$$k-2k=-8,$$

所以 $k=8$，故原方程通解为

$$y_x=A\cdot2^x+8, \ A \text{ 为任意常数}.$$

(ii) 当 $f(x)=P_n(x)$为 $x$ 的 $n$ 次多项式，欲求下列差分方程的特解

$$y_{x+1}-ay_x=P_n(x). \tag{7.27}$$

可仿前面分两种情况设定特解的形式：

当 $a\neq1$ 时，设 $y_x^*=k_0+k_1x+k_2x^2+\cdots+k_nx^n$；

当 $a=1$ 时，设 $y_x^*=x(k_0+k_1x+k_2x^2+\cdots+k_nx^n)$，其中 $k_0$，$k_1$，…，$k_n$ 为待定系数. 然后将 $y_x^*$ 代入方程(7.27)，用比较两端 $x$ 的同次幂系数的方法来确定 $k_0$，$k_1$，…，$k_n$，从而求出特解. 具体解法见下面的例题.

[例 6] 求差分方程 $2y_{x+1}+10y_x-5x=0$ 的通解.

**解** 方程可化为式(7.27)的形式 $y_{x+1}+5y_x=\dfrac{5}{2}x$.

由于 $a=-5\neq1$，$P_n(x)$为一次多项式，故设特解 $y_x^*=k_0+k_1x$，代入方程得

$$k_0+k_1(x+1)+5(k_0+k_1x)=\frac{5}{2}x.$$

比较方程两端 $x$ 同次幂的系数，导出

$$6k_1=\frac{5}{2},\ 6k_0+k_1=0,$$

所以有 $k_0=-\frac{5}{72}$，$k_1=\frac{5}{12}$，从而得特解

$$y_x^*=-\frac{5}{72}+\frac{5}{12}x.$$

加上对应齐次方程的通解 $\bar{y}_x=A(-5)^x$ 得到所求的通解

$$y_x=A(-5)^x+\frac{5}{12}x-\frac{5}{72},\ A\text{ 为任意常数}.$$

**[例 7]** 求差分方程 $y_{x+1}-y_x=2x$ 的通解.

**解** 因为它是方程(7.27)中 $a=1$ 的情况，故设特解 $y_x^*=x(k_0+k_1x)$，代入方程得

$$(x+1)[k_0+k_1(x+1)]-x(k_0+k_1x)=2x,$$

即

$$2k_1x+k_1+k_0=2x.$$

比较方程两端 $x$ 同次幂的系数，得

$$2k_1=2,k_1+k_0=0.$$

解得 $k_1=1$，$k_0=-1$. 从而特解为

$$y_x^*=x(x-1).$$

原方程的通解为

$$y_x=A+x(x-1),\quad A\text{ 为任意常数}.$$

(iii) 当 $f(x)=cb^x$(其中 $b\neq1$ 及 $c$ 均为常数).

差分方程为

$$y_{x+1}-ay_x=cb^x. \tag{7.28}$$

设特解 $y_x^*=kb^x$，代入方程(7.28)得

$$kb^{x+1}-akb^x=cb^x,$$

消去因子 $b^x\neq0$ 得

$$k(b-a)=c,$$

当 $b\neq a$ 时，$k=\frac{c}{b-a}$，从而特解为

$$y_x^*=\frac{c}{b-a}b^x.$$

故原方程的通解为

$$y_x=\frac{c}{b-a}b^x+Aa^x\text{，}A\text{ 为任意常数.}\tag{7.29}$$

当 $b=a$ 时，显然不能确定 $k$，因此改设特解为

$$y_x^*=kxb^x\text{，}$$

代入方程(7.28)得

$$k(x+1)b^{x+1}-ak_xb^x=cb^x.$$

两端消去 $b^x$，得到

$$k(b-a)x+kb=c.$$

因为 $b=a$，故可得 $k=\frac{c}{b}$. 所以特解为

$$y_x^*=cxb^{x-1}.$$

原方程的通解为

$$y_x=cxb^{x-1}+Aa^x\text{，}A\text{ 为任意常数.}\tag{7.30}$$

综上可知，当 $f(x)=cb^x$ 时，如 $a\neq b$，应设 $y_x^*=kb^x$；如 $a=b$，应设 $y_x^*=x\cdot kb^x$.

**[例 8]** 求差分方程 $y_{x+1}+2y_x=2^x$ 的通解.

**解** 此为方程(7.28)中 $a=-2,b=2$ 的情况，因为 $a\neq b$，故可设特解 $y_x^*=k\cdot 2^x$. 代入方程得 $k=\frac{1}{4}$，从而特解为

$$y_x^*=\frac{1}{4}\cdot 2^x\text{，}$$

所求通解为 $y_x=A\cdot(-2)^x+\frac{1}{4}\cdot 2^x$，$A$ 为任意常数.

差分方程在实际经济问题中有较多的应用，现举例说明差分方程知识的一些简单应用.

**[例 9]**（债务问题） 设某人欠款 10 万元，现计划 10 年时间按每年底以相等数额偿还欠款方式还债，假设年利率为 5%，问每年应还多少欠款？

**解** 设每年底还债 $\omega$ 元，则有：

开始 $y_0=100000$；

第一年底剩余债务为 $y_1=y_0+0.05y_0-\omega$；

第二年底剩余债务为 $y_2=y_1+0.05y_1-\omega$；

⋮

故可得差分方程为 $y_{n+1}=(1+0.05)y_n-\omega$，

且满足 $y_0=100000$，$y_{10}=0$.

差分方程

$$y_{n+1}-1.05y_n=-\omega$$

对应齐次方程的通解为 $\bar{y}_n=A(1.05)^n$.

设特解 $y_n^*=k$，代入原方程得 $-0.05k=-\omega$，即

$$k=20\omega.$$

故原差分方程通解为 $y_n=A(1.05)^n+20\omega$.

将 $n=0$ 时，$y_0=100000$，$n=10$ 时，$y_{10}=0$ 代入通解可得到

$$A=-158982.5，\omega\approx12949.13$$

故每年底需要还款 12949.13 元即可 10 年还清债务.

**[例 10]** 设某产品在时期 $t$ 的价格、总供给与需求函数分别为 $P_t$、$S_t$、$D_t$，并设对于 $t=0，1，2，\cdots$有关系式：

(i) $S_t=2P_t+1$；

(ii) $D_t=-4P_{t-1}+5$；

(iii) $S_t=D_t$.

求证：由(i)，(ii)，(iii)可推出差分方程

$$P_{t+1}+2P_t=2,$$

并在已知 $P_0$ 的条件下，求解这个差分方程.

**证** 因为 $S_t=D_t$，所以

$$2P_t+1=-4P_{t-1}+5,$$

$$P_t+2P_{t-1}=2,$$

故得差分方程 $P_{t+1}+2P_t=2$.

因为 $a=-2\neq1$，所以对应的齐次方程通解为 $A\cdot(-2)^t$.

设原方程特解为 $P_t^*=k$，代入原方程得 $k=\frac{2}{3}$，故方程通解为

$$P_t=A\cdot(-2)^t+\frac{2}{3}，A 为任意常数.$$

又 $P(0)=P_0$，代入通解得 $A=P_0-\frac{2}{3}$，故所求特解为

$$P_t=\left(P_0-\frac{2}{3}\right)\cdot(-2)^t+\frac{2}{3}.$$

*(3) 当 $f(x)=b_1\cos\omega x+b_2\sin\omega x$ 时，差分方程为

$$y_{x+1}-ay_x=b_1\cos x+b_2\sin\omega x \tag{7.31}$$

可设特解为

$$y_x^*=k_1\cos\omega x+k_2\sin\omega x,$$

代入原方程确定 $k_1$、$k_2$，

如这样不能确定 $k_1$、$k_2$，则改设特解为

$$y_x^*=x(k_1\cos\omega x+k_2\sin\omega x),$$

代入原方程再确定 $k_1$、$k_2$. 由此过程可以得到以下结果. 令

$$D=(\cos\omega-a)^2+\sin^2\omega.$$

当 $D\neq0$ 时，可设 $y_x^*=k_1\cos\omega x+k_2\sin\omega x$，得到

$$k_1=\frac{1}{D}[b_1(\cos\omega-a\omega)-b_2\sin\omega],$$

$$k_2=\frac{1}{D}[b_2(\cos\omega-a\omega)+b_1\sin\omega];$$

当 $D=0$ 时，可设 $y_x^*=x(k_1\cos\omega x+k_2\sin\omega x)$，得到

$$k_1=b_1,\ k_2=b_2\ 或\ k_1=-b_1,\ k_2=-b_2.$$

**[例 11]** 求差分方程 $y_{x+1}-3y_x=\sin\frac{\pi x}{2}$ 的通解.

**解** 由于

$$a=3,\ \omega=\frac{\pi}{2},$$

$$D=\left(\cos\frac{\pi}{2}-3\right)^2+\sin^2\frac{\pi}{2}\neq0,$$

注意本例中 $b_1=0$，$b_2=1$.

设特解为 $y_x^*=k_1\cos\frac{\pi x}{2}+k_2\sin\frac{\pi x}{2}$,

代入方程得

$$k_1\cos\frac{\pi(x+1)}{2}+k_2\sin\frac{\pi(x+1)}{2}-3k_1\cos\frac{\pi x}{2}-3k_2\sin\frac{\pi x}{2}=\sin\frac{\pi x}{2}.$$

即

$$-k_1\sin\frac{\pi x}{2}+k_2\cos\frac{\pi x}{2}-3k_1\cos\frac{\pi x}{2}-3k_2\sin\frac{\pi x}{2}=\sin\frac{\pi x}{2}.$$

比较系数得

$$\begin{cases}-k_1-3k_2=1,\\-3k_1+k_2=0.\end{cases}$$

解得　$k_1=-\frac{1}{10}$，$k_2=-\frac{3}{10}$，从而特解为

$$y_x^*=-\frac{1}{10}\cos\frac{\pi x}{2}-\frac{3}{10}\sin\frac{\pi x}{2}.$$

所以原方程的通解为

$$y_x=A\cdot 3^x-\frac{1}{10}\cos\frac{\pi x}{2}-\frac{3}{10}\sin\frac{\pi x}{2}\text{，}A\text{ 为任意常数.}$$

当 $f(x)$是(1)～(3)的几种形式的(线性)组合时，可设特解也具有同样的组合形式，然后代入方程去求这个特解.

**[例 12]** 求差分方程 $y_{x+1}-y_x=x\cdot 3^x+\frac{1}{3}$ 的通解.

**解**　对方程 $y_{x+1}-y_x=\frac{1}{3}$，由于 $a=1$，应设特解形式为

$$y_x^*=x\cdot k.$$

对方程 $y_{x+1}-y_x=x\cdot 3^x$，可设特解为 $y_x^*=(k_1x+k_2)\cdot 3^x$ 形式. 故对于原方程可设特解为两者的组合

$$y_x^*=(k_1x+k_2)\cdot 3^x+kx,$$

代入方程得

$$3^{x+1}(k_1x+k_1+k_2)+k(x+1)-3^x(k_1x+k_2)+kx=3^x\cdot x+\frac{1}{3},$$

即

$$(3k_1x+3k_1+3k_2-k_1x-k_2)\cdot 3^x+k=3^x\cdot x+\frac{1}{3}.$$

比较两端同类项的系数可得

$$k=\frac{1}{3},\ k_1=\frac{1}{2},\ k_2=-\frac{3}{4},$$

从而特解为　$y_x^*=\left(\frac{1}{2}x-\frac{3}{4}\right)\cdot 3^x+\frac{1}{3}x$，所求通解为

$$y_x=A+\left(\frac{1}{2}x-\frac{3}{4}\right)\cdot 3^x+\frac{1}{3}x\text{，}A\text{ 为任意常数.}$$

## *4. 二阶常系数线性差分方程

本段讨论二阶常系数线性差分方程

$$y_{x+2}+ay_{x+1}+by_x=f(x) \tag{7.32}$$

的求解问题，其中 $a$，$b\neq 0$ 为常数，$f(x)$是已知函数.

当 $f(x)\not\equiv 0$ 时，方程称为**非齐次的**；

当 $f(x)\equiv 0$ 时，方程称为**齐次的**，即方程

$$y_{x+2}+ay_{x+1}+by_x=0. \tag{7.33}$$

它是与非齐次方程(7.32)相应的齐次差分方程.

二阶非齐次差分方程(7.32)的通解结构与一阶非齐次差分方程(7.22)的通解结构是类似的，即其通解可表为

$$y_x=\overline{y}_x+y_x^*,$$

其中 $\overline{y}_x$ 是相应齐次差分方程(7.33)的通解，$y_x^*$ 是非齐次差分方程(7.32)的某个特解.

由此可知方程(7.32)的求解问题仍归结为求出方程(7.33)的通解和方程(7.32)的一个特解这两步骤.

关于齐次方程(7.33)的通解，有如下的结论.

类似于微分方程，方程(7.33)也有下列特征方程

$$\lambda^2+a\lambda+b=0.$$

设它的两个特征根为 $\lambda_1$，$\lambda_2$，则有：

(i) 当 $\lambda_1\neq\lambda_2$ 为相异实根(即 $a^2>4b$)时，方程(7.33)的通解为

$$\overline{y}_x=A_1\lambda_1^x+A_2\lambda_2^x，\text{其中 } A_1，A_2 \text{ 为任意常数；}$$

(ii) 当 $\lambda_1=\lambda_2$ 为重根($a_2=4b$)时，方程(7.33)的通解为

$$\begin{aligned}\overline{y}_x&=A_1\lambda_1^x+A_2x\lambda_1^x\\&=(A_1+A_2x)\lambda_1^x,\end{aligned}$$

其中 $A_1$，$A_2$ 为任意常数；

(iii) 当 $\lambda_{1,2}=\alpha\pm \mathrm{i}\beta(a^2<4b)$时，方程(7.33)的通解为

$$\overline{y}_x=r^x(A_1\cos\theta x+A_2\sin\theta x),$$

其中

$$r=\sqrt{\alpha^2+\beta^2}，\theta=\arctan\frac{\beta}{\alpha}，A_1，A_2 \text{ 为任意常数.}$$

对于二阶非齐次方程(7.32)的特解，仍就 $f(x)$为某些常见的初

等函数的情况来分别给出其特解应具有的形式，然后可用待定系数法求出它.

(1) 当 $f(x)=c$ （$c$ 为常数)时，可设：

当 $\lambda=1$ 不是特征根时，特解 $y_x^*=k$；

当 $\lambda=1$ 是单重特征根时，$y_x^*=kx$；

当 $\lambda=1$ 是二重特征根时，$y_x^*=kx^2$，

其中 $k$ 是待定常数.

(2) 当 $f(x)=P_n(x)$ （$P_n(x)$ 是 $x$ 的 $n$ 次多项式)时，可设：

当 $\lambda=1$ 不是特征根时，$y_x^*=k_0+k_1x+\cdots+k_nx^n$；

当 $\lambda=1$ 是单重特征根时，$y_x^*=x(k_0+k_1x+\cdots+k_nx^n)$；

当 $\lambda=1$ 是二重特征根时，$y_x^*=x^2(k_0+k_1x+\cdots+k_nx^n)$，

其中 $k_0$，$k_1$，…，$k_n$ 是待定常数.

(3) 当 $f(x)=c\cdot q^x$ （$q\neq1$ 及 $c$ 都是常数)，可设：

当 $\lambda=q$ 不是特征根时，$y_x^*=kq^*$；

当 $\lambda=q$ 是单重特征根时，$y_x^*=kxq^x$；

当 $\lambda=q$ 是二重特征根时，$y_x^*=kx^2q^x$，

其中 $k$ 是待定常数.

**[例 13]** 求差分方程 $y_{x+2}-3y_{x+1}+2y_x=4$ 的通解.

**解** 由特征方程 $\lambda^2-3\lambda+2=0$ 解得特征根为 $\lambda_1=1$，$\lambda_2=2$. 所以相应齐次方程的通解为 $\overline{y}_x=A_1+A_2\cdot2^x$.

因为 $f(x)=4$，$\lambda=1$ 是单重特征根，故设特解 $y_x^*=kx$，代入原方程有

$$k(x+2)-3k(x+1)+2kx=4,$$

解得 $k=-4$. 所以原方程有特解

$$y_x^*=-4x.$$

故所求通解为

$$y_x=A_1+A_2\cdot2^x-4x，A_1，A_2\text{ 为任意常数}.$$

**[例 14]** 求差分方程 $y_{x+2}-6y_{x+1}+9y_x=x+1$ 的通解.

**解** 由特征方程 $\lambda^2-6\lambda+9=0$ 解得特征根为

$$\lambda_1=\lambda_2=3.$$

所以相应齐次方程的通解为

$$\overline{y}_x=A_1\cdot3^x+A_2x\cdot3^x.$$

因为 $f(x)=x+1,\lambda=1$ 不是特征根，故设特解 $y_x^*=k_1+k_2x$，代入原方程有

$$k_1+k_2(x+2)-6[k_1+k_2(x+1)]+9(k_1+k_2x)=x+1.$$

解得 $k_1=\frac{1}{2},k_2=\frac{1}{4}$. 所以原方程有特解

$$y_x^*=\frac{1}{2}+\frac{1}{4}\cdot x.$$

所求通解为

$$y_x=A_1\cdot 3^x+A_2x\cdot 3^x+\frac{1}{2}+\frac{1}{4}x，A_1，A_2\text{ 为任意常数}.$$

**[例 15]** 求差分方程 $y_{x+2}+2y_{x+1}+2y_x=2\mathrm{e}^x$ 的通解.

**解** 由特征方程 $\lambda^2+2\lambda+2=0$ 解得 $\lambda_{1,2}=-1\pm\mathrm{i}$.

所以相应齐次方程的通解为

$$\bar{y}_x=(\sqrt{2})^x\left(A_1\cos\frac{\pi}{4}x+A_2\sin\frac{\pi}{4}x\right).$$

因为 $f(x)=2\mathrm{e}^x$，且 e 不是特征根，故可设特解 $y_x^*=k\mathrm{e}^x$，代入原方程有

$$k\mathrm{e}^{x+2}+2k\mathrm{e}^{x+1}+2k\mathrm{e}^x=2\mathrm{e}^x,$$

解得 $k=\frac{2}{\mathrm{e}^2+2\mathrm{e}+2}$，所以原方程有特解

$$y_x^*=\frac{2\mathrm{e}^x}{\mathrm{e}^2+2\mathrm{e}+2}.$$

所求通解为

$$y_x^*=2^{\frac{x}{2}}\left(A_1\cos\frac{\pi}{4}x+A_2\sin\frac{\pi}{4}x\right)+\frac{2\mathrm{e}^x}{\mathrm{e}^2+2\mathrm{e}+2},$$

$A_1$，$A_2$ 为任意常数.

## 练 习 7

1. 指出下列微分方程的阶数，并说明是否为线性方程？齐次或非齐次？

(1) $x(y')^2-2yy'+3x=0$；　(2) $y'''+2y''-5y=-3x$；

(3) $y''+a\sin y=0$.

2. 解下列微分方程：

(1) $y'=2xy,y(0)=1$；　(2) $\ln y'=x$；

(3) $y'=xy\mathrm{e}^{x^2}\ln y$；　(4) $\frac{\mathrm{d}y}{\mathrm{d}x}=-\frac{y}{x}$；

(5) $y'=\frac{y^2}{xy-x^2}$； (6) $\frac{x}{1+y}dx-\frac{ydy}{1+x}=0$；

(7) $y'+2xy=2xe^{-x^2}$； (8) $\begin{cases}x\ln x dy+(y-\ln x)dx=0,\\ y(e)=1;\end{cases}$

(9) $\begin{cases}xdy-ydx=y^2e^y dy,\\ y(e)=1;\end{cases}$ (10) $y'+y\cot x=x^2\csc x$；

(11) $y'+y=e^{-x}$； (12) $y'+y\cos x=(\ln x)e^{-\sin x}$.

3. 求解下列微分方程：

(1) $(x+y+1)dx+(x-y^2+3)dy=0$； (2) $2x(ye^{x^2}-1)dx+e^{x^2}dy=0$；

(3) $\frac{2x}{y^3}dx+\frac{y^2-3x^2}{y^4}dy=0$； (4) $\begin{cases}e^y dx+(xe^y-2y)dy=0,\\ y(2)=3.\end{cases}$

4. 求解下列微分方程：

(1) $y''-5y'+6y=0$； (2) $y''-2y'+2y=0$；

(3) $y''+4y'+4y=0$； (4) $\begin{cases}y''-2y+y=0,\\ y(0)=2,\ y'(0)=4;\end{cases}$

(5) $\begin{cases}y''-4y'+4y=0,\\ y(0)=0,\ y'(0)=1.\end{cases}$

5. 求解下列微分方程：

(1) $y''-2y'+3y=x+1$； (2) $y''-5y'+6y=xe^{2x}$；

(3) $y''-4y'+4y=e^{2x}$； (4) $y''+2y'+5y=4\sin x+22\cos x$；

(5) $y''+4y=3\sin 2x$； (6) $y''+4y'+4y=\cos 2x$；

(7) $\begin{cases}y''+4y=\sin x,\\ y(0)=1,\ y'(0)=1;\end{cases}$ (8) $\begin{cases}y''+2y'+y=xe^{-x},\\ y(0)=0,\ y'(0)=0.\end{cases}$

6. 求解下列差分方程：

(1) $y_{x+1}-5y_x=-8$； (2) $y_{x+1}-3y_x=3\cdot 2^x$；

(3) $y_{x+1}-2y_x=3x^2$； (4) $y_{x+1}-5y_x=3$，且 $y_0=\frac{7}{3}$；

(5) $y_{x+1}-5y_x=\cos\frac{\pi x}{2}$； (6) $y_{x+1}-y_x=x2^x$；

(7) $3y_x-3y_{x-1}=x3^x+1$； (8) $y_{x+2}+y_{x+1}-2y_x=12$；

(9) $y_{x+2}+2y_{x+1}+2y_x=2^x$； (10) $y_{x+2}+5y_{x+1}+4y_x=x$.

7. 净利润 $L$ 随广告费用 $x$ 的变化而变化，设它们之间的关系式可用如下方程表示

$$\frac{dL}{dx}=k-a(L+x),$$

式中 $a$ 和 $k$ 均为常数．假设当 $x=0$ 时，$L=L_0$，试确定 $L$ 作为 $x$ 的函数关系式．

8．某商品的销售量 $x$ 是价格 $p$ 的函数．如果欲使该商品的销售收入在价格变化情况下保持不变，则销售量 $x$ 对于价格 $p$ 的函数关系应满足什么微分方程．在这种情况下该商品需求量相对价格 $p$ 的弹性是多少？

9．某公司 $t$ 年净资产有 $W(t)$（万元），并且资本本身每年 5% 的速度连续增长，同时，该公司每年要以 300 万元的数额连续支付职工工资：

（1）给出描述净资产 $W(t)$ 的微分方程；

（2）求解方程，这时假设初始净资产为 $W_0$；

（3）讨论在 $W_0=5000$ 万元，6000 万元，7000 万元三种情况下 $W(t)$ 的变化特点．

10．设某人有初始债务 25000 元，如果没有新的债务，月利率为 1%，现计划用 12 个月时间分期等量付款方法还清债务，每月应还多少债务？

11．设 $Y_t$，$C_t$，$I_t$ 分别表示为 $t$ 期的国民收入、消费和投资，三者有关系式

$$\begin{cases} Y_t=C_t+I_t, \\ C_t=\alpha Y_t+\beta, \\ Y_{t+1}=Y_t+\gamma I_t, \end{cases}$$

其中 $0<\alpha<1$，$\beta\geqslant 0$，$\gamma>0$，试求 $Y_t$，$C_t$，$I_t$．

12．某家庭计划从现在起在每月工资中将一定数额的资金存入银行用于子女教育经费．打算 20 年后开始每月从投资账户中支取 1000 元，直到 10 年后子女大学毕业用完全部资金．问 20 年内需要筹足多少资金？每月要存入多少资金？设银行月利率为 0.5%．

# 练习题答案

## 练　习　1

1. (1) $[-3,3]$； (2) $[-2,-1)\cup(-1,1)\cup(1,+\infty)$； (3) $(-\infty,+\infty)$； (4) $[-2,4]$； (5) $(-\infty,0)\cup(0,5)$； (6) $[0,3]$； (7) $[-1,0)\cup(0,+\infty)$； (8) $(1,2)$.

2. (1) $f\left(\frac{1}{10}\right)=-\frac{\pi}{2}$，$f(1)=0$，$f(10)=\frac{\pi}{2}$；

(2) $f(-2)=-1$，$f(0)=3$，$f[f(-1)]=2$；

(3) $f(a^2)=2a^2-3$，$f[f(a)]=4a-9$，$[f(a)]^2=(2a-3)^2$；

(4) $f(3x)=9x^2-12x+7$，$f(x-1)=x^2-6x+12$，$f(x+\Delta x)=(x+\Delta x)^2-4(x+\Delta x)+7$，$\frac{f(x+\Delta x)-f(x)}{\Delta x}=2x-4+\Delta x$.

3. (1) 不同； (2) 相同； (3) 不同； (4) 相同.

4. (1) 奇函数； (2) 奇函数； (3) 非奇非偶； (4) 奇函数； (5) 偶函数； (6) 奇函数.

5. (1) $(-\infty,+\infty)$；(2) $(-2,2)$；(3) $(-\infty,+\infty)$；(4) $(-\infty,+\infty)$.

6. 是，$\frac{2\pi}{3}$.

7. (1) $y=\frac{1}{2}(x-1)$； (2) $y=\frac{2(x+1)}{x-1}$； (3) $y=\log_2(x-1)$；

(4) $y=10^{x-1}-2$.

8. $y=(\log_a x)^2$.

9. $y=\sqrt{2+\cos^2 x}$.

10. $f[\varphi(x)]=3\ln^3(1+x)+2\ln(1+x)$，$\varphi[f(x)]=\ln[1+2x+3x^3]$.

11. $1-\cos 2x$.

12. $f(x)=\begin{cases}x^2-x+1, & x>0,\\ -(x^2+x+1), & x<0.\end{cases}$

13. 是.

14. (1) $y=u^{20}$，$u=1+x$；(2) $y=u^5$，$u=1+v$，$v=\ln x$；

(3) $y=3^u$，$u=\sin x$；(4) $y=\arcsin u$，$u=\lg v$，$v=2x+1$；

(5) $y=\tan u$，$u=2x+\frac{\pi}{4}$；

(6) $y=\ln u$，$u=\sin v$，$v=e^w$，$w=x+1$；

(7) $y=\sqrt{u}$，$u=\ln v$，$v=\sqrt{x}$；

(8) $y=\cos u$，$u=\sqrt{v}$，$v=1+w$，$w=e^t$，$t=2x$；

(9) $y=u^3$，$u=\sin v$，$v=5x$；

(10) $y=u^2$，$u=\arctan v$，$v=\sqrt{w}$，$w=1-x^2$.

15. (1) $a=2$，是复合函数，$D(f)=(-\infty, +\infty)$；

(2) $a=\frac{1}{2}$，是复合函数，$D(f)=\{x\,|\,2k\pi-\frac{7}{6}\pi<x<2k\pi+\frac{\pi}{6}, k=0, \pm1, \pm2, \cdots\}$；

(3) $a=-2$，不是复合函数.

16. (1) $x=100\sqrt{289-p}-5$；(2) $x=995$.

17. $s=2\left(x+\frac{A}{x}\right)$，$D(f)=(0, +\infty)$.

18. $y=5k\left(\pi r^2+\frac{4}{r}\right)$.

19. $u(t)=\begin{cases}\frac{3}{2}t, & 0\leqslant t\leqslant 10,\\ \frac{3}{2}(20-t), & 10<t\leqslant 20,\\ 0, & t>20;\end{cases}$

$D(f)=[0, +\infty)$；$u(5)=\frac{15}{2}$，$u(18)=3$，$u(30)=0$.

20. $S=h(h+2)$.

21. (1) $C=6000+0.95x$；(2) $C=0.95+\frac{6000}{x}$；(3) $x\geqslant 8109$.

22. $p(r)=kr(0.18-r)$.

23. $R(x)=\begin{cases}130x, & 0\leqslant x\leqslant 700,\\ 117x+9100, & x>700.\end{cases}$

24. $m(x)=\begin{cases}2x, & 0\leqslant x\leqslant 0.5,\\ 3x-0.5, & 0.5<x\leqslant 1.\end{cases}$

## 练　习　2

1. (1) 有；(2) 没有；(3) 有；(4) 没有；(5) 有；(6) 有.

2. $\lim\limits_{n\to\infty}x_n=1$，$n>4$.

3. (1) $N=\left[\dfrac{1}{\varepsilon}\right]$； (2) 10，100，1000.

4. 略.

5. 略.

6. $\lim\limits_{x\to0^-}f(x)=\lim\limits_{x\to0^+}f(x)=1$，

$\lim\limits_{x\to0^-}\varphi(x)=-1$，$\lim\limits_{x\to0^+}\varphi(x)=1$，

$\lim\limits_{x\to0}f(x)$存在且就等于 1；

$\lim\limits_{x\to0}\varphi(x)$不存在.

7. (1) 0； (2) 0.

8. 当 $x\to\infty$时，$y=\dfrac{2}{x+1}$是无穷小量；

当 $x\to-1$ 时，$y=\dfrac{2}{x+1}$是无穷大量.

9. (1) $-9$； (2) $\dfrac{3}{4}$； (3) $\infty$； (4) 0；

(5) 3； (6) $2x$； (7) $3x^2$； (8) 0；

(9) $\dfrac{1}{3}$； (10) $\infty$； (11) 0； (12) $\left(\dfrac{3}{2}\right)^{30}$；

(13) $\dfrac{1}{4}$； (14) $\dfrac{1}{3}$； (15) 2； (16) $\dfrac{1}{2}$；

(17) $\dfrac{3}{2}$； (18) 2； (19) 1； (20) 1.

10. $\lim\limits_{x\to1^-}f(x)=5$，$\lim\limits_{x\to1^+}f(x)=1$，$\lim\limits_{x\to1}f(x)$不存在.

11. $2\pi R^2$，$4R^2$.

12. 直角三角形的面积.

13. $a=-7$，$b=6$.

14. $a=1$，$b=-1$.

15. (1) 2； (2) $\dfrac{5}{2}$； (3) $\pi$； (4) 1； (5) $\dfrac{1}{2}$； (6) 1.

16. (1) e； (2) $e^2$； (3) $e^2$； (4) $e^{-3}$；

(5) $e^{-1}$； (6) 2； (7) e； (8) $e^3$.

17. $-1$.

18. $f(x)$在$(-\infty，+\infty)$上连续.

19. $f(x)$在$(-\infty，2)$与$(2，+\infty)$上连续，$f(x)$在 $x=2$ 不连续.

20. (1) $x=-2$ 为第二类间断点；

(2) $x=1$ 为可去间断点，$x=2$ 为第二类间断点；

(3) $x=0$ 为可去间断点；

(4) $x=0$ 为可去间断点；

(5) 所有整数为此函数的跳跃间断点；

(6) $x=0$ 为跳跃间断点；

(7) $x=0$ 为第二类间断点.

21. (1)4；　　(2)1.

22. (1) $\sqrt{3}$；　(2) 1；　(3) $\frac{2}{\pi}$；　(4) $\sqrt{2}$；

(5) 2；　(6) $\frac{1}{2}$；　(7) $\frac{2\sqrt{2}}{3}$；　(8) $e^{\frac{1}{2}}$.

23. 256.36 元，3243.61 元，13.86 年.

24. $C(x)=\begin{cases}3x, & 0\leqslant x\leqslant\frac{5000}{3},\\ 5000, & \frac{5000}{3}<x\leqslant 10000.\end{cases}$

$C(x)$在[0，10000]上连续.

25. 1999～2000：28500 元；

2000～2001：31065 元；

2001～2002：33860.85 元；

2002～2003：36908.33 元；

2003～2004：40230.08 元，

$S(t)$在[0，1)、(1，2)、(2，3)、(3，4)、(4，5)上连续，

$S(t)$在 1、2、3、4 不连续.

26. $C(t)=\begin{cases}0.52, & 0<t\leqslant 2,\\ 0.52+0.36, & 2<t\leqslant 3,\\ 0.52+2\times 0.36, & 3<t\leqslant 4,\\ \vdots & \vdots\\ 0.52+(n-1)\times 0.36, & n<t\leqslant n+1,\\ \vdots & \vdots\end{cases}$ （$n$ 为大于 2 的正整数）

$C(t)$在(0，2)，(2，3)，(3，4)，…，$(n,n+1)$，…上连续，

$C(t)$在 2，3，4，…，$n$，…不连续.

27. 略.

28. 略.

## 练 习 3

1. (1) 17; (2) 9.

2. (1) 37 cm/s; (2) 27 cm/s.

3. $4x-y-4=0$.

4. 不可导.

5. $f'_{(0)}=1$.

6. (1) $\Delta x=-0.1$ 时, $\Delta y=-1.141$, $dy=-1.2$;

   (2) $\Delta x=0.01$ 时, $\Delta y=0.1206$, $dy=0.12$.

7. (1) $\Delta x=1$ 时, $\Delta y=0$, $dy=-1$;

   (2) $\Delta x=0.1$ 时, $\Delta y=-0.09$, $dy=-0.1$;

   (3) $\Delta x=0.01$ 时, $\Delta y=-0.0099$, $dy=-0.01$.

8. (1) $6x-1$; (2) $(a+b)x^{a+b-1}$; (3) $\dfrac{1}{\sqrt{x}}+\dfrac{1}{x^2}$;

   (4) $-\dfrac{1}{2\sqrt{x}}\left(\dfrac{1}{x}+1\right)$; (5) $x^{n-1}(n\ln x+1)$;

   (6) $3x^2\cos x-x^3\sin x$; (7) $\dfrac{5(1-x^2)}{(1+x^2)^2}$; (8) $-\dfrac{2}{x(1+\ln x)^2}$;

   (9) $e^x(\sin x+\cos x)$; (10) $\dfrac{\sin x-\cos x+1}{(1+\sin x)^2}$;

   (11) $-\csc^2 x-\tan x-x\sec^2 x$; (12) $2x\arcsin x+\dfrac{x^2}{\sqrt{1-x^2}}$;

   (13) $(\sin x+x\cos x)\ln x+\sin x$; (14) $e^x(\cot x+x\cot x-x\csc^2 x)$.

9. (1) 16; (2) $-\dfrac{4}{\pi^2}$; (3) $y'\left(\dfrac{\pi}{6}\right)=\dfrac{1}{2}+\dfrac{\sqrt{3}}{2}$, $y'\left(\dfrac{\pi}{4}\right)=\sqrt{2}$;

   (4) $y'(0)=\dfrac{3}{25}$, $y'(2)=\dfrac{17}{15}$.

10. $y=x-e$, $y=e-x$.

11. 点(0, 1).

12. $x+y+3=0$.

13. $E'(1)=0$, $E'(4)=-\dfrac{7}{3}$.

14. (1) 200 m/s; (2) 104 m/s.

15. (1) $2x^3$; (2) $-\dfrac{2}{1+x^2}$; (3) $\dfrac{\ln x}{\ln 3}$;

    (4) $6^x\ln 6$; (5) $3\cdot(2^x)$; (6) $\sqrt{x}+e^{-x}$.

16. (1) $-2\sin\left(2x+\frac{\pi}{5}\right)$； (2) $10(x-1)(x^2-2x-1)^4$；

(3) $e^{-x}(3\sec^2 3x-\tan 3x)$； (4) $\frac{(x+2)(x+4)}{(x+3)^2}$；

(5) $\frac{2^x\ln 2}{1+2^x}$； (6) $\frac{1}{(1-x^2)^{\frac{3}{2}}}$；

(7) $2\sin(4x-2)$； (8) $2x\sin\frac{1}{x}-\cos\frac{1}{x}$；

(9) $n(\cos nx+x^{n-1}\cos x^n)$； (10) $\csc x$；

(11) $\frac{1-x^2}{2x(1+x^2)}$； (12) $\frac{1}{x^2}\csc^2\frac{1}{x}\cdot e^{\cot\frac{1}{x}}$；

(13) $-\frac{2}{3}\sin 2x\cdot(1+\cos 2x)^{-\frac{2}{3}}$； (14) $\frac{1}{x\ln x}$；

(15) $\frac{2\sqrt{x}+1}{4\sqrt{x(x+\sqrt{x})}}$； (16) $\frac{2\arcsin\frac{x}{2}}{\sqrt{4-x^2}}$；

(17) $\frac{x\arccos x-\sqrt{1-x^2}}{(1-x^2)^{3/2}}$； (18) $-\frac{2}{x^2+1}$；

(19) $\sec x$； (20) $\csc x$；

(21) $\frac{1}{2\sqrt{x}(1+x)}e^{\arctan\sqrt{x}}$；

(22) $\arccos x-\frac{x}{\sqrt{1-x^2}}+\frac{x}{\sqrt{4-x^2}}$.

17. (1) $\left(-\frac{1}{x^2}+\frac{1}{\sqrt{x}}\right)dx$； (2) $(\sin 2x+2x\cos 2x)dx$；

(3) $-\frac{x\,dx}{\sqrt{1-x^2}}$； (4) $\frac{dx}{(1-x)^2}$；

(5) $\frac{1}{2}\cot\frac{x}{2}dx$； (6) $e^{-x}[\sin(3-x)-\cos(3-x)]dx$；

(7) $8x\tan(1+2x^2)\sec^2(1+2x^2)dx$；

(8) $-\frac{x}{|x|}\cdot\frac{dx}{\sqrt{1-x^2}}$.

18. (1) $\ln(1+x)$； (2) $-\frac{1}{2}\cos 2x$；

(3) $-\frac{1}{3}e^{-3x}$； (4) $\frac{1}{1+e^{4x}}$，$\frac{2e^{2x}}{1+e^{4x}}$；

(5) $\frac{1}{3}\tan 3x$； (6) $-\frac{1}{3}\cos(1-x^3)$，$-\frac{1}{3}\sin(1-x^3)$.

19. $2.01\pi\ \text{cm}^2$，$2\pi\ \text{cm}^2$.

20. (1) 1.0349; (2) 2.7455; (3) 2.0017; (4) 0.7954.

21. (1) $\dfrac{y}{y-x}$; (2) $\dfrac{y}{y-1}$; (3) $\dfrac{e^y}{1-xe^y}$; (4) $\dfrac{e^{x+y}-y}{x-e^{x+y}}$.

22. (1) $-(1+\cos x)^{\frac{1}{x}}\cdot\dfrac{x\tan\dfrac{x}{2}+\ln(1+\cos x)}{x^2}$;

(2) $\left(\dfrac{x}{1+x}\right)^x\left[\ln\dfrac{x}{1+x}+\dfrac{1}{1+x}\right]$;

(3) $(x-1)\sqrt[3]{\dfrac{(x-2)^2}{x-3}}\left[\dfrac{1}{x-1}+\dfrac{2}{3}\times\dfrac{1}{x-2}-\dfrac{1}{3(x-3)}\right]$;

(4) $\dfrac{1}{2}\sqrt{x\sin x\sqrt{1-e^x}}\cdot\left[\dfrac{1}{x}+\cot x-\dfrac{e^x}{2(1-e^x)}\right]$.

23. (1) $\dfrac{3b}{2a}t$; (2) $\dfrac{\sin t+t\cos t}{\cos t-t\sin t}$;

(3) $\dfrac{2}{t}$; (4) $\dfrac{\cos t-\sin t}{\cos t+\sin t}$.

24. (1) $\dfrac{2(1-x^2)}{(1+x^2)^2}$; (2) $\dfrac{1}{x}$;

(3) $e^{-x}(4\sin 2x-3\cos 2x)$; (4) $2\arctan x+\dfrac{2x}{1+x^2}$;

(5) $-\dfrac{1}{y^3}$; (6) $-\dfrac{2(1+y^2)}{y^5}$;

(7) $\dfrac{1}{t^3}$; (8) $\dfrac{4}{9}e^{3t}$.

25. (1) $(-1)^n(n-2)!\,\dfrac{1}{x^{n-1}}\ (n\geqslant 2)$; (2) $x^2e^x+2nxe^x+n(n-1)e^x$;

(3) $(-1)^n\cdot n!\cdot\dfrac{2}{(1+x)^{n+1}}$; (4) $2^{n-1}\sin\left[2x+(n-1)\dfrac{\pi}{2}\right]$.

26. 0.25 $m^2/s$.

27. $\dfrac{1}{10\pi}$ cm/s.

28. (1) $\xi=\dfrac{1}{4}$; (2) 不满足; (3) $\xi=1.5$; (4) 不满足.

29. (1) $\xi=\dfrac{1}{4}$; (2) 不满足; (3) $\xi=\dfrac{5-\sqrt{43}}{3}$.

30. 三个根,(−1, 0)、(0, 1)、(1, 2).

33. (1) $2\ln a$; (2) 1; (3) $\dfrac{3}{2}$; (4) 0; (5) $\dfrac{1}{2}$;

(6) 0; (7) $\dfrac{1}{2}$; (8) $\dfrac{1}{2}$; (9) e; (10) 1.

35. (1) 单调增加区间$(-\infty, 0]$、$[2, +\infty)$，单调减少区间$[0, 2]$；

(2) 单调增加区间$(-\infty, 1]$，单调减少区间$[1, +\infty)$；

(3) 单调增加区间$[-1,1]$，单调减少区间$(-\infty,-1]$、$[1,+\infty)$；

(4) 单调增加区间$[0, 2]$，单调减少区间$(-\infty, 0]$、$[2, +\infty)$；

(5) 单调增加区间$\left[-1, \frac{1}{2}\right]$，单调减少区间$\left[\frac{1}{2}, 2\right]$；

(6) 单调增加区间$(-\infty,0]$、$\left[\frac{2}{5},+\infty\right)$，单调减少区间$\left[0,\frac{2}{5}\right]$.

37. (1) 极大值 $y(0)=7$，极小值 $y(2)=3$；

(2) 极小值 $y(0)=0$；

(3) 极大值 $y(\pm1)=1$，极小值 $y(0)=0$；

(4) 极大值 $y\left(\frac{1}{2}\right)=\frac{81}{8}\sqrt[3]{18}$，极小值 $y(-1)=y(5)=0$；

(5) 极大值 $y(2)=3$；

(6) 极大值 $y\left(\frac{12}{5}\right)=\frac{1}{10}\sqrt{205}$.

38. $a=2$，$y\left(\frac{\pi}{3}\right)=\sqrt{3}$为极大值.

39. (1) 最小值 $y(\pm1)=4$，最大值 $y(\pm2)=13$；

(2) 最小值 $y(1)=1$，最大值 $y(-1)=3$；

(3) 最小值 $y(-5)=-5+\sqrt{6}$，最大值 $y(0.75)=1.25$；

(4) 最小值 $y(0)=0$，最大值 $y\left(-\frac{1}{2}\right)=y(1)=\frac{1}{2}$.

40. 3.

41. 底边长 6 m、高为 3 m.

42. $\bar{x}=\frac{1}{n}(x_1+x_2+\cdots+x_n)$.

43. 25 m/s.

44. 14，28.

45. 720 元，33 套，22110 元.

46. (1) 96 m/min；　(2) 144 m；　(3) 向下移动.

47. $\frac{3}{2}\sqrt[3]{4}$ h.

48. 距 $B$ 点$\frac{250}{3}$ m 处为 $M$ 点，674536 元.

49. (1) $m=1$；(2) $m=\frac{4}{3}$.

50. 5 批.

51. 89 件.

52. (1) 在$(-\infty, 2]$下凹，在$[2, +\infty)$上凸，拐点为$(2, 12)$；

(2) 在$\left(-\infty, \frac{1}{2}\right]$上凹，在$\left[\frac{1}{2}, +\infty\right)$上凸，拐点为$\left(\frac{1}{2}, e^{\arctan\frac{1}{2}}\right)$；

(3) 在$\left(-\infty, -\frac{1}{2}\right]$、$\left[\frac{1}{2}, +\infty\right)$上凹，在$\left[-\frac{1}{2}, \frac{1}{2}\right]$上凸，拐点为$\left(-\frac{1}{2}, -\frac{35}{8}\right)$和$\left(\frac{1}{2}, -\frac{35}{8}\right)$；

(4) 在$\left[-\frac{1}{5}, +\infty\right)$上凹，在$\left(-\infty, -\frac{1}{5}\right]$上凸，拐点为$\left(-\frac{1}{5}, -\frac{6}{5}\cdot\frac{1}{\sqrt[3]{25}}\right)$.

53. $a=1$，$b=-3$.

54. (1) 在$(-\infty, -3]$、$[1, +\infty)$内单调增加，在$[-3, 1]$内单调减少，极小值 $y(1)=0$，极大值 $y(-3)=32$；在$(-\infty, -1]$内是凸的，在$[-1, +\infty)$内是凹的，拐点为$(-1, 16)$.

(2) 在$(-\infty, 0)$、$\left(0, \frac{\sqrt[3]{4}}{2}\right]$内单调减少，在$\left[\frac{\sqrt[3]{4}}{2}, +\infty\right)$内单调增加，极小值$y\left(\frac{\sqrt[3]{4}}{2}\right)=\frac{3}{2}\sqrt[3]{2}$；在$(-\infty, -1]$，$(0, +\infty)$内是凹的，在$[-1, 0)$内是凸的，拐点$(-1, 0)$，铅直渐近线 $x=0$.

(3) 在$(-\infty, -1]$、$[1, +\infty)$上单调减少，在$[-1, 1]$上单调增加，极小值 $y(-1)=-1$，极大值 $y(1)=1$；在$(-\infty, -\sqrt{3}]$、$[0, \sqrt{3}]$上凸，在$[-\sqrt{3}, 0]$、$[\sqrt{3}, +\infty)$上凹，拐点为$\left(-\sqrt{3}, -\frac{\sqrt{3}}{2}\right)$、$(0, 0)$及$\left(\sqrt{3}, \frac{\sqrt{3}}{2}\right)$，水平渐近线 $y=0$.

(4) 在$(-\infty, -1)$、$[1, +\infty)$上单调减少，在$(-1, 1]$上单调增加，极大值 $y(1)=2$；在$(-\infty, -1)$、$(-1, 2]$上是凸的，在$[2, +\infty)$上是凹的，拐点为$\left(2, \frac{17}{9}\right)$，水平渐近线 $y=1$，铅直渐近线 $x=-1$.

55. (1) $\overline{C}=2.12$，$C'(400)=0.2$；

(2) 2000 单位.

56. 6 元.

57. (1) 2 元； (2) 2 元.

58. (1) 18 元； (2) 24 元； (3) 16 套.

59. 250 单位.

60. (1) 153.75 元，0.25；160 元，0； (2) 153.75 元，$-0.25$.

61. (1) 6.5%，　(2) $\frac{4}{3}$；(3) $D=\frac{40}{3}$，$p=\frac{\sqrt{10}}{3}$，$\eta=1$.

62. $\frac{3p}{2+3p}$，$\frac{9}{11}$.

63. (1) $D'(p)=-8$，$\eta(4)\approx 0.54$；　(2) 增加 0.46%，减少 0.85%；
(3) $p=5$.

64. (1) $\frac{2p^2}{1000-p^2}$；　(2) 无弹性，应提高票价；
(3) $D'(19)=-83$，应降低票价.

## 练　习　4

1. (1) 16；　(2) 2.

3. (1) $6\leqslant\int_1^4(x^2+1)\mathrm{d}x\leqslant 51$；　(2) $1\leqslant\int_0^1 \mathrm{e}^x\mathrm{d}x\leqslant \mathrm{e}$.

4. (1) $\sqrt{1+x}$；　(2) $\sin x^2$；
(3) $\frac{2x}{\sqrt{1+x^8}}$；　(4) $3x^2\mathrm{e}^{-x^3}-2x\mathrm{e}^{-x^2}$.

5. (1) $\frac{3}{2}$；(2) $\frac{21}{8}$；(3) $-1$；(4) $\frac{\pi}{3}$；
(5) $\frac{\pi}{6}$；(6) 5；(7) $\frac{5}{2}$；(8) 2.

6. (1) $\frac{x^5}{5}+\frac{2x^3}{3}+x+C$；　(2) $\frac{2}{5}x^{\frac{5}{2}}-\frac{4}{3}x^{\frac{3}{2}}+2\sqrt{x}+C$；
(3) $2\arctan x-3\arcsin x+C$；　(4) $2\mathrm{e}^x+7\ln|x|+C$；
(5) $\frac{x}{2}-\frac{1}{2}\sin x+C$；　(6) $\tan x-\sec x+C$；
(7) $\mathrm{e}^x-x+C$；　(8) $x^3+\arctan x+C$；
(9) $\frac{1}{2}\tan x+\frac{x}{2}+C$；　(10) $-\frac{1}{x}-\arctan x+C$.

7. (1) $\frac{1}{3}\ln|2+3x|+C$；　(2) $\frac{2}{9}(1+x^3)^{\frac{3}{2}}+C$；
(3) $\frac{1}{2}\mathrm{e}^{2x}-3\sin\frac{x}{3}+C$；　(4) $-2\cos\sqrt{x}+C$；
(5) $\frac{1}{2}[\ln(1+x)]^2+C$；　(6) $-\mathrm{e}^{\frac{1}{x}}+C$；
(7) $\frac{1}{3}(\arctan x)^3+C$；　(8) $\ln|x^2-x+3|+C$；
(9) $\frac{1}{2}\ln(1+x^2)-\arctan x+C$；　(10) $\frac{1}{6}\arctan\frac{2x}{3}+C$；

(11) $\frac{1}{3}\ln\left|\frac{x-1}{x+2}\right|+C$;　(12) $\frac{1}{6}\sin(3x^2)+C$;

(13) $\frac{1}{2\cos^2 x}+C$;　(14) $\sin x-\frac{1}{3}\sin^3 x+C$;

(15) $-\frac{1}{3(x-1)^6}-\frac{3}{7(x-1)^7}+C$; (16) $\frac{1}{7}\tan^7 x+C$;

(17) $\sqrt{2x}-\ln(1+\sqrt{2x})+C$;

(18) $\frac{1}{2}[\arcsin x-x\sqrt{1-x^2}]+C$;

(19) $\ln|x|-\frac{1}{6}\ln(1+x^6)+C$;　(20) $\sqrt{x^2-9}-3\arccos\frac{3}{x}+C$;

(21) $2\sqrt{x}-4\sqrt[4]{x}+4\ln(1+\sqrt[4]{x})+C$;

(22) $\frac{x}{\sqrt{1+x^2}}+C$;　(23) $\arctan e^x+C$;

(24) $\ln\left|\frac{\sqrt{1+e^x}-1}{\sqrt{1+e^x}+1}\right|+C$.

8. (1) $-x\cos x+\sin x+C$;　(2) $-xe^{-2x}-\frac{1}{2}e^{-2x}+C$;

(3) $\frac{x}{3}\sin 3x+\frac{1}{9}\cos 3x+C$;　(4) $x\arcsin x+\sqrt{1-x^2}+C$;

(5) $x\ln(1+x^2)-2x+2\arctan x+C$;

(6) $(\ln\ln x-1)\ln x+C$;　(7) $\frac{e^x}{2}(\sin x+\cos x)+C$;

(8) $x\tan x+\ln|\cos x|-\frac{x^2}{2}+C$;

(9) $\frac{x}{2}[\sin(\ln x)-\cos(\ln x)]+C$;

(10) $3\sqrt[3]{x^2}e^{3\sqrt{x}}-6\sqrt[3]{x}e^{3\sqrt{x}}+6e^{3\sqrt{x}}+C$.

9. (1) $4-2\ln 3$;　(2) 1;

(3) $\frac{4}{5}$;　(4) $2\sqrt{2}$;

(5) $\frac{1}{6}$;　(6) $\frac{\pi}{3}+\frac{\sqrt{3}}{2}$;

(7) $\frac{1}{2}(1-\ln 2)$;　(8) $\ln(2+\sqrt{3})-\ln(\sqrt{2}+1)$;

(9) $\ln(1+\sqrt{2})-\frac{1}{2}\ln 3$;　(10) $2-\frac{\pi}{2}$.

10. (1) 0;　(2) $\frac{\pi}{2}$;　(3) $\frac{\pi^3}{324}$;　(4) $\frac{2}{3}$.

13. (1) 1；　(2) $\frac{1}{4}(e^2+1)$；　(3) $\frac{2\pi}{3}-\frac{\sqrt{3}}{2}$；

(4) $4(2\ln 2-1)$；　(5) $\pi^2$；　(6) $\frac{16}{35}$.

14. $-(\pi\ln\pi+\sin 1)$.

15. (1) 发散；　(2) ln2；　(3) $4e^{-1}$；　(4) π；

(5) $\frac{8}{3}$；　(6) π；　(7) 发散；　(8) 2.

16. (1) $\frac{23}{3}$；　(2) 1；　(3) $\frac{32}{3}$；

(4) $\frac{3}{2}-\ln 2$；　(5) $\frac{7}{6}$；　(6) $\frac{\pi}{2}-1$.

17. $\frac{9}{4}$.

18. $\frac{\pi R^2 h}{2}$.

19. $\frac{4\sqrt{3}}{3}R^3$.

20. (1) $\frac{2\pi}{3}$；　(2) $\frac{2\pi}{5}$；　(3) $\frac{128}{7}\pi$，$\frac{64}{5}\pi$；　(4) $160\pi^2$.

21. $2\sqrt{3}-\frac{4}{3}$.

22. $6a$.

23. 50，100.

24. (1) 9987.5；　(2) 19850.

25. (1) 4 百台；　(2) 0.5 万元.

26. 5618.02 元.

27. (1) $R=100x-\frac{5}{2}x^2$；　(2) 990；　(3) $p=100-\frac{5}{2}x$.

28. 12 m/s.

29. 176.4 kN.

30. 18.6℃，20.4℃.

## 练　习　5

1. (1) $1-\frac{1}{4}+\frac{1}{9}-\frac{1}{16}$；　(2) $\frac{1}{2}+\frac{1}{3\cdot 2^3}+\frac{1}{5\cdot 2^5}+\frac{1}{7\cdot 2^7}$；

(3) $\frac{1}{\sqrt{2}}-\frac{1}{\sqrt{2\cdot 3}}+\frac{1}{\sqrt{3\cdot 4}}-\frac{1}{\sqrt{4\cdot 5}}$.

2. (1) $\frac{1}{(2n-1)(2n+1)}$； (2) $(-1)^{n-1}\frac{n+1}{n}$；

(3) $\frac{(2n-1)(2n-3)\cdots 1}{2n(2n-2)\cdots 2}$； (4) $\frac{1}{6^n}+\frac{8^n}{9^n}$.

3. (1) 收敛，$S=\frac{1}{2}$； (2) 发散； (3) 收敛，$S=\frac{1}{2}$；

(4) 收敛；$S=\frac{1}{6}$； (5) 发散； (6) 发散； (7) 发散；

(8) 发散； (9) 收敛；$S=\frac{1}{6}$； (10) 发散；

(11) 收敛；$S=1-\sqrt{2}$.

4. $u_n=\frac{-1}{n(n-1)}$，$S=-1$.

5. (1) 收敛； (2) 收敛； (3) 收敛； (4) 发散；

(5) 发散； (6) 发散； (7) 收敛； (8) 发散.

6. (1) 收敛； (2) 发散； (3) 收敛； (4) 收敛；

(5) 收敛； (6) 收敛； (7) 收敛； (8) 发散.

7. (1) 收敛； (2) 收敛； (3) 收敛； (4) 收敛.

8. (1) 绝对收敛； (2) 条件收敛； (3) 发散； (4) 绝对收敛.

9. (1) $-2<x<2$； (2) $-1\leqslant x<1$； (3) $x=0$；

(4) $-\infty<x<+\infty$； (5) $-1\leqslant x<1$；

(6) $-\frac{1}{2}\leqslant x\leqslant\frac{1}{2}$； (7) $4\leqslant x<6$； (8) $-3\leqslant x<3$.

10. $\frac{3}{4}\leqslant x\leqslant\frac{5}{4}$.

11. (1) $x^3-x^4+x^5-\cdots+(-1)^n x^{3+n}+\cdots$；

(2) $1-\frac{2}{2!}x^2+\frac{2^3}{4!}x^4-\cdots+(-1)^n\frac{2^{2n-1}}{(2n)!}x^{2n}+\cdots$；

(3) $\ln 2+\frac{3}{2}x-\left(\frac{3}{2}\right)^2\frac{x^2}{2}+\left(\frac{3}{2}\right)^3\frac{x^3}{2}+\cdots+(-1)^{n-1}\left(\frac{3}{2}\right)^n\frac{x^n}{n}+\cdots$

(4) $-x^3-\frac{1}{2}x^5-\frac{1}{3}x^7-\cdots-\frac{1}{n}x^{2n+1}-\cdots$；

(5) $1-\frac{x-1}{3}+\frac{(x-1)^2}{3^2}-\cdots+(-1)^n\frac{(x-1)^n}{3^n}+\cdots$；

(6) $x+\sum_{n=1}^{\infty}\frac{(2n)!}{(n!)^2}\cdot\frac{2}{2n+1}\left(\frac{x}{2}\right)^{2n+1}$.

12. $\frac{1}{3}\left[1-\frac{x-1}{3}+\frac{(x-1)^2}{3^2}-\cdots+(-1)^{n-1}\frac{(x-1)^n}{3^n}+\cdots\right]$.

13. $(-1, 1)$，$S(x)=\frac{1}{(1-x)^2}$.

14. (1) $\frac{1}{4}\ln\frac{1+x}{1-x}+\frac{1}{2}\arctan x-x$；(2) $\frac{1}{(1-x)^3}$.

## 练　习　6

1. (1) $\{(x, y)|y^2\geqslant 4x$ 且 $x+y>0\}$；
   (2) $\{(x, y)|y\geqslant x^2\}$；
   (3) $\{(x, y)|xy>0\}$；
   (4) $\{(x, y)|y^2-4x+8>0\}$；
   (5) $\{(x, y)|y^2-4x\leqslant 0$ 且 $x^2+y^2<1\}$.

2. (1) $\ln 2$；　(2) 2；　(3) 0；　(4) 0.

3. $\lim\limits_{\substack{x\to 0\\ y\to 0}}(x+y)\cos\frac{1}{x}=0=f(0, 0)$（$\cos\frac{1}{x}$为有界变量，$(x+y)$为无穷小量，其积为0）.

4. (1) $z_x=6xy+\Delta y^2$，$z_y=3x^2+8x$；
   (2) $z_x=yx^{y-1}$，$z_y=x^y\ln x$；
   (3) $z_x=e^x\sin y$，$z_y=e^x\cos y$；
   (4) $z_x=y^2e^{\sin(xy)}\cos(xy)$，
   $z_y=x^2e^{\sin(xy)}\cos(xy)$；
   (5) $z_x=\frac{1}{y}e^{\sin\frac{x}{y}}\cos\frac{x}{y}$，$z_y=-xy^{-2}e^{\sin\frac{x}{y}}\cos\frac{x}{y}$；
   (6) $z_x=\frac{x}{x^2+y^2}$，$z_y=\frac{y}{x^2+y^2}$.

5. $f'_x(1, 0)=0$，$f'_y(1, 0)=1$.

6. $z'_x(1, e)=\frac{1}{2}$，$z'_y(1, e)=\frac{1}{2e}$.

7. $f''_{xy}(0, 1)=-1$.

8. $f''_{xx}\left(1, \frac{\pi}{2}\right)=-\pi$，$f''_{yy}\left(1, \frac{\pi}{2}\right)=0$.

9. (1) $dx$；　(2) $dz=e^{\sin(xy)}\cos(xy)(ydx+xdy)$；
   (3) $dz=-\frac{y^2}{(x-y)^2}dx+\frac{x^2}{(x-y)^2}dy$；　(4) $dz=\frac{-ydx+xdy}{x^2+y^2}$.

10. $-\sin^2 t(1+\cos t)^{\sin t-1}+\cos t(1+\cos t)^{\sin t}\ln(1+\cos t)$.

11. $\frac{z}{z+x}$；$\frac{z^2}{(z+x)y}$.

12. $\frac{y}{2-\cos z}$；$\frac{1+x}{2-\cos y}$.

13. $\dfrac{e^x+2xe^{x^2}}{e^x+e^{x^2}}$.

14. $2xyf'_x(x^2-y^2)$；$f(x^2-y^2)-2y^2f'_y(x^2-y^2)$.

15. $e^{xy}[y\sin(x+y)+\cos(x+y)]$；$e^{xy}[x\sin(x+y)+\cos(x+y)]$.

16. (0，0)点处有极大值0；(2，2)点处有极小值－8.

17. $\left(\dfrac{18}{5},\dfrac{16}{5}\right)$.

18. $(1+\sqrt{2})c$.

19. $K=8$，$L=16$，$Q=48$，$p_{\max}=16$.

20. $p_1=80$，$p_2=120$；$Q_{\max}=605$.

21. (1) $\dfrac{9}{4}$；　(2) $-\dfrac{243}{20}$；　(3) $\dfrac{5}{42}$；　(4) $\dfrac{1}{6}-\dfrac{1}{3e}$；

(5) $\pi\left(\ln2-\dfrac{1}{2}\right)$；　(6) $\dfrac{15}{4}\pi$；　(7) $\dfrac{\pi^2}{32}$；　(8) $\sqrt{6}\pi$.

## 练　习　7

1. (1) 一阶，非线性微分方程；

(2) 三阶，线性微分方程、非齐次；

(3) 二阶，非线性微分方程.

2. (1) $y=e^{x^2}$；　(2) $y=e^x+C$；

(3) $\ln(\ln y)^2=e^{x^2}+C$；　(4) $xy=C$；

(5) $\ln|y|=\dfrac{y}{x}+C$；　(6) $3(y^2-x^2)+2(y^3-x^3)=C$；

(7) $y=e^{-x^2}(x^2+C)$；　(8) $2y\ln x=\ln^2x+1$；

(9) $x=y(-e^y+2e)$；　(10) $y=\dfrac{x^3+C}{3\sin x}$；

(11) $y=e^{-x}(x+C)$；　(12) $y=e^{-\sin x}(x\ln x-x+C)$.

3. (1) $6x+18y+3x^2+6xy-2y^3=C$；　(2) $ye^{x^2}-x^2=C$；

(3) $\dfrac{x^2}{y^3}-\dfrac{1}{y}=C$；　(4) $xe^y-y^2=2e^3-9$.

4. (1) $y=C_1e^{2x}+C_2e^{3x}$；　(2) $y=e^x(C_1\cos x+C_2\sin x)$；

(3) $y=(C_1+C_2x)e^{-2x}$；　(4) $y=(2+2x)e^x$；

(5) $y=xe^{2x}$.

5. (1) $y=e^x(C_1\cos\sqrt{2}x+C_2\sin\sqrt{2}x)+\dfrac{1}{3}x+\dfrac{5}{9}$；

(2) $y=C_1e^{2x}+C_2e^{3x}-\frac{1}{2}(x^2+2x)e^{2x}$;

(3) $y=(C_1+C_2x)e^{2x}+\frac{1}{2}x^2e^{2x}$;

(4) $y=e^{-x}(C_1\cos 2x+C_2\sin 2x)+4\cos x+3\sin x$;

(5) $y=C_1\cos 2x+C_2\sin 2x-\frac{3}{4}x\cos 2x$;

(6) $y=(C_1+C_2x)e^{-2x}+\frac{1}{8}\sin 2x$;

(7) $y=\cos 2x+\frac{1}{3}\sin 2x+\frac{1}{3}\sin x$;

(8) $y=\frac{1}{6}x^3e^{-x}$.

6. (1) $y_x=2+A\cdot 5^x$;

(2) $y_x=-3\cdot 2^x+A\cdot 3^x$;

(3) $y_x=-9-6x-3x^2+A\cdot 2^x$;

(4) $y_x=-\frac{3}{4}+\frac{37}{12}\cdot 5^x$;

(5) $y_x=-\frac{5}{26}\cos\frac{\pi x}{2}+\frac{1}{26}\sin\frac{\pi x}{2}+A\cdot 5^x$;

(6) $y_x=(x-2)\cdot 2^x+A$;

(7) $y_x=\left(\frac{1}{2}x-\frac{1}{4}\right)3^x+\frac{1}{3}x+A$;

(8) $y_x=A_1+A_2(-2)^x+4x$;

(9) $y_x=2^{\frac{x}{2}}\left(A_1\cos\frac{3}{4}\pi x+A_2\sin\frac{3}{4}\pi x\right)+\frac{1}{10}\cdot 2^x$;

(10) $y_x=A_1(-1)^x+A_2(-4)^x-\frac{7}{100}+\frac{x}{10}$.

7. $L=\frac{1+k}{a}-x+\left(L_0-\frac{1+k}{a}\right)e^{-ax}$.

8. $\frac{dx}{dp}=-\frac{k}{p^2}$ （$k$ 为大于 0 常数），$x(1)=k$，$-1$.

9. $\frac{dw}{dt}=w\cdot 5\%-300$;

$w(t)=(w_0-6000)e^{0.05t}+6000$;

$w_0=5000$ 时，$w(t)$ 递减；

$w_0=6000$ 时，$w(t)=6000$ 保持不变；

$w_0=7000$ 时，$w(t)$ 递增.

10. 每月应还 2210.83 元

11. $Y_t=\frac{\beta}{1-\alpha}+A[1+\gamma(1-\alpha)]^t$,

$C_t=\frac{\beta}{1-\alpha}+A\alpha[1+\gamma(1-\alpha)]^t$,

$I_t=A(1-\alpha)[1+\gamma(1-\alpha)]^t$, $A$ 为常数.

12. 90240 元，每月存 194.47 元.